2021 修订版

全国二级造价工程师职业资格(安徽省)考试培训教材

建设工程计量与计价实务

(水利工程)

全国二级造价工程师职业资格(安徽省)考试培训教材编写委员会 编

黄 河 水 利 出 版 社

·郑 州·

内 容 提 要

本书依据《全国二级造价工程师职业资格考试大纲(2019 年版)》规定,结合安徽省实际情况,按照第一章专业基础知识、第二章水利工程造价构成、第三章水利工程计量与计价、第四章水利工程合同价款管理等相关内容进行编写,深入浅出地阐明了水利工程计量与计价的基本概念、基本知识和基本方法,具有较强的实用性和较广的覆盖度。

本书为水利工程专业造价工程师考试人员培训教材,对实际工作具有一定的指导和参考价值,也可作为水利工程建设、设计、施工、监理和工程咨询等单位从事工程造价专业人员的参考用书。

图书在版编目(CIP)数据

建设工程计量与计价实务. 水利工程/全国二级造价工程师职业资格(安徽省)考试培训教材编写委员会编. —郑州:黄河水利出版社,2019. 8 (2021. 6 修订版重印)

全国二级造价工程师职业资格(安徽省)考试培训教材

ISBN 978-7-5509-2498-7

Ⅰ. ①建… Ⅱ. ①全… Ⅲ. ①水利工程-建筑造价管理-资格考试-自学参考资料 Ⅳ. ①TU723. 3

中国版本图书馆 CIP 数据核字(2019)第 186759 号

组稿编辑:王路平 电话:0371-66022212 E-mail:hhslwlp@ 126. com

出 版 社:黄河水利出版社 网址:www. yrcp. com

地址:河南省郑州市顺河路黄委会综合楼 14 层 邮政编码:450003

发行单位:黄河水利出版社

发行部电话:0371-66026940、66020550、66028024、66022620(传真)

E-mail:hhslcbs@ 126. com

承印单位:河南承创印务有限公司

开本:787 mm×1 092 mm 1/16

印张:25. 75

字数:600 千字

版次:2019 年 8 月第 1 版 印次:2021 年 6 月第 2 次印刷

2021 年 6 月修订版

定价:130. 00 元

《建设工程计量与计价实务(水利工程)》编写委员会

审　定　王荣喜

主　审　严寒柏

主　编　武　杰

副主编　刘　虎　单文昌

委　员　武　杰　刘　虎　单文昌　何建新
　　　　张　辉　陈新宇　晏　芳　王　彤
　　　　张冬冬　刘锦雯　何　磊　胡亚娴
　　　　梁顾山

前　言

为适应社会主义市场经济的发展，加强水利工程基本建设投资管理，提高概（估）算专业技术人员素质，规范造价行业管理行为，合理确定工程投资，根据《中华人民共和国建筑法》和住房城乡建设部、交通运输部、水利部、人力资源社会保障部共同印发的《造价工程师执业资格制度规定》、《造价工程师职业资格考试实施办法》（建人〔2018〕67 号）有关规定，结合水利行业特点和安徽省近年来水利水电工程实际情况，在参阅了《水利工程设计概（估）算编制规定》（水总〔2014〕429 号）和《水利工程营业税改征增值税计价依据调整办法》（办水总〔2016〕132 号）、《安徽省水利水电工程设计概（估）算编制规定》（皖水建函〔2018〕258 号）等大量技术资料的基础上，组织省内具有较高理论水平和丰富实践经验的专家、学者，编写了 2019 年版全国二级造价工程师职业资格（安徽省）考试培训教材《建设工程计量与计价实务（水利工程）》。

根据有关会议精神及两年来教材使用情况，编者在 2019 年版的基础上对全书进行了修订完善，出版了 2021 修订版教材。与 2019 年版相比，2021 修订版优化了案例设置，知识点表述更清晰，涉及的法律法规和规范规程等均为最新内容，有利于应试者学习参考。

本书与二级造价师执业资格考试科目一《建设工程造价管理基础知识》相配合，构成了二级造价师执业资格考试（水利工程）专业知识体系。本书由专业基础知识、水利工程造价构成、水利工程计量与计价、水利工程合同价款管理四部分组成，突出了水利水电工程造价管理的专业特点。

本书可作为全国二级造价师执业资格（安徽省）考试（水利工程）学习用书，也可作为从事水利水电工程建设管理、勘测、设计、施工、监理、咨询、质量监督、安全监督、行政监督等工作人员的参考用书和高等学校相关专业师生的教学参考书。

安徽省水利水电行业协会主持了本书的修订工作，在修订过程中，虽经反复推敲核证，仍难免有不妥甚至疏漏之处，恳请广大读者提出宝贵意见，以便再版时修改完善。

全国二级造价工程师职业资格（安徽省）考试培训教材编写委员会

2021 年 6 月

目　录

第一章 专业基础知识

第一节 水文与工程地质

一、工程水文

(一)水文基本概念

水是人类赖以生存的宝贵自然资源。地球上的水以各种形式分布在大气中。地面上的江河、湖沼、海洋和地下水等,统称为水体。水文学是研究各种水体的存在、循环和分布、物理与化学特性,以及水体对环境的影响和作用,包括对生物特别是对人类的影响。

1. 工程水文研究对象

广义水文学是研究地球上江河、湖沼、冰川、地下水和海洋等各种水体的存在数量、分布及变化规律的科学。工程水文学则是为工程规划设计、施工建设及运行管理提供水文依据的一门科学,如水利水电能源工程、城市工矿用水,修建铁路、公路、桥梁,国防建设等方面。自然界中水的运行变化形态概括如下:

(1)降水。包括空气中气态水遇冷凝而成液态和固态的雨、雪、雹、霰等形式下降于大陆或海洋。

(2)蒸发。是由大陆或海洋上的液态水或固态水升入天空成为气态水的过程。

(3)下(入)渗。地表水在重力作用下进入土壤或岩层中的过程。

(4)径流。分为地表径流和地下径流,水沿地表流动为地表径流,水在地下土壤或岩石裂缝中的流动为地下径流。

降水、蒸发、下(入)渗和径流都是水利工程研究的对象。

2. 工程水文学在水利工程中的作用

工程水文学应用于水利工程中,主要研究水利工程的规划、设计、施工和运行管理中有关的水文分析计算和水文预报的基本理论及方法。水利工程规划设计阶段首先需要预估河流水量及变化,以便确定水利工程的设计规模。例如,洪水的估算对国民经济影响很大,如估算偏大,防洪工程投资过大;反之,防洪工程(如水库防洪库容)调洪能力不足,则不能有效地调洪减灾,将危及人民生命和财产的安全。此外,多沙河流的泥沙估算也关系到水库的寿命及效益。施工阶段需要估算施工期的设计洪水及确定围堰,确定导流建筑物的规模,同时需要提供水文预报,科学安排施工进度。水利工程运行管理期间根据水文预报可以调度水量,提高工程效益。洪水预报更是防汛、蓄洪、减灾必不可少的重要信息。

(二)降水与蒸发

降水是指液态或固态的水汽凝结物从云中降落到地面的现象。如雨、雪、雹、露、霜等都是降水现象,其中以雨、雪为主,降水是水文循环中最活跃的因子,它是一种水文要素,也是一种气象要素,因此降水现象是水文学和气象学共同研究的对象。我国大部分地区一年内降水以雨水为主,雪仅占少部分,所以这里降水主要指降雨。蒸发是由水变成水蒸气的过程。

1. 降水量和降水强度

降水的特征常用几个基本要素来表示。如降水量、降水历时、降水强度、降水面积及暴雨中心等,降水量指一定时段内降落在某一点或某一面积上的总水量,用深度表示,以 mm 计。降水量一般分为 7 级,见表 1-1。单位时间的降水量称为降水强度或雨率,以 mm/min 或 mm/ h 计。降水笼罩的平面面积为降水面积,以 km^2 计。暴雨集中的较少的局部地区,称为暴雨中心。降水的特征不同,它所形成的洪水的特性也不同。

表 1-1 降水量等级

24 h 雨量(mm)	<0.1	0.1~10	10~25	25~50	50~100	100~200	>200
等级	微量	小雨	中雨	大雨	暴雨	大暴雨	特大暴雨

我国大部分地区受东南和西南季风的影响,形成东南多雨、西北干旱的特点。全国多年平均降水量 648 mm,低于全球陆地平均降水量 800 mm,也小于亚洲陆地平均降水量 740 mm。按年降水量的多少全国大致可分为五个地带:十分湿润带、湿润带、半湿润带、半干旱带、干旱带。

2. 蒸发

蒸发是水文循环中自降水到达地面后由液态或固态转化为水汽返回大气的阶段。陆地上一年的降水约 66%通过蒸散发返回大气,蒸发是水文循环的重要环节。对径流形成来说,蒸散发则是一种损失。蒸发在水量平衡研究和水利工程规划中是不可忽视的影响因素。

1)蒸发的概念

水由液态或固态转化为气态的过程称为蒸发,被植物根吸收的水分,经由植物的茎叶散逸到大气中的过程称为散发或蒸腾。蒸发面为水面时称为水面蒸发;蒸发面为土壤表面时称为土壤蒸发;蒸发面是植物茎叶则称为植物散发。

2)水面蒸发

水面蒸发是指在自然条件下,水面的水分从液态转化为气态逸出水面的物理过程,可概括为水分汽化和水分扩散两个阶段。

3)土壤蒸发

土壤蒸发是土壤中所含水分以水汽的形式逸入大气的现象,土壤蒸发过程是土壤失去水分或干化过程。土壤是一种有孔介质,具有吸收、保持和输送水分的能力。因此,土壤蒸发还受到土壤水分运动的影响。由此可知,土壤蒸发比水面蒸发复杂。

4)植物散发

植物散发指在植物生长期,水分从叶面和枝干蒸发进入大气的过程,又称蒸腾。植物散发比水面蒸发及土壤蒸发更为复杂,它与土壤环境、植物的生理结构以及大气状况有密切的关系。

5)流域总蒸发

流域总蒸发(流域蒸散发)包括水面蒸发、土壤蒸发、植物截留蒸发及植物散发。确定流域的总蒸发量常用的方法有水量平衡法和模式计算法。

(三)土壤水、下渗与地下水

地表水、土壤水、地下水是陆地上普遍存在的三种水体。在水文循环中,地表土层对降水起着再分配的作用。大气降水落到地表之后,一部分渗入土壤中;另一部分形成地表(面)水,地表水主要指河川径流。渗入土层的水量,一部分被土壤吸收成为土壤水,而后通过直接蒸发或植物散发返回大气;另一部分渗入地下补给地下水,再以地下径流的形式进入河流。下渗和土壤水的运动是径流形成的重要环节,它们的变化直接影响径流的形成过程。

1. 包气带和饱和带

地表土层为多孔介质,能吸收、储存和向任何方向输送水分。以地下水面为界,土层可分为两个不同的土壤含水带。在地下水面以下,土壤处于饱和含水状态,是土壤颗粒和水分组成的二相系统,称为饱和带或饱水带;地下水面以上,土壤含水量未达到饱和,是土壤颗粒、水分和空气同时存在的三相系统,称为包气带。在包气带中,水压力小于大气压,饱和带则相反,在地下水面处,水压力等于大气压。

2. 土壤水

水文学中把存于包气带中的水称为土壤水,将饱和带中的水称为地下水,包括潜水和承压水。包气带的上界直接与大气接触,它既是大气降水的承受面,又是土壤蒸散发水分的逸出面。因此,包气带是土壤水分剧烈变化的土壤带。土壤含水量的大小直接影响到蒸发、下渗的大小,并决定了降水量中产生径流(包括地面径流、表层流径流和地下层流)的比例,把降水、下渗、蒸发及径流等水文要素在径流形成过程中有机地联系起来。因此,研究土壤水的运动和变化,对认识水文现象有重要意义。

土壤中的水分与周围介质中的水分不断地发生交换,土壤内部的水分也时刻处于运动中。这种水分的交换和变化不仅受土壤物理性质的制约,还受到降雨、下渗、蒸散发和其他水分运动的影响。为描述土壤水分随时间和空间的这种动态变化,通常用土壤含水量来表示它们的大小。

土壤含水量(率)又称为土壤湿度,它表示一定量的土壤中所含水分的数量。在实际工作中,为了便于同降水、蒸发及径流进行比较与计算,将某个土层所含的水量以相应水层深度来表示土壤含水量,以 mm 计。此外,还可用土壤重量含水率和土壤容积含水率表示土壤含水量。

3. 下渗

下渗是指降落到地面上的降水从地表掺入土壤内的运动过程。下渗不仅直接决定地面径流量的大小,同时也影响土壤水分的增长,以及表层流与地下径流的形成。因此,分析下渗的物理过程和规律,对认识径流形成的物理机制有重要的意义。

1)下渗的物理过程

当降水持续不断地落在干燥土层表面时,降水将从包气带上界不断地渗入土壤。渗入土中的水分在分子力、毛管力和重力的作用下发生运动。

2)下渗率和下渗能力

单位时间内渗入单位面积土壤中的水量称为下渗率或下渗强度,在充分供水条件下的下渗率则称为下渗能力。通常用下渗率或下渗能力随时间的变化过程来定量描述土壤下渗规律。

3)影响下渗的因素

自然界下渗是一个较复杂的过程,它受多方面因素的影响,主要有土壤性质、降水、植被、地表、人类活动的影响。

4. 地下水

1)地下水的类型

广义上的地下水指埋藏在地表以下各种状态的水。以地下水埋藏条件为依据,地下水可划分为三种基本类型。

(1)包气带水。

埋藏于地表以下、地下水面以上的包气带中,包括吸湿水、薄膜水、毛管水、渗透的重力水等。

(2)潜水。

埋藏于饱和带中,处于地表以下第一个不透水层上,具有自由水面的地下水称为潜水,水文中称为浅层地下水。

(3)承压水。

埋藏于饱和带中,处于两个不透水层之间,具有压力水头的地下水称为承压水,水文中称为深层地下水。

2)地下水的特征

(1)潜水。

由于潜水具有自由水面,通过包气带与大气连通,所以不承受静水压力。潜水面与地面之间的距离为潜水埋藏深度,潜水面与第一个不透水层层顶之间的距离称为潜水含水层厚度。潜水埋藏的深度及贮量取决于地质、地貌、土壤、气候等条件。一般山区潜水埋藏较深,平原区较浅,有的甚至仅几米深。

潜水补给的主要来源是降水和地表水等,干旱地区还有凝结水补给。当大河下游水位高于潜水位时,河水也可以成为潜水的补给源。干旱地区冲积、洪积平原中的潜水,主要靠山前河流补给,河水通过透水性强的河床垂直下渗大量补给潜水,有时水量较小的溪流甚至可全部潜入地下。潜水排泄有侧向和垂直向两种方式。侧向排泄是指潜水在重力作用下沿水力坡度方向补给河流或其他水体,或者露出地表成为泉水。垂直向排泄主要是潜水蒸发。

(2)承压水。

承压水的主要特性是处在两个不透水层之间,具有压力水头,一般不直接受气象、水文因素的影响,具有动态变化较稳定的特点。承压水的水质不易遭受污染,水量较稳定,是河川枯水期水量的主要来源。

承压水含水层按水文地质特征可分为三个组成部分:补给区、承压区和排泄区。含水层出露于地表较高的部分为补给区，直接承受大气降水和地表水体的补给，实际上该区地下水仍具有潜水的性质，并主要由下渗补给。另一部分含水层位置较低，出露地表，为排泄区。在这两层之间的含水层为承压区。该区是指含水层被上覆盖隔水层所覆盖的地段，其主要特征是承受静水压力，具有压力水头。承压含水层的贮量主要与承压区分布的范围、含水层的厚度和透水性、贮水区构造、补给区大小及补给量的多少有关。

（四）河川径流

径流是指降水所形成的沿着流域地面和地下向河川、湖泊、水库、洼地等流动的水流。其中，沿着地面流动的水流称为地面径流，或地表径流；沿土壤岩石孔隙流动的水流称为地下径流；汇集到河流后，在重力作用下沿河床流动的水流称为河川径流。径流因降水形式和补给来源的不同，可分为降雨径流和融雪径流，我国大部分河流以降雨径流为主。

1. 径流的形成过程

流域内，自降水开始到水流汇集到流域出口断面的整个物理过程，称为径流形成过程。径流的形成是一个相当复杂的过程，一般把它概括为产流过程和汇流过程两个阶段。

1）产流过程

降落到流域内的雨水，一部分会损失掉，剩下的部分形成径流。降雨扣除损失后的雨量称为净雨。显然，净雨和它形成的径流在数量上是相等的，但两者的过程却完全不同，净雨是径流的来源，而径流则是净雨汇流的结果，净雨在降雨结束时就停止了，而径流却要延长很长时间。我们把降雨扣除损失成为净雨的过程称为产流过程，净雨量也称为产流量。降雨不能产生径流的那部分降雨量称为损失量。

2）汇流过程

净雨沿坡面从地面和地下汇入河网，然后再沿着河网汇集到流域出口断面，这一完整的过程称为流域汇流过程。前者称为坡地汇流，后者称为河网汇流。

2. 径流的表示方法和度量

河川径流在一年内和多年期间的变化特性称为径流情势，前者称为年内变化或年内分配，后者称为年际变化。河川径流情势常用流量、径流量、径流深、流量模数、径流系数的大小来表示。

1）流量

单位时间内通过河流某一断面的水量称为流量，记为 Q，以 m^3/s 计。流量随时间的变化过程，用流量过程线表示，流量过程线上升部分为涨水段，下降部分为退水段，最高点称为洪峰流量，简称洪峰，记为 Q_{max}。

水文中常用的流量还有日平均流量、月平均流量、年平均流量、多年平均流量及指定时段的平均流量。

2）径流量

径流量指时段 T 内通过河流某一断面的总水量 W，以 m^3、万 m^3 或亿 m^3 计，有时也用时段平均流量与时段的乘积为单位，如$(m^3/s) \cdot d$ 等。

3）径流深

将径流量平铺在整个流域面积上所得的水层深度就是径流深，记为 R，以 mm 计。

4)径流模数

流域出口断面流量与流域面积的比值称为径流模数,记为 M,以 L/(s·km^2)计。随着对 Q 赋予的不同意义,径流模数也有不同的含义。例如,Q 为洪峰流量,相应的 M 为洪峰流量模数;Q 为多年平均流量,相应的 M 为多年平均流量模数等。

5)径流系数

某一时段的径流深 R 与相应时段内流域平均降雨深度 P 的比值称为径流系数,记为 α。计算公式为 $\alpha=R/P$。因 $R<P$,故 $\alpha<1$。

【例 1-1】 某水文站流域面积 $F=54\ 500\ \text{km}^2$,多年平均降雨量 $P=1\ 650\ \text{mm}$,多年平均流量 $Q=1\ 680\ \text{m}^3/\text{s}$,根据这些资料计算 W、R、M、α。

解:(1)多年平均径流量 $W=QT=1\ 680\times365\times86\ 400=530$(亿 m^3)。

(2)多年平均径流深 $R=W/(1\ 000F)=530\times10^8/(1\ 000\times54\ 500)=972$(mm)。

(3)多年平均径流模数 $M=1\ 000Q/F=1\ 000\times1\ 680/54\ 500=30.8$[L/(s·km^2)]。

(4)多年平均径流系数 $\alpha=R/P=972/1\ 650=0.59$。

(五)水文信息采集和处理

水文信息采集与处理是研究各种水文信息的测量、计算与数据处理的原理和方法的一门科学,是水文学与水资源学的重要组成部分。水文信息的采集有两种情况:一种是对水文事件当时发生情况下实际观测的信息;另一种是对水文事件发生后进行调查所得的信息。获取水文信息的方法多种多样,随着现代科学技术手段的不断发展,新技术、新仪器的不断出现,使取得水文信息手段不断更新,水文分析成果更为合理。

(六)设计洪水

当流域内降落暴雨或冰雪速融,大量的径流急速汇入江河,致使江河流量激增,出现一次洪水过程。通常用洪峰、洪量及洪水过程线三要素描述洪水过程。

我国河流众多,其所处地理、气候条件差异很大,各次洪水成因及特性亦不相同。暴雨形成的洪水过程常为峰高、量大、涨水急剧、落水较缓。而冰雪融化所造成的洪水,流量涨落均较缓慢。此外,洪水过程线形状与流域产汇流条件密切相关,山区河流因坡陡流急,多出现峰高、量小、暴涨暴落的洪水,而大江大河多出现涨落平缓,历时甚长的洪水。

洪水是我国主要自然灾害之一,约有 2/3 的国土面积受到洪水灾害的威胁。为防止和减少洪涝灾害,我国积极采取修建水利工程措施(如水库、堤防等)及非工程措施(如洪水预报和警报系统、防洪抢险、洪泛区运用)相结合的办法,对减少洪灾损失取得明显效果。修建防洪工程首先要进行防洪规划,设计洪水是防洪规划的依据之一。

1.设计洪水的概念

设计洪水是指水利水电工程规划、设计中所指定的各种设计标准的洪水。合理分析计算设计洪水,是水利水电工程规划设计中首先要解决的问题。

进行水利水电工程防洪规划设计时,需要确定工程为确保其自身安全而设立的泄洪建筑物尺寸(如溢洪道堰顶高程、宽度、坝顶高程等),以及按照下游防洪要求而确定防洪库容的大小(调蓄洪水所需的容积)。为解决某特定目标的防洪问题,需要对有关的地点和河段,按照指定的标准,预估出未来水利工程运行期间将可能发生的洪水情势。这种设计水利工程所依据的各种标准的洪水总称为设计洪水。目前,我国的防洪规划及水利水电工程设计中采用先选定防洪标准，再推求与此标准相应的洪水峰、量及过程，并认为依此进行防洪规划和工程设计能达到预期的安全要求。

2. 防洪设计标准

防洪设计主要是为保障防护对象免除一定洪水灾害和为确保水库大坝等水工建筑物自身安全。我国 1978 年颁发了《水利水电枢纽工程等级划分及设计标准(山区、丘陵区部分)(试行)》(SDJ 12—78)，对我国水利水电枢纽工程建设宏观控制上起了积极作用。通过 10 多年工程实践经验，结合我国国情，水利部又会同有关部门于 1994 年共同制订了《防洪标准》(GB 50201—94)作为强制性国家标准。经修订，目前最新版为《水利水电工程等级划分及洪水标准》(SL 252—2017)。

3. 设计洪水和校核洪水

设计永久性水工建筑物需考虑正常运用及非常运用两种洪水标准。通常称前者为设计标准，后者为校核标准。正常运用洪水标准所相应的洪水称为设计洪水，用它来确定水利水电工程的设计洪水位、设计泄洪流量等。永久性水工建筑物在正常运用情况下，遇到设计洪水时，水利工程应能保持正常运用。一旦出现超过设计标准的洪水，则水利工程一般就不能保证正常运用了。由于水利工程的主要建筑物一旦破坏，即将造成灾难性的严重损失，因此规定当洪水在短时期内超过设计标准时，主要水利工程建筑仍旧不允许破坏，仅允许一些次要建筑物损坏，这种情况就称为非常运用条件，非常运用洪水标准所相应的洪水称为校核洪水。水工设计人员一般都要求同时提供两种标准的洪水情况，进行设计与校核，保证在两种运用条件下，主要建筑物都不破坏。

4. 设计洪水的三要素和推求设计洪水的方法

设计洪水包括设计洪峰流量、不同时段设计洪量及设计洪水过程线三个要素。推求设计洪水的方法有两种，即由流量资料推求设计洪水和由暴雨资料推求设计洪水。当必须采用可能最大洪水作为非常运用洪水标准时，则由水文气象资料推求可能最大暴雨，然后计算可能最大洪水。

防洪设计标准均以频率标准表示。洪水重现期为 100 年一遇，意味着水利工程在这样的设计洪水作用下，水工建筑物尚能正常工作，当洪水引起的负载超过此数值时，水工建筑物就要破坏，其破坏的可能性是在一个相当长的时期内进行统计，平均为每 100 年有一次，或平均每年有 1%的可能性因洪水超过其负载能力而遭受破坏。

设计洪水标准是通过设计洪水的数值(峰、量、过程线形状)来体现的，所以设计洪水必须赋予频率的概念。由于洪水现象具有统计规律，因此用频率分析方法推求设计洪水是一条很重要的途径。此外，用水文气象法计算可能最大暴雨，再推求可能最大洪水，也是一条值得研究的途径。两者相辅相成，多种途径论证是很必要的。

通常根据流域的资料条件及工程设计要求采用以下几种方法计算：

(1) 当水利水电工程所在地或其上下游具有较长期(30 年以上)的实测洪水资料，并有历史洪水调查和考证资料时，可通过对洪水资料的统计分析，求出符合一定标准(一定频率)的洪水特征值(峰、量及与它们相匹配的洪水过程线)，这种对洪水流量系列进行频率分析的途径通称为由流量资料推求设计洪水。

(2) 当工程所在流域及邻近地区有较长期(30 年以上)的实测暴雨资料，并具有实测大暴雨,以及多次可供产流汇流分析计算用的暴雨洪水对应观测资料时,可用频率分析法计算设计暴雨,再推算设计洪水。习惯上称之为由暴雨资料推求设计洪水。

(3)当工程所在流域及邻近地区有水文气象观测资料时,可用水文气象法计算可能最大暴雨,再推求可能最大洪水,并以此为重要工程的校核洪水。

(4)如工程所在流域,暴雨及洪水资料均十分短缺,可利用邻近地区的实测或调查暴雨洪水资料进行地区综合分析,制成图表及手册,供无资料流域查算设计暴雨、推算设计洪水。

二、工程地质

(一)地质基本概念

1. 地质学的研究对象

地质学是以地球为研究对象的一门自然科学。

2. 地质学的研究内容

地质学主要研究地球的物质组成、构造运动、发展历史和演化规律,并为人类的生存与发展提供必要的地质依据,主要是资源与环境条件的评价。工程地质和水文地质就是地质学研究的重要内容。

3. 地质学研究的目的

(1)地质学研究的实践目的,就是在正确认识地球的基础上,指导人类寻找并合理开发利用矿产、地下水、油气等资源与能源,查明与防治地质灾害,为改善人类生存的地质环境服务。为人类服务就是地质学的最终目的。

(2)地质灾害是天然地质过程与人类活动发生冲突而产生的。地质学的任务之一就是调查地质灾害的种类、性质与分布规律,为制定减灾防灾对策提供依据。

(3)特定地质条件下,土壤和地下水中所含的某些元素缺少或过多会危害人体的健康,而某些微量元素的存在对人体健康则是有益的。减轻或消除地质环境的负面影响,发挥地质环境的有利一面,也是地质学应用研究的重要方面。

(二)水利工程地质

水利工程是一系列具有蓄水、排水、输水、引水等功能的工程建筑的总称。水库是水利工程的主体,蓄水是其最基本的功能。因此,水利工程需要解决的地质问题,不仅需要考虑各种构筑物特别是大坝的稳定性与安全性,还必须注意水的渗漏和库区的淤积问题。前者是水利工程蓄水、输水功能的保障,后者影响着水库乃至整个水利工程系统的使用寿命。

1. 水库的地质问题

1)水库渗漏问题

水的渗漏问题在水利工程的各个部分(如水库、水渠、涵洞、渡槽)均可能发生,在此重点分析水库的渗漏问题。水库包括坝体与库区两个主要部分,当水库蓄水以后,水可能的渗漏方向有三个:绕坝渗漏、坝下渗漏和库区渗漏。水库的工程地质调查就是要找出各个方向水的渗漏条件和可能的渗漏量,为工程设计提供充分的依据。

(1)绕坝渗漏与坝肩稳定性。

水库的坝址通常选在流域中的基岩峡谷地段，两岸的岩性和构造条件不仅决定了绕坝渗漏的程度，同时也影响着坝肩的稳定性。一般情况下，坚硬、均一、完整、不透水、不软化的岩石组成的河段是最理想的坝址，但现实情况却是复杂多样的。

坝肩稳定性与预防绕坝渗漏的工程地质调查，重点是坝肩所在地岩石的物质组成、岩石完整程度，特别是断裂与节理、裂隙的性质、软弱岩层与结构面的数量及产状等，必要时可以进行岩土渗透性试验。基岩渗透性一般采用压水试验，基岩严重渗漏段及松散沉积物则采用单孔抽水试验及渗水试验。依据获取的数据可以进行渗漏量的估算。

(2)坝下渗漏与坝基稳定性。

由于坝基坐落在谷底，在考虑基岩的岩性与产状等特征之外，还需要特别注意坝址基底河床的埋藏深度、上覆松散沉积层的岩性与渗透性、顺河断裂的性质、渗水性及其活动性等因素。

一般情况下，谷底主要分布着以砂砾石层为主的河流沉积物，透水性好，易于遭受侵蚀，既不利于蓄水，也不利于坝基的稳定性，因此需要确定其厚度与渗漏量，以便采取相应的工程措施。基底河床埋藏深度实际上反映了河床以下松散沉积物的厚度。如果基底埋藏很浅，即覆盖沉积层很薄，则通过工程开挖清除，坝体可以直接建在基岩上，坝基的稳定性最好。但实际上，山区河流的基底河床埋藏深度往往很大，例如北京西山清水河斋堂水库坝址处基底河床埋深超过 40 m，从工程角度，不容易也没必要进行清除，关键是在探明沉积物厚度的同时，确定其岩性及透水性特征，估算渗透量。进而可以采用帷幕灌浆等工程手段降低其渗透性，采用固结灌浆等手段增加坝下沉积层的强度和完整性。

(3)库区渗漏。

库区渗漏主要发生在蓄水库容范围，包括侧方渗漏和库底渗漏。当水库蓄水，水位上升，超越地下分水岭或与邻近地区形成显著水位差时，一旦存在透水通道，渗漏必然发生。与坝肩相似，影响库区渗漏的主要因素也是岩性和构造条件，由于库区涉及的范围远远超过坝址，库区内岩性与构造条件的复杂程度也明显增加，因此库区防渗的重点是找到渗漏通道，即透水层与透水带。

2)水库塌岸与库岸稳定性

水库塌岸是水库蓄水后原有库岸斜坡被破坏的过程。其结果危及两岸的土地与建筑物，塌岸物质又是库区淤积的物质来源。

水库塌岸的主要原因是库水的浸润与波浪作用改变了库岸岩石和土体的工程地质状况，降低了岩土的抗剪强度和库岸的稳定性。影响库岸坍塌的因素主要有库岸的原坡度、地层性质、地质构造、库区水位变化、波浪作用、水下冲刷程度，以及风力与地震等。

一般而言，不论土质或岩质库岸，只要存在不稳定因素，水库蓄水均会增加其不稳定性，甚至导致破坏。相比较而言，岩质库岸一般不出现广泛的塌岸现象，大多是在有软弱结构面的条件下，发生滑坡或岩崩。土质库岸更容易出现塌岸现象，塌岸在水库蓄水的最初几年最为强烈，随着时间的推移，水库水位升降变化，波浪侵蚀迫使岸线后退，水下浅滩不断扩大，当库岸斜坡及水下浅滩都达到新的稳定坡角时，库岸趋于稳定。

3)水库地质调查的工作重点

围绕水库大坝的稳定性，应着重调查坝址地段地层岩性的工程地质特征。针对水库渗漏问题,则需要重点调查库区周围地层岩性的水文地质特征,特别是库区底部和坝下断层及其导水性方面的特征。

对于库区内的石灰岩层,需要对其岩性和喀斯特地貌(特别是溶洞与裂隙)发育状况进行考察。此外,水库工地附近筑坝建筑材料(主要是砂石料)的勘察,也属于水库建设地质调查的工作范畴。

2. 建筑物的地质问题

1)建筑物地基的稳定性

(1)地层性质的影响。

建筑物的地基或为天然的岩和土体,或是人工堆填的土石。在建筑物荷载的压力作用下,岩土孔隙缩小,颗粒下移,产生变形或变位,从而引起地基沉降。地基的沉降分为均匀沉降和不均匀沉降两类。从建筑物安全的角度看,一定限度内的均匀沉降是容许的,下沉过大或不均匀则会影响建筑物的正常使用,甚至导致建筑物的破坏。

地基的不均匀沉降主要与地层性质的不均匀性有关。土体的不均匀性表现在不同成因或类型的土体压缩性不同。岩石的不均匀性则表现在不同类型或状态的岩石抗压强度各异。

压缩模量(E_s)是描述土体压缩性的一个常用指标,指土在侧限条件下受压时,某压力段压应力增量与压应变增量之比。因此,土体的压缩模量愈大,说明在同等压应力增量的条件下,压应变增量小,即土体的压缩性小;反之,压缩模量愈小,说明在同等压应力增量的条件下,压应变增量大,即土体的压缩性大。显然,砾石、干燥的砂和黏土压缩性较小,湿润、饱和、可塑性的砂与黏土压缩性大。在同样的建筑物荷载作用下,地层性质的这种差别,必然导致地基的不均匀沉降。人工堆积的土石,压缩模量通常都小于相类似的天然岩土,因此在建筑物地基跨越自然地层和人工土层的情况下,更要注意地基的不均匀沉降。

通常岩石是坚硬的,压缩性很小,但在压力作用下也会遭受破碎。岩石的抗压强度就是反映岩石抵抗压力破坏的力学指标之一。岩石单向受压时,抵抗压碎破坏的最大轴向压应力,称为岩石的极限抗压强度,简称抗压强度。

(2)活断层的影响。

活断层对地基和建筑物本身稳定性的影响非常严重,活断层造成的地面错动及其附近伴生的地面变形,会直接损害跨越断层修建或建于临近场地的建筑物。例如:1976 年 7 月 28 日河北唐山地震出现长达 8 km 的地表错断,最大水平错距 3 m,最大垂直断距 0.7~1.0 m,破坏切过的所有建筑物。因此,建筑物地基选址应尽可能避免跨越活断层。

活断层一般是指目前正在活动,或者近期曾有过活动而不久的将来可能重新活动的断层。

(3)地下水位与水质变化的影响。

①水位变化对地基的影响:主要是改变地层的物理性状,引起地基的不均匀沉降。地下水位的变化包括上升与下降两方面。

地下水位上升,意味着原来处于包气带中的部分岩土体进入饱水带范围,从非饱和状态变成饱和状态。水与岩土的相互作用,可以使岩土发生水解、软化、崩解等现象,水的浸润还可以溶解岩土中的可溶性盐类，破坏岩土结构，结果导致不均匀沉降。

此外，在地下水位接近地表的地区，水位上升可以引起表土沼泽化、盐渍化，淹没建筑物地下洞室，甚至可能使地基上浮，使建筑物失稳。

地下水位下降则是原来处于饱水带中的岩土体进入包气带，从饱和状态变成非饱和状态，与此相伴的是岩土体的脱水、收缩、硬化过程，其结果也会引起地面下沉。

潜水带地下水位受气候和水文条件的影响，发生频繁的季节性升降变化，在膨胀性岩土分布区极易造成地基膨胀收缩的不均匀变形，产生滑动、破裂、坍塌等不良地质现象。因此，这种地区的地基评价必须特别注意建筑场区的水文地质条件分析。

②水质变化对地基的影响：主要表现在对建筑材料的侵蚀性破坏方面。水是自然界最普遍存在的溶剂，地下水在其形成过程中，往往溶解有一定数量的可溶性盐类，含有一定数量的有机或无机酸类。这些溶解物质决定了地下水的水质，也使地下水具有腐蚀地基混凝土建筑与金属管线的破坏能力。这种破坏包括分解性侵蚀、结晶性侵蚀和复合性侵蚀。

分解性侵蚀，主要是地下水对地基建材的溶解作用。

结晶性侵蚀，地下水中盐分结晶对地基建材的破坏作用。

复合性侵蚀，是分解性与结晶性并存的侵蚀作用。

2）建筑场地周边环境的稳定性

建筑物的安全不仅与所在具体位置的地基有关，还受到建筑场地周边环境稳定性的影响，其中现代构造运动和坡地稳定性是最主要的影响因素。

3）施工过程可能引发的破坏性地质过程

建筑物的施工过程，可以分为两个阶段：首先是地基的清理与开挖；然后才是建筑物的建设。

在开挖地基的过程中，一旦遇到不稳定地层或结构面，将会引发破坏性地质过程。例如，对不稳定的坡地进行开挖，会引起崩塌或者滑坡；在平地开挖，清除表层沉积物时，如果存在较厚的粉细砂层，易产生流沙；切穿局部饱和含水层，可引起管涌；基底存在软性含水地层，会发生挤压变形，形成底鼓；遇到抗压强度小的地层，会发生侧壁变形，甚至坍塌。

这些局部不稳定现象如果不能很好地防范、处理，一旦发生，不仅会影响工程的进度和质量，还可能造成人身伤亡。

4）建筑物地质调查的工作重点

针对上述建筑可能面临的工程地质问题，地质调查的主要工作应该包括：①地层的岩性、厚度与分布，重点是岩土工程力学性质的均匀程度；②场地及周边地质构造条件，重点是活动构造或重新活动的老构造的性质以及斜坡的稳定性；③地下水的类型、埋藏深度与含水层的性质与分布，包括上层滞水的特点，重点是水位与水质的变化及其对地基岩土稳定性的影响。

大型建筑或建筑群（如港口码头、大型厂矿、城镇）的工程地质勘探，不仅需要注意地基强度与安全性等方面的因素，还需要特别注意水资源供给条件和区域地质环境的稳定性问题。

3. 道路工程的地质问题

道路是线状延伸的构筑物,穿越的空间范围大,遭遇的地质条件往往很复杂。在道路工程中,路基的建设是主体,其面临的主要地质问题是边坡的稳定性和不良地质地段路基的稳定性。此外,道路工程还包括桥梁、隧洞等,地质条件对其安全性的影响也是需要考虑的。

1)边坡稳定性

边坡泛指建筑物或构筑物近旁的天然斜坡或人工开挖形成的斜坡。边坡的稳定性受两方面因素的影响:其一是岩石和土体的内在地质条件,主要是岩性与结构面所决定的物理力学特征;其二是外在的触发因子,包括水、地,为岩土的内聚震、人类活动等方面的作用。

2)路基的稳定性

路基是道路的基础,路基的稳定性是道路质量与交通安全的基本保障。边坡稳定性对道路的影响来自侧面,路基稳定性对道路的影响则来自地下。影响路基稳定性的因素主要有两类:其一,影响路基的水分状况,导致路面过湿、翻浆。在寒冷地区主要是季节性冻土或多年冻土活动层冻融作用的结果;在湿润地区主要受地下水位上升、潜水溢出、浸润的影响。其二,影响路基稳定性,导致局部沉降。在新构造运动活跃的盆地或平原地区,路基沉降与构造下沉有关;在松散沉积物深厚地区,则与松软、含水地层的压缩、变形有关。由于构造下沉区也是松散沉积物的主要堆积区,其影响往往叠加并加重。

3)桥梁与隧道

桥梁与涵洞是道路跨越河流、沟谷的构筑物。桥涵设计关键需要考虑两方面的安全。其一是避免洪水的影响;其二是保证桥墩的稳定性。

隧道是道路穿越山脊开挖的地下洞室。隧道面临的重要地质问题是洞室的稳定性,其影响因素主要有岩层的性质(特别是抗剪强度)、岩层产状、层面特征(结构面的强度)、构造线与隧道走向的关系、岩体完整性或被分割程度(节理裂隙的产状与密度)等。此外,还需要注意地下水的渗出量与涌水现象,以解决进水与排水问题。

4)地质调查的工作重点

道路工程建设的地质勘查主要是围绕道路的选址选线开展,需要重点调查的地质问题包括沿线地层的性质(包括工程地质特征和水文地质特征)、地层组合关系、各种结构面的力学性质、结构面与坡向和坡度的关系;已有斜坡变形与破坏迹象的调查;不良地质沉降段的性质、范围、幅度与速率;河流洪水流速、泥沙含量、挟砂力、河床沉积与最大可能冲刷深度;海岸波浪与潮汐运动、泥沙淤积规律等。

4. 水文地质

水文地质研究地下水变化和运动的规律。它是工程地质内容的重要组成部分。水文地质条件一般包括以下内容:

(1)地下水类型,分为包气带水、潜水、承压水等。

(2)含水层与相对隔水层的埋藏深度、厚度、组合关系、空间分布规律及特征。

(3)岩(土)层的水理性质,包括容水性、给水性、透水性等。

(4)地下水的运动特征,包括流向、流速、流量、补排关系等。

(5)地下水的动态特征,包括水位、水温、水质随时间的变化规律。

(6)地下水的水质,包括水的物理性质、化学性质、水质评价标准等。

水文地质条件直接关系着水库渗漏、坝基稳定、地下水资源评价准确性等一系列工程建设问题。因此,在水利工程设计过程中,水文地质条件是重要设计依据,必须完成一系列的勘察任务,为设计做好服务。

5. 水利工程其他地质问题分析

1)地下洞室围岩稳定性分析

(1)地下工程位置选择的工程地质评价。理想的建洞山体应具备的条件:建洞区地质构造简单,上覆岩层厚,节理组数少,间距大,无影响整个山体稳定的断裂带;岩体坚硬完整;地形完整,没有滑坡、崩塌等早期埋藏和近期破坏的地形;无岩溶或岩溶很不发育;无采空区或采空区影响范围小;地下水影响小;无有害气体和异常地热。

(2)地下洞室围岩的变形与破坏。围岩变形破坏的几种类型:脆性破裂;块体滑动和塌方;层状弯折和拱曲;塑性变形和膨胀。

2)土质基坑工程地质问题分析

(1)土质基坑工程地质问题主要包括两个方面,即边坡稳定和基坑降排水。

(2)在基坑施工中,为防止边坡失稳,保证施工安全,采取的措施有:设置合理坡度、设置边坡护面、基坑支护、降低地下水位等。

(3)基坑降排水的目的主要有:增加边坡的稳定性;对于细砂和粉砂土层的边坡,防止流沙和管涌的发生;对下卧承压含水层的黏性土基坑,防止基坑底部隆起;保持基坑土体干燥,方便施工。

(4)基坑开挖的降排水一般有两种途径,即明排法和人工降水。其中,人工降水经常采用轻型井点或管井井点降水方式。

3)天然建筑材料

建筑材料指工程建设所需要的天然砂砾料、石料、土料。天然建筑材料的勘察应查明工程所需天然建筑材料料场的分布、位置、储量、质量、开采和运输条件等,为工程设计和施工提供依据。

天然建筑材料的勘察级别划分为普查、初查、详查三个阶段。关于料场储量,在初查阶段(对应于工程的可行性研究阶段),勘察储量一般不小于设计需要量的2.5~3倍,勘察储量与实际储量误差应不超过40%;详查阶段(对应于工程的初步设计阶段)勘察储量一般不小于设计需要量的1.5~2倍,并应满足施工可开采储量的要求。

第二节　常用材料的分类、基本性能及用途

一、建筑材料的分类

建筑材料是指用于建造建筑物和构筑物的所有材料,是原材料、半成品、成品的总称。它是一切建筑工程的物质基础。水利工程由于其建筑物特有的结构特征,一般都需耗用大量的建筑材料,其材料费占工程直接成本的60%~70%。所以,了解和熟悉常用建筑材料的分类、基本性能及应用在水利水电工程建设中十分必要。

建筑材料分类的方法很多,一般按材料的化学成分、物理性能、来源和功能用途进行分类。

(一)建筑材料按其化学成分、物理性能分类

建筑材料按其物理化学性质可分为无机材料、有机材料、复合材料三大类。

1. 无机材料

1)金属材料

金属材料包括黑色金属材料和有色金属材料两类。

(1)黑色金属材料。是指以铁元素为主要成分的金属及其合金材料,是钢和生铁的总称。

(2)有色金属材料。是指黑色金属材料以外的金属及其合金材料,如铝、锌及铝合金等。在水工建筑中常用的有色金属材料是铜、不锈钢和铜的合金及铝的合金。紫铜片是水工建筑中常用的止水材料。

2)无机非金属材料

无机非金属材料又常称为矿物质材料,包括无机胶凝材料(石灰、水玻璃、水泥等)、天然石料、烧土与熔融制品、玻璃及制品。

(1)无机胶凝材料。是自身或与其他物质混合后一起经过一系列物理、化学作用,能由浆体变成坚硬的固体,并能将散粒材料或块片状材料胶结成整体的物质。按硬化条件不同,分为气硬性和水硬性两类。

①气硬性胶凝材料。只能在空气中硬化,并保持或继续提高其强度,属于这类材料的有石灰、石膏与水玻璃等。只能用于地面上干燥环境的建筑物。

②水硬性胶凝材料。不仅能在空气中而且能更好地在水中硬化,保持并继续提高其强度,属于这类材料的有水泥等。既可用于地上,也可用于地下或水中的建筑物。

(2)天然石料。按形成条件不同分为岩浆岩(火成岩)、沉积岩(水成岩)、变质岩三大类;按颗粒大小分为土料、砂、石三类;按其开采加工程度的不同分为毛石、块石、粗料石、建筑板材等。

(3)烧土与熔融制品。如烧结砖、陶瓷、玻璃等。

2. 有机材料

有机材料包括沥青材料、植物材料和合成高分子材料等三类。

1)沥青材料

沥青材料是一种有机胶凝材料,是由许多高分子碳氢化合物及其非金属衍生物组成的复杂混合物。常分为地沥青、焦油沥青及沥青制品。

(1)地沥青。按产源可分为天然沥青和石油沥青。按用途不同分为道路沥青、建筑沥青、防水防潮沥青等。

(2)焦油沥青。按其加工的有机物不同分为煤沥青、木沥青、页岩沥青等三类。

2)植物材料

植物材料主要有木材、竹材、植物纤维及其制品等。其中,使用较广泛的是木材,分为软木材和硬木材。

(1)软木材,即针叶树材,材质轻软,易于加工,密度和胀缩变形较小,且有较高的强度,是建筑上常用的主要承重结构,有木材,如松、杉、柏等。

(2)硬木材,即阔叶树材,材质坚硬,加工较难,一般较重,且胀缩、翘曲、裂缝等都较针叶树显著,如榆、槐、栎等。

3)合成高分子材料

合成高分子材料是以高分子化合物为基础人工合成的材料和制品,按材料特性分为合成树脂及塑料、合成橡胶、合成纤维、土工合成材料等。

水工建筑中常用的塑料多是聚乙烯和聚氯乙烯制品。

橡胶止水带是钢筋混凝土地下建筑物、水坝、贮水池等永久缝的止水材料。

《土工合成材料应用技术规范》(GB/T 50290—2014)规定,土工合成材料包括土工织物、土工膜、土工复合材料、土工特殊材料四大类。

3. 复合材料

复合材料是由两种或两种以上不同性质的材料,通过物理或化学的方法,在宏观上组成具有新性能的材料。复合材料可以克服单一材料的弱点,发挥其综合特性。

(二)建筑材料按材料来源分类

建筑材料按材料来源可分为天然建筑材料和人工材料两类。

1. 天然建筑材料

天然建筑材料主要包括常用的土料、砂石料、石棉、木材等及其简单采制加工的成品(如建筑石材等)。

2. 人工材料

人工材料主要包括石灰、水泥、沥青、金属材料、土工合成材料、高分子聚合物等。

(三)建筑材料按其功能分类

建筑材料按其功能可分为结构材料、防水材料、胶凝材料、装饰材料、防护材料、隔热保温材料等。

(1)结构材料,如混凝土、型钢、木材等。

(2)防水材料,如防水砂浆、防水混凝土、镀锌薄钢板、紫铜止水片、膨胀水泥防水混凝土、遇水膨胀橡胶嵌缝条等。

(3)胶凝材料,如石膏、石灰、水玻璃、水泥、混凝土等。

(4)装饰材料,如天然石材、建筑陶瓷制品、装饰玻璃制品、装饰砂浆、装饰水泥、塑料制品等。

(5)防护材料,如钢材覆面、码头护木等。

(6)隔热保温材料,如石棉纸、石棉板、矿渣棉、泡沫混凝土、泡沫玻璃、纤维板等。

二、建筑材料的基本性质

(一)表观密度和堆积密度

(1)表观密度。是指材料在自然状态下单位体积的质量。

材料在自然状态下的体积是指包含材料内部孔隙在内的表观体积。当材料内部的孔隙内含有水分不同时,其质量和体积均将有所变化,故测定表观密度时,应注明含水率。在烘干状态下的表观密度,称为干表观密度。

(2)堆积密度。是指粉状、颗粒状或纤维状材料在堆积状态下单位体积的质量。

材料在堆积状态下的体积不但包括材料的表观体积,而且还包括颗粒间的空隙体积,其值的大小与材料颗粒的表观密度、堆积的密实程度、材料的含水状态有关。

(二)密实度和孔隙率

(1)密实度。是指材料体积内被固体物质所充实的程度,其值为材料在绝对密实状态下的体积与在自然状态下的体积的百分比。

(2)孔隙率。是指材料中孔隙体积所占的百分比。建筑材料的许多工程性质,如强度、吸水性、抗渗性、抗冻性、导热性、吸声性等都与材料的致密程度有关。

(三)填充率与空隙率

(1)填充率。是指粉状或颗粒状材料在某堆积体积内,被其颗粒填充的程度。

(2)空隙率。是指粉状或颗粒状材料在某堆积体积内,颗粒之间的空隙体积所占的比例。

(四)与水有关的性质

(1)亲水性与憎水性。材料与水接触时,根据其是否能被水润湿,分为亲水性和憎水性材料两大类。亲水性材料包括砖、混凝土等;憎水性材料包括沥青等。

(2)吸水性。材料在水中吸收水分的性质称为吸水性。吸水性的大小用吸水率表示。

(3)吸湿性。材料在潮湿的空气中吸收空气中水分的性质称为吸湿性。吸湿性的大小用含水率表示。材料含水后,可使材料的质量增加,强度降低,绝热性能下降,抗冻性能变差,有时还会发生明显的体积膨胀。

(4)耐水性。材料长期在饱和水作用下不被破坏,其强度也不显著降低的性质称为耐水性,但材料因含水会减弱其内部的结合力,因此其强度都会有不同程度的降低。

(5)抗渗性。材料抵抗压力水渗透的性质称为抗渗性(或称不透水性),抗渗性常用抗渗等级 W 表示,如材料的抗渗等级为 W4、W10,分别表示试件抵抗静水水压力的能力为 0.4 MPa 和 1 MPa。

(6)抗冻性。材料在饱和水的作用下,能经受多次冻融循环的作用而不破坏,强度不显著降低,且其质量也不显著减小的性质称为抗冻性。用抗冻等级 F 表示,如 F25、F50 分别表示材料抵抗 25 次、50 次冻融循环,而强度损失未超过 25%,质量损失未超过 5%。抗冻性常是评价材料耐久性的重要指标。

(五)材料的耐久性

在使用过程中,材料受各种内外因素或腐蚀介质的作用而不破坏,保持其原有性能的性质,称为材料耐久性。材料耐久性是一项综合性质,一般包括抗渗性、抗冻性、耐化学腐蚀性、耐磨性、抗老化性等。

三、建筑材料的应用

(一)主要建筑材料的应用

1. 建筑钢材分类和应用

1)钢筋的分类

(1)按化学成分分类。可分为碳素结构钢和普通低合金钢两类。

(2)按生产加工工艺分类。可分为热轧钢筋、热处理钢筋、冷拉钢筋和钢丝(直径不大于5 mm)四类。

(3)按其外形分类。可分为光面钢筋和变形钢筋两种。变形钢筋有螺纹、人字纹和月牙纹,月牙纹钢筋最常用。

(4)按力学性能分类。可分为有物理屈服点的钢筋和无物理屈服点的钢筋。前者包括热轧钢筋和冷拉热轧钢筋,后者包括钢丝和热处理钢筋。

2)钢材的主要力学性能

钢材在建筑结构中主要是承受拉力、压力、弯曲、冲击等外力作用。施工中经常对钢材(如水工钢结构的有钢闸门及压力钢管等)进行冷弯或焊接等工艺加工。钢材的力学性能主要有抗拉性能(抗拉屈服强度、抗拉极限强度、伸长率)、硬度和冲击韧性等;工艺性能有焊接性能及冷弯性能。

①抗拉屈服强度:指钢材在外力作用下开始产生塑性变形时的应力。

②抗拉极限强度:指试件破坏前,应力—应变图上的最大应力值。

③伸长率:指钢材拉断后,标距长度的伸长量与原标距长的比值。

④硬度:指材料抵抗另一个更硬物体压入其表面的能力。常用压痕的深度或压痕单位表面积上所受的压力作为衡量指标。

⑤冲击韧性:指钢材抵抗冲击荷载而不被破坏的能力。用冲断试件时每单位截面积上所消耗的功来表示。

⑥焊接性能:是用焊接的手段使焊头能牢固可靠且硬脆性小的性能。

⑦冷弯性能:指钢材在常温下承受静力弯曲时所容许的变形能力。

3)混凝土结构用钢筋

(1)热轧钢筋。

热轧钢筋按表面形状分为热轧光圆钢筋和热轧带肋钢筋。

光圆钢筋的强度较低,但塑性及焊接性好,便于冷加工,广泛用作普通钢筋混凝土;HRB335、HRB400带肋钢筋的强度较高,塑性及焊接性也较好,广泛用作大、中型钢筋混凝土结构的受力钢筋;HRB500带肋钢筋强度高,但塑性与焊接性较差,适宜用作预应力钢筋。

(2)冷拉热轧钢筋。

为了提高强度以节约钢筋,工程中常按施工规程对热轧钢筋进行冷拉。

冷拉Ⅰ级钢筋适用于非预应力受拉钢筋,冷拉Ⅱ、Ⅲ、Ⅳ级钢筋强度较高,可用作预应力混凝土结构的预应力筋。由于冷拉钢筋的塑性、韧性较差,易发生脆断,因此冷拉钢筋不宜用于负温度、受冲击或重复荷载作用的结构。

(3)冷轧带肋钢筋。

冷轧带肋钢筋强度与冷拔低碳钢丝强度接近,但塑性比冷拔低碳钢丝要好,因其表面带肋,与混凝土的黏结能力比,冷拔低碳钢丝强,可广泛用于中、小型预应力混凝土结构和普通钢筋混凝土结构构件,也可用于焊接钢筋网。

(4)冷轧扭钢筋。

冷轧扭钢筋由低碳钢热轧圆盘条经专用钢筋冷轧扭机调直、冷轧并冷扭一次成型,具有规定截面形状和节距的连续螺旋状钢筋。冷轧扭钢筋可适用于钢筋混凝土构件。

(5)预应力混凝土用钢丝和钢绞线。

预应力钢丝按交货状态分为冷拉钢丝和消除应力钢丝两种。按外形分为光面钢丝、刻痕钢丝、螺旋钢丝三种。

(6)高强度钢筋。

高强度钢筋在水利工程中通常用于钢筋混凝土或预应力混凝土结构中,其横截面为圆形,有时为带有圆角的方形,包括光圆钢筋、带肋钢筋、扭转钢筋。

2. 水泥在水利工程中的应用

水泥是水硬性胶凝材料。凡磨细成粉末状,加入适量水或其他溶剂后能成为塑性浆体,既能在空气中硬化,又能在水中硬化,并能将砂、石等材料牢固地胶结成整体材料的水硬性胶凝材料,通称为水泥。

1)水泥品种的分类

水泥种类很多,按其矿物成分组成和主要的水硬性物质不同可分为硅酸盐水泥、铝酸盐水泥、硫铝酸盐水泥、铁铝酸盐水泥、氟铝酸盐水泥等系列。按用途和性能,又可分为通用水泥、专用水泥、特性水泥三大类。

2)水泥的适用范围

(1)水位变化区域的外部混凝土、溢流面受水流冲刷部位的混凝土,应优先选用硅酸盐水泥、普通硅酸盐水泥、硅酸盐大坝水泥,避免采用火山灰质硅酸盐水泥。

(2)有抗冻要求的混凝土,应优先选用硅酸盐水泥、普通硅酸盐水泥、硅酸盐大坝水泥,并掺用引气剂或塑化剂,以提高混凝土的抗冻性。

(3)大体积建筑物内部的混凝土,应优先选用矿渣硅酸盐大坝水泥、矿渣硅酸盐水泥、粉煤灰硅酸盐水泥、火山灰质硅酸盐水泥等,以适应低热性的要求。

(4)位于水中和地下部位的混凝土,宜采用矿渣硅酸盐水泥、粉煤灰硅酸盐水泥、火山灰质硅酸盐水泥等。

3)通用水泥

通用水泥是指《通用硅酸盐水泥》中规定的六种硅酸盐水泥。密度一般为 3 100~3 200 kg/m^3,初凝时间不得早于 45 min,终凝时间不得迟于 600 min。

4)专用水泥

专用水泥是指有专门用途的水泥。水利工程中常用的有大坝水泥和低热微膨胀水泥。

(1)大坝水泥包括中热和低热水泥。以适当成分的硅酸盐水泥熟料,加入适量石膏,磨细制成的具有中等水化热的水硬性胶凝材料,称为中热硅酸盐水泥,简称中热水泥;以适当成分的硅酸盐水泥熟料,加入适量矿渣、石膏,磨细制成的具有低等水化热的水硬性胶凝材料,称为低热硅酸盐水泥,简称低热水泥。低热、中热水泥适用于大坝工程及大型构筑物等大体积混凝土工程。

(2)低热微膨胀水泥(LHEC)。是指以粒化高炉矿渣为主要组分,加入适量硅酸盐水泥熟料和石膏,磨细制成的具有低水化热和微膨胀性能的水硬性胶凝材料。低热微膨胀水泥由于水化热低,并且具有微膨胀的性能,对防止大体积混凝土的干缩开裂有重要作用,适用于要求低热和补偿收缩的混凝土、大体积混凝土、要求抗渗和抗硫酸盐侵蚀的工程。

5）特性水泥

特性水泥是指某种性能比较突出的一类水泥，如快硬硅酸盐水泥、快凝快硬硅酸盐水泥、抗硫酸盐硅酸盐水泥、白色硅酸盐水泥、自应力铝酸盐水泥、膨胀硫酸盐水泥等。

（1）快硬硅酸盐水泥。是指以硅酸盐水泥熟料和适量石膏磨细制成，以3 d抗压强度表示强度等级的水硬性胶凝材料，简称快硬水泥。

（2）快凝快硬硅酸盐水泥。主要用于紧急抢修工程以及冬期施工、堵漏等工程。施工时不得与其他水泥混合使用。

（3）抗硫酸盐硅酸盐水泥。适用于受硫酸盐侵蚀的海港、水利、地下隧洞等工程。

（4）白色硅酸盐水泥。是指以白色硅酸盐水泥熟料加入适量石膏磨细制成的水硬性胶凝材料。

（5）铝酸盐水泥。是指以铝酸钙为主要成分的各种水泥的总称。工程中常用的高铝水泥特点是早期强度递增快、强度高、水化热高，主要用于紧急抢修和早强要求的特殊工程，适用于冬期施工。高铝水泥不宜用于结构工程，使用温度不宜超过30 ℃，不得与其他水泥混合使用。

6）水泥的选用及其技术指标要求

（1）大体积混凝土宜选用中热硅酸盐水泥或低热硅酸盐水泥。

（2）环境水对混凝土有硫酸盐腐蚀性时，宜选用抗硫酸盐硅酸盐水泥。

（3）受海水、盐雾作用的混凝土，宜选用矿渣硅酸盐水泥。

（4）选用的水泥强度等级与混凝土强度等级相适应。

（5）根据工程的特殊需要，可对水泥的化学成分、矿物组成、细度等指标提出专门要求。

7）灌浆所用水泥的技术要求

（1）一般规定。

灌浆工程所采用的水泥品种，应根据灌浆目的、地质条件和环境水的侵蚀作用等因素确定，通常可采用硅酸盐水泥、普通硅酸盐水泥或复合硅酸盐水泥。当有抗侵蚀或其他要求时，应使用特种水泥。使用矿渣硅酸盐水泥或火山灰质硅酸盐水泥灌浆时，浆液水胶比不宜大于1。

回填灌浆、固结灌浆和帷幕灌浆所用水泥的强度等级应不低于32.5，坝体接缝灌浆各类接触灌浆所用水泥的强度等级应不低于42.5。

帷幕灌浆、坝体接缝灌浆和各类接触灌浆所用水泥的细度宜为通过80 μm方孔筛的筛余量不大于5%。

（2）掺和料。

①砂。质地坚硬的天然砂或人工砂，粒径不宜大于1.5 mm。

②膨润土或黏性土。膨润土品质应符合《钻井液材料规范》的有关规定，黏性土的塑性指数不宜小于14，黏粒（粒径小于0.005 mm）含量不宜小于25%，含砂量不宜大于5%，有机物含量不宜大于3%。

③粉煤灰。品质指标应符合《水工混凝土掺用粉煤灰技术规范》的规定。

④水玻璃。模数宜为2.4~3.0,浓度宜为30~45波美度。

⑤其他掺和料。

(3)外加剂。

根据灌浆需要,可在水泥浆液中加入下列外加剂:

①速凝剂。有水玻璃、氯化钙等。

②减水剂。有木质素磺酸盐类减水剂、萘系高效减水剂、聚羧酸类高效减水剂等。

③稳定剂。有膨润土及其他高塑性黏土等。

④其他外加剂。

3. 水泥混凝土

水泥混凝土指的是由胶凝材料水泥与骨料,按照适当的比例配合,加水拌和成混合物,经凝结硬化而形成的较坚硬的固体材料。

1)混凝土骨料的分类和质量要求

在混凝土中的砂、碎石起骨架作用,其中砂称为细骨料,其粒径为0.16~5.0 mm;碎石称为粗骨料,其粒径大于5.0 mm。骨料必须坚硬、致密、耐久、无裂隙。

(1)细骨料砂的分类。

①砂按其产源不同可分为河砂、湖砂、海砂和山砂。工程一般采用河砂做细骨料。

②砂按粗细程度不同可分为粗砂、中砂和细砂。

(2)砂的主要质量要求。

①有害杂质的含量。配制混凝土用砂要求洁净,不含杂质,且砂中云母、硫化物、硫酸盐、氯盐和有机杂质等的含量应符合规范规定。

②砂的颗粒级配和粗细程度。用级配区表示砂的颗粒级配,用细度模数(M_x)表示砂的粗细程度。M_x 在3.7~3.1之间为粗砂,M_x 在3.0~2.3之间为中砂,M_x 在2.2~1.6之间为细砂,M_x 在1.5~0.7之间为特细砂(细度模数有时用F·M表示)。

③砂的坚固性。是指砂在自然风化和其他外界物理化学因素作用下抵抗破裂的能力。

(3)粗骨料的分类。

普通混凝土常用的粗骨料有碎石和卵石(砾石)。碎石是由天然岩石或大卵石经破碎、筛分而得的粒径大于5.0 mm的岩石颗粒。卵石是由天然岩石经自然风化、水流搬运和分选、堆积形成的粒径大于5.0 mm的岩石颗粒。

(4)粗骨料的主要质量要求。

水工混凝土所用的粗骨料一般分为特大石(150~80 mm或120~80 mm)、大石(80~40 mm)、中石(40~20 mm)、小石(20~5 mm)四级。粗骨料中杂质含量、颗粒形状及表面特征、最大粒径及颗粒级配、骨料的强度、骨料体积稳定性等满足有关规范的规定和要求。

2)混凝土的分类和质量要求

(1)混凝土的分类。

①按所用胶凝材料的不同可分为石膏混凝土、水泥混凝土、沥青混凝土及树脂混凝土等。

②按所用骨料的不同可分为矿渣混凝土、碎石混凝土及卵石混凝土等。

③按混凝土表观密度的大小可分为重混凝土(干表观密度大于2 800 kg/m^3)、普通混凝土(干表观密度为2 000~2 800 kg/m^3)及轻混凝土(干表观密度小于2 000 kg/m^3)。

④按使用功能的不同可分为结构混凝土、水工混凝土、道路混凝土及特种混凝土等。按施工方法不同可分为普通浇筑混凝土、离心成型混凝土、喷射混凝土及泵送混凝土等。

⑤按配筋情况不同可分为素混凝土、钢筋混凝土、纤维混凝土、钢丝混凝土及预应力混凝土等。

(2)混凝土的主要质量要求。

水泥混凝土的质量要求主要表现在和易性、强度、变形、耐久性等几个方面:

①和易性。

和易性是指混凝土拌和物在一定施工条件下,便于操作并能获得质量均匀而密实的混凝土的性能。和易性良好的混凝土在施工操作过程中应具有流动性好、不易产生分层离析或泌水现象等性能。和易性是一项综合性指标,包括流动性、黏聚性及保水性三个方面的含义。

流动性是指新拌混凝土在自重或机械振捣力的作用下,能产生流动并均匀密实地充满模板的性能。

黏聚性是指混凝土拌和物中各种组成材料之间有较好的黏聚力,在运输和浇筑过程中,不致产生分层离析,使混凝土保持整体均匀的性能。黏聚性差的拌和物中水泥浆或砂浆与石子易分离,混凝土硬化后会出现蜂窝、麻面、空洞等不密实现象。

保水性是指混凝土拌和物保持水分,不易产生泌水的性能。

A.和易性的指标及测定方法。

一般常用坍落度定量地表示拌和物流动性的大小。坍落度的测定是将混凝土拌和物按规定的方法装入标准截头圆锥筒(坍落度筒:一个上口为100 mm、下口为200 mm、高为300 mm的喇叭状的仪器)内,灌入混凝土后捣实,将筒垂直提起后,拌和物在自身质量作用下会产生坍落现象,用桶高(300 mm)减去坍落后混凝土最高点的高度,其差值称为坍落度(以mm计)。坍落度越大,表明流动性越大。

在测定坍落度的同时,应检查混凝土的黏聚性及保水性。黏聚性的检查方法是用振捣棒在已坍落的拌和物锥体一侧轻打,若轻打则锥体渐渐下沉,表示黏聚性良好;如果锥体突然倒塌、部分崩裂或发生石子离析,则表示黏聚性不好。保水性以混凝土拌和物中稀浆析出的程度评定,提起坍落度筒后,如有较多稀浆从底部析出,拌和物锥体因失浆而骨料外露,表示拌和物的保水性不好;如提起坍落度筒后,无稀浆析出或仅有少量稀浆在底部析出,混凝土锥体含浆饱满,则表示混凝土拌和物的保水性良好。

B.影响混凝土拌和物和易性的因素。

影响拌和物和易性的因素很多,主要有水泥浆含量、含砂率的大小、水泥浆的稀稠、原材料的种类以及外加剂等。

②强度。

混凝土的强度包括抗压强度、抗拉强度、抗弯强度和抗剪强度等。以抗压强度最大,结构中主要是利用混凝土的抗压强度。

A. 抗压强度。

按照《混凝土物理力学性能试验方法标准》(GB/T 50081—2019),制作边长为150 mm的立方体试件,在标准养护(温度20 ℃±2 ℃、相对湿度95%以上)条件下,养护至28 d龄期,用标准试验方法测得的极限抗压强度,称为混凝土标准立方体抗压强度,以f_{cu}表示。按《混凝土结构设计规范》(GB 50010—2010)的规定,在立方体极限抗压强度总体分布中,具有95%强度保证率的立方体试件抗压强度,称为混凝土立方体抗压强度标准值(以MPa计)。

混凝土强度等级按混凝土立方体抗压强度标准值划分为C15、C20、C25、C30、C35、C40、C45、C50、C55、C60、C65、C70、C75、C80等14个等级。预应力混凝土结构的混凝土强度等级不小于C30。影响混凝土强度的因素有:施工方法及施工质量、水泥强度及水灰比、骨料种类及级配、养护条件及龄期等。

B. 抗拉强度。

混凝土在直接受拉时,很小的变形就会开裂,它在断裂前没有残余变形,是一种脆性破坏。混凝土的抗拉强度一般为抗压强度的1/10~1/20。我国采用立方体的劈裂抗拉试验来测定混凝土的抗拉强度,称为劈裂抗拉强度。抗拉强度的测定方法还有轴心抗拉试验法。抗拉强度对于开裂现象有重要意义,在结构设计中抗拉强度是确定混凝土抗裂度的重要指标。对于某些工程(如混凝土路面、水槽、拱坝),在对混凝土提出抗压强度要求的同时,还应提出抗拉强度要求。

③变形。

混凝土在硬化后和使用过程中,受各种因素影响而产生变形,主要有化学收缩、干湿变形、温度变形及荷载作用下的变形等。这些变形是使混凝土产生裂缝的重要原因之一,直接影响混凝土的强度和耐久性。

④耐久性。

硬化后的混凝土除具有设计要求的强度外,还应具有与所处环境相适应的耐久性。混凝土的耐久性是指混凝土抵抗环境条件的长期作用,并保持其稳定良好的使用性能和外观完整性,从而维持混凝土结构安全、正常使用的能力。

混凝土的耐久性是一个综合性概念,包括抗渗性、抗冻性、抗侵蚀性、抗碳化性、抗磨性、抗碱骨料反应等性能。

A. 抗渗性。

抗渗性是指混凝土抵抗压力水、油等液体渗透的性能。混凝土的抗渗性主要与其密实性及内部孔隙的大小和构造有关。

混凝土的抗渗性用抗渗等级(W)表示,即以28 d龄期的标准试件,按标准试验方法进行试验所能承受的最大水压力(MPa)来确定。混凝土的抗渗等级可划分为W2、W4、W6、W8、W10、W12等6个等级,相应表示混凝土抗渗试验时一组6个试件中4个试件未出现渗水时的最大水压力分别为0.2 MPa、0.4 MPa、0.6 MPa、0.8 MPa、1.0 MPa、1.2 MPa。影响混凝土抗渗性的因素有水灰比、骨料最大粒径、养护方法、水泥品种、外加剂、掺和料和龄期。

B. 抗冻性。

混凝土的抗冻性是指混凝土在含水饱和状态下能经受多次冻融循环而不破坏，同时强度不严重降低（抗压强度下降不超过25%，重量损失不超过5%）的性能。混凝土的抗冻性以抗冻等级（F）表示。抗冻等级按28 d龄期的试件用快冻试验方法测定，分为F50、F100、F150、F200、F250、F300、F400等7个等级，相应表示混凝土抗冻性试验能经受50、100、150、200、250、300、400次的冻融循环。决定混凝土抗冻性的重要因素有混凝土的密实度、孔隙构造和数量、孔隙的充水程度。

C. 抗冲磨性。

抗冲磨性是指混凝土抵抗高速含砂水流冲刷破坏的能力。

D. 抗侵蚀性。

抗侵蚀性是指混凝土抵抗环境水侵蚀的能力。

E. 抗碳化性。

抗碳化性是指混凝土抵抗环境大气中二氧化碳的碳化能力。

3）水工建筑物不同部位混凝土的要求

（1）上、下游最高水位以上坝体表层混凝土。主要考虑抗冻因素，在寒冷地区多采用厚2~3 m的抗冻混凝土。

（2）上、下游水位变化区的坝体表层混凝土。主要考虑抗冻、抗裂因素，多采用厚3~5 m的抗渗、抗冻并具有抗侵蚀性的混凝土。

（3）上、下游最低水位以下坝体表层混凝土。主要考虑强度、抗渗、抗裂因素，多采用厚2~3 m的抗渗混凝土。

（4）坝体内部混凝土。主要考虑低热、抗裂因素。

（5）溢流坝、泄水孔、导墙和闸墩等抗冲刷部位的混凝土。主要考虑强度、抗冻、抗冲刷、抗侵蚀因素。

4）混凝土的配合比

混凝土配合比是指混凝土中水泥、水、砂及石子材料用量之间的比例关系。常采用的方法有：

（1）单位用量表示法：以每立方米混凝土中各项材料的重量来表示。

（2）相对用量表示法：以各项材料间的重量比来表示。

混凝土配合比的设计，实质上就是确定四种材料用量之间的三个对比关系：水灰比、砂率、浆骨比。水灰比表示水与水泥用量之间的对比关系；砂率表示砂与石子用量之间的对比关系；浆骨比是用单位体积混凝土用水量表示，是表示水泥浆与骨料用量之间的对比关系。

4. 水泥砂浆

水泥砂浆是由胶凝材料水泥和细骨料砂，按照一定的配合比加水拌和而成的混合物，经凝结硬化而形成的较坚硬的固体材料。有砌筑砂浆和抹面砂浆两种类型。

新拌砂浆的和易性是指其是否便于施工并保证质量的综合性质。具体技术指标包括流动性和保水性两个方面。

1）流动性

流动性，常用沉入度表示。沉入度即标准圆锥体在砂浆中沉入的深度。沉入度大的砂浆，流动性好。

2)保水性

保水性,即保有水分的能力。保水性可用泌水率表示,即砂浆中泌出水分的质量占拌和水总量的百分率。但工程上采用较多的是分层度这一指标。所谓分层度,通常用上下层砂浆沉入度的差值来表示。分层度大于 2 cm 的砂浆易泌水,不宜使用;分层度接近于 0 的砂浆,虽保水性好,但因胶凝材料用量太多,容易发生干缩裂缝。所以,砂浆的分层度以 1~2 cm 为宜。

5. 木材

建筑工程中,木材作为承重结构用材、施工用木支撑、木模板等材料,在工程中占有重要而独特的地位。

1)木材的分类

建筑用木材,通常以原木、板材、枋材三种材型供货。

(1)原木。是指去枝、去皮后按规格加工成一定长度的木料。

(2)板材。是指宽度为厚度的 3 倍或 3 倍以上的型材。

(3)枋材。为宽度不足 3 倍厚度的型材。

2)木材的力学性质

木材的组织结构决定了它的许多性质为各向异性,在力学性质上尤其突出。木材的抗拉、抗压、抗剪、抗弯四种强度均具有明显的方向性。

(1)抗拉强度。顺纹方向最大,横纹方向最小。

(2)抗压强度。顺纹方向最大,横纹方向只有顺纹的 10%~20%。

(3)抗剪强度。顺纹方向最小,横纹方向达到顺纹方向的 4~5 倍。

(4)抗弯强度。木材的抗弯性很好,在使用时绝大多数为顺纹情况,可视为弯曲上方为顺纹抗压,弯曲下方为顺纹抗拉的复合情况。

6. 火工材料

1)炸药

一般工程爆破使用的炸药大部分是硝铵类粉状炸药,硝铵类炸药的品种较多,分为岩石硝铵炸药、露天硝铵炸药、岩石铵沥蜡炸药、浆状炸药等。在水利工程中,一般石方开挖可选用 2 号岩石硝铵炸药;拦河大坝基坑石方开挖可按 2 号岩石硝铵炸药和 4 号抗水岩石硝铵炸药各半选取;地下洞室工程石方开挖以 4 号岩石硝铵炸药为主,适当比例选用乳胶炸药。

2)雷管

雷管由于构造、性质、引爆方法的不同,分为火雷管与电雷管两类。用导爆索引爆的雷管称为火雷管。用电引爆的雷管称为电雷管。

(1)火雷管。由外壳、起爆药、猛炸药、加强帽组成,由点火引爆,适用于露天矿、无瓦斯和矿尘爆炸危险的地下作业,不适用于有水炮眼。

(2)电雷管。是在火雷管的构造基础上加电引火装置组成的。电雷管有瞬发电雷管、秒延期电雷管、毫秒延期电雷管、抗杂散电流电雷管 4 种。

3)引爆线

引爆线指传递火焰、传递爆轰波和传导电流引爆雷管的索(线)。包括导火线、导爆索、导电线等。

7. 油料

油料大致分为四大类:液体燃料(汽油、煤油、柴油等)、润滑油(发动机润滑油、工业用润滑油等)、润滑脂(减磨用脂、防护用脂等)、特种油(液压油、传动油等)。水利工程建设中的工程机械、运输设备所需油料为液体燃料,即汽油和柴油,也用到润滑油及特种油。

1)汽油

汽车、摩托车、拖车泵以及装有汽油机的各种地面机械和水面船艇均使用车用汽油,简称汽油。汽油是轻质石油产品的一大类,沸点为40~200 ℃,主要成分是四碳至十二碳烃类,由天然石油和人造石油经分馏或由石油重质馏分经裂化而制得。

(1)汽油的种类和牌号。汽油分为航空汽油和车用汽油两种。按《车用汽油Ⅳ》规格标准 GB 17930—2016 汽油有 90 号、93 号、95 号三个牌号,其牌号是按研究法辛烷值划分的。号数越大,抗爆性越好。另外,还有《车用乙醇汽油标准(E10)》GB 18351—2017,将汽油分为 89 号、92 号、95 号和 98 号 4 个牌号。

(2)汽油的使用。发动机选用何种牌号汽油作为燃料,主要应考虑发动机压缩比的大小。压缩比大的发动机应选用辛烷值高的汽油,压缩比小的发动机应选用辛烷值低的汽油。如水利工程一般的载重汽车压缩比在 7.0~8.0 的发动机,使用 90 号以上汽油。水利工程需要使用大量汽油时,应根据工程所在地区海拔,不同的汽车型号,不同的压缩比,选用不同牌号的汽油,有利于控制工程造价。

2)柴油

柴油分为重柴油、轻柴油和农用柴油三大类。重柴油为比重较大的一类柴油,由天然石油、人造石油等经分馏或裂化而得,与轻柴油相比,质量要求较宽、黏度较大、凝固点较高。轻柴油是比重较轻的一类柴油,由天然石油、人造石油、页岩油等经分馏而得,有时也加入一部分裂化产物,与重柴油相比,质量要求较严,十六烷值较高,黏度较小,凝固点较低。农用柴油是凝固点相对更高的重柴油。水利工程施工所需的工程机械及运输设备大部分采用轻柴油,少量也可用重柴油作为燃料。

我国生产的柴油分为轻柴油、重柴油和农用柴油,重柴油和农用柴油仅供民用,军用和工程技术装备上均采用轻柴油。

(1)轻柴油。目前,我国生产三种质量级别的轻柴油,即优级品、一级品和合格品。优级品已达到国际先进水平,一级品已达到国际一般水平,合格品为达到国内平均先进水平。每个质量级别又按凝点的不同分为 10 号、0 号、-10 号、-20 号、-30 号、-50 号 6 个牌号。

(2)柴油的使用。柴油发动机应根据其构造性能、工作状态及周围气温,选用不同牌号的柴油。柴油的选用首先取决于发动机转速的高低,转速愈高就要求选用十六烷值较高而馏分较轻的柴油。

水利工程中常用的自卸汽车、水下疏浚船舶以及工程机械多属高速柴油机,均采用轻柴油。柴油的选用以保证在最低气温下不凝固为原则。

(二)其他建筑材料的应用

1.胶凝材料的分类和用途

能够通过自身的物理化学作用,从浆体(液态和半固态)变成坚硬的固体,并能把散粒材料(如砂、石)或块状材料(如砖和石块)胶结成为整体材料的物质称为胶凝材料。胶凝材料根据其化学组成可分为有机胶凝材料和无机胶凝材料;无机胶凝材料按硬化条件差异又分为气硬性胶凝材料和水硬性胶凝材料。气硬性胶凝材料只能在空气中硬化、保持或发展强度,适用于干燥环境,如石灰、水玻璃等;水硬性胶凝材料不仅能在空气中硬化,而且能更好地在潮湿环境或水中硬化、保持并继续发展其强度,如水泥、沥青属于有机胶凝材料。

1)石灰

(1)石灰的原料及生产。

石灰是工程中常用的胶凝材料之一,其原料石灰石主要成分是碳酸钙($CaCO_3$),石灰石经高温煅烧分解产生以 CaO 为主要成分(少量 MgO)的生石灰。

(2)石灰的熟化。

石灰的熟化又称消解,是指生石灰与水(H_2O)发生反应,生成 $Ca(OH)_2$ 的过程。生石灰的熟化过程伴随着剧烈的放热与体积膨胀现象(1.5~3.5 倍)。

(3)石灰的特点。

①可塑性好。生石灰消解为石灰浆时,其颗粒极微细,呈胶体状态,比表面积大,表面吸附了一层较厚的水膜,因而保水性能好,同时水膜层也降低了颗粒间的摩擦力,可塑性增强。

②强度低。石灰硬化缓慢、强度较低,通常 1:3的石灰砂浆,其 28 d 抗压强度只有 0.2~0.5 MPa。

③耐水性差。在石灰硬化体中存在着大量尚未碳化的 $Ca(OH)_2$,而 $Ca(OH)_2$ 易溶于水,所以石灰的耐水性较差,故石灰不宜用于潮湿环境中。

④体积收缩大。石灰在硬化过程中蒸发掉大量的水分,引起体积显著收缩,易产生裂纹。

2)水玻璃

水玻璃是一种碱金属硅酸盐水溶液,俗称泡花碱。根据碱金属氧化物的不同,分为硅酸钠水玻璃和硅酸钾水玻璃等。

(1)水玻璃的性质。

水玻璃通常为青灰色或黄灰色黏稠液体,具有较强的黏结力,其模数越大,黏结力越强。同一模数的水玻璃溶液,浓度越大,密度越大;黏度越大,黏结力越强。

水玻璃硬化时析出的硅酸凝胶,可堵塞材料的毛细孔隙,具有一定的防渗作用;能抵抗多数无机酸、有机酸的腐蚀,具有很强的耐酸腐蚀性;还有着良好的耐热性,在高温下不分解、强度不降低甚至有所增加。

(2)水玻璃的用途。

①灌浆材料。常用于加固地基,水玻璃溶液和氯化钙溶液交替灌入地基中,两种溶液发生化学反应,析出硅酸胶体,起到胶结和填充土壤空隙的作用,增加了土的密实度和

强度。

②涂料。天然石材、混凝土硅酸盐制品等表面涂上一层水玻璃，可提高其防水性和抗风化性；用水玻璃涂刷钢筋混凝土中的钢筋，可起到一定的阻锈作用。

③防水剂。水玻璃还可以与多种矾配制成防水剂，用于防水砂浆和防水混凝土。

④耐酸材料。水玻璃与促硬剂、耐酸粉、耐酸骨料配合可制得耐酸砂浆和耐酸混凝土，对于硫酸、盐酸、硝酸等无机酸具有较好的耐腐蚀能力，常用于防腐工程。

⑤耐热材料。利用水玻璃的耐热性可配制耐热砂浆和耐热混凝土。

⑥黏合剂。液体水玻璃、粒化高炉矿渣、砂和氟硅酸钠按一定的比例配合可制得水玻璃矿渣砂浆，用于块材裂缝的修补、轻型内墙的黏结等。

3）水泥

水泥是一种胶凝性材料，前文已介绍。

4）石油沥青

工程中常用的沥青材料主要是石油沥青和煤沥青，石油沥青的技术性质优于煤沥青。

石油沥青按原油的成分分为石蜡基沥青、沥青基沥青和混合基沥青；按加工方法不同分为直馏沥青、氧化沥青、裂化沥青等；按沥青用途不同分为道路石油沥青、建筑石油沥青、专用石油沥青（如防水防潮石油沥青）和普通石油沥青。其中，建筑石油沥青黏性较大，耐热性较好，但塑性较小，主要用来制造油毡、油纸、防水涂料和沥青胶，主要用于屋面及地下防水、沟槽防水、工程防腐等。

5）掺和料

在制备混凝土拌和物时，为节省水泥、改善混凝土性能等而加入的天然或人工的细粉矿物材料，其遇水本身无（或有轻微）硬化，但与水泥混合加水拌和后，不但能在空气中硬化，而且能在水中继续硬化者，称为活性矿物掺和料。

混凝土用活性矿物掺和料，多为其他工业过程的弃品或副产品，它们的广泛应用，对环保、节约能源和改善混凝土性能都具有十分重大的意义。

水工混凝土掺和料可选用粉煤灰、矿渣粉、硅粉、火山灰等。掺和料可单掺也可复掺，其品种和掺量应根据工程的技术要求、掺和料品质和资源条件，经试验确定。

粉煤灰是水工混凝土常用的掺和料，它是火力发电厂磨细煤粉燃烧后的废弃物，是混凝土中应用最广泛的掺和料。根据《用于水泥和混凝土中的粉煤灰》（GB 1596—2017）的规定，拌制混凝土和砂浆用粉煤灰分为三个等级：Ⅰ级、Ⅱ级、Ⅲ级。拌制混凝土和砂浆用粉煤灰最大掺量（%）等必须满足规范要求，粉煤灰的化学组成和基本物理特性详见有关资料。

2. 外加剂的分类和应用

为了提高混凝土的性能、节约水泥、加快施工进度、降低工程造价，常在混凝土内加入少量的外加剂。

1）外加剂的分类

混凝土外加剂种类繁多，根据《混凝土外加剂应用技术规范》（GB 50119—2013），外加剂按其主要功能可分为以下四类：

（1）改善混凝土拌和物（和易性）流动性能的外加剂。包括各种减水剂、引气剂和泵送剂等。

(2)调节混凝土凝结时间、硬化性能的外加剂。包括速凝剂、缓凝剂、早强剂和泵送剂等。

(3)改善混凝土耐久性的外加剂。包括引气剂、防水剂、阻锈剂和养护剂等。

(4)改善混凝土其他性能的外加剂。包括引气剂、膨胀剂、防冻剂、着色剂和泵送剂等。

2)工程中常用的外加剂

目前,在工程中常用的外加剂主要有减水剂、早强剂、引气剂、缓凝剂、防冻剂、速凝剂、膨胀剂等。

3)外加剂的选择和使用

在混凝土中掺入外加剂,可明显改善混凝土的技术性能,取得显著的技术经济效果。若选择和使用不当,会造成事故。因此,在选择和使用外加剂时,应注意以下几点:

(1)外加剂品种选择。

外加剂品种、品牌很多,效果各异,特别是对于不同品种的水泥效果不同。使用时应根据工程需要和现场的材料条件,参考有关资料并通过试验确定。

(2)外加剂掺量确定。

混凝土外加剂均有适宜掺量,掺量过小,往往达不到预期效果;掺量过大,则会影响混凝土质量,甚至造成质量事故,应通过试验试配确定最佳掺量。

(3)外加剂掺加方法。

外加剂掺量很少,必须保证其均匀度,一般不能直接加入混凝土搅拌机内。对于可溶水的外加剂,应先配成一定浓度的水溶液,随水加入搅拌机;对不溶于水的外加剂,应与适量水泥或砂混合均匀后加入搅拌机内。

(三)土工合成材料的分类和应用

1. 土工合成材料的分类

《土工合成材料应用技术规范》(GB/T 50290—2014)把土工合成材料分为土工织物、土工膜、土工复合材料和土工特种材料四大类。

1)土工织物

土工织物又称土工布,是由聚合物纤维制成的透水性土工合成材料。按制造方法不同,土工织物可分为织造型(有纺)与非织造型(无纺)土工织物两大类。

2)土工膜

土工膜是透水性极低的土工合成材料。按制作方法不同,可分为现场制作和工厂预制两大类;按原材料不同,可分为聚合物和沥青两大类,聚合物膜在工厂制造,而沥青膜则大多在现场制造;为满足不同强度和变形需要,又有加筋和不加筋之分。

3)土工复合材料

土工复合材料是为满足工程特定需要把两种或两种以上的土工合成材料组合在一起的制品。

4)土工特种材料

土工特种材料是为工程特定需要而生产的产品。常见的有土工格栅、土工网、土工模袋、土工格室、土工管、土工包和土工合成材料黏土垫层等。

2. 土工合成材料的应用

1)土工织物

土工织物(土工布)、土工膜具有重量轻、强度高、伸长率大及防渗性能好、适应能力强、施工简便、造价低廉等优点,在水利工程中应用广泛。

2)土工复合材料

(1)复合土工膜。是将土工膜和土工织物复合在一起的产品,在水利工程中应用广泛。

(2)塑料排水带。由不同凹凸截面形状并形成连续排水槽的带状塑料心材,外包非织造土工织物(滤膜)构成的排水材料。在码头、水闸等软基加固工程中被广泛应用。

(3)软式排水管,又称为渗水软管。由支撑骨架和管壁包裹材料两部分构成,支撑骨架由高强度钢丝圈构成,高强度钢丝由钢线经磷酸防锈处理,外包一层 PVC 材料,使其与空气、水隔绝,避免氧化生锈。

3)土工特种材料

(1)土工格栅。在聚丙烯或高密度聚乙烯板材上先冲孔,然后进行拉伸而成的带长方形孔的板材。按拉伸方向不同,可分为单向拉伸(孔近矩形)和双向拉伸(孔近方形)两种、土工格栅埋在土内,与周围土之间不仅有摩擦作用,而且由于土石料嵌入其开孔中,还有较高的啮合力,它与土的摩擦系数高达 0.8~1.0。土工格栅强度高、延伸率低,是加筋的好材料。

(2)土工网。由聚合物经挤塑成网或由粗股条编织或由合成树脂压制成的具有较大孔眼和一定刚度的平面网状结构材料,一般土工网的抗拉强度都较低,延伸率较高。常用于坡面防护、植草、软基加固垫层和用于制造复合排水材料。

(3)土工模袋。由上下两层土工织物制成的大面积连续袋状材料,袋内充填混凝土或水泥砂浆,凝固后形成整体混凝土板,适用于护坡。模袋上下两层之间用一定长度的尼龙绳拉接,用以控制填充时的厚度。按加工工艺不同,模袋可分为工厂生产的机织模袋和手工缝制的简易模袋两类。

(4)土工格室。由强化的高密度聚乙烯宽带每隔一定间距以强力焊接而形成的网状格室结构,格室张开后,可填土料,由于格室对土的侧向位移的限制,可大大提高土体的刚度和强度。土工格室可用于处理软弱地基,增大其承载力;沙漠地带可用于固沙;也可用于护坡等。

(5)土工管、土工包。用经防老化处理的高强度土工织物制成的大型管袋及包裹体,可用于护岸、崩岸抢险和堆筑堤防。

(6)土工合成材料黏土整层。由两层或多层土工织物或土工膜中间夹一层膨润土粉末(或其他低渗透性材料)以针刺(缝合或黏结)而成的一种复合材料,用于水利或土木工程中的防渗或密封设计。

(四)其他建筑材料的应用条件

1. 筑坝用土石料

主要包括土坝(体)壳用土石料、防渗体用土石料、排水设施和砌石护坡用石料。

1)土坝(体)壳用土石料

常用于均质土坝的土料是砂质黏土和壤土,要求其应具有一定的抗渗性和强度,其渗透系数不宜大于 1×10^{-4} cm/s;黏料含量一般为 10%~30%;有机质含量(按质量计)不大于 5%,易溶盐含量小于 5%。

心墙坝和斜墙坝多用粒径级配较好的中砂、粗砂、砾石、卵石及其他透水性较高、抗剪强度参数较大的混合料。

2)防渗体用土石料

一般采用黏土、砂壤土、壤土、黏质土等材料。

3)排水设施和砌石护坡用石料

可采用块石,其饱和抗压强度不小于 40~50 MPa,岩石孔隙率不大于 3%,吸水率(按孔隙体积比计算)不大于 0.8,容重应大于 22 kN/m^3。也可采用碎石、卵石,不宜使用风化岩石。

2. 土工合成材料

土工合成材料在水利水电工程中的应用包括:

(1)防渗。利用土工膜或复合土工膜防渗性强的特点,进行土坝、堤防、池塘等工程的防渗。

(2)反滤、排水。利用土工布透水性好、孔隙小的特点,作为土石坝、水闸、堤防、挡土墙等工程的排水和反滤体。

(3)护岸护底工程。利用土工布做成软体排铺设在防冲的边坡上,防止水流冲刷渠道和海岸等土岸坡。

(4)防汛抢险方面。利用填满土石料的土工编织袋,快速加高加固堤坝,在迎水面上利用土工布制成的软体卷材快速铺设,及时堵住渗漏通道,有效控制管涌、流土,防止渗透破坏。

3. 建筑石材

水工建筑物对石料的要求是有较好的耐水性、抗冻性、耐久性。

1)火成岩

(1)花岗岩。具有较高的抗冻性,凿平、磨光性也较好。质地均匀、坚固,颜色美观,是良好的建筑装饰材料。

(2)闪长岩。吸水低,韧性高,抗风化能力强,是良好的水工建筑材料。

(3)辉长岩。具有很高强度及抗风化性,是良好的水工建筑石料。

(4)辉绿岩。硬度中等,磨光性较好,多用于桥墩、基础、路面及石灰、粉刷材料、原料等。

(5)玄武岩。强度、耐久性高,脆性大不易成大块,主要用作筑路材料、堤岸的护坡材料等。

2)水成岩

(1)石灰岩。致密的石灰岩加工成板状,可用来砌墙、堤坝护坡,碎石可用来做混凝土骨料等。但由于它易溶于含有游离 CO_2 较多的水中,因此当用于水工建筑物时,应考虑它的溶解性及抗冻性。

(2)砂岩。多用于基础、衬面和人行道等，但黏土砂岩遇水软化，不能用于水中建筑物。

3)变质岩

(1)片麻岩。用途与花岗岩基本相同，但因呈片状而受到限制，可做成板材，用于渠道和堤岸衬砌等。

(2)大理岩。用于地面、墙面、柱面、栏杆及电气绝缘板等。

(3)石英岩。均匀致密，耐久性很高，硬度大，开采加工很困难。

第三节　工程等别与水工建筑物级别

一、水利水电工程等别划分

水利水电工程等级划分及水工建筑物等级划分，是确定工程规模的重要依据。水利水电工程等级划分，既关系到工程自身的安全，又关系到其下游人民生命财产、工矿企业和设施的安全，对工程效益的正常发挥、工程造价和建设速度有直接影响。根据《水利水电工程等级划分及洪水标准》(SL 252—2017)的规定，对于我国不同地区、不同条件下建设的防洪、灌溉、发电、供水和治涝等水利水电工程等别，按其工程规模、效益和在经济社会中的重要性，划分为Ⅰ、Ⅱ、Ⅲ、Ⅳ、Ⅴ五等。

水利水电工程等级划分见表1-2。

表1-2　水利水电工程分等指标

工程等别	工程规模	水库总库容(亿 m^3)	防洪			治涝	灌溉	供水		发电
			保护人口(万人)	保护农田面积(万亩)	保护区当量经济规模(万人)	治涝面积(万亩)	灌溉面积(万亩)	供水对象重要性	年引水量(亿 m^3)	发电装机容量(MW)
Ⅰ	大(1)型	≥10	≥150	≥500	≥300	≥200	≥150	特别重要	≥10	≥1 200
Ⅱ	大(2)型	<10，≥1.0	<150，≥50	<500，≥100	<300，≥100	<200，≥60	<150，≥50	重要	<10，≥3	<1 200，≥300
Ⅲ	中型	<1.0，≥0.10	<50，≥20	<100，≥30	<100，≥40	<60，≥15	<50，≥5	比较重要	<3，≥1	<300，≥50
Ⅳ	小(1)型	<0.10，≥0.01	<20，≥5	<30，≥5	<40，≥10	<15，≥3	<5，≥0.5	一般	<1，≥0.3	<50，≥10
Ⅴ	小(2)型	<0.01，≥0.001	<5	<5	<10	<3	<0.5		<0.3	<10

注：1. 水库总库容指水库最高水位以下的静库容；治涝面积指设计治涝面积；年引水量指供水工程；渠首设计年均引(取)水量。
2. 保护区当量经济规模指标仅限于城市保护区；防洪、供水中的多项指标满足1项即可。
3. 按供水对象的重要性确定工程等别时，该工程应为供水对象的主要水源。

水利水电工程等别确定注意事项如下：

(1)综合利用的水利水电工程可能同时具有防洪、发电、灌溉、供水等任务。为工程安全起见,按表1-2确定其等别时,当各项任务指标对应的等别不同时,其整个工程等别应按其中最高的等别确定。

(2)对于拦河水闸、灌排泵站作为水利水电工程中的一个组成部分或单个建筑物时不再单独确定工程等别,作为独立项目立项建设时,其工程等别按承担的工程任务、规模确定。

二、水工建筑物级别划分

水利水电工程中水工建筑物的级别,反映了工程对水工建筑物的技术要求和安全要求,应根据工程的等别或永久性水工建筑物的分级指标综合分析确定。

(一)永久性水工建筑物级别

(1)水利水电工程的永久性水工建筑物的级别根据建筑物所在工程的等别,以及建筑物的重要性确定为五级,分别为1、2、3、4、5级,见表1-3。

表1-3 永久性水工建筑物级别

工程等别	主要建筑物	次要建筑物
Ⅰ	1	3
Ⅱ	2	3
Ⅲ	3	4
Ⅳ	4	5
Ⅴ	5	5

注:失事后损失巨大或影响十分严重的水利水电工程的2~5级主要永久性水工建筑物,经过论证并报主管部门批准,可提高一级;水头低、失事后造成损失不大的水利水电工程的1~4级主要永久性水工建筑物,经过论证并报主管部门批准,可降低一级。

(2)水利枢纽工程水库大坝按表1-3规定为2级、3级的永久性水工建筑物,如坝高超过表1-4中指标,其级别可提高一级,但洪水标准可不提高。

表1-4 水库大坝等级指标

级别	坝型	坝高(m)
2	土石坝	90
	混凝土坝、浆砌石坝	130
3	土石坝	70
	混凝土坝、浆砌石坝	100

水库工程中最大高度超过200 m的大坝建筑物,其级别应为1级,其设计标准应专门研究论证,并报上级主管部门审查批准。

(3)堤防工程的级别根据其保护对象的防洪标准确定,见表1-5。

表 1-5　堤防工程的级别

防洪标准[重现期(年)]	≥100	<100,且≥50	<50,且≥30	<30,且≥20	<20,且≥10
堤防工程的级别	1	2	3	4	5

注:穿越堤防、渠道的永久性水工建筑物的级别,不应低于相应堤防、渠道的级别。

(4)治涝、排水工程中的排水渠(沟)永久性水工建筑物级别,应根据设计流量确定,见表 1-6。

表 1-6　排水渠(沟)永久性水工建筑物级别

设计流量(m^3/s)	≥500	<500,≥200	<200,≥50	<50,≥10	<10
主要建筑物	1	2	3	4	5
次要建筑物	3	3	4	5	5

(5)治涝、排水工程中的水闸、渡槽、倒虹吸、管道、涵洞、隧洞、跌水与陡坡等永久性水工建筑物级别,应根据设计流量确定,见表 1-7。

表 1-7　排水渠系永久性水工建筑物级别

设计流量(m^3/s)	≥300	<300,≥100	<100,≥20	<20,≥5	<5
主要建筑物	1	2	3	4	5
次要建筑物	3	3	4	5	5

(6)治涝、排水工程中的泵站永久性水工建筑物级别,应根据设计流量及装机功率确定,见表 1-8。

表 1-8　泵站永久性水工建筑物级别

设计流量(m^3/s)	≥200	<200,≥50	<50,≥10	<10,≥2	<2
装机功率(MW)	≥30	<30,≥10	<10,≥1	<1,≥0.1	<0.1
主要建筑物	1	2	3	4	5
次要建筑物	3	3	4	5	5

注:1. 设计流量指建筑物所在断面的设计流量。
2. 装机功率指泵站包括备用机组在内的单站装机总功率。
3. 当泵站按分级指标分属两个不同级别时,按其中高者确定。
4. 由连续多级泵站串联组成的泵站系统,其级别按系统总装机功率确定。

(7)灌溉工程中的渠道及渠系永久性水工建筑物级别,应根据设计灌溉流量确定,见表 1-9。

表 1-9　灌溉工程永久性水工建筑物级别

设计灌溉流量(m^3/s)	≥300	<300,≥100	<100,≥20	<20,≥5	<5
主要建筑物	1	2	3	4	5
次要建筑物	3	3	4	5	5

注:灌溉工程中的泵站永久性水工建筑物级别,应根据设计流量及装机功率确定,见表 1-8。

(二)临时性水工建筑物级别

水利水电工程施工期使用的临时性挡水、泄水等水工建筑物的级别,应根据保护对象、失事后果、使用年限和临时性挡水建筑物规模,按表1-10确定。对于同时分属于不同级别的临时性水工建筑物,其级别应按照其中最高级别确定。但对于3级临时性水工建筑物,符合该级别规定的指标不得少于两项。

表1-10 临时性水工建筑物级别

级别	保护对象	失事后果	使用年限(年)	临时性挡水建筑物规模	
				围堰高度(m)	库容(亿 m^3)
3	有特殊要求的1级永久性水工建筑物	淹没重要城镇、工矿企业、交通干线或推迟工程总工期及第一台(批)机组发电,推迟工程发挥效益,造成重大灾害和损失	>3	>50	>1.0
4	1、2级永久性水工建筑物	淹没一般城镇、工矿企业或影响工程总工期及第一台(批)机组发电,推迟工程发挥效益,造成较大经济损失	≤3,≥1.5	≤50,≥15	≤1.0,≥0.1
5	3、4级永久性水工建筑物	淹没基坑,但对总工期及第一台(批)机组发电影响不大,对工程发挥效益影响不大,经济损失较小	<1.5	<15	<0.1

三、水库与堤防的特征水位

(一)水库的特征水位

(1)校核洪水位。水库遇大坝的校核洪水时在坝前达到的最高水位。

(2)设计洪水位。水库遇大坝的设计洪水时在坝前达到的最高水位。

(3)防洪高水位。水库遇下游保护对象的设计洪水时在坝前达到的最高水位。

(4)正常蓄水位(正常高水位、设计蓄水位、兴利水位)。水库在正常运用的情况下,为满足设计的兴利要求在供水期开始时应达到的最高水位。

(5)防洪限制水位(汛前限制水位)。水库在汛期允许兴利的上限水位,也是水库汛期防洪运用时的起调水位。

(6)死水位。水库在正常运用的情况下,允许消落到的最低水位。它在取水口之上并保证取水口有一定的淹没深度。

水库特征水位和相应库容关系如图1-1所示。

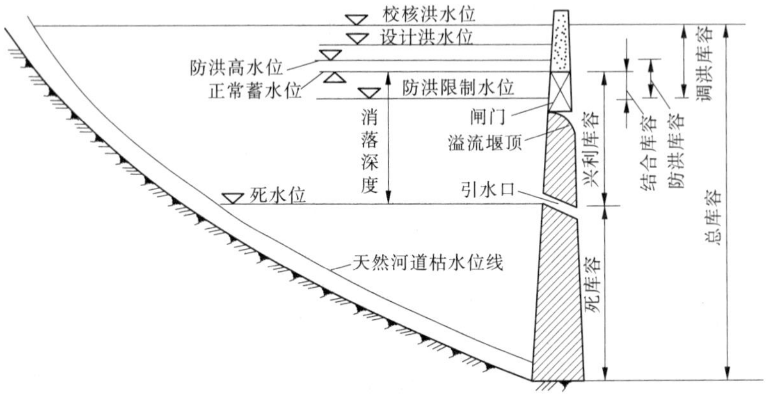

图 1-1　水库特征水位和相应库容关系

(二)堤防工程特征水位

(1)设防(防汛)水位。开始组织人员防汛的水位。

(2)警戒水位。当水位达到设防水位后继续上升到某一水位时,防洪堤随时可能出险,防汛人员必须迅速开赴防汛前线,准备抢险,这一水位称警戒水位。

(3)保证水位。即堤防的设计洪水位,河道遇堤防的设计洪水时在堤前达到的最高水位。

第四节　水工建筑物分类及基本形式

一、概述

水利工程按其承担的任务可分为防洪工程、农田水利工程、水力发电工程、城市供水及排水工程、航道及港口工程、环境水利工程等。一项工程同时兼有几种任务的,称为综合利用水利工程。

按水利工程对水的作用可分为蓄水工程、排水工程、取水工程、输水工程、提水工程、水质净化和污水处理工程。

水利工程中常采用单个或若干个不同作用、不同类型的建筑物来控制和调节水流,这些为防治水害、开发利用水资源,以满足不同部门对水资源的需求而修建的建筑物称为水工建筑物。由不同类型的水工建筑物组成的综合体称为水利枢纽。

二、水工建筑物的分类

水工建筑物可按使用期限和功能进行分类。

水工建筑物按使用期限可分为永久性水工建筑物和临时性水工建筑物,后者是指在施工期短时间内发挥作用的建筑物,如围堰、导流隧洞、导流明渠等。

水工建筑物按功能可分为通用性水工建筑物和专门性水工建筑物两大类。

(一)通用性水工建筑物

(1)挡水建筑物,如各种坝、水闸、堤和海塘。

(2)泄水建筑物,如各种溢流坝、岸边溢洪道、泄水隧洞、分洪闸。

(3)进水建筑物,也称取水建筑物,如进水闸、深式进水口、泵站。

(4)输水建筑物,如引(供)水隧洞、渡槽、输水管道、渠道。

(5)河道整治建筑物,如丁坝、顺坝、潜坝、护岸、导流堤。

(二)专门性水工建筑物

(1)水电站建筑物,如前池、调压室、压力水管、水电站厂房。

(2)渠系建筑物,如节制闸、分水闸、渡槽、沉沙池、冲沙闸。

(3)港口水工建筑物,如防波堤、码头、船坞、船台和滑道。

(4)过坝(闸)设施,如船闸、升船机、放木道、筏道及鱼道等。

有些水工建筑物的功能并非单一,难以严格区分其类型,如各种溢流坝,既是挡水建筑物,又是泄水建筑物;闸门既能挡水和泄水,又是水力发电、灌溉、供水和航运等工程的重要组成部分。有时施工导流隧洞可以与泄水或引水隧洞等结合。

三、水工建筑物的基本形式

(一)挡水建筑物

用以拦截江河、形成水库或壅高水位,如各种坝和水闸;以及为抵御洪水或挡潮,沿江河海岸修建的堤防、海塘等,是水利枢纽中最主要的水工建筑物之一。

1. 坝

坝的主要作用是拦洪蓄水、壅高水位、形成水库同时又可集中河段落差,以便于引水发电或灌溉、供水和调节河道中水流等。坝的形式很多,可以从不同角度来划分其类型。

1)按筑坝材料划分

按筑坝材料划分有土坝、堆石坝和干砌石坝、浆砌石坝、混合坝、混凝土和钢筋混凝土坝等。

(1)土坝。主要材料是黏土、砂质黏土、砂土或其他土料。

(2)干砌石坝和堆石坝。这两种坝均不用胶结材料。干砌石坝要求石料较整齐规则,费工;堆石坝对石料要求较低,便于施工。

(3)浆砌石坝。用水泥砂浆或白灰砂浆等胶结材料浆砌料石筑成的坝为浆砌石坝。浆砌石坝比混凝土坝节省水泥,施工简便。但石料的修整和砌筑难以机械化施工,需劳动力多,进度慢。在石料丰富的山区、丘陵地区群众自办的水利工程中常采用。

(4)混合坝。用土料和石料等筑成的多种材料坝。这些材料不是混杂在一起,而是分区填筑在坝的不同部位。

以上四种坝型均是利用当地材料修筑的,故统称为当地材料坝。

(5)混凝土和钢筋混凝土坝。用混凝土或钢筋混凝土浇筑而成。

(6)其他坝型。有用橡胶做成袋形靠充水或充气来挡水的橡胶坝;用木料做成框格内填土石料筑成的木坝等。

2)按坝的受力情况和结构特点划分

按坝的受力情况和结构特点划分有重力坝、拱坝和支墩坝。

(1)重力坝。是依靠自身的重量维持的坝,如混凝土重力坝和浆砌石重力坝。

重力坝靠坝自身产生的坝身与坝基之间的摩擦力来抵抗水压力，以维持稳定。大体积重力坝，由于坝体较重，要求基础有较高的承载力和摩擦系数，故大都建在岩基上。

混凝土重力坝具有结构简单，可高度机械化施工，导游时可通过坝体预留底孔或允许溢流，不怕冰冻，适应气候变化，管理方便，便于分期扩建加高等优点。缺点是耗材量大、水泥用量多；施工时大体积混凝土散热困难，常需冷却设备，难免出现裂缝。从坝身结构上说，重力坝又可分为实体重力坝、宽缝重力坝及空腹重力坝等。

(2)拱坝。平面上呈曲线形，两端支承在河岸两侧的岩石上，靠拱的作用将水平推力经拱座传到两岸岩基上以维持坝的稳定。拱坝大多用混凝土建造，也有用料石浆砌而成的。

(3)支墩坝。支墩坝水压力由挡水面板传给支墩，再由支墩传递到地基，以维持坝的稳定。支墩坝多用钢筋混凝土或混凝土浇筑而成。

3)按坝顶过水情况划分

按坝顶是否过水分为非溢流坝和溢流坝。非溢流坝只起挡水作用。溢流坝兼有挡水和泄洪的作用。这两种坝大多由混凝土或钢筋混凝土浇筑而成。

2. 水闸

水闸是一种利用闸门挡水和泄水的低水头水工建筑物，多建于河道、渠系及水库、湖泊岸边，在平原河段上修建低水头水利枢纽时，常用拦河闸来挡水和泄水。一般由闸室、上游连接段和下游连接段组成；闸室是水闸的主体，包括闸门、闸墩、边墩(岸墙)、底板、胸墙、工作桥、检修便桥、交通桥、启闭机等。

水闸按闸室结构形式可分为开敞式、胸墙式、涵洞式水闸。

水闸按其所承担的任务主要分为5种。

(1)节制闸。拦河或在渠道上建造，用于拦洪、调节水位以满足上游引水或航运需要，控制下泄流量，保证下游河道安全或根据下游用水需要调节放水流量。位于河道上的节制闸又称为拦河闸。

(2)进水闸。建在河道、水库或湖泊的岸边，用来控制引水流量，以满足灌溉、发电或供水的需要。进水闸又称为取水闸或渠首闸。

(3)分洪闸。常建于河道一侧，用来将超过下游河道安全泄量的洪水泄入分洪区(蓄洪区或滞洪区)或分洪道。

(4)排水闸。常建于江河沿岸，用来排除内河或低洼地区对农作物有害的渍水。当外河水位上涨时，可以关闸，防止外水倒灌。当洼地有蓄水、灌溉要求时，可以关门蓄水或从江河引水，具有双向挡水，有时还有双向过流的特点。

(5)冲沙闸(排沙闸)。建在多泥沙河流上，用于排除进水闸、节制闸或渠系中沉积的泥沙，减少引水水流的含沙量，防止渠道和闸前河道淤积。

除此之外，还有为排除冰块、漂浮物等而设置的排冰闸、排污闸、挡潮闸。

(二)泄水建筑物

泄水建筑物的主要作用是宣泄洪水，又称为泄洪建筑物，以防洪水漫顶，确保坝体安全，它是水利枢纽中不可缺少的主要建筑物。泄洪建筑物有溢流坝(溢洪闸)、溢洪道、泄洪隧洞和泄水底孔等多种形式。

1. 溢流坝

溢流坝大都是混凝土坝或钢筋混凝土坝,坝顶溢流,兼有挡水和泄洪作用。它除需要满足稳定和强度要求外,还应满足安全泄洪的水力学要求。

一般大中型工程溢流坝的溢流孔均设有闸门,堰顶高程较低,可调节水库水位和下泄流量,减少上游的淹没损失。

2. 河岸式溢洪道

当不适于通过坝身泄洪时,则需在坝体外的岸边或天然垭口设置溢洪道,称为河岸式溢洪道。河岸式溢泄道通常是开敞的,和溢流坝相同,宣泄能力大。

3. 深式泄洪道(坝体泄水孔)

深式泄洪道位于深水处,泄洪能力小,由于闸(阀)门承受的水头压力较高,故操作、维修都较复杂,但可用于向下游供水、预泄洪水、放空水库排除泥沙、施工导流等多种用途。

4. 水工隧洞

水工隧洞是在山体中或地下开挖的,具有封闭断面的过水通道。水工隧洞有泄洪、引水、放空水库、排沙、施工导流等功能。

水工隧洞与其他水工建筑物相比有以下特点:

(1)结构方面。隧洞开挖前岩体处于整体稳定状态;开挖后,原有的地应力平衡被打破,引起岩体变形,严重时可能导致岩石崩塌,因此需进行开挖衬砌支护。

(2)水力方面。有压隧洞内的水流相当于管流,因此有压隧洞受内水压力作用。若衬砌漏水,压力水渗入围岩裂隙,将产生附加渗透压力,导致岩体失稳,故要求坚固的衬砌。无压隧洞内的水流相当于明渠流,在高速水流的作用下,在固体不平整边界上会引起空蚀。

(3)施工方面。无论围岩开挖或衬砌,其工作面比地面小得多,洞线长,干扰大,处理不当可能影响整个工程的工期。

(三)输水建筑物

1. 渠道

渠道是一种广为采用的输水建筑物。按其作用可分为灌溉渠道、排水渠道(沟)、航运渠道、发电渠道以及综合利用渠道等。

1)渠线选择

渠道线路选择是渠道设计中的关键,应综合考虑地质、地形、施工条件等因素。

(1)渠道线路选择应力求短而直。

(2)应充分利用原有沟道,尽量减少与道路或河流相交。

(3)渠道线路应避免通过滑坡、透水性强及沉陷量大的地区。

(4)灌溉引水干渠应尽可能布置在灌区最高地带,以便控制较多的自流灌溉面积。

(5)当渠道通过山谷、山脊,填、挖方量很大时,可以采用渡槽(或倒虹吸)和隧洞。

2)渠道断面

渠道横断面的形状有梯形、多边形、矩形、抛物线形和半圆形等。其中,梯形和多边形断面使用最多,施工方便,渠道边坡稳定。

渠道纵断面即渠道纵坡,是指一渠段始末两端的高差与该段水平长度之比。因水在重力作用下通过有一定纵坡的渠道才能流动。

2. 渡槽

渡槽是输送渠水跨越山冲、谷口、河流、渠道及交通道路等的交叉建筑物,由输水槽身、支撑结构、基础、进出口建筑物等部分组成。进出口建筑物的作用是使渡槽与上下游渠道平顺连接,保持水流顺畅,减小水头损失。

3. 涵洞

当渠道与道路相交又低于路面、渠道流量又较小时,可采用涵洞将渠道水流输送到另一侧。涵洞一般由进口、洞身和出口三部分组成。根据水流形态,涵洞可分为有压涵洞、无压涵洞和半有压涵洞。

涵洞的进出口是洞身与溪沟或渠道的连接部分,有引导水流和挡土防冲等作用。进出口形式有扭曲墙式、反翼墙走廊式、八字斜降墙式和一字墙式等。

4. 其他输水建筑物

1)倒虹吸管

以倒虹吸形式敷设于地面或地下用以输送渠道水流穿过其他水道、洼地、道路的压力管道式交叉建筑物,称为倒虹吸管。

倒虹吸管由进口、管身和出口三部分组成。进出口一般都设有渐变段,以使水流平顺和减小水头损失。首部设置铺盖、护底等防渗、防冲设施,并设有拦污栅和检修闸门,有时还设有沉沙池或沉沙井。

倒虹吸管的断面有圆形、矩形或其他形状,而以圆形采用较多。倒虹吸管常采用钢筋混凝土管,有时可用块石浆砌而成。

2)跌水和陡槽

当渠道经过天然陡坎或坡度过陡的地段时,为避免大填方或深挖方,根据实际地形,将高程差适当集中,为连接上下游渠道在落差集中的地方修建的落差建筑物,称为跌水或陡槽(陡坡)。

(四)河道整治建筑物

为改善水流,调整、稳定河槽,以满足防洪、航运、引水等要求所采取的工程措施,称为河道整治。凡是以河道整治为目的所修建的建筑物,通称为河道整治建筑物。常用的有堤防、护岸、丁坝、顺坝、锁坝、桩坝、杩槎坝等。河道整治建筑物可以用土、石、竹、木、混凝土、金属、土工织物等河工材料修筑,也可用河工材料制成的构件,如梢捆、柳石枕、石笼、杩槎、混凝土块等修筑。

1. 堤防

堤防是河道防洪最主要的建筑物,防止洪水淹没两岸农田和城镇。堤防一般用土修筑而成,城镇堤防也有用混凝土的。河道堤防位置由防洪规划确定,要选在地势较高、地质条件较好的地方,同时要满足河道泄洪的要求。

1)堤线布置

堤线布置应根据防洪规划,地形、地质条件,河流或海岸线变迁,结合现有及拟建建筑物的位置、施工条件、已有工程状况以及征地拆迁、文物保护、行政区划等因素,经过技术经济比较后综合分析确定。

2)堤型选择

堤防工程的形式应根据堤段所在的地理位置、重要程度、堤址地质、筑堤材料、水流及风浪特性、施工条件、运用和管理要求、环境景观、工程造价等因素,经过技术经济比较,综合确定。

根据筑堤材料,可选择土堤、石堤、混凝土或钢筋混凝土防洪墙、分区填筑的混合材料堤等;根据堤身断面形式,可选择斜坡式堤、直墙式堤或直斜复合式堤等;根据防渗体设计,可选择均质土堤、斜墙式或心墙式土堤等。同一堤线的各堤段可根据具体条件采用不同堤型。

2. 护岸

护岸工程的作用在于保护岸坡免受水流冲刷和风浪侵蚀,其结构形式取决于防护部位的重要程度、工作环境、承受水流作用的情况以及护岸材料特性等。

护岸工程根据建筑材料的不同分为干砌片石、浆砌片石、混凝土板、铁丝石笼、木排、生物护岸和木框浆石等多种。根据作用不同,又可分为护岸堤和导流坝(即厂坝或顺坝)两种。护岸堤是保护沟岸免受山洪或泥石流冲刷,并起挡土墙作用的建筑物,一般修筑成砌石护岸堤。根据风浪、水流、潮汐、船行波作用、地质地形情况、施工条件、运用要求等因素,可选用下列形式:

(1)坡式护岸。可分为上部护坡和下部护脚。上部护坡的结构形式应根据河岸地质条件和地下水活动情况,采用干砌石、浆砌石、混凝土预制块、现浇混凝土板、模袋混凝土等。下部护脚部分的结构形式应根据岸坡地形地质情况、水流条件和材料来源,采用抛石、石笼、柴枕、柴排、土工织物枕、软体排、模袋混凝土排、铰链混凝土排、钢筋混凝块体、混合形式等。

(2)坝式护岸。布置可选用厂坝、顺坝及丁坝、顺坝相结合的勾头丁坝等形式。坝式护岸可按结构材料、坝高及与水流、潮流流向关系,选用透水或不透水、淹没或非淹没、正挑、下挑或上挑等形式。

(3)墙式护岸。对河道狭窄、堤防临水侧无滩易受水流冲刷、保护对象重要、受地形条件或已建建筑物限制的河岸,宜采用墙式护岸。

(4)其他防护形式。可采用桩式护岸维护陡岸的稳定、保护堤脚不受强烈水流的淘刷,促淤保堤。

3. 丁坝与顺坝

丁坝是从水流冲击的河岸或沟岸向水流中心伸出的导流坝,主要起改变流向、防止山洪或泥石流横向冲刷的作用,它是江道整治、护岸工程中的常用建筑物。

丁坝坝头形式有圆头、斜头、抛物线以及丁坝、顺坝相结合的拐头型。

在离岸一定距离的水中建造的与岸大致平行的坝体,也称顺岸坝,用以消减波浪并促泥沙在坝后岸侧沉积。顺坝的长度根据所需防护范围而定,可布置成连续的或间断的两种为拦断沿岸流,也可采取丁坝和顺坝相结合的布置方式。

(五)过坝(闸)设施

1.通航建筑物

通航建筑物的功用是当河流上修建拦河坝后,在上下游形成水位差的情况下,使船只以一定的方式过拦河坝。通航建筑物分为船闸和升船机两类。

(1)船闸。是直接由水力将船只浮送过坝,通航能力大,但要耗费一定的水量,船闸由闸室及设有闸门及输水设备的上下游闸首组成。

(2)升船机。通常用于货运量不很大的中高水头的水利枢纽上,有垂直和斜面升降两类。其工作原理是将船只开进有水湿运或无水干运的船厢内,然后利用水力或机械力将船厢沿垂直方向或沿斜面升降使船只过坝。

2.筏运建筑物

在有漂运木材需要的河流上兴建了挡水建筑物后,需建造筏运建筑物,以便于放木过坝。常用筏道或驳道。

3.过鱼建筑物

在河流中修建闸坝后,截断了鱼类的通道,使某些有洄游特性的鱼类难以在上游产卵,影响渔业生产,为保证鱼类的繁殖,在水利枢纽中需修建过鱼建筑物。

(六)水电站建筑物

水电站建筑物是指发电专用建筑物,包括水电站的引水建筑物和发电厂房等。

1.发电引水建筑物

发电引水建筑物包括进水口和引水道。其作用是自水库或河流引取厂房机组所需的流量。由于水电站的自然条件和开发方式的不同,引水建筑物的组成也不同,主要有坝后式引水建筑物、河床式引水建筑物和隧洞(或隧道)式引水建筑物。

2.水电站厂房

水电站利用水能生产电能的全部过程是将水能转化为电能并经配变电装置的切换,然后输送出电力。水电站厂房由主厂房、副厂房、主变压器场、高压开关站四部分组成。

水电站主厂房是装设水轮发电机组及主要辅助设备的场所,包括厂房上层构架及其下部块体结构所形成的建筑物。主厂房在高度方面常分为数层,有装配场层、发电机层、水轮机层,按习惯发电机层以上称上部结构,发电机层以下统称下部结构。为给水电站提供正常的运行条件,对于大中型水电站,除主厂房外,还必须在主厂房近旁设置一定面积的副厂房,用以布置与运行有关的一些机械、电气设备及附属房间。副厂房的位置可以在主厂房上游侧、下游侧或一端。

3.发电尾水建筑物

水电站发电尾水建筑物主要有尾水管、尾水渠、尾水洞等。

(1)尾水管。是水轮机的出流部件,其内部轮廓由制造厂家确定。大中型水电站多采用弯曲形尾水管,在结构上分为锥管、弯管和扩散管三部分,是一个由边墙、顶板、底板和中间隔离墩组成的复杂空间结构。

(2)尾水渠。为使进出水平顺均匀,尾水渠线通常斜向下游,在布置时必须考虑到泄洪情况,避免泄洪时在尾水渠中形成较大的壅高、漩涡及淤积现象,必要时可加设导墙。

(3)尾水洞。为地下厂房常用的尾水通道,其性质为无压水工隧洞。

第五节 机电、金结设备类型及主要技术参数

一、概述

机电、金结设备类型众多,是构成水利工程造价的重要组成部分,主要分为机械、电气、金属结构三大类。

(1)机械部分。指水轮机、水泵、水轮发电机、调速器及其辅助设备。

(2)电气部分。指一次设备、二次设备及其他电气设备。

(3)金属结构部分。指起重设备、闸门及埋件、压力钢管等。

水电站、泵站、水闸的机电设备大部分集中于发电厂房、升压变电站、泵站和启闭机房中,金属结构设备大部分集中于大坝、溢洪道、航运过坝、闸室和压力管道工程中。

二、水轮机

(一)水轮机的分类和部件

水轮机是将水能转换为机械能的一种动力机械。按其水流作用原理和结构特征,水轮机主要可分为两大类:反击式水轮机和冲击式水轮机,此外还有可逆式水轮机。

1. 水轮机的分类

1)反击式水轮机

反击式水轮机的转轮在工作时全部浸没在有压的水流中,水流流经轮叶流道时,受叶片的作用,流速的大小和方向都发生了变化;水流对转轮有个反作用力,使转轮旋转。反击式水轮机同时利用了水流的动能和势能。由于结构形式和适用条件不同,该类型水轮机又分为混流式、轴流式、斜流式和贯流式等。

2)冲击式水轮机

冲击式水轮机水流在大气压力下以高速射流冲击转轮使它旋转。在同一时间内水流只冲击转轮部分斗叶,而不是全部斗叶。此类水轮机仅利用了水流的动能。它不用尾水管、蜗壳和导水机构,构造简单,便于维护和管理。冲击式水轮机,可分为水斗式、斜击式和双击式。一般适用于100 m以上的水头。

3)可逆式水轮机

随着可逆式水轮机的发展,出现了蓄能电站。可逆式水轮机在发电时做水轮机使用,抽水时做水泵运行。

它可利用系统电力过剩时来抽水蓄能;在系统缺电时它可发电,把电力送往系统中去。

可逆式水轮机的分类和反击式水轮机相同,它可分为轴流式、斜流式、混流式。轴流式水泵/水轮机分转桨式与定桨式两种。应用于低水头的是斜流式可逆水泵/水轮机,应用于高水头的是混流式可逆水泵/水轮机。

2. 水轮机的主要部件

水轮机一般由引水机构(引水室)、导水机构(导水叶)、转动机构(转轮)和泄水机构

(尾水管)四大机构组成。

(二)调速系统

1. 调速器

水轮机调速器的主要功能是检测机组转速偏差,并将它按一定的特性转换成接力器的行程差,借以调整机组功率,使机组在给定的负荷下以给定的转速稳定运行。

2. 油压装置

水轮机调节系统的油压装置是利用空气的可压缩性,在油的容积变化时以保持调节系统所需要的一定压力,使调节系统和控制机构可靠运行。

它为机组的调速系统、蝴蝶阀或球阀及其他油压设备提供压力油源。

(三)机组自动化元件

除农村小型水电站外,目前所有水电站均要求其动力设备、电气设备和辅助设备都是自动化的。机组的启动、正常停机、事故停机的操作,以及整个机组的运行、维护都要达到无人值班或少人值守。

自动化元件的任务就是按生产过程的要求,将由前一元件所接收的动作或信号,在性质上或数量上自动加以适当变换后传递给另一元件。

常用的自动化元件有转速信号器、温度信号器、压力信号器、液位信号器、液流信号器、剪断信号器、电磁阀和配压阀等。

三、水轮发电机

由水轮机驱动,将水轮机的机械能转换成电能的机器叫水轮发电机。它发出的电能通过变压器升压输送到电力系统中去。

水轮机和水轮发电机合称为水轮发电机组(或机组)。

(一)水轮发电机的类型

1. 按照机组布置的方式分类

按照机组布置的方式可分为卧式与立式。

卧式:适用于中小型的高速冲击式水轮发电机组及贯流式机组。

立式:适用于低速及中速的大中型机组。

2. 根据推力轴承位置分类

根据推力轴承位置划分,立式水轮发电机可分为悬吊型和伞型。

3. 按冷却方式分类

按冷却方式可分为空气冷却式和水冷却式。

(二)水轮发电机的型号

水轮发电机的型号由代号、功率、磁极个数、定子铁芯、外径等数据组成。

SF:水轮发电机;SFS:水冷水轮发电机;L:立式(竖轴);W:卧式(横轴)。

(三)水轮发电机的基本部件

立式水轮发电机一般是由转子、定子、上机架、下机架、推力轴承、导轴承、空气冷却器、励磁机及永磁发电机等部件组成的。

转子和定子是产生电磁作用的主要部件,其他部件仅起支持或辅助作用。发电机转动部分的主轴,一般用法兰盘与水轮机轴直接连接,由水轮机带动发电机的转子旋转。当转子的磁极线卷通入励磁电流时,由于转子的旋转,使定子线卷的导体产生感应而发出电流来。

四、水泵

水泵是输送液体或使液体增压的机械。它将原动机的机械能或其他外部能量传送给液体,使液体能量增加,主要用来输送液体包括水、油、酸碱液、乳化液、悬乳液和液态金属等。

水泵机组主要包括水泵、动力机和传动设备。水泵机组是泵站工程的主要设备,又称主机组。

(一)水泵的类型

1. 水泵的分类

水泵按工作原理可以分为容积泵、叶片泵和其他类型泵。

(1)容积泵。对液体的压送是靠泵体工作容积周期性变化的改变来完成的,包括活塞泵、齿轮泵和螺杆泵。此类泵常用于小流量、高扬程组合。

(2)叶片泵。对液体的压送是靠装有叶片的叶轮高速旋转而完成的。包括离心泵、轴流泵、混流泵等。

(3)其他类型泵。包括只改变液体位能的泵,如龙骨水车;利用液体的能量来传输液体的泵,如水锤泵、射流泵等。

水泵按泵轴安装形式可以分为卧式、立式和斜式;按电机是否能在水下运行可以分为常规泵机组和潜水泵机组。

水泵的基本结构由吸水室、转轮和压水室三部分组成。转轮是泵的核心部件,水泵通过转轮对水体做功,使之能量增加。压水室的功能是收集从转轮室流出的水体并将它送入压水管道,要求在完成这两项功能时,其能量损失最小。

2. 水泵的常用类型

泵站工程中常用的水泵类型是叶片泵,属于这一类的有离心泵、轴流泵和混流泵。

1)离心泵

离心泵的叶轮是径流式的。按叶轮进水方向分为单吸式和双吸式;按叶轮的数目分为单级和多级,单级泵只有一个叶轮,多级泵则有两个以上叶轮;按泵轴安装形式分为立式、卧式和斜式。

(1)单级单吸悬臂式离心清水泵。水流是从叶轮的一侧被吸入的,只有一个叶轮。其型号以 B 或 BA 表示,用于农业排灌和工业及城市给水排水。

(2)单级双吸卧式离心清水泵。水流是从叶轮的两侧被吸入的,只有一个叶轮。这种水泵有 Sh、SA 和 S 等型号,Sh 型最为常用。Sh 型水泵广泛应用于农业排灌、城市给水排水和工业循环用水。

(3)单吸分段式多级离心清水泵。有多个叶轮,它们串联装在同一根泵轴上,叶轮的个数代表泵的级数。水流从吸水管被吸入,每经过一级叶轮,能量增加一次,所以这类水泵的叶轮级数越多,扬程越大。其型号以 D 或 DA 表示。这种泵适用的扬程 $H=100\sim650$

m，流量 $Q=5\sim720\ m^3/h$。在流量小、扬程高的场合，可采用这种水泵。

(4)深井泵。是一种立轴多级离心泵，广泛应用于农村井灌和水电站中的渗漏排水和检修排水。由于叶轮在水面以下，其气蚀性能好，启动方便。根据动力的传输方式，深井泵可以分为长轴式深井泵和潜水式深井泵。

2)轴流泵

轴流泵的叶轮是由轮毂和安装在轮毂上的叶片组成的，工作时叶轮中的水流平行于水泵的主轴流动。按泵轴的安装方向分为立式、卧式和斜式三种。卧式轴流泵又分轴伸式、猫背式、贯流式和电机泵等；按叶片调节方式分为固定叶片轴流泵、半调节轴流泵和全调节轴流泵三种。

目前使用的轴流泵型号多为 ZLB、ZLQ、ZWB、ZWQ 等，Z 表示轴流泵，L 表示立式，W 表示卧式，X 表示斜式，B 表示半调节，Q 表示全调节。

3)贯流泵

根据结构形式不同，贯流泵可分为灯泡贯流式、竖井贯流式和轴伸贯流式三种，其中又以灯泡贯流泵应用最广泛。按叶轮上的叶片是否可调节可分为叶片全调节和叶片不调节两种形式。贯流泵的工作原理与轴流泵相同，只是工作时叶轮和原动机的轴是水平的，其扬程一般在 5 m 以下，流量可达到 $8\sim30\ m^3/s$。

贯流泵的特点有流道顺直、水力效率高、过流能力大、机组结构紧凑、水工布置简单、土建投资少等。因此，成为低扬程、大流量泵站的首选泵型，在同等规模下，采用贯流泵的泵站。

4)混流泵

混流泵按泵轴的安装方向不同分为立式、卧式；按其压水室形式不同分为蜗式和导叶式。蜗壳式混流泵与单吸式离心泵相似，是卧轴式的，其 HW 型号较为常用，扬程 $H=3\sim20$ m，流量 $Q=50\sim4\ 500\ m^3/h$。导叶式混流泵与轴流泵相似，差异仅在轮的形状和泵体的支撑方式，立轴安装，HD 型号较为常用，其扬程 $H=3\sim2$，流量 $Q=45\sim7\ 970\ m^3/h$。混流泵能在较大的运行范围内保持高效率运行，同时具有轴流泵和离心泵的优点。

(二)水泵的主要技术参数

1. 转速

转速是指水泵叶轮和主轴单位时间内旋转的次数，用 n 表示，以 r/min 计。

2. 流量

流量是指单位时间内由水泵抽送水体的容积或者质量，用 Q 表示，以 m^3/s、m^3/h、L/s、kg/s 等计。

3. 扬程

扬程是指单位质量的水体通过水泵后获得的能量，即在水泵出口处和进口处单位质量水体的能量之差，用 H 表示，以 m 计。

4. 功率

水泵的功率是指水泵的输入功率，亦称轴功率，是原动机(电动机、内燃机)传送给水泵的功率，用 N 表示，以 kW 计。

单位时间内通过水泵的水体从水泵得到的能量称为有效功率，亦称为水泵的输出功

率,记为 N_e,水泵的有效功率为

$$N_e = 9.8QH \quad (\text{kW})$$

式中,Q 为水泵的流量,m^3/s;H 为水泵的扬程,m。

五、水力机械辅助设备

直接为水轮发电机组、水泵机组服务的设备称为水力机械辅助设备。主要包括油系统设备,压气系统设备,水系统设备,油、气、水管路(含管子、附件、阀门等)的安装。

(一)油系统

油系统由一整套设备、管路、控制元件等组成。用来完成用油设备的给油、排油、添油及净化处理等工作。在水电站机组、水泵机组调节系统工作时,能量的传递及机组转动部分的润滑与散热等,一般都是用油作为介质来完成的。

具体来讲,水电站油系统的任务是,用油箱(桶)来接收新油、贮备净油;用油泵给设备充油、添油、排出污油;用滤油机烘箱来净化油、处理污油。

水电站、泵站用油主要分为润滑油和绝缘油。

(二)压气系统

水电站、泵站所用的压缩空气,由专设的空气压缩机装置产生。主要设备包括空气压缩机、电动机、启动装置、储气罐、测量控制表盘和自动化元件等。其附属设备有冷却装置、过滤装置和油水分离器等。测量和控制元件是保证用气设备所需空气的质量、数量、压力及空气压缩机的正常运行。

(三)水系统

水电站、泵站的水系统,包括供水、排水、消防水及水力测量系统等。它是供机组的冷却水、润滑水、厂房及主要设备的消防用水,机组检修和厂坝渗漏排水以及水力测量系统等。

供水系统由水源、管道和控制元件等组成。根据用水设备的要求,保证一定的水量、水压、水温和水质。

(四)管路

在水电站、泵站中,要用管路来输送压缩空气、供水、排水、供油、排油等。常用的管材有无缝钢管、有缝钢管(水煤气钢管、电焊钢管)、铸铁管、硬聚氯乙烯塑料管等。

所有油、水、气管路及附件,在安装完成后均应进行水压强度耐压和严密性试验,强度耐压试验压力为 1.5 倍额定工作压力,保持 10 min 无渗漏及裂纹等异常现象发生。

(五)阀门

阀门在油、水、气系统中做未计价的装置性材料处理,需单独计价。阀门使用的数量大、品种规格繁杂,在水利工程中,常用的阀门(主阀、进水阀大型阀门除外)包括闸阀、球阀、控制阀、安全阀、排气阀等。

安全阀在排灌设备中是用于防护关阀水锤、充水水锤和事故停泵水锤的设备,应用于压力管道系统中,特别是喷灌系统中;在压气系统中,是用于防护气压超过额定值而释放的设备。

空气阀是为了防止管道破裂,作为向管道内自动补气和管道自动向外排气的设备,在喷灌系统中常使用。

六、电气设备

(一)电气设备的作用

电气设备主要布置于发电站、泵站厂房和升压变电站内。它的作用是生产、输送、分配电能;根据负荷变化的要求,启动、调整和停止机组,对电路进行必要的切换;不间断地监视主要设备的运行;周期性地检查和测量主要设备的运转情况;定期巡回检查及迅速消除发生的故障等。根据上述用途,在厂房和升压变电站内装设有下列主要电气设备。

1. 一次设备

直接生产和输配电能的设备称为一次设备。

一次设备包括发电机、变压器、断路器、隔离开关、电压互感器、电流互感器、避雷器、电抗器、高压组合电器、熔断器、自动空气开关、接触器、闸刀开关、母线、电力电缆等。

2. 二次设备

对一次设备的工作进行测量、检查、控制、保护及操作的设备称为二次设备。

二次设备包括继电器、仪表、元器件、自动控制设备、信号设备、音响设备、控制电缆等。

3. 公用电气设备

公用电气设备包括厂用电系统设备、直流系统设备、通信系统设备、接地系统等。

(二)主要电气设备

1. 一次设备

1)一次设备的分类

(1)按工作性质分类。

①进行能量转换的设备。包括发电机、变压器、电动机等。

②对电路进行切换的设备。包括各种断路器、隔离开关、高压组合电器、自动空气开关、接触器、低压闸门、开关等。

③限制过电流的设备。包括限制故障电流的电抗器、限制启动电流的启动补偿器、小容量电路进行过载或短路保护的熔断器、补偿小电流接地系统接地时电容电流的消弧线圈等。

④防止过电压的设备。包括限制过电压的避雷器等。

⑤对一次设备工作参数进行测量的设备。包括电压互感器、电流互感器。

(2)按电压等级分类。

①发电电压设备。是指发电机主母线引出口至主变压器低压套管间所布置的设备(另外还包括发电机中性点的设备)。一般包括断路器、隔离开关、电流互感器、电压互感器、消弧线圈、母线、电缆等。

②升压变电站设备。是从主变压器低压套管起,到变电站最终出线构架的跳线为止,从起点到终点布置的所有设备。主要包括主变压器、断路器、高压组合电器、隔离开关、电压互感器、电流互感器、避雷器、高压电缆及终端、阻波器及一次拉线等。

③高压开关柜。电压等级是 6.3 kV、10.5 kV。包括的设备有高压开关柜、母线过

桥等。

④厂用电设备。电压 10.5 kV、380 V/220 V。包括的设备有厂用变压器、各型电动机、水泵、油泵、低压开关柜、低压配电盘、动力柜、动力配电箱、照明分电箱、低压电器(磁力启动器、自动空气开关、启动补偿器、闸刀开关、熔断器、控制器、接触器、电阻器、变阻器、调压器、电磁铁)等。

(3)按设备所处的位置分类。

①户内型设备:指配电部分的设备(发电电压设备)。

②户外型设备:指变电部分的设备(升压变电站内设备)。

2)一次设备简介

(1)水轮发电机。

详见本节水轮发电机部分。

(2)变压器。

将一种电压等级的交流电变为另一种电压等级交流电的器具叫变压器。

水电站的水轮发电机发出的电压较低(6.3~20.0 kV),不可能用此电压把巨大的电能通过电网输送到遥远的负荷中心去,因为那样做,电能的损耗太大了,输电线路的导线截面也要求做得很大,这是非常不经济的。因此,水电站的主变压器主要是升压输出电能,线路损耗大大降低,输电线路的导线截面变为最经济型的截面。

(3)断路器。

能迅速可靠地接通电源、快速地切断工作电流或故障电流的开关设备,就叫断路器。

根据所使用的灭弧介质不同,可分为油断路器、高压空气断路器、六氟化硫断路器、真空断路器、磁吹断路器等。

(4)隔离开关。

隔离开关起隔离作用,用于电气设备检修时,将检修部分同带电部分隔开。它没有灭弧装置,不能断开负荷电流或故障电流,所以必须在有关断路器断开后,它才可以进行切换操作(闭合或切断)。

隔离开关按其结构和闸刀的运行方式可分为旋转式、摇动式和移动式。按安装位置可分为屋内式、屋外式。按极数可分为单极式和三级式。按操作方法可分为手动式、气动式、电动式。按绝缘支柱的数量可分为单柱式、双柱式、三柱式。按有无接地刀闸可分为无接地刀闸、有接地刀闸(又可分为单刀闸、双刀闸)。

(5)电压(流)互感器。

电压互感器和电流互感器是一次系统和二次系统间的联络元件,它可将量电仪表、继电器和自动调整器间接接入大电流、高电压装置,这样可以达到以下目的:

①测量安全。使仪表和继电器在低电压、小电流情况下工作。

②使仪表和继电器标准化。

③当线路上发生短路时,保护量电仪表的串联线圈,使它不受大电流的损害。

电压互感器的构造及其结线图与电力变压器相似,主要区别在于容量和外形的不同。

电压互感器按绝缘方式分为干式、油浸式、浇注绝缘式。按相数分为单相、三相。按安装地点分为户内式、户外式。

(6)避雷器。

所谓“避雷”并不是防止大气中的过电压(大气过电压的俗称是“打雷”)的发生,而是靠避雷针、避雷带或输电线路的避雷线(架空的地线)把强大的直击雷电流引入地下从而保证安全。同时,这强大的雷电流会在电气设备上或输电流线路上感应产生过电压,危及设备及线路安全,此时避雷器就可以起作用,从而保护了室内外电气设备,使其免受大气过电压的破坏。

(7)电抗器。

电抗器用来限制短路电流,使电力系统保持稳定,可以装在线路上,也可以装在母线上。一般是通过电力系统短路电流计算,确定电抗器的容量大小,以及安装在什么合适位置。

(8)母线。

在配电装置中,母线用来连接各种电气设备,它是汇集、分配和传送电能的中间环节。

母线的类型有硬母线、软母线。硬母线又分为圆形母线、矩形片母线、管形母线、槽形母线和封闭母线等。

(9)电气主接线。

电气主接线是由各种电气元件及其连接线所组成的输送和分配电能的电路图。

主接线的确定对发电厂、变电所电气设备的选择,配电装置的布置,以及运行的可靠性和经济性有很密切的关系。

母线带旁路母线、1倍斗接线、4/3接线等接线方式。

(10)电缆。

电缆是传输电流的装置性材料。按用途分为电力电缆、控制电缆、信号电缆、通信电缆、计算机屏蔽电缆等。

(11)高压组合电器(GIS)。

SF_6全封闭组合电器是一种成套高压装置。它包括断路器、隔离开关、互感器、避雷器和连接母线、电缆终端或高压线套管等元件,全部封闭在一个密封的金属壳内。壳内充以3~4 kg/cm^2的SF_6,作为绝缘和灭弧介质。这样大大缩小了整套配电装置占地面积和空间。整体设备基本上在制造厂装成,现场安装工作量很小,整套装置运行安全可靠,环境对其影响小。

2. 二次设备

二次设备主要由装在各屏、盘、柜、台上的继电器,表计,元件组成。

按其用途不同,可分成多种接线系统,主要有以下几种:

(1)各主要设备(发电机、变压器、母线、线路)的继电保护。

(2)监测仪器(电压、电流、有功功率、无功功率、频率等)。

(3)信号装置(指示灯、光字牌、蜂鸣器、闪光灯等)。

(4)各种操作屏、盘、柜、台、箱。

(5)自动化装置(同期装置、调速、励磁、重合闸、电源自动切换等)。

(6)电源。二次系统的各部分都有本身的电源,如控制电源、操作电源、音响信号电源等。根据各元件、装置的要求不同,有220 V或110 V的强电电源和24 V、48 V的弱电电源。既有直流电源,又有交流电源。二次接线内容繁多,接线比较复杂。

3. 公用电气设备

公用电气设备包括厂用电系统设备、直流系统设备、通信系统设备、接地系统等。

七、起重设备

起重设备是安装、运行和检修电站、泵站各种设备的起吊工具。

主厂房内的桥式起重机用于厂内机电设备的安装和检修时的起吊工作。各种启闭机用于进水口、溢洪道、冲沙底孔、泄洪道、船闸、阀闸、尾水等闸门的启闭工作。

常用的起重设备有桥式起重机、门式起重机、液压启闭机、卷扬式启闭机、螺杆式启闭机等;还包括辅助生产车间的电动葫芦,猫头小车,手动电动单、双梁桥式起重机,以及电梯、轨道、滑触线等设备。

(一)桥式起重机

主厂房内的起重设备一般均采用桥式起重机。所谓桥式起重机,就是它的外形像一座"桥",故称为桥式起重机。

桥机大车架靠两端的两排轮子沿厂房牛腿大梁上的轨道做来回移动,只能同厂房平行移动。

小车架上有起重设备,包括主钩和副钩。有些还有小电动葫芦(10 t左右的起重量)固定在桥机大梁下面。桥机的起重量是指主钩的起重量。

按其结构特点与操作方式的不同,桥式起重机一般有以下几种形式:电动单梁式,起重量为5~50 t、跨度为8~17 m;电动双梁桥式,起重量为10~450 t、跨度为10~25 m;电动双梁双小车式,起重量为2×50~2×300 t、跨度为14~25 m。

(二)闸门启闭机

闸门启闭机有很多形式,归纳起来有以下几种:按布置方式分为移动式、固定式和回转式。按传动方式分为轴杆式、液压式和钢丝绳卷扬式。按牵引方式分为索式(钢丝绳)、链式和杆式(轴杆、齿杆、活塞杆)。

各种启闭机综合分类如下:

- 启闭机
  - 固定式
    - 螺杆式启闭机
    - 固定卷扬式启闭机
    - 链式启闭机
    - 曲柄连杆式启闭机
    - 油压式启闭机
  - 移动式
    - 门式起重机
      - 单向门式起重机
      - 双向门式起重机
    - 台车式起闭机
    - 滑车式起重机
  - 回转式(转柱式起重机)

1. 固定式

特点:一机只吊一个门。

(1)螺杆式启闭机。适用于小型工程。水头低、闸门小、速度慢、结构简单、耐用,且价格低,既可手动又可电动。一般启闭能力在 20 t 以下。

(2)固定卷扬式启闭机。是靠卷筒的转动,使吊具做垂直运动,来开启或关闭闸门。它结构简单,使用方便。适用于平板闸门、人字闸门、弧形闸门的启闭。

(3)链式启闭机。用链轮的转动,带动片式链做升降运动来启闭闸门。它适用于大跨度、重量级的露顶式闸门,或有特殊要求的圆辊闸门上。

(4)曲柄连杆式启闭机。用齿轮圆盘的转动,通过连杆带动闸门转动,以达到开启或关闭闸门的目的。一般用在大中型船闸上以启闭人字闸门。

(5)油压式启闭机。一般卷扬式启闭机是靠闸门自重而下沉(它使用的绕线式电动机在速度达到一定值后可逆转产生制动,使闸门徐徐下沉)的,当闸门置于深水处时,水的浮力大,即使加上配重块闸门也放不下去,此时要用油压启闭机,进行闸门启闭。

油压启闭机的构造分为高压油系统、电气及控制系统、机械传动系统。包括的部件有高压油泵、油箱、管路、操作电磁阀、高压油缸、活塞、连杆、连接杆等。

它启闭速度快,可靠性大,适用于需要快速升降的水头高的工作闸门,能适应遥控和自动化的要求,但价格贵。

2. 移动式

特点:一机可吊多个、多种闸门。

(1)门式起重机。是一机多用的移动式起重机。它可起吊多孔口、多道数、多品种的闸门、拦污栅。被起吊的闸门或拦污栅根据工作需要可方便地吊出门槽或栅槽外,放于坝顶进行检修。它起吊范围大,有大车方向、小车方向(甚至还有第三个方向)。运行的轨道有直线式、弧形、混合式。

根据水工建筑物的布置和对水工机械设备运行的要求,门式起重机可分为单向门机和双向门机。

(2)台车式启闭机。可吊多个门。只有台车一个运动方向。将固定的卷扬式启闭机放于一个单向走行的台车上使用。

(3)滑车式起重机。又称葫芦。它是由链轮或绳索过滑轮及卷筒所组成的结构简单的一种起重机械。既可电动又可手动,常安装在工字梁上,小孔口单吊点、小吨位的小型闸门常用它来起吊。

3. 转柱式起重机

它是固定旋转式起重机的一种。它常与门机配套使用,装在门机大车架的侧面,称为回转吊。其灵活性很强,门机大钩、副钩范围以外的吊装任务由它来完成,如吊拦污栅、木材上坝、清污、零星物品等,但起重量有限。

八、闸门及拦污栅

闸门及安装包括平板焊接闸门、平板拼接闸门、弧形闸门、船闸闸门、闸门埋设件、闸门压重物、拦污栅、小型金属结构安装。

(一)闸门的一般知识

闸门由活动部分和固定部分两部分组成。活动部分指门叶,固定部分指埋设件。

(1)活动部分。闭塞孔口,而又能开放孔口的堵水装置。

(2)固定部分。埋设在建筑物结构内的构件,它把门叶所承受的荷载、门叶的自重传递给建筑物。

(3)门叶。由面板、构架(桁架式、实腹式等)、支撑行走部件(定轮、滑块)、吊具(与启闭机的连接部件)、止水装置等部件构成。

(4)埋件。包括支撑行走埋件(如主轨、反轨、侧轨等)、止水埋件、护砌埋件。

(二)闸门的分类

1. 按用途分

(1)工作闸门。可以动水中启闭。

(2)事故闸门。可以动水中关闭,静水中提门。

(3)检修闸门。只能在静水中启闭。

2. 按闸门在孔口中的位置分

按闸门在孔口中的位置分为露顶式闸门、潜没式闸门。

3. 按闸门的材质分

按闸门的材质分为钢闸门、木闸门、混凝土闸门。

4. 按放水方法分

按放水方法分为底部放水、上部放水。

5. 按闸门构造特征分

1)平板闸门

(1)定轮式:有台车式(适用于大跨度,属淘汰型)、双腹板式、悬臂式、链轮式。

(2)滑道式:有胶木滑道(适用于工作闸门、事故闸门)、一般滑道(用钢或铸铁)。

(3)平板闸门的优点:①可封闭相当大面积的孔口;结构简单,制造、运输、安装方便。②门叶可移出孔口,检修方便。③同型号同规格的门叶可在孔口和孔口之间互换。

(4)平板闸门的缺点:①有影响水流的门槽;②所需的启闭力较大。

2)弧形闸门

弧形闸门一般用作工作闸门、事故闸门。

(1)弧形闸门的优点:①封闭孔口面积大;②埋件数量少;③启闭力小。

(2)弧形闸门的缺点:①需要较长的闸墩;②不能将门提出孔口以外进行检修;③门所承受的总水压力集中于支铰处,使支铰处施工难度大增。

3)船闸闸门

船闸闸门分为单扇船闸闸门、双扇船闸闸门(又称人字门)。它的优点是,所需启闭力小,可封闭孔口面积相当大;缺点是检修维护较困难,水头高时,不能在动水中操作,要使用充水廊道等操作。

4)拱形门

拱形门一般用于检修门。

(三)拦污栅

拦污栅设在水电站、泵站、水闸的进水口(抽水蓄能电站的进水口与尾水口)处,用以阻拦水流所挟带的漂浮物、沉木、浮冰、杂草、树枝、白色污染物和其他固体杂物,使杂物不易进入水道内,以确保阀门、水轮机、闸门等不受损害,确保有关设备的正常运行。

1. 拦污栅的组成

拦污栅由栅体和栅槽组成。

(1)栅体。可拦截水中杂物。可以固定在水工建筑物上;也可以为活动的结构,如同闸门门叶一样。

(2)栅槽。和平板闸门门槽结构一样。

2. 拦污栅的形式

(1)固定式。它的支撑梁两端埋设在混凝土墩墙中。或用锚栓固定于混凝土墩墙中,它结构简单,不需要起吊设备,检修维护困难,留在栅上的杂物清理困难。适用于浅水拦污栅。

(2)移动式。设有支撑行走装置,可将拦污栅体提出栅槽外,便于维护检修和清理。此形式应用较为普遍。

(3)回转式。是一种有旋转结构的新型的拦污栅。它既能拦污又能清污,适用于小流量的浅式进水口用。

清污机是用于清扫拦污栅上杂物的设备。

第六节　水利工程常用施工机械类型及应用

一、概述

水利工程施工,挖、运工作量大,强度高,采用机械化施工是工程建设的重要手段。工程造价管理人员应了解和熟悉各类常用施工机械的性能和用途,合理选用施工机械,以提高工程的经济效益。施工机械设备可根据《水利水电工程施工组织设计规范》(SL 303—2017)的要求进行选择。

水利工程施工机械种类繁多,根据其使用功能可分为土方机械、石方机械、起重机械、运输机械、基础处理设备、混凝土机械和其他机械。

二、主要施工机械的类型、功能和应用

(一)土方机械

土方工程施工的挖运机械种类很多,常用的有单斗挖掘机、推土机、铲运机、装载机等。

1. 单斗挖掘机

单斗挖掘机是土方开挖常用的一种机械,有柴油驱动和电力驱动两类。其机械构造分为工作、回转、行走三部分。按其行走装置的不同,分为履带式和轮胎式两类;按其工作装置的不同,分为正铲、反铲、拉铲(索铲)、抓铲四种;按其传动装置的不同,又可分为机

械传动和液压传动。

2. 推土机

推土机由拖拉机和推土铲刀组成。按铲刀的操纵机构不同,推土机分为钢索式和液压式两种。钢索式推土机铲刀借本身自重切入土中,在坚硬土中切土深度较小。液压式推土机用液压操纵,能使铲刀强制切入土中,切土深度较大。

3. 铲运机

铲运机综合了挖、运、铲、填作业内容,是一种能独立完成铲土、运土、卸土、填筑、平整的土方机械。按行走机构不同可分为拖式和自行式两种。铲运机对行驶的道路要求不高,操纵灵活,生产率较高,适用于坡度在20°以内的大面积场地平整,大型基坑、沟槽的开挖,路基和堤坝的填筑等,不适用于砾石层、冻土及沼泽地区。

4. 装载机

装载机是以铲装和短距离转运松散物料为主的机械。装载机按传动系统不同,可分为机械传动和液压传动两种;按行走机构不同,可分为履带式和轮胎式两种。

(二)石方机械

石方机械包括钻孔机械、装卸机械和运输机械三大类。

1. 钻孔机械

钻孔机械是用来在岩体上钻凿一定孔径、一定方向和一定深度的爆破用炮孔的机械化工具,根据其凿岩方式和用途一般可分为凿岩机、凿岩台车、潜孔钻、牙轮钻。根据所采用的动力不同,可分为风动凿岩机、液压凿岩机、内燃凿岩机、电动凿岩机等几种。钻孔设备的选用主要取决于岩石的性质、岩石的级别、工程量、剥离厚度及施工工期等因素。

(1)凿岩机。一般分手持式凿岩机和气腿式凿岩机两种。

手持式凿岩机,属于风动凿岩机,重量较轻,功率小,适用于厚度4 m以内浅孔凿岩,钻孔直径一般为38~42 mm。

气腿式凿岩机,属于风动凿岩机,带有起支撑和推进作用的气腿,适用于厚度4 m以内及带有一定倾角的炮孔。

(2)凿岩台车。可分为掘进台车(多臂钻车)、露天凿岩台车和井下凿岩台车三大类。

掘进台车主要用于隧洞和采矿、巷道掘进、钻凿炮孔,一般由台车底盘、钻臂、推进器、液压设备和凿岩机等部件组成。掘进台车的底盘按行走装置可分为轮胎式、轨道式和履带式三种。

隧洞掘进机是一种新型隧洞掘进机械。它改变了传统的钻孔爆破方法,利用机械破碎岩石,完成全断面开挖与出渣联合作业,连续进行掘进。与钻爆法相比,具有优质、高效、安全、低能耗等特点。

露天凿岩台车是一种效率较高的露天钻孔设备,主要用于露天石方开挖和露天矿开采,由台车底盘、钻臂、推进器、凿岩机和液压式气动操纵系统等组成。露天凿岩台车的底盘按行走方式可分为拖式和自行式两种。

井下凿岩台车主要用于井下无底柱分段崩落法采矿,有扇形台车和环形台车两种。

(3)潜孔钻。也属于风动凿岩机,但它在穿孔过程中风动冲击器跟随钻头一起潜入孔中,适用于穿凿4 m以上深度的炮孔,大中型石方爆破,以及中硬以上岩石的凿岩。钻孔孔径一般为150~250 mm。

(4)牙轮钻。其主要用于大中型矿山石方开挖。目前,在水利工程中较少采用。

2. 装卸机械

装卸机械是用铲斗将土石方装入运输设备或直接进行短距离运输的设备。主要有单斗挖掘机、装岩机、耙式装载机。

(1)单斗挖掘机。是土石方开挖中的一种常用机械,可在一定的工作半径内单独进行抛方作业,也可与运输设备配套进行土石方的挖运。

(2)装岩机。主要用于隧洞石方开挖,将岩石直接装进矿车,也可用于地面装载松散物料。

(3)耙式装载机。可分为蟹爪式装载机、立爪式装载机、顶耙式装载机等,主要用于隧洞掘进中配合矿车或箕斗进行装岩,并能进行掘进工序的平行作业,提高掘进速度。

3. 运输机械

(1)载重汽车。按其载重量的大小一般可分为轻型车(<2.5 t)、中型车(3~5 t)、重型车(5~15 t)、超重型车(>15 t);按动力装置所耗用的能源分为汽油车、柴油车、煤气车、电动车。水利工程中常用的为汽油车和柴油车。

(2)自卸汽车。装有金属车厢,在举升机构的顶推作用下,可将车厢内的物料一次倾卸干净,卸载迅速,生产效率高,在水利工程中广泛使用,已成为最主要的施工机械之一。

自卸汽车按载重量不同可分为轻型车(<2.5 t)、中型车(2.5~8 t)、重型车(8~20 t)、超重型车(>20 t)。按车厢倾卸方向可分为后倾卸式、侧倾卸式、三面倾卸式、底卸式几种。按发动机分为汽油发动机(用于轻型、中型自卸汽车),柴油发动机(用于重型自卸车)。电动机、燃气发动机等一般很少采用。

(三)起重机械

起重机械是一种对重物能同时完成垂直升降和水平移动的机械,单一地进行重复周期的工作。

起重机的种类很多,在水利工程中以卷扬机、门座式起重机、塔式起重机和缆机使用最多,汽车起重机和履带式起重机也广泛被采用。

1. 卷扬机

卷扬机是一种简单的起重机械。按传动装置的种类可分为摩擦传动卷扬机、齿轮传动卷扬机、蜗杆传动卷扬机等。按卷筒的数量可分为单筒卷扬机、双筒卷扬机等。

卷扬机可用人力、电力、内燃机以及空压机等动力驱动。以电力驱动的卷扬机最为普遍。单筒卷扬机又有快速和慢速之分。快速卷扬机的牵引速度为20~50 m/min,牵引能力为10~50 kN,主要用于提升或拖曳重物;慢速单筒卷扬机的牵引速度为7~13 m/min,牵引能力为30~200 kN,主要用于建筑工程中的安装工作。双筒卷扬机的牵引速度为25~50 m/min,牵引能力为20~50 kN,用于提升物件和在双线轨道上来回拖曳斗车或其他施工设备。

2. 汽车起重机

通常把安装在通用或专用载重汽车底盘上的起重机称为汽车起重机。汽车起重机按臂架系统分为桁架起重臂、液压伸缩臂两种;按传动系统分为机械传动式、液压传动式、电力传动式、电力液压传动式。

汽车起重机具有良好的机动性和灵活性,能迅速地从一个工作地点转移到另一个工作地点,进行转移和投入工作前所需的准备时间较短,可较充分地提高起重机的利用率。汽车起重机广泛应用于建筑工地、露天货场、仓库等生产部门,进行装卸及安装工作。

3. 履带式起重机

履带式起重机属于全回转动臂式起重机,是一种适用范围广,使用较普遍的起重机械。按传动系统可分为单轴绞车和双轴绞车两类。按驱动方式不同可分为电力驱动、内燃机驱动、电动液压驱动及内燃机液压驱动四种。

履带式起重机主要用于水工建筑物底层混凝土和辅助工程混凝土的浇筑,以及大型设备的拆装;其次还适用于各种不同结构件与设备的装卸工作。

4. 门座式起重机

门座式起重机是一种全回转动臂起重机。具有一个能沿轨道行走的刚性门座,门座下可通行运输车辆。

近年来,水利工程中使用的门座式起重机起重量已能满足起吊 6 m^3 混凝土吊罐的需要,起升高度达 70 m。

5. 塔式起重机

塔式起重机是一种本身能自升竖立的全回转臂式起重机。它具有高而竖立的钢架塔身,起重臂设置于塔架的顶部。

塔式起重机与其他起重机相比,它的特点是,由于起重臂在塔架的顶部,增大了起重机的有效工作范围,机动性好,吊装灵活,具有较大的作业半径,可以在建筑物的四周进行工作。

6. 缆索起重机

缆索起重机是指在两个支架之间具有挠性承载件可供起重小车在其上移动的起重机。

由于缆索起重机的工作范围大,所以适合在野外山区和江河峡谷等跨距较大的场合使用。在水利工程施工中,采用缆索起重机来完成整个大坝混凝土浇筑,往往比使用门座式起重机具有更多的优越性。

(四)基础处理设备

水工建筑物的基础处理是多种多样的,不同的基础有不同的处理方法和要求,灌浆和防渗墙是比较常用的方法。

1. 钻机

钻机主要用于基础处理中的灌浆孔、减压井、灌浆质量检查孔、排水孔、混凝土防渗墙造孔等。钻机按其工作方法不同,可分为冲击式和回转式两大类。

(1)冲击式钻机。是利用钻具提升后自由落下的重力作用冲击孔底,使岩石及土层破碎而进行钻进。一边冲击钻进,一边出渣。这类钻机不能采取完整的岩芯,适用于在中硬和坚硬的岩层中钻凿与地面垂直的孔,以及水工建筑物的防渗墙造孔,不适用于斜孔。

(2)回转式钻机。是利用钻机的回转器带动钻具旋转,以磨削孔底岩石进行钻进。其钻具多为筒状,能取出完整的柱状岩芯。这类钻机的钻进速度较高,适用于各种硬度级别的岩石钻进,可钻直孔、斜孔、深孔。因而在基础处理中得到广泛应用。

2. 基础灌浆机械

基础灌浆就是把一种既有流动性又具有胶凝性的浆液或化学溶液,按规定的浓度,通过机械和特设的钻孔,用压力送到基础岩石或砂砾石层中。基础灌浆主要分为固结灌浆、帷幕灌浆、接触灌浆、混凝土补强灌浆等。

灌浆机械主要是灌浆泵。水泥灌浆泵一般用泥浆泵或砂浆泵代替。

近年来,我国水利工程基础处理技术获得了长足的发展,各种新型的基础处理机械不断诞生,其中应用薄型抓斗建造薄墙防渗施工技术尤为引人注目。薄型抓斗分液压式和机械式两种,其厚度分为 0.3 m、0.35 m、0.40 m、0.45 m、0.50 m 等几种,可满足不同墙厚的要求,斗宽 2.5 m 左右。两种抓斗的重量为 5~8 t,最大抓取深度可达 40 m。液压式抓斗使用液压缸推拉斗蚌在地层中抓土成槽,闭斗力较高;机械式抓斗靠钢丝绳与滑轮组共同作用推拉斗蚌抓土成槽,结构简单,可进行冲抓作业。为保持成槽垂直度,抓斗安装有导向板。抓斗配用的主机为 50~60 t 的专用履带式起重机,功率为 150~300 kW,其配套机具有重锤、接头管、泥浆制浆机及混凝土拌和机,重锤质量为 3.8~5 t。薄型抓斗适用地层广泛,如黏土、砂壤土、砂土、砂砾石及最大粒径不大于墙厚 1/2 的卵石地层,均能直抓成槽,其目前已在全国各地施工中广泛采用。

(五)混凝土机械

1. 破碎机

在水利工程中,需用大量的砂、石料作为混凝土骨料。在没有合格的天然砂子和砾石来源,而有石料可供开采的地方,可采用破碎机械进行砂石骨料加工,以满足工程的需要。

破碎机械的种类很多,常用的有颚式破碎机、旋回破碎机、锥式破碎机、辊式破碎机和反击式破碎机,还有可用作制造人工砂及掺和料的磨细机。

磨细机是用来细碎或超细碎各种硬性、脆性物料的机械,主要用于人工砂和混凝土掺和料的磨细。常用的有棒(球)磨机、轮碾机、悬辊式磨机等。

2. 洗砂机

经破碎筛分所得的人工砂和由采砂设备获得的天然砂,都必须通过冲洗、分级、脱水、除去杂质后,才能作为建材使用,通常采用洗砂机。

洗砂机的种类很多,有沉砂箱、链板洗砂机、螺旋分级机、水力分级机等。目前,水利工程中使用最多的是螺旋分级机和螺旋洗砂机。

3. 筛分机

筛分机是将已经破碎的石料,或直接取自采料场的砂砾石,按颗粒大小筛分成不同级别,作为混凝土骨料或做其他用途。

筛分机按其作用特性分为固定筛和活动筛。

4. 给料机

给料机是一种辅助机械,主要用于均匀连续给料或断续给料。给料机一般直接安装在储料仓或储料斗的卸料口或侧面。在大多数情况下,也兼作闭锁器,以防止物料从料仓中自动流出。

工程中常用的给料机有刚性叶轮给料机、螺旋给料机、胶带给料机、电磁振动给料机、摆动式给料机和板式给料机。

5. 混凝土搅拌机

混凝土搅拌机是将一定配合比的水泥、砂、石骨料和水等拌制成混凝土的机械。

混凝土搅拌机由搅拌筒、装料机构、出料机构、配水设备、传动机构、机架和行走机构等组成,按照装料、拌和、出料三个过程循环工作。

6. 混凝土搅拌楼

混凝土搅拌楼是一种将水泥、砂、石和水按一定的配合比周期地和自动地拌制成塑性和低流态混凝土的成套机械。其机械设备以垂直分层单阶式布置,由上而下垂直排列,依次进行进料、配料、拌和、出料等全部工艺过程。它在混凝土工程量大、浇筑强度高、施工周期长、施工地点集中的大中型水利工程中被广泛采用。

7. 混凝土振捣器

混凝土振捣器是一种借助动力通过一定装置作为振动源,使它产生一定的振动频率,并把这种振动传给混凝土,使混凝土得到振动捣实的机械。

混凝土振捣器类型很多,按传播振动的方式可分为内部式(或称插入式)、外部式(或称附着式)、表面式、平台式等。按工作部分的结构形式可分为锥形、棒形、片形、条形等。按振源的振动子形式,可分为偏心式、行星式、往复式、电磁式等。

(六)其他机械

水利工程施工使用的机械设备还有很多,如土石方压实机械、工程船舶、动力机械、给排水设备、加工机械及水土保持工程专用机械等。

三、施工机械设备配置原则

进行施工机械设备配置时,所选施工机械设备应符合工程需要,满足环境保护和水土保持的要求,不应选用"三无"产品、高能耗、重污染产品,不应选用国家明令禁止和报废淘汰的施工机械设备。

(1)根据设计和施工条件,采用定额法、机械性能分析法和工程类比法等方法分析计算施工机械设备生产率。

(2)计算施工机械设备数量时,必须满足各施工期、施工部位的施工进度和强度的要求,并应考虑各种施工条件下的有效施工天数、机械效率和施工不均匀程度。

(3)施工机械设备配套组合时,应首先确定起主导控制作用的机械设备,其他与之配套的机械设备需要量,应根据主导机械设备而定。

(4)对影响因素复杂的施工机械设备选择和配套组合方案,宜采用系统仿真等技术进行论证后确定。

第七节　水利工程施工技术

一、土石方开挖工程

(一)土方开挖技术

土的种类繁多,其分类方法也很多。广义的土包含岩石和一般意义的土。按土的基本物质组成分为岩石、碎石土、砂土、黏性土和人工填土。

1. 土的工程分类

水利水电工程施工中常用土的工程分类，依据开挖方法、开挖难易程度等，可分为4类，见表1-11。

表1-11　土的工程分类

土的等级	土的名称	自然湿容重（kN/m^3）	外观及其组成特性	开挖工具
Ⅰ	砂土、种植土	16.5~17.5	疏松、黏着力差或易进水，略有黏性	用锹或略加脚踩开挖
Ⅱ	壤土、淤泥、含根种植土	17.5~18.5	开挖时能成块，并易打碎	用锹需用脚踩开挖
Ⅲ	黏土、干燥黄土、干淤泥、含少量砾石的黏土	18.0~19.5	黏手、看不见砂粒，或干硬	用镐、三齿耙开挖或用锹需用力加脚踩开挖
Ⅳ	坚硬黏土、砾质黏土、含卵石黏土	19.0~21.0	结构坚硬，分裂后成块状，或含黏粒、砾石较多	用镐、三齿耙等开挖

2. 开挖方式

土方开挖方式包括自上而下开挖、上下结合开挖、先岸坡后河槽开挖和分期分段开挖等方式。

3. 开挖方法

土方开挖的方法主要有机械开挖、人工开挖等。

1）机械开挖

机械开挖施工常用的机械有挖掘机、推土机、铲运机和装载机等。

（1）挖掘机。

中小型水利工程中一般采用液压单斗挖掘机。单斗挖掘机由工作装置、行驶装置和动力装置组成，按工作装置不同分为正铲、反铲、索铲和抓铲等，能开挖坚实土和破碎后的岩石，适用于各种基槽、沟渠及水上水下Ⅰ~Ⅳ类土及爆破石渣的挖掘。

（2）推土机。

推土机是一种在拖拉机上安装有推土工作装置（推土铲）的常用的土方工程机械。它可以独立完成推土、运土及卸土三种作业。在水利水电工程中，它主要用于平整场地、开挖基坑、推平填方及压实、堆积土石料及回填沟槽等作业，宜用于100 m以内运距Ⅰ~Ⅲ类土的挖运，但挖深不宜大于1.5~2.0 m，填高不宜大于2~3 m。

（3）铲运机。

铲运机是利用装在轮轴之间的铲运斗，在行驶中顺序进行铲削、装载、运输和铺卸土作业的铲土运输机械。它适用于Ⅳ级以下的土壤工作,要求作业地区的土壤不含树根、大石块和过多的杂草。除可装普通土壤外,还可装载砂、砂砾石和小的石渣、卵石等物料。

铲运机的经济运距与行驶道路、地面条件、坡度等有关。一般拖式铲运机(用履带式机械牵引)的经济运距在 500 m 以内,自行式轮胎铲运机的经济运距为 800~1 500 m。

(4)装载机。

装载机是装载松散物料的工程机械。它不仅可以对堆积的松散物料进行装、运、卸作业和短距离的运土,也可对岩石、硬土进行轻度挖掘和推土作业,还可以进行清理、刮平场地、起重、牵引等作业。

2)人工开挖

在不具备采用机械开挖的条件下或在机械设备不足的情况下,可采用人工开挖。临近设计高程时,应留出 0.2~0.3 m 的保护层暂不开挖,待上部结构施工时,再予以挖除。

4. 土方开挖的一般技术要求

(1)合理布置开挖工作面和出土路线。确定开挖分层、分段,以便充分发挥人力、设备的生产能力,使开挖效率达到最优。

(2)合理选择和布置出土地点和弃土地点。做好挖填方平衡,充分利用开挖土方作为填方土料。

(3)开挖边坡,要防止塌滑,保证开挖安全。

(4)地下水位以下土方的开挖,应根据施工方法的要求,切实做好排水工作。

5. 土方机械设备配套原则

选择挖土和运输机械时,应考虑工程量的大小。此外,在选择土方开挖运输机械时,应尽可能选用容量大、数量少、型号规格单一的机械,便于管理和修配。

各种开挖机械对土质的适应情况,可参考表 1-12,表中"√"表示适用,"○"表示可用,"×"表示不适用。

表 1-12 开挖机械对土质的适应情况

开挖机械	砂土	填土及黏土	砂砾石	风化岩石	爆破块石
正铲挖掘机	√	√	√	√	√
拉铲挖掘机	√	○	√	○	×
铲运机	√	○	×	×	×
推土机	√	○	√	√	√
装载机	√	○	√	○	○

6. 渠道及建筑物土方开挖

渠道开挖的施工方法有人工开挖、机械开挖等。选择开挖方法取决于技术条件、土壤种类、渠道纵横断面尺寸、地下水位等因素。渠道开挖的土方多堆在渠道两侧用作渠堤。

(二)石方开挖技术

1. 岩石的分类

1)按形成条件分类

岩石由于形成条件不同,分为火成岩(岩浆岩)、水成岩(沉积岩)及变质岩三大类。

(1)火成岩又称岩浆岩,是由岩浆侵入地壳上部或喷出地表凝固而成的岩石,主要包括花岗岩、闪长岩、辉长岩、辉绿岩、玄武岩等。

(2)水成岩主要包括石灰岩和砂岩。

(3)变质岩主要有片麻岩、大理岩和石英岩。

2)岩石的分级

岩石根据坚固系数的大小分级,前10级(Ⅴ~ⅩⅤ)的坚固系数为1.5~20,除Ⅴ级的坚固系数不在1.5~2.0外,其余以2为级差。坚固系数为20~25,为ⅩⅤ级;坚固系数在25以上,为ⅩⅥ级。

2. 石方开挖方法

1)露天石方开挖

(1)露天石方开挖的方法。

①石方开挖普遍采用钻孔爆破松动、挖掘机或装载机配自卸汽车出渣的开挖方法。

②常用的爆破方法有浅孔爆破法、深孔爆破法、洞室爆破法、预裂爆破法等。

③爆破法开挖石方的基本工序是钻孔、装药、起爆、挖装和运卸等。

(2)露天石方(岩基)爆破开挖的技术要求。

①岩基上部除结构要求外均应按梯段爆破方式开挖,在邻近建基面预留保护层,保护层按要求进行开挖。

②采用减振爆破技术,以确保基岩完整,确保开挖边坡稳定,保证开挖形状符合设计要求。

③对爆破进行有效控制,防止损害邻近建筑物和已浇混凝土或已完工的灌浆地段,保护施工现场机械设备和人员安全。

④力求爆破后块度均匀、爆堆集中,以满足挖装要求,提高挖装效率。

2)地下工程开挖

地下工程主要采用钻孔爆破方法进行开挖,使用机械开挖则有掘进机开挖法、盾构法和顶管法(顶进法)。

3. 爆破技术

爆破作业应考虑炮孔的布置、爆破方法及安全措施等。爆破方法有浅孔爆破、深孔爆破、洞室爆破、预裂爆破及光面爆破等。

4. 地下石方工程的施工方法

地下工程是把建筑物修建在地表以下一定深度处,为水利水能资源开发利用服务的工程。这种工程的施工直接受到工程地质、水文地质和施工条件的制约,因而往往是整个水利水电枢纽工程中控制施工进度的主要项目之一。

水工地下洞室按照倾角(洞轴线与水平面的夹角)可划分为平洞、斜井、竖井三种类型,其划分原则为倾角小于6°为平洞,倾角6°~48°为斜井,倾角大于48°为竖井。

关于开挖方法,岩体中洞室开挖施工的传统方法是钻孔爆破法,目前仍然普遍采用;对中硬度以下围岩也采用掘进机法。在浅埋软土地基中开挖水工隧洞的近代方法是盾构法和顶管法。

二、土石方填筑工程

(一)土方填筑技术

1. 土方填筑压实机械

土方填筑压实机械分为静压碾压(如羊脚碾、气胎碾等)、振动碾压、夯击(如蛙夯)三种基本类型。

2. 土料压实标准

(1)土石坝的土料压实标准是根据水工设计要求和土料的物理力学特性提出来的,对于黏性土用干密度 ρ_d 控制,对于非黏性土用相对密度 D_r 控制。控制标准随建筑物的等级不同而不同。

(2)在现场用相对密度来控制施工质量不太方便,通常将相对密度 D_r 转换成对应的干密度 ρ_d 来控制。

3. 压实参数的确定

(1)土料填筑压实参数主要包括碾压机具的重量、含水量、碾压遍数及铺土厚度等,振动碾压还应包括振动频率及行走速率等。

(2)在确定土料压实参数前必须对土料场进行充分调查,全面掌握各料场土料的物理力学指标,在此基础上选择具有代表性的料场进行碾压试验,作为施工过程的控制参数。

(3)选择具有代表性的料场,通过理论计算并参照已建类似工程经验,初选几种碾压机械和拟订的碾压参数进行试验。

(4)黏性土料压实含水量可取 $\omega_1=\omega_p+2\%$、$\omega_2=\omega_p$、$\omega_3=\omega_p-2\%$ 三种进行试验,ω_p 为土料塑限。

(5)选取试验铺土厚度和碾压遍数,并测定相应的含水量和干密度。

4. 土石坝、堤防填筑施工

根据施工方法的不同,土石坝分为干填碾压(碾压式)、水中填土、水力冲填(包括水坠坝)等类型。堤防的施工方法与土石坝基本一致。

1)作业内容

作业内容包括准备作业、基本作业、辅助作业和附加作业。

2)坝面作业

坝面作业包括铺土、平土、洒水或晾晒(控制含水量)、土料压实、修整边坡、铺筑反滤层、排水体及护坡、质量检查等工序。坝面作业的特点是工作面狭窄、工序多,因此坝面施工应统一管理,严密组织,保证工序衔接,一般多采用流水作业组织坝面施工。

5. 土方填筑质量控制

施工质量检查和控制是土石坝质量和安全的重要保证,它贯穿于土石坝施工的各个环节和施工的全过程。土石坝施工质量控制主要包括料场的质量检查和控制、坝面的质量检查和控制。

1)料场的质量检查和控制

对土料场应经常检查所取土料的土质情况、土块大小、杂质含量和含水量等。其中含水量的检查和控制尤为重要。

2）坝面的质量检查和控制

（1）在坝面作业中，应对铺土厚度、土块大小、含水量、压实后的干密度等进行检查，并提出质量控制措施。

（2）在施工特征部位和防渗体中，选定一些固定取样断面，沿坝高 5～10 m 取代表性试样（总数不宜少于 30 个）进行室内物理力学性能试验，作为核对设计及工程管理之根据。此外，还须对坝面、坝基、削坡、坝肩接合部、与刚性建筑物连接处以及各种土料的过渡带进行检查。

（3）对于反滤层、过渡层、坝壳等非黏性土的填筑，主要应控制压实参数。

（4）土坝的堆石棱体与堆石体的质量检查大体相同。主要应检查上坝石料的质量、风化程度、石块的重量、尺寸、形状、堆筑过程有无离析架空现象发生等。

（5）应及时整理坝体填料的质量检查记录，分别编号存档，编制数据库，既作为施工过程全面质量管理的依据，也作为坝体运行后进行长期观测和事故分析的佐证。

（二）石方填筑技术

石方填筑的施工设备、工艺和压实参数的确定与碾压式土石坝非黏性料施工没有本质区别。大规模石方填筑主要出现在堆石坝坝体填筑施工中。

1. 堆石坝坝体材料分区

堆石坝坝体材料分区主要有垫层区、过渡区、主堆石区、下游堆石区（次堆石料区）等。

2. 填筑工艺

（1）堆石体填筑可采用自卸汽车后退法或进占法卸料，推土机摊平。

（2）垫层料、过渡料和一定宽度的主堆石的填筑应平起施工，均衡上升。主次堆石可分区、分期填筑，其纵横坡面上均可布置施工临时道路。

（3）坝料填筑宜采用进占法卸料，必须及时平料，每层铺料后宜用仪器检查铺料厚度，一经发现超厚应及时处理。

3. 堆石体的压实参数和质量控制

1）堆石体的压实参数

一般堆石体最大粒径不应超过层厚的 2/3。垫层料的最大粒径为 80～100 mm，过渡料的最大粒径不超过 300 mm，下游堆石区最大粒径为 1 000～1 500 mm。

面板堆石坝堆石体的压实参数（碾重、铺层厚和碾压遍数等）应通过碾压试验确定。

2）堆石体施工质量控制

（1）通常堆石压实的质量指标，用压实重度换算的孔隙率 n 来表示，现场堆石密实度的检测主要采取试坑法。

（2）垫层料（包括周边反滤料）需做颗分、密度、渗透性及内部渗透稳定性检查、检查稳定性的颗分取样部位为界面处。过渡料做颗分、密度、渗透性及过渡性检查，过渡性检查的取样部位为界面处。主、副堆石做颗分、密度、渗透性检查等。

（3）垫层料、反滤料级配控制的重点是控制加工产品的级配。

（4）过渡料主要是通过在施工时清除界面上的超径石来保证对垫层料的过渡性。

(5)主堆石进行质量控制,要及时计算由水管式沉降仪测定的沉降值换算的堆石压缩模量值,以便直接了解堆石的质量。

(6)下游堆石的情况与主堆石相似,但对密度的要求相对较低。

4. 土石坝施工质量控制

1)坝料质量控制

坝料质量控制应以料场控制为主,不合格材料应在料场处理合格后上坝。坝料现场鉴别控制项目见表1-13。

表1-13　坝料现场鉴别控制项目

坝料类别		鉴别项目
防渗土料	黏性土	含水量,黏粒含量
	碎(砾)石土	允许最大粒径,砾石含量,含水量
反滤料、垫层料、排水料		级配,含泥量,风化软弱颗粒含量
过渡料		级配,允许最大粒径,含泥量
坝壳砾质土		小于5 mm颗粒含量,含水量
坝壳砂砾土		级配,砾石含量,含泥量
堆石料	硬岩	允许最大块径,小于5 mm颗粒含量,含泥量,软岩含量
	软岩	单轴抗压强度,小于5 mm颗粒含量,含泥量

2)坝体填筑质量控制

防渗体压实控制指标采用干密度、含水量或压实度。反滤料、过渡料、垫层料及砂砾料的压实控制指标采用干密度或相对密度。堆石料的压实控制指标采用孔隙率。

对不同坝料密(密实)度、含水量的检测方法见表1-14。

表1-14　坝料密(密实)度、含水量检测方法

坝料类别		现场密(密实)度检测方法	现场含水量检测方法
防渗土料	黏性土	挖坑灌水(砂)法、环刀法、三点击实法、核子水分—密度仪法	烘干法、烤干法、核子水分—密度仪法、酒精燃烧法、红外线烘干法、微波烘干法
	碎(砾)石土	挖坑灌水(砂)法、三点击实法、碎(砾)石土最大干密度拟合法、核子水分—密度仪法	烘干法、烤干法、核子水分—密度仪法、红外线烘干法

续表 1-14

坝料类别	现场密(密实)度检测方法	现场含水量检测方法
反滤料、过渡料、垫层料、排水层料、砂砾石料	挖坑灌水(砂)法、附加质量法、瑞雷波法、压沉值法	烘干法、烤干法
堆石料	挖坑灌水(砂)法、附加质量法、瑞雷波法、压沉值法	烘干法、风干法

负温下施工应增加以下检查项目:

(1)填筑面防冻措施。

(2)坝基已压实土层冻结现象。

(3)填筑面上的冰雪清除情况。

(4)气温、土温、风速等观测资料。

(5)春季应复查冻结深度以内的填土层质量。

(三)土石方平衡调配原则

水利水电工程施工开挖的土石料的利用和弃置,不仅有数量的平衡(即空间位置上的平衡)要求,还有时间的平衡要求,同时还要考虑质量和经济效益等。

1. 土石方平衡调配的方法

土石方平衡调配是否合理的主要判断指标是运输费用,费用花费最少的方案就是最好的调配方案。土石方调配可按线性规划进行。对于基坑和弃渣场不太多时,可用简便的"西北角分配法"求解最优调配数值。

2. 土石方平衡调配原则

土石方平衡调配的基本原则是在进行土石方调配时要做到料尽其用、时间匹配和容量适度。

土石方调配的结果对工程成本、工程进度,以及工区景观、工区水土流失、噪声污染、粉尘污染等环境因素有着显著的影响。

三、混凝土工程施工技术

(一)模板分类与施工

1. 模板的作用

模板的主要作用是对新浇混凝土起成型和支撑作用,同时还具有保护和改善混凝土表面质量的作用。模板应符合下列规定:

2. 模板的分类

模板根据制作材料可分为木模板、钢模板、胶合板、塑料板、混凝土和钢筋混凝土预制模板等;根据架立和工作特征可分为固定式、拆移式、移动式和滑升式等。

3. 模板施工

1)模板的安装

(1)模板安装必须按设计图纸测量放样,对重要结构应多设控制点,以利检查校正,且应经常保持足够的固定设施。

(2)支架必须支撑在稳固的地基或已凝固的混凝土上,并有足够的支撑面积,防止滑动。

(3)对于大体积混凝土浇筑块,成型后的偏差,不应超过模板安装允许偏差的50%~100%,取值大小视结构物的重要性而定。

(4)混凝土浇筑过程中,必须安排专人负责经常检查、调整模板的形状及位置,使其与设计线的偏差不超过模板安装允许偏差绝对值的1.5倍,并每班做好记录。

(5)对承重模板,必须加强检查、维护;对重要部位的承重模板,还必须由有经验的人员进行监测。模板如有变形、位移,应立即采取措施,必要时停止混凝土浇筑。

2)模板的拆除

拆模的迟早直接影响混凝土质量和模板使用的周转率。拆模时间应根据设计要求、气温和混凝土强度增长情况而定:

(1)施工规范规定,非承重侧面模板,混凝土强度应达到2.5 MPa以上,其表面和棱角不因拆模而损坏时方可拆除。一般情况,夏天需2~4 d,冬天需5~7 d。混凝土表面质量要求高的部位,拆模时间宜晚一些。

(2)钢筋混凝土结构的承重模板,要求达到下列规定值(按混凝土设计强度等级的百分率计算)时才能拆模:

①悬臂板、梁:跨度≤2 m,75%;跨度>2 m,100%。

②其他梁、板、拱:跨度≤2 m,50%;跨度2~8 m,75%;跨度>8 m,100%。

(3)拆模的程序和方法如下:

①在同一浇筑仓的模板,按"先装的后拆,后装的先拆"的原则,按次序、有步骤地进行。

②在拆除时应使用专门工具,减少对模板和混凝土的损伤,防止模板跌落。

③对拆下的模板应及时清洗,除去模板面的水泥浆,分类妥为堆存,以备再用。

(二)钢筋制作与安装

1. 钢筋性能

钢筋混凝土结构用的钢筋主要有热轧钢筋、冷轧带肋钢筋、冷拉热轧钢筋(简称冷拉钢筋)、预应力混凝土用热处理钢筋等。水工钢筋混凝土常用的钢筋为热轧钢筋。

2. 钢筋配料

钢筋加工前,应根据设计图纸按不同构件编制配料单,然后进行备料加工。为了使工作方便和不漏配钢筋,配料应该有顺序地进行。

1)配料依据

(1)设计图纸和修改通知。

(2)浇筑部位的分层分块图。

(3)混凝土入仓方式。

(4)钢筋运输、安装方法和接头形式。

2)下料长度计算

钢筋的下料长度应为

直钢筋下料长度=构件长度-保护层厚度+弯钩增加长度

弯起钢筋下料长度=直段长度+斜段长度-弯曲调整值+弯钩增加长度

箍筋下料长度=箍筋周长+箍筋调整值

上述钢筋若需要连接,还应加钢筋连接长度。

3)钢筋代换

施工中缺少设计图中要求的钢筋品种或规格时,可按下述原则进行代换:

(1)等强度代换。当构件设计是按强度控制时,可按强度相等的原则代换。

(2)当构件按最小配筋率配筋时,可按钢筋面积相等的原则进行代换。

(3)当钢筋受裂缝开展宽度或挠度控制时,代换后还应进行裂缝或挠度验算。

3. 钢筋加工

钢筋加工包括调直、去锈、切断、弯曲和连接等工序。当钢筋接头采用直螺纹或锥螺纹连接时,还要增加钢筋端头镦粗和螺纹加工工序。

4. 钢筋安装

钢筋绑扎前应核对成品钢筋的型号规格、外形尺寸和数量等是否与配料表、料牌相等。钢筋绑扎前应放样画出钢筋中心线位置。锚筋安装前应按设计要求验收孔位、孔向、孔深、孔径,清洗钻孔,排干积水。

钢筋的安装可采用散装和整装两种方式。

(三)混凝土拌和与运输

1. 拌和方式

混凝土拌和必须按照试验部门签发并经审核的混凝土配料单进行配料,严禁擅自更改。混凝土组成材料的配料量均以重量计。

(1)一次投料法(常用方法),将砂、石、水、水泥同时加入搅拌筒中进行搅拌。

(2)二次投料法可分为预拌水泥砂浆及预拌水泥净浆法。与一次投料法相比,混凝土强度可提高15%,也可节约水泥15%~20%。

(3)水泥裹砂法。

①砂子先经砂处理机,使表面含水率保持在2%左右。

②向拌和机加入砂和石子,加入一部分拌和水。

③加入水泥,开始拌和,在砂石表面裹上一层水泥浆膜,其水胶比控制在0.15~0.35。

④最后加入剩余的拌和水与高效减水剂,直至拌和成均匀混凝土。

与一次投料法相比,强度可提高20%~30%,混凝土不易产生离析现象,泌水少,工作性能好。

2. 拌和设备生产能力的确定

拌和设备生产能力主要取决于设备容量、台数与生产率等因素。

3. 混凝土的运输设备

通常混凝土的水平运输设备主要有有轨运输和无轨运输两种;垂直运输设备主要有门式起重机、塔式起重机、缆式起重机和履带式起重机。

使用的运输设备,应使混凝土在运输过程中不致发生分离、漏浆、严重泌水、过多温度回升和坍落度损失。混凝土在运输过程中,应尽量缩短运输时间和转运次数。掺普通减水剂的混凝土运输时间不宜超过表1-15的规定。因故停歇过久,混凝土已初凝或已失去塑性时,应做废料处理。严禁在运输途中和卸料时加水。

表1-15 混凝土运输时间

运输时平均气温(℃)	混凝土运输时间(min)
10~20	45
10~20	60
5~10	90

4. 混凝土运输方案

大坝等建筑物的混凝土运输浇筑,主要有门机、塔机运输方案,缆机运输方案及辅助运输浇筑方案。

(四)混凝土浇筑与温度控制

1. 混凝土浇筑工艺和养护

混凝土浇筑的施工过程包括浇筑前的准备作业,浇筑时入仓铺料、平仓振捣和浇筑后的养护。

1)浇筑前的准备作业

浇筑前的准备作业包括基础面的处理、施工缝处理、立模、钢筋及预埋件安装设置、开仓前全面检查等。

2)入仓铺料

(1)混凝土入仓铺料方法。

混凝土入仓铺料方法主要有平铺法、台阶法和斜层浇筑法。混凝土入仓铺料多用平铺法。

混凝土入仓铺料时,整个仓面铺满一层振捣密实后,再铺筑下一层,逐层铺筑,称为平铺法。

按混凝土初凝时间考虑的混凝土浇筑允许间隔时间,见表1-16。

表1-16 混凝土浇筑允许间隔时间 (单位:min)

混凝土浇筑时气温(℃)	中热硅酸盐水泥、硅酸盐水泥、普通硅酸盐水泥	低热矿渣硅酸盐水泥、矿渣硅酸盐水泥、火山灰质硅酸盐水泥
21~30	90	120
11~20	135	180
5~10	195	

3)平仓与振捣

卸入仓内成堆的混凝土料,按规定要求均匀铺平称为平仓。平仓可用插入式振捣器插入料堆顶部振动，使混凝土液化后自行摊平，也可用平仓振捣机进行平仓振捣。

振捣应当在平仓后立即进行。混凝土振捣主要采用混凝土振捣器进行。按照振捣方式不同，分为插入式、外部式、表面式及振动台等。

4）混凝土检查与养护

《水工混凝土施工规范》规定，塑性混凝土应在浇筑完毕后 6~18 h 内开始洒水养护，低塑性混凝土宜在浇筑完毕后立即喷雾养护，并及早开始洒水养护；混凝土应连续养护，养护期内始终使混凝土表面保持湿润。

（1）混凝土养护方法和适用条件。

①洒水养护。

a. 人工洒水。可适用于任何部位，有利于控制水流，可防止长流水对机电安装的影响。

b. 自流养护。利用钻有小孔的钢管进行自流养护，钢管悬挂在大型模板下口或固定在混凝土表面上。从小孔中流出的微量水流，在混凝土表面形成"水套"。

c. 机具喷洒。是利用供水管道中的水压力推动固定在支架上的特殊喷头，在混凝土表面进行旋喷和摆喷。

②覆盖养护。

对于已浇筑到顶部的平面和长期停浇的部位，可采用覆盖养护。

③化学剂养护。

化学剂可分为成膜型和非成膜型两类，前者在混凝土表面形成不透水的薄膜，阻止水分蒸发；后者依靠渗透、毛细管作用，达到养护混凝土的目的。

（2）混凝土养护时间。

混凝土养护时间不宜少于 28 d，有特殊要求的部位宜延长养护时间（至少 28 d）。混凝土养护时间的长短，取决于混凝土强度增长和所在结构部位的重要性。

2. 大体积混凝土的温度控制

1）温度裂缝产生原因

由于混凝土的抗压强度远高于抗拉强度，在温度压应力作用下不致破坏的混凝土，当受到温度拉应力作用时，常因抗拉强度不足而产生裂缝。

2）温度裂缝类型

大体积混凝土温度裂缝有细微裂缝、表面裂缝、贯穿裂缝和深层裂缝。

3）温度控制措施

（1）原材料和配合比优化，降低水化热温升。

（2）降低混凝土入仓温度。

（3）加速混凝土散热。

（4）合理分缝分块。控制相邻坝块，坝段高差。

（5）混凝土表面保温与养护。

3. 混凝土坝的施工质量控制

1）施工质量控制内容

混凝土坝的施工质量控制应从原材料的质量控制入手，直至混凝土的拌和、运输、入仓、平仓、振捣、养护等各个环节,混凝土坝作为大体积混凝土工程尚有温度控制和一、二期冷却等问题。

2)施工质量检测方法

常用的检查和监测的方法有物理监测、钻孔压水、大块取样和原型观测。

3)质量问题处理

对在质检过程中发现的质量问题应及时进行处理。如对坝内裂缝、空洞可采用水泥灌浆;对表面裂缝可用水泥砂浆或环氧砂浆涂抹处理。对质量不合格又不便灌浆补强处理的,一般需要整块炸掉重新浇筑。

4. 碾压混凝土施工

1)混凝土配合比设计的要求

(1)掺和料掺量。应通过试验确定,掺量超过65%时,应做专门试验论证。

(2)水胶比。应根据设计提出的混凝土强度、抗渗性、抗冻性和拉伸变形等要求确定,其值宜不大于0.65。

(3)砂率。应通过试验选取最佳砂率值。使用天然砂石料时,三级配碾压混凝土的砂率为28%~32%,二级配时为32%~37%;使用人工砂石料时,砂率应增加3%~6%。

(4)单位用水量。可根据碾压混凝土 *VC* 值(拌和物工作度,按试验规程规定的方法测得的时间,以 s 为计量单位)、骨料的种类及最大粒径、砂率、石粉含量、掺和料以及外加剂等选定。

(5)外加剂。品种和掺量应通过试验确定。

2)碾压施工的要求

碾压混凝土应采用大仓面薄层连续浇筑。铺筑方法宜采用平层通仓法,也可采用斜层平推法。铺筑面积应与铺筑强度及碾压混凝土允许层间间隔时间相适应。

(五)分缝与止水的施工要求

为了适应地基的不均匀沉降和伸缩变形,在水闸、涵洞等水工结构设计中均设置温度缝与沉降缝,并常用沉降缝取代温度缝作用。缝有铅直和水平两种,缝宽一般为10~2.5 cm。缝中填料及止水设施,在施工中应按设计要求确保质量。

1. 填料的施工

沉降缝的填充材料,常用的有沥青油毛毡、沥青杉木板及泡沫板等多种。其安装方法有先装法和后装法两种。

2. 止水的施工

凡是位于防渗范围内的缝,都有止水设施,止水包括水平止水和垂直止水。

3. 止水缝部位的混凝土浇筑

浇筑止水缝部位混凝土的注意事项包括:

(1)水平止水片应在浇筑层的中间,在止水片高程处不得设置施工缝。

(2)浇筑混凝土时,不得冲撞止水片,当混凝土将要淹没止水片时,应再次清除其表面污垢。

(3)振捣器不得触及止水片。

(4)嵌固止水片的模板应适当推迟拆模时间。

（六）混凝土工程加固技术

混凝土工程普遍存在的质量问题主要有混凝土表层损坏、混凝土裂缝、结构失稳等。

1.混凝土表层损坏

1）混凝土表层损坏的原因

（1）施工质量缺陷。混凝土表面有蜂窝、麻面、骨料外露、接缝不平等。

（2）混凝土表面碳化、气蚀破坏、水流冲刷、撞击等。

（3）冻胀、侵蚀性水的化学侵蚀。

2）混凝土表层损坏的危害

混凝土表层损坏造成的危害有表层混凝土强度降低、局部剥蚀、钢筋锈蚀等。如任其发展，势必向内部深入，缩短建筑物的使用年限，甚至直接导致建筑物失稳和破坏。

3）混凝土表层损坏的加固

在混凝土表层损坏加固之前，不论采用什么办法，均应先凿除已损坏的混凝土，并对修补面进行凿毛和清洗，然后进行修补加固。

混凝土表层加固，有以下几种常用方法：

（1）水泥砂浆修补法。

（2）预缩砂浆修补法。

（3）喷浆修补法。

（4）喷混凝土修补法。

（5）钢纤维喷射混凝土修补法。

（6）压浆混凝土修补法。

（7）环氧材料修补法。

2.混凝土裂缝

1）混凝土工程裂缝的类型

按产生原因不同，混凝土工程裂缝有以下五类：沉降缝、干缩缝、温度缝、应力缝和施工缝（竖向为主）。

2）裂缝处理的目的

裂缝处理的目的主要是恢复其整体性，保持混凝土的强度、耐久性和抗渗性。

3）裂缝修补的方法

（1）龟裂缝或开度小于0.5 mm的裂缝，可在表面涂抹环氧砂浆或表面贴条状砂浆，有些缝可以表面凿槽嵌补或喷浆处理。

（2）渗漏裂缝，可视情节轻重在渗水出口处进行表面凿槽嵌补水泥砂浆或环氧标材料，有些需要进行钻孔灌浆处理。

（3）沉降缝和温度缝的处理，可用环氧砂浆贴橡皮等柔性材料修补，也可用钻孔浆或表面凿槽嵌补沥青砂浆或者环氧砂浆等方法。

（4）施工（冷）缝，一般采用钻孔灌浆处理，也可采用喷浆或表面凿槽嵌补。

3.混凝土结构失稳

混凝土结构失稳的加固方法有外粘钢板加固法、粘贴纤维复合材加固法等，与结构加固方法配合使用的技术有植筋（锚栓）技术。

四、地基处理工程

(一)地基基础的要求

1. 水工建筑物的地基分类

水工建筑物的地基分为两大类型,即岩基和软基。

(1)岩基是由岩石构成的地基,又称硬基。

(2)软基是由淤泥、壤土、砂、砂砾石、砂卵石等构成的地基,又可细分为砂砾石地基、软土地基。

砂砾石地基是由砂砾石、砂卵石等构成的地基,它的空隙大,孔隙率高,因而渗透性强。

软土地基是由淤泥、壤土、粉细砂等细微粒子的土质构成的地基。这种地基具有孔隙率大、压缩性大、含水量大、渗透系数小、水分不易排出、承载能力差、沉陷大、触变性强等特点,在外界的影响下容易变形。

2. 水工建筑物对地基基础的基本要求

(1)具有足够的强度。能够承受上部结构传递的应力。

(2)具有足够的整体性和均一性。能够防止基础的滑动和不均匀沉陷。

(3)具有足够的抗渗性。能够避免发生严重的渗漏和渗透破坏。

(4)具有足够的耐久性。能够防止在地下水长期作用下发生侵蚀破坏。

(二)地基处理方法

1. 地基处理的基本方法

水利水电工程地基处理的基本方法主要有开挖、灌浆、防渗墙、置换法、排水法、挤实法、桩基础、锚固、灌注桩等。

1)开挖

开挖处理是将不符合设计要求的覆盖层、风化破碎有缺陷的岩层挖掉。

2)灌浆

灌浆是利用灌浆泵的压力,通过钻孔、预埋管路或其他方式,把具有胶凝性质的材料(水泥)及掺和料(如黏土等)与水搅拌混合的浆液或化学溶液灌注到岩石、土层中的裂隙、洞穴或混凝土的裂缝、接缝内,以达到加固、防渗等工程目的。

灌浆的分类有固结灌浆、帷幕灌浆、接触灌浆、化学灌浆和高压喷射灌浆。

3)防渗墙

防渗墙是使用专用机具钻凿圆孔或直接开挖槽孔,孔内浇灌混凝土、回填黏土或其他防渗材料等或安装预制混凝土构件形成连续的地下墙体。也可用板桩、灌注桩、旋喷桩或定喷桩等各类桩体连续形成防渗墙。

4)置换法

置换法是将建筑物基础底面以下一定范围内的软弱土层挖去,换填无侵蚀性及低压缩性的散粒材料,从而加速软土固结、提高地基承载力。

5)排水法

排水法是采取相应措施如砂垫层、排水井、塑料多孔排水板,使软基表层或内部形成水平或垂直排水通道,然后在土壤自重或外荷压载作用下,加速土壤中水分的排除,使土壤固结。

6)挤实法

挤实法是将某些填料如砂、碎石或生石灰等用冲击、振动或两者兼而有之的方法压入土中,形成一个个的柱体,将原土层挤实,从而增加地基强度。

7)桩基础

可将建筑物荷载传到深部地基,起增大承载力、减小或调整沉降等作用。桩基础有打入桩、灌注桩、旋喷桩及深层搅拌桩。

8)锚固

将受拉杆件的一端固定于岩(土)体中,另一端与工程结构相连接,利用锚固结构的抗剪、抗拉强度,改善岩土力学性质,增强抗剪强度,对地基与结构物起到加固作用。

2. 不同地基处理的适用方法

(1)岩基处理适用方法有灌浆、局部开挖回填等。

(2)砂砾石地基处理的适用方法有开挖、防渗墙、帷幕灌浆、设水平铺盖等。

(3)软土地基处理的适用方法有开挖、桩基础、置换法、排水法、挤实法、高压喷射灌浆等。

(4)湿陷性黄土地基处理的适用方法有土或灰土垫层、砂或砂垫层、强夯法、重锤夯实法、桩基础、预浸法等。

(5)膨胀土地基处理的适用方法有换填、土性改良、预浸水等。

(6)岩溶地段地基处理的适用方法有回填碎石(片石)、帷幕灌浆等。

(7)冻土地基处理的适用方法有基底换填碎石垫层、铺设复合土工膜、设置渗水暗沟、填方设隔热板等。

(三)地基开挖与清理

1. 土坝(堤)地基的开挖与清理

1)土基开挖与清理

(1)坝断面范围内必须清除地基、岸坡上的草皮、树根、含有植物的表土、蛮石、垃圾及其他废料,并将清理后的地基表面土层压实。

(2)坝体断面范围内的低强度、高压缩性软土及地震时易液化的土层应清除或处理。

(3)开挖的岸坡应大致平顺,不应呈台阶状、反坡或突然变坡,岸坡上缓下陡时,变坡角应小于 20°,岸坡不宜陡于 1:1.5。

(4)应留有 0.2~0.3 m 的保护层,待填土前进行人工开挖。

2)岩基开挖与清理

(1)坝断面范围内的岩石坝基与岸坡,应清除表面松动石块、凹处积土和突出的岩石。

(2)对失水时很快风化变质的软岩石(如叶岩、泥岩等),开挖时应预留保护层,待开始回填时,随挖除、随回填,或在开挖后采用喷砂浆或混凝土保护。

(3)岩石岸坡一般不陡于 1:0.5,若陡于此坡度应有专门论证,并采取必要措施。

2. 混凝土坝地基的开挖与清理

(1)坝段的基础面上下游高差不宜过大,并尽可能开挖成大台阶状。

(2)两岸岸坡坝段基岩面,尽量开挖成有足够宽度的台阶状,以确保向上游倾斜。若基岩面高差过大或向下游倾斜,宜开挖成大台阶状,保持坝体的侧向稳定。对于靠近坝基面的缓倾角软弱夹层,埋藏不深的溶洞、溶蚀面应尽量挖除。

(3)开挖至距离基岩面0.5~1.0 m时,应采用手风钻钻孔,小药量爆破,以免造成基岩产生或增大裂隙。

(4)遇到易风化的页岩、黏土岩时,应留有0.2~0.3 m的保护层,待浇筑混凝土前再挖除。

(四)灌浆技术

1. 灌浆分类

1)按灌浆材料分类

(1)用固体颗粒的灌浆材料(如水泥、黏土或膨润土、砂等)制成的浆液。

(2)用化学灌浆材料(如硅酸盐、环氧树脂、聚氨酯、丙凝等)制成的浆液。

2)按灌浆目的分类

按灌浆目的分为帷幕灌浆、固结灌浆、接触灌浆、接缝灌浆、回填灌浆、预应力灌浆和补强灌浆等。

3)按灌浆地层分类

按灌浆地层可分为岩石地基灌浆、砂砾石地层灌浆、土层灌浆等。

4)按灌浆压力分类

按灌浆压力可分为常压灌浆和高压灌浆。灌浆压力在3 MPa以上的灌浆为高压灌浆。

水利工程中大量常用的浆液主要有水泥浆、水泥黏土浆、黏土浆、水泥黏土砂浆等。

2. 钻孔灌浆机械设备

1)钻孔机械

钻孔机械主要有回转式、回转冲击式、冲击式三大类。目前,用得最多的是回转式钻机,其次是回转冲击式钻机,纯冲击式钻机用得很少。

2)灌浆机械

灌浆机械主要有灌浆泵、浆液搅拌机及灌浆记录仪等。

(1)灌浆泵。是灌浆用的主要设备。灌浆泵性能应与浆液类型、浓度相适应,容许工作压力应大于最大灌浆压力的1.5倍,并应有足够的排浆量和稳定的工作性能。

(2)浆液搅拌机。

搅拌机的转速与拌和能力应分别与所搅拌浆液类型和灌浆泵的排浆量相适应,并应能保证均匀、连续地拌制浆液。

(3)灌浆记录仪。

用来记录每个孔段灌浆过程中每一时刻的灌浆压力、注浆率、浆液相对密度(或水胶比)等重要数据。

3. 灌浆方式

(1)按浆液的灌注流动方式,分为纯压式和循环式。

纯压式,是一次把浆液压入钻孔中,扩散到地基缝隙中,灌注过程中,浆液单向从灌浆机向钻孔流动的一种灌浆方式。

循环式,是灌浆时浆液进入钻孔,一部分被压入地基缝隙中,另一部分由回浆管路返回拌浆筒中的一种灌浆方式。

(2)按灌浆孔中灌浆程序,分为一次灌浆和分段灌浆。

一次灌浆,是将孔一次钻完,全孔段一次灌浆。在灌浆深度不大,孔内岩性基本不变,裂隙不大而岩层又比较坚固等情况下可采用该方法。

分段灌浆，是将灌浆孔划分为几段，采用自下而上或自上而下的方式进行灌浆。适用于灌浆孔深度较大，孔内岩性又有一定变化而裂隙又大的情况。此外，裂隙大且吸浆量大、灌浆泵不易达到冲洗和灌浆所需的压力等情况下也可采用该方法。

4.灌浆工艺与技术要求

1)固结灌浆

固结灌浆方式有循环式和纯压式两种，灌浆施工工艺和帷幕灌浆基本相同。

灌浆工艺与技术要求如下：

①灌浆孔的施工按分序加密的原则进行，可分为二序或三序施工。每孔采取自上而下分段钻进、分段灌浆或钻进终孔后进行灌浆。

②灌浆孔基岩段长小于6 m时，可全孔一次灌浆。当地质条件不良或有特殊要求时，可分段灌浆。

③灌浆孔应采用压力水进行裂隙冲洗，直至回水清净时止。

④灌浆孔灌浆前的压水试验应在裂隙冲洗后进行，采用单点法。

⑤在规定的压力下，当注入率不大于0.4 L/min时，继续灌注30 min，灌浆可以结束。

⑥固结灌浆质量压水试验检查、岩体波速检查、静弹性模量检查应分别在灌浆结束3~7 d、14 d、28 d后进行。

⑦灌浆质量压水试验检查，孔段合格率应在80%以上，不合格孔段的透水率值不超过设计规定值的50%，且不集中。

⑧灌浆孔封孔应采用“机械压浆封孔法”或“压力灌浆封孔法”。

2)帷幕灌浆

帷幕灌浆施工工艺主要包括钻孔、钻孔冲洗、压水试验、灌浆和灌浆的质量检查等。

(1)钻孔。

帷幕灌浆宜采用回转式钻机和金刚石钻头或硬质合金钻头钻进。

(2)钻孔冲洗、孔壁冲洗、裂隙冲洗和压水试验。

帷幕灌浆采用自上而下分段灌浆法时，先导孔应自上而下分段进行压水试验，各次序灌浆孔的各灌浆段在灌浆前宜进行简易压水；采用自下而上分段灌浆法时，先导孔仍应自上而下分段进行压水试验。

(3)灌浆方式和灌浆方法。

帷幕灌浆应优先采用循环式，射浆管距孔底不得大于50 cm。

帷幕灌浆必须按分序加密的原则进行。

由三排孔组成的帷幕，应先进行边排孔的灌浆，然后进行中排孔的灌浆。边排孔宜分为三序施工，中排孔可分为二序或三序施工；由两排孔组成的帷幕，宜先进行下游排孔的灌浆，然后进行上游排孔的灌浆。每排孔宜分为三序施工；单排帷幕灌浆孔应分为三序施工。

(4)工程质量检查。

灌浆质量检查应以检查孔压水试验成果为主，结合对竣工资料和测试成果的分析，综合评定。

检查孔压水试验结束后，按技术要求进行灌浆和封孔。

3)高压喷射灌浆

高压喷射灌浆是采用钻孔,将装有特制合金喷嘴的注浆管下到预定位置,然后用高压水泵或高压泥浆泵(20~40 MPa)将水或浆液通过喷嘴喷射出来,冲击破坏土体,使土粒在喷射流束的冲击力、离心力和重力等综合作用下,与浆液搅拌混合,并按一定的浆土比例和质量大小,有规律地重新排列。待浆液凝固以后,在土内就形成一定形状的固结体。

(1)高压喷射灌浆的适用范围。

高压喷射灌浆防渗和加固技术适用于软弱土层。实践证明,砂类土、黏性土、黄土和淤泥等地层均能进行喷射加固,效果较好。对粒径过大的含量过多的砾卵石以及有大量纤维质的腐殖土层,一般应通过现场试验确定施工方法。对含有较多漂石或块石的地层,应慎重使用。

(2)高压喷射灌浆的基本方法。

高压喷射灌浆的基本方法有单管法、二管法、三管法和新三管法等。

(3)高压喷射灌浆的质量检验。

检验内容:包括固结体的整体性、均匀性和垂直度;有效直径或加固长度、宽度;强度特性(包括轴向压力、水平推力、抗酸碱性、抗冻性和抗渗性等);溶蚀和耐久性能等几个方面。

检测方法:有开挖检查、室内试验、钻孔检查、载荷试验以及其他非破坏性试验方法等。

4)化学灌浆

化学浆液具有黏度低、抗渗性强、稳定性和耐久性好、低毒性等特性。适用于灌注和加固混凝土结构的细微裂隙、基岩的细裂隙和断层破碎带等低渗透性地层,低温、动水状况下可固化,凝结时间可控、凝结过程不受水和空气干扰等情况下的灌浆作业。

(五)防渗墙施工技术

1.防渗墙的类型

水工混凝土防渗墙的类型可按墙体结构形式、墙体材料、布置方式、成槽方法和布置方式分类。

1)按墙体结构形式分类

按墙体结构形式分,主要有桩柱型防渗墙、槽孔型防渗墙和混合型防渗墙三类,其中槽孔型防渗墙使用更为广泛。

2)按墙体材料分类

按墙体材料分,主要有普通混凝土防渗墙、钢筋混凝土防渗墙、黏土混凝土防渗墙、塑性混凝土防渗墙和灰浆防渗墙。

3)按成槽方法分类

采用的成槽方法有钻劈法、钻抓法、抓取法、铣削法等。

薄防渗墙的成槽可根据地质条件选用薄型抓斗成槽、冲击钻成槽、射水法成槽和锯槽机成槽等方法。槽孔的孔斜率不应大于4%。

4)按布置方式分类

按布置方式分,主要有嵌固式防渗墙、悬挂式防渗墙和组合式防渗墙。

2. 成槽机械

成槽机械有钢绳冲击钻机、冲击式反循环钻机、回转式钻机、抓斗挖槽机、射水成槽机、锯槽机及链斗式挖槽机等。

3. 防渗墙质量检查

防渗墙质量检查程序应包括工序质量检查和墙体质量检查。

(1)工序质量检查应包括造孔、终孔、清孔、接头处理、混凝土浇筑(包括钢筋笼、预埋件、观测仪器安装、埋设)等检查。

(2)墙体质量检查方法主要有开挖检验、取芯试验、注水试验和无损检验。

五、机电设备及金属结构安装工程

(一)机电设备分类及安装要求

1. 水利水电工程机电设备的种类

水利水电工程中机电设备主要有水泵及其动力设备、水轮发电机组及接力器等。水泵机组、水轮机组等设备类型详见本章第五节内容。

2. 机电设备安装的基本要求

1)卧式机组的安装

卧式机组分为有底座和无底座两种,小型机组的水泵和电动机一般多采用直接传动,其底座是共用的。

(1)有底座机组安装。先将底座放于浇筑好的基础上,套上地脚螺栓和螺帽,调整位置,使底座的纵横中心位置和浇筑基础时所定的纵横中心线一致。机座安好后,再将水泵安装在机座上。而后安装动力机(电动机)。

(2)无底座的大型水泵安装。先将水泵吊到基础上,与基础上的地脚螺栓对正并穿入泵体地脚螺孔使水泵就位。然后在水泵底脚的四角各垫一块楔形垫片,进行水泵的中心线校正、水平校正及标高校正。反复校正好后,再用水泥砂浆从缝口填塞进基础与泵体底脚间的空隙内。待砂浆凝固后,拧紧地脚螺母。动力机的安装与水泵安装基本相同。

2)立式机组安装

立式机组的安装与卧式机组有所不同,其水泵是安装在专设的水泵梁上,动力机安装在水泵上方的电机梁上。中小型立式轴流泵机组安装流程是安装前准备、泵体就位、电机座就位、水平校正、同心校正、固定地脚螺栓、泵轴和叶轮安装、传动轴安装、电动机吊装、验收。

3. 基于 BIM 等新技术的管线安装要求

随着 BIM 技术的普及,其在机电管线综合技术应用方面的优势比较突出。丰富的模型信息库,与多种软件方便的数据交换接口,成熟、便捷的可视化应用软件等,比传统的水工建筑物管线综合技术有了较大的提升。

暖通、给排水、消防、强弱电等各专业由于受施工现场、专业协调、技术差异等因素的影响,不可避免地存在很多局部的、隐性的专业交叉问题,各专业在建筑某些平面、立面位置上产生交叉、重叠,无法按施工图作业或施工顺序倒置,造成返工,这些问题有些是无法通过经验判断来及时发现并解决的。通过 BIM 技术的可视化、参数化、智能化特性,进行多专业碰撞检查、净高控制检查和精确预留预埋,或者利用基于 BIM 技术的 4D 施工管理,对施工工序过程进行模拟,对各专业进行事先协调,可以很容易地发现和解决碰撞点,减少因不同专业之间沟通不畅而产生技术错误,大大减少返工,节约施工成本。

(二)金属结构设备分类及安装要求

1. 水利水电工程的金属结构设备类型

水利水电工程的金属结构设备主要有闸门、阀门、拦污栅、压力钢管、启闭机和清污机等。使用的主要钢材有碳素结构钢和低合金钢材等。闸门、启闭机的组成及分类详见本章第五节内容。

2. 金属结构设备安装的基本要求

1)闸门的安装

闸门安装是将闸门及其埋件装配、安置在设计部位。由于闸门结构的不同,各种闸门的安装略有差异。

闸门应有标志,标志内容包括制造厂名、产品名称、生产许可证标志及编号、制造日期、闸门中心位置和总重量。

(1)平面闸门安装。

平面闸门形式有直升式和升卧式两种。

平面闸门的门叶由承重结构(包括面板、梁系、竖向联结系或隔板、门背(纵向)联结系和支撑边梁等)、行走支撑、止水装置和吊耳等组成。

闸门安装前,检查闸门和支撑导引部件的几何尺寸,消除出现的损伤,清理闸门的泥土和锈迹,润滑支撑导向部件。

平面闸门可采用现场已有的起吊设备、移动式起重机或其他简易设备吊装。

平面闸门安装的顺序是:闸门放到门底坎,按照预埋件调整止水和支撑导向部件,安装闸门拉杆、在门槽内试验闸门的提升和关闭、将闸门处于试验水头并投入试运行。

(2)弧形闸门安装。

弧形闸门由弧形面板、梁格、横向和竖向联结系、支臂和支撑铰等组成。

露顶式弧门可采用现场已有起吊设备、移动式起重机或其他简易设备吊装。潜孔式弧门采取预埋锚钩措施,用滑轮组、卷扬机分件或整体吊装。

弧形闸门吊装顺序:支臂吊装,穿铰轴,门叶吊装,门叶与支臂相连和附件安装。

(3)闸门安装试验。

闸门安装合格后,应在无水情况下做全行程启闭试验。有条件时,工作闸门应做动水启闭试验,事故闸门应做动水关闭试验。

2)闸门预埋件的安装

(1)闸门预埋件安装方法。

按照混凝土浇筑方法,闸门预埋件的安装方法分为预留二期混凝土块的安装方法和不设二期混凝土块的安装方法。宜采用预留二期混凝土块的安装方法。

(2)埋件安装。

闸门埋件包括主轨、反轨、侧轨、门楣、底坎、铰座基础螺栓架、铰座钢梁及混凝土棱角保护装置等。

埋件安装的主要内容有基础螺栓调整、埋件就位、调整、固定、检查、验收、接头焊接、磨平、复测等；埋件安装完，经检查合格，应在5~7 d内浇筑二期混凝土。

埋件的二期混凝土强度达到70%以后方可拆模，拆模后，应对埋件进行复测。

工程挡水前，应对全部检修门槽和共用门槽进行试槽。

3）启闭机的安装

固定式启闭机安装，包括卷扬式启闭机和螺杆式启闭机。

固定式启闭机的一般安装程序是：

①埋设基础螺栓及支撑垫板。

②安装机架。

③浇筑基础二期混凝土。

④在机架上安装提升机构。

⑤安装电气设备和保护元件。

⑥连接闸门做启闭机操作试验，使各项技术参数和继电保护值达到设计要求。

⑦安装竣工验收。

六、水利工程施工导流

（一）施工导流的概念

1. 施工导流

施工导流是指在河床中修筑围堰围护基坑，并将施工期间河道上游来水按设定的方式导向下游，创造工程建设干地施工条件。

2. 导流建筑物

导流建筑物系指枢纽工程施工期所使用的临时性挡水建筑物和泄水建筑物。导流挡水建筑物主要是围堰。导流泄水建筑物包括导流明渠、导流隧洞、导流涵管、导流底孔等临时建筑物和部分利用的永久性泄水建筑物。

3. 导流标准

导流标准主要包括导流建筑物级别、导流建筑物设计洪水标准、施工期临时度汛洪水标准和导流泄水建筑物封堵后坝体度汛洪水标准等。

（二）施工导流标准的确定

1. 导流标准的确定

导流建筑物级别根据其保护对象、失事后果、使用年限和导流建筑物规模等指标划分为3~5级（详见本章第二节相关内容）。导流建筑物设计洪水标准应根据导流建筑物的级别和类型，并结合风险度分析合理确。定各标准的确定详见《水利水电工程施工组织设计规范》（SL 303—2017）。

2. 确定导流建筑物洪水标准的方法

导流标准的确定，应结合风险度分析，使所选标准经济合理。主要有三种方法：实测资料分析法、常规频率法、经济流量分析法。导流时段就是按照导流的各个施工阶段划分的延续时间。

(三)施工导流方式

施工导流的基本方式可分为分期围堰导流和一次拦断河床围堰导流两类。

1. 分期围堰导流

分期围堰导流,也称分段围堰导流(或河床内导流),就是用围堰将水工建筑物分段分期围护起来进行施工的方法。分期围堰导流中又包括束窄河床导流和通过建筑物导流。

(1)束窄河床导流通常用于分期导流的前期阶段,特别是一期导流。其泄水道是被围堰束窄后的河床。一般适用于河床较平缓、河道较宽的情况。

(2)通过建筑物导流的主要方式,包括设置在混凝土坝体中的底孔导流、混凝土坝体上预留缺口导流、梳齿孔导流。平原河道上低水头河床式径流电站可采用厂房导流等。这种导流方式多用于分期导流的后期阶段。

2. 一次拦断河床围堰导流

一次拦断河床围堰导流是指在河床内距主体工程上下游一定的距离,修筑拦河堰体,一次性截断河道,使河道中的水流经河床外修建的临时泄水道或永久泄水建筑物下泄。一次拦断河床围堰导流适用于枯水期流量不大,河道狭窄的河流,按导流泄水建筑物的类型可分为明渠导流、隧洞导流、涵管导流等。

(1)明渠导流是在河岸或河滩上开挖渠道,河道的水流经渠道下泄。这种施工导流方法一般适用于岸坡平缓或有一岸具有较宽的台地、垭口或古河道的地形。

(2)隧洞导流是在河岸边开挖隧洞,天然河道水流全部或部分由导流隧洞下泄的导流方式。这种导流方法适用于河谷狭窄、两岸地形陡峻、山岩坚实的山区河流。

(3)涵管导流是利用涵管进行导流。适用于导流流量较小的河流或只用来担负枯水期的导流。一般在修筑土坝、堆石坝等工程中采用。

(四)施工围堰

围堰是导流工程中的临时性挡水建筑物,用来围护施工基坑,保证水工建筑物能在干地施工。

1. 围堰分类

(1)围堰按使用材料,可分为土石围堰、混凝土围堰、草土围堰、钢板桩格形围堰等。

(2)按围堰与水流方向的相对位置,可分为横向围堰和纵向围堰。

(3)按围堰与保护工程的相对位置,可分为上游围堰和下游围堰。

(4)按导流期间基坑过水与否,可分为过水围堰和不过水围堰。

(5)按围堰挡水时段,可分为全年挡水围堰和枯水期挡水围堰。

(6)按被围护的建筑物分类,尚有厂房围堰、船闸围堰、隧洞进口围堰、出口围堰等。

2. 常用几种围堰的介绍

1)土石围堰

土石围堰由土石填筑而成,多用作上下游横向围堰。它能充分利用当地材料,对基础适应性强,施工工艺简单。

2)混凝土围堰

混凝土围堰是用常态混凝土或碾压混凝土建筑而成的。混凝土围堰宜建在岩石地基上。混凝土围堰的特点是挡水水头高,底宽小,抗冲能力大,堰顶可溢流。

3)钢板桩格形围堰

钢板桩格形围堰是由一系列彼此相连的格体形成外壳,然后在内填以土料或砂料构成。

4)草土围堰

草土围堰是一种草土混合结构。草土围堰能就地取材,结构简单,施工方便,造价低,防渗性能好,适应能力强,便于拆除,施工速度快。但草土围堰不能承受较大的水头,一般适用于水深不大于6~8 m,流速小于3~5 m/s的中小型水利工程。

3. 围堰顶高程的确定

堰顶高程的确定,取决于施工期水位及围堰的工作条件。纵向围堰堰顶高程要与束窄河段宣泄导流设计流量时的水面曲线相适应。

4. 围堰施工技术

1)土石围堰

围堰的施工有水上、水下两部分。水上部分的施工与一般土石坝相同,采用分层填筑,碾压施工,并适时安排防渗墙施工;水下部分的施工,土料、石渣、堆石体的填筑可采用进占法,也可采用各种驳船抛填水下材料。

土石围堰的拆除可用挖掘机开挖、爆破、挖泥船开挖或人工开挖等。

2)混凝土围堰

混凝土围堰一般需在低土石围堰保护下干地施工,但也可创造条件在水下浇筑混凝土或预填骨料灌浆。混凝土围堰的施工与混凝土坝相似。

混凝土围堰的拆除,一般只能用爆破法炸除,但应注意,必须使主体建筑物或其他设施不受爆破危害。

3)钢板桩格形围堰

钢板桩格形围堰修建工序:定位、打设模架支柱、模架就位、安插打设钢板桩、安装围檩和拉杆、拆除支柱和模架、填充砂砾料至要求高度。

钢板桩围堰的拆除。工程完工后,围护的基坑充水使围堰的两侧水位平衡,围堰内的砂砾料分层挖除,拆除钢拉杆和围檩,用振动锤拔除钢板桩。

(五)基坑排水技术

1. 初期排水

围堰合龙闭气之后,为使主体工程能在干地施工,必须首先排除基坑积水、堰体和堰基的渗水、降雨汇水等,称为初期排水。

1)排水量的组成及计算

初期排水总量应按围堰闭气后的基坑积水量、抽水过程中围堰及地基渗水量、堰身及基坑覆盖层中的含水量,以及可能的降水量等组成计算。其中可能的降水量可采用抽水时段的多年日平均降水量计算。

2)水位降落速度及排水时间

为了避免基坑边坡因渗透压力过大,造成边坡失稳产生塌坡事故,在确定基坑初期抽水强度时,应根据不同围堰形式对渗透稳定的要求确定基坑水位下降速度。

2. 经常性排水

基坑积水排干后,围堰内外的水位差增大,此时渗透流量相应增大。在施工期内,还会遇到降雨,当降雨量较大且历时较长时,其水量也是不可低估的。

1)排水量的组成

经常性排水应分别计算围堰和地基在设计水头的渗流量、覆盖层中的含水量、排水时降水量及施工弃水量。

2)排水方式

经常性排水有明沟排水和人工降低地下水位两种方式。

(1)明沟排水。

此方式适宜于地基为岩基或粒径较粗、渗透系数较大的砂卵石覆盖面,这种排水方式是通过一系列的排水沟渠、拦截堰体及堰基渗水,并将渗透水流汇集于泵站的集水井,再用水泵排出基坑以外。

(2)人工降低地下水位。

人工降低地下水位的方法很多,按其排水原理分为管井排水法、真空井点排水法、喷射井点法、电渗井点排水法等。

3)排水设备的选择

无论是初期排水还是经常性排水,当其布置形式及排水量确定后,需进行水泵的选择,即根据不同排水方式对排水设备技术性能(吸程及扬程)的要求,按照所能提供的设备型号、动力情况以及设备利用的经济原则,合理选用水泵的型号及数量。

(六)导流泄水建筑物

导流泄水建筑物包括导流明渠、导流隧洞、导流底孔、坝体预留缺口等临时性建筑物和部分利用的永久性泄水建筑物。

1. 导流明渠

导流明渠布置应符合下列规定:

(1)泄量大,工程量小,宜优先考虑与永久性建筑物结合。

(2)弯道少,宜避开滑坡、崩塌体及高边坡开挖区。

(3)应便于布置进入基坑交通道路

(4)进出口与围堰接头应满足堰基防冲要求。

(5)弯道半径不宜小于3倍明渠底宽,进出口轴线与河道主流方向的夹角宜小于30°。

2. 导流隧洞

导流隧洞的布置应符合下列要求:

(1)洞线应综合考虑地形、地质、枢纽总布置、水流条件、施工、运行及周边环境的影响因素,并通过技术经济比较选定。

(2)导流洞进出口、上下游围堰堰脚的距离应满足围堰防冲要求。

(3)与枢纽总布置相协调,有条件时宜与永久隧洞结合,其结合部分的洞轴线、断面形式与衬砌结构等应同时满足永久运行与施工导流要求。

(4)导流隧洞布置尚应符合《水工隧洞设计规范》(SL 279—2016)的有关规定。

3. 导流底孔

导流底孔布置应遵循下列原则:

(1)宜布置在近河道主流位置。

(2)宜与永久性泄水建筑物结合布置。

(3)坝内导流底孔宽度不宜超过该坝段宽度的一半,并宜骑缝布置。

(4)应考虑下闸和封堵施工方便。

4. 坝体预留缺口

混凝土重力坝、拱坝等实体结构在施工过程中可预留坝体缺口与其他导流设施共同泄流,高拱坝预留缺口应专门论证其挡水安全性;支墩坝、坝内厂房等非实体结构在封腔前坝体不宜过流,如需过流应复核其结构安全。

(七)施工抢险技术

施工期间,尤其是汛期来临时,围堰以及基坑在高水头作用下发生的险情主要有漏洞、管涌和漫溢等。

1. 漏洞

漏洞贯穿堰身,使水流通过孔洞直接流向围堰背水侧。漏洞的出口一般发生在背水坡或堰脚附近。漏洞抢险技术手段有塞堵法、盖堵法、和戗堤法。

2. 管涌

管涌险情的抢护原则是制止涌水带砂,但留有渗水出路。这样既可使砂层不再被破坏,又可以降低附近渗水压力,使险情得以控制和稳定。抢护方法有反滤围井和反滤层压盖。

3. 漫溢

洪水位超过现有堰顶高程,或风浪翻过堰顶,洪水漫进基坑内即为漫溢。通常,土石围堰不允许堰身过水,因此在汛期应采取紧急措施防止漫溢的发生。抢险措施较为常用的方案为在堰顶上加筑子堤,子堰顶高要超出预测的最高洪水位,但子堤也不宜过高。

七、水利工程施工安全技术

(一)施工道路及交通安全

(1)施工生产区内机动车辆临时道路应符合道路纵坡不宜大于8%,进入基坑等特殊部位的个别短距离地段最大纵坡不得超过15%;路面宽度不得小于施工车辆宽度的1.5倍,且双车道路面宽度不宜窄于7.0 m,单车道路面不宜窄于4.0 m。单车道路面应在可视范围内设有会车位置等要求。

(2)施工现场临时性桥梁,应根据桥梁的用途、承重载荷和相应技术规范进行设计修建,并符合宽度应不小于施工车辆最大宽度的1.5倍;人行道宽度应不小于1.0 m,并应设置防护栏杆等要求。

(二)施工用电安全

1.施工用电要求

(1)施工单位应编制施工用电方案及安全技术措施。

(2)从事电气作业的人员,应持证上岗;非电工及无证人员禁止从事电气作业。

(3)从事电气安装、维修作业的人员应掌握安全用电基本知识和所用设备的性能,按规定穿戴和配备好相应的劳动防护用品,定期进行体检。

(4)在建工程(含脚手架)的外侧边缘与外电架空线路的边线之间应保持安全操作距离(电压等级<1.0 kv 时最小安全距离为 4.0 m)。

(5)施工现场的机动车道与外电架空线路交叉时,架空线路的最低点与路面的垂直距离应不小于有关规定和要求(电压等级<1.0 kv 时最小垂直距离为 6.0 m)。

(6)机械在高压线下进行工作或通过时,其最高点与高压线之间的最小垂直距离不得小于有关规定和要求(电压等级<1.0 kv 时最小垂直距离为 1.5 m)。

(7)对达不到规定的最小距离的部位,应采取停电作业或增设屏障、遮拦、围栏、保护网等安全防护措施,并悬挂醒目的警示标志牌。

(8)用电场所电器灭火应选择适用于电气的灭火器材,不得使用泡沫灭火器。

2.现场临时变压器安装

施工用的 10 kV 及以下变压器装于地面时,应有 0.5 m 的高台,高台的周围应装设栅栏,其高度不低于 1.7 m,栅栏与变压器外廓的距离不得小于 1 m,杆上变压器安装的高度应不低于 2.5 m,并挂“止步、高压危险”的警示标志。变压器的引线应采用绝缘导线。

3.施工照明

(1)现场照明宜采用高光效、长寿命的照明新型光源。

(2)一般场所宜选用额定电压为 220 V 的照明器。对地下工程有高温、导电灰尘的照明电源电压应不大于 36 V,在潮湿和易触及带电体场所的照明电源电压不得大于 24 V,在特别潮湿的场所、导电良好的照明电源电压不得大于 12 V。

(三)施工排水安全

基坑排水采用深井(管并)排水方法时,应符合以下要求:

(1)管井水泵的选用应根据降水设计对管井的降深要求和排水量来选择,所选择水泵的出水量与扬程应大于设计值的 20%~30%。

(2)管井宜沿基坑或沟槽一侧或两侧布置,井位距基坑边缘的距离应不小于 1.5 m,管埋置的间距应为 15~20 m。

基坑排水采用井点排水方法时,应满足以下要求:

(1)井点布置应选择合适方式及地点。

(2)井点管距坑壁不得小于 1.0~1.5 m,间距应为 1.0~2.5 m。

(3)滤管应埋在含水层内并较所挖基坑底低 0.9~1.2 m。

(4)集水总管标高宜接近地下水位线,且沿抽水水流方向有 0.2%~0.5%的坡度。

(四)施工区消防安全

(1)总体布置:根据施工生产防火安全的需要,合理布置消防通道和各种防火标志,消防通道应保持通畅，宽度不得小于3.5 m。

(2)桶装、罐装易燃液体材料堆放：闪点在45 ℃以下的桶装、罐装易燃液体不得露天存放，存放处应有防护栅栏，通风良好。

(3)施工生产作业区与建筑物之间的防火安全距离，应遵守下列规定：

①用火作业区距所建的建筑物和其他区域不得小于25 m。

②仓库区、易燃、可燃材料堆集场距所建的建筑物和其他区域不小于20 m。

③易燃品集中站距所建的建筑物和其他区域不小于30 m。

(4)木材加工厂(场、车间)，应遵守下列规定：

①独立建筑，与周围其他设施、建筑之间的安全防火距离不小于20 m。

②安全消防通道保持畅通。

③原材料、半成品、成品堆放整齐有序，并留有足够的通道，保持畅通。

④木屑、刨花、边角料等弃物及时清除，严禁置留在场内，保持场内整洁。

⑤设有10 m^3以上的消防水池、消防栓及相应数量的灭火器材。

⑥作业场所内禁止使用明火和吸烟。

⑦明显位置设置醒目的禁火警示标志及安全防火规定标识。

(五)高空作业要求

1.高处作业的标准

(1)凡在坠落高度基准面2 m和2 m以上有可能坠落的高处进行作业，均称为高处作业。高处作业的级别：高度分别在2~5 m、5~15 m、15~30 m、>30 m时，高处作业级别分别为一级、二级、三级、特级。

(2)高处作业的种类分为一般高处作业和特殊高处作业两种。其中，特殊高处作业又分为以下几个类别：强风高处作业、异温高处作业、雪天高处作业、雨天高处作业、夜间高处作业、带电高处作业、悬空高处作业、抢救高处作业。一般高处作业系指特殊高处作业以外的高处作业。

2.安全防护措施

(1)高处作业下方或附近有煤气、烟尘及其他有害气体，应采取排除或隔离等措施，否则不得施工。

(2)高处作业前，应检查排架、脚手板、通道、马道、梯子和防护设施，符合安全要求方可作业。高处作业使用的脚手架平台，应铺设固定脚手板，临空边缘应设高度不低于1.2 m的防护栏杆。

(3)在坝顶、陡坡、屋顶、悬崖、杆塔、吊桥、脚手架以及其他危险边沿进行悬空高处作业时，临空面应搭设安全网或防护栏杆。

(4)安全网应随着建筑物升高而提高，安全网距离工作面的最大高度不超过3 m。安全网搭设外侧比内侧高0.5 m，长面拉直拴牢在固定的架子或固定环上。

(5)在带电体附近进行高处作业时，距带电体的最小安全距离，应满足表有关的规定的要求，如遇特殊情况，应采取可靠的安全措施。

(6)在2 m以下高度进行工作时，可使用牢固的梯子、高凳或设置临时小平台，禁止站在不牢固的物件(如箱子、铁桶、砖堆等物)上进行工作。

(7)从事高处作业时,作业人员应系安全带。高处作业的下方,应设置警戒线或隔离防护棚等安全措施。

(8)上下脚手架、攀登高层构筑物,应走斜马道或梯子,不得沿绳、立杆或栏杆攀爬。

(9)高处作业时,不得坐在平台、孔洞、井口边缘,不得骑坐在脚手架栏杆、躺在脚手板上或安全网内休息,不得站在栏杆外的探头板上工作和凭借栏杆起吊物件。

(10)特殊高处作业,应有专人监护,并有与地面联系信号或可靠的通信装置。

(11)在石棉瓦、木板条等轻型或简易结构上施工及进行修补、拆装作业时,应采取可靠的防止滑倒、踩空或因材料折断而坠落的防护措施。

(12)高处作业周围的沟道、孔洞井口等,应用固定盖板盖牢或设围栏。

(13)遇有六级及以上的大风,禁止从事高处作业。

(14)进行三级、特级、悬空高处作业时,应事先制订专项安全技术措施。施工前,应向所有施工人员进行技术交底。

3. 常用安全工具

(1)常用安全工具有安全帽、安全带、安全网等。

(2)施工生产使用的安全防护用具,应符合国家规定的质量标准,具有厂家安全生产许可证、产品合格证和安全鉴定合格证书,否则不得采购、发放和使用。

(3)常用安全防护用具应经常检查和定期试验,其检查试验的要求和周期按照有关规范执行。

(六)其他方面施工安全

其他方面的施工安全内容还很多,在施工过程中应一并考虑。比如季节施工问题:昼夜平均气温低于5 ℃或最低气温低于-3 ℃时,应编制冬季施工作业计划,并应制订防寒、防毒、防滑、防冻、防火、防爆等安全措施。

第二章　水利工程造价构成

第一节　水利工程总投资构成

一、概述

水利工程是国民经济和社会发展的重要基础设施。在实施现代化建设发展战略的新时期,水利已经成为我国经济社会发展中具有基础性、全局性和战略性的重大问题。

目前,我国水利面临着三大问题:洪涝灾害、干旱缺水、水环境恶化。洪涝、干旱灾害严重制约着国民经济和社会的发展,全国70%以上的固定资产和50%的人口,1/3的耕地,主要铁路、公路交通、油田等基础设施和工矿企业处于河流中下游,受到洪水威胁,640多座大、中、小城市需要加强防洪设施。进入21世纪以来,我国社会的高速发展,水资源矛盾进一步加剧,城市生活用水、工业用水需求将大大增加。

党中央高度重视水利事业的发展,再次把水利事业确定为国民经济基础设施的首位,明确水资源可持续利用是我国经济社会发展的战略问题,这就确定了水利在国民经济中的特殊地位。"十二五、十三五"以来,国家安排了172项和150项大型水利工程项目,投资超万亿元,地方各级政府也安排大量的水利资金投入,为了对水资源进行合理开发、利用和优化配置,就必须采取水利工程措施,这些水利工程的建设需要投入大量的资金,如何预测、管好、用好这些投资,最大限度地发挥投资效益,是水利工程造价专业应研究和解决的主要课题,也是每个水利工程造价专业人员光荣而艰巨的历史使命。

二、工程造价文件

工程建设过程各阶段由于工作深度不同、要求不同,其工程造价文件类型也不同。现行的水利工程造价文件类型主要有投资匡算、投资估算、设计概算、项目管理预算、标底(或控制价)与投标报价、完工结算和竣工决算等。

(一)投资匡算

投资匡算是水利工程规划报告的组成部分,编制内容和方法、项目划分、费用构成基本和投资估算相同,可以根据工作深度对投资估算的要求进行简化、合并和调整,可以参考类似工程的单项造价指标进行匡算。

(二)投资估算

投资估算是项目建议书及可行性研究阶段对建设工程造价的预测,应充分考虑各种可能的需要、风险、价格上涨等因素,要打足投资,不留缺口,适当留余地。

(三)设计概算

1. 内资概算

设计概算是初步设计阶段对建设工程造价的预测,是初步设计文件的重要组成部分。设计概算在已经批准(可行性研究阶段)的投资估算静态总投资的控制下进行编制。原则上设计概算不能超过投资估算的10%,如有超过,应重新编报可行性研究报告审批。

2. 外资概算

利用外资建设的水利水电工程项目,设计单位还应编制包括内资和外资全部工程投资的总概算,简称外资概算。外资概算也是初步设计的组成部分。

(四)项目管理预算

在招标设计阶段,由项目法人(或建设单位)委托具备相应资质的水利工程造价咨询单位(或设计单位),在批准的初步设计概算静态投资限额之内,依据水利部《水利工程项目管理预算编制办法》,编制项目管理预算。在编制项目管理预算时,执行"总量控制、合理调整"的原则,根据工程建设情况、分标项目,对初步设计概算的各单项、单位、分部工程的量、价进行合理调整,以利于在工程建设中对工程造价进行管理和控制。

另外,还有施工图设计预算、(施工单位的)施工预算等,这里不再叙述。

(五)控制价(或标底)

标底是招标人对发包工程项目投资的预期价格,它可用来测算和科学评价投标报价的合理性,作为评标的重要参考。目前,随着招标市场的不断改革和完善,标底已经改为招标"控制价",其实质还是业主的一个预期价格,一般在发售招标文件的同时公布"控制价"。

(六)投标报价

投标报价,是承包商(或厂家)根据招标文件的要求,对建筑安装工程施工和产品(或机电、金属结构设备)的自主定价。

(七)完工结算和竣工决算

完工结算也叫竣工结算,是承包商与项目法人对承建工程项目的最终结算(施工过程中的各时段结算属中间结算)。

竣工决算是项目法人向国家(或投资人)汇报建设成果和财务状况的总结性文件,是竣工验收报告的重要组成部分。

三、工程总投资构成

建设项目的工程总投资是指为完成工程项目建设,在建设期预计或实际投入的全部费用总和。建设项目按用途可分为生产性建设项目和非生产性建设项目。生产性建设项目总投资包括工程造价(或固定资产投资)和流动资金。非生产性建设项目总投资一般仅指工程造价。

(一)工程总投资构成

水利工程总投资一般由以下几部分构成:一是工程部分静态总投资;二是建设征地移民补偿静态总投资;三是环境保护工程静态总投资;四是水土保持工程静态总投资;五是价差预备费;六是建设期融资利息。

（二）工程部分静态总投资构成

工程部分静态总投资由第一部分建筑工程、第二部分机电设备及安装工程、第三部分金属结构设备及安装工程、第四部分施工临时工程、第五部分独立费用以及基本预备费构成。工程部分造价构成详见本章第二节内容。

（三）建设征地移民补偿静态总投资构成

建设征地移民补偿静态总投资由农村部分补偿费、城（集）镇部分补偿费、工业企业补偿费、专业项目补偿费、防护工程费、库底清理费、其他费用以及基本预备费、有关税费等九部分构成。建设征地移民补偿造价构成详见本章第三节内容。

（四）环境保护工程静态总投资构成

环境保护工程静态总投资由第一部分环境保护措施、第二部分环境监测措施、第三部分环境保护仪器设备及安装、第四部分环境保护临时措施、第五部分环境保护独立费用以及这五部分之外的环境保护基本预备费构成。环境保护工程造价构成详见本章第三节内容。

（五）水土保持工程静态总投资构成

1. 开发建设项目

水土保持工程静态总投资由第一部分工程措施、第二部分植物措施、第三部分施工临时工程、第四部分独立费用以及四部分之外的基本预备费构成。开发建设项目水土保持工程造价构成详见本章第三节内容。

2. 水土保持生态建设工程

水土保持工程静态总投资由第一部分工程措施、第二部分林草措施、第三部分封育治理措施、第四部分独立费用以及四部分之外的基本预备费构成。水土保持生态建设工程水土保持工程造价构成详见本章第三节内容。

（六）价差预备费

价差预备费主要为解决在工程项目建设过程中，因人工工资、材料和设备价格上涨以及费用标准调整而增加的投资。

（七）建设期融资利息

根据国家财政金融政策规定，工程在建设期内需偿还并应计入工程总投资的融资利息。

注：建设期融资利息是放在工程部分静态总投资、建设征地及移民补偿静态总投资、环境保护工程静态总投资、水土保持工程静态总投资之后，以上四部分静态总投资再加上价差预备费为基础计算总的融资利息计入工程总投资内。

第二节　工程部分造价构成

一、工程造价文件的编制依据

目前，安徽省水利工程造价编制的依据主要有以下内容：

（1）国家和上级主管部门颁发的有关法令法规、制度、规程。

(2)《安徽省水利水电工程设计概(估)算编制规定》(皖水建函〔2018〕258 号),简称“省编规”。

(3)水利部发布的《水利建筑工程概(预)算定额》(水总〔2002〕116 号)、《水利工程施工机械台时费定额》(水总〔2002〕116 号)和《水利工程概预算补充定额》(水总〔2005〕389 号)及安徽省水利厅发布的《安徽省水利水电建筑工程概(预) 算补充定额》(皖水建〔2008〕139 号)。

(4)水利部发布的《中小型水利水电设备安装工程概(预)算定额》(水建〔1993〕63 号)及有关规定。

(5)水利部发布的《水利水电设备安装工程概(预)算定额》(水建管〔1999〕523 号)。

(6)《水利水电工程设计工程量计算规定》和初步设计文件及图纸。

(7)有关合同协议及资金筹措方案。

(8)水利水电工程建设项目中的其他独立永久性建筑工程,如房屋、桥梁、公路、码头等可依据相关行业规定和定额编制工程投资。

(9)《关于调整安徽省水利工程计价依据增值税计算标准的通知》(皖水建函〔2019〕470 号)。

(10)其他有关文件和规定。

注:(1)“省编规”主要用于在前期工作阶段确定水利水电工程投资,是编制和审批安徽省水利水电工程设计概(估)算的依据,可作为编制工程预算和招标控制价的参考性标准。

(2)“省编规”适用于安徽省中、小型水利水电工程基本建设项目。

(3)工程设计概(估)算应按编制年的政策和价格水平进行编制。当工程开工年份的设计方案及价格水平发生较大变化时,设计概(估)算应重新编制报批。

(4)如果是中央投资的大中型水利工程项目,并且规定其设计文件报送国家发展和改革委员会、水利部、流域机构审批的,其工程造价文件编制,应执行水利部颁布的《水利工程设计概(估)算编制规定》(水总〔2014〕429 号)及配套的有关文件。

二、工程部分造价文件的组成 (以设计概算为例)

设计概算由概算正件和概算附件组成,一般情况下,概算正件及概算附件单独成册并随初步设计文件一同报审。如果设计报告和设计概算内容较少,也可以把概算正件及概算附件汇成一册或作为设计报告的附件装订在报告后面。

(一)设计概算正件

设计概算正件内容包括概算编制说明、投资对比分析表和工程概算总表、概算表。概算表又包括工程部分概算表和概算附表。

1. 概算编制说明

1)工程概况

工程概况包括流域、河系、兴建地点、工程规模、工程效益、工程布置形式、主要建筑工程量、主要材料用量、施工总工期等。

2)投资主要指标

投资主要指标包括工程概算总投资和静态总投资,年度价格指数,基本预备费费率,建设期融资额度、利率和利息等。

3)编制原则和依据

(1)概算编制的原则和依据。

(2)人工预算单价,主要材料,施工用电、水、风、砂石料等基础单价的计算依据。

(3)主要设备价格的编制依据。

(4)定额和有关指标的采用依据。

(5)费用计算的标准及依据。

(6)工程资金筹措方案。

4)其他需要说明的问题

主要说明基本预备费、价差预备费、建设期融资利息等方面的编制依据。

5)投资对比分析

投资对比分析应从价格水平、项目及工程量调整、国家政策变化等方面定量和定性地分析说明本阶段与上阶段比较投资变化的主要原因。

2.投资对比分析表及工程概算总表

(1)投资对比分析表应有本阶段各分部工程投资与上阶段批复投资比较及增减结果,投资增减原因简要列入比较表备注栏中。

(2)工程概算总表是工程部分、建设征地移民补偿、环境保护工程、水土保持工程各项总概算的汇总表。

3.概算表

1)工程部分概算表

(1)总概算表。

(2)建筑工程概算表。

(3)机电设备及安装工程概算表。

(4)金属结构设备及安装工程概算表。

(5)施工临时工程概算表。

(6)独立费用概算表。

(7)分年度投资表。

(8)资金流量表。

2)概算附表

(1)建筑工程单价汇总表。

(2)安装工程单价汇总表。

(3)主要材料预算价格汇总表。

(4)其他材料预算价格汇总表。

(5)施工机械台时费汇总表。

(6)主要工程量汇总表。

(7)主要材料量、工时数量汇总表。

(8)建设及施工场地征用数量汇总表。

(二)设计概算附件

设计概算附件一般包括以下内容和表格,主要是基础价格和建筑安装工程单价和有关费用的分析计算,可以根据每个工程项目的特点进行简化和增加有关内容。

(1)人工预算单价汇总表。

(2)主要材料运输费用计算表。

(3)主要材料预算价格计算表。

(4)施工用电价格计算书(表)。

(5)施工用水价格计算书(表)。

(6)施工用风价格计算书(表)。

(7)补充定额计算书。

(8)补充施工机械台时费计算书。

(9)砂石料单价计算书。

(10)混凝土(砂浆)材料单价计算表。

(11)建筑工程单价表。

(12)安装工程单价表。

(13)主要设备运杂费率计算书(表)。

(14)临时房屋建筑工程投资计算书(表)。

(15)独立费用计算书(按独立项目分项计算)。

(16)分年度投资计算表。

(17)资金流量计算表。

(18)价差预备费计算表(表)。

(19)建设期融资利息计算书(表)。

(20)计算人工、材料、设备预算价格和费用依据的有关文件、询价报价资料及其他资料。

三、工程部分设计概算组成

工程部分的概算静态投资由第一部分建筑工程、第二部分机电设备及安装工程、第三部分金属结构设备及安装工程、第四部分施工临时工程、第五部分独立费用五部分投资以及基本预备费组成。

(一)工程部分项目组成

1. 第一部分　建筑工程

1)枢纽工程

枢纽工程指水利水电枢纽建筑物(含引水工程中的水源工程)和其他独立性的建筑物。包括挡水工程、泄洪工程、引水工程、发电厂(泵站)工程、升压变电站工程、航运工程、鱼道工程、交通工程、房屋建筑工程、供电设施工程和其他建筑工程。其中,挡水工程等前七项为主体建筑工程。

(1)挡水工程。包括挡水的各类坝(闸)工程。

(2)泄洪工程。包括溢洪道、泄洪洞、冲砂孔(洞)、放空洞、泄洪闸等工程。

(3)引水工程。包括发电引水明渠、进水口、隧洞、调压井、高压管道等工程。

(4)发电厂(泵站)工程。包括地面、地下各类发电厂(泵站)工程。

(5)升压变电站工程。包括升压变电站、开关站等工程。

(6)航运工程。包括上下游引航道、船闸、升船机等工程。

(7)鱼道工程。根据枢纽建筑物布置情况,可独立列项。与拦河坝相结合的,也可作为拦河坝工程的组成部分。

(8)交通工程。包括上坝、进厂、对外等场内外永久公路、桥涵、交通隧洞、铁路、码头等交通工程。

(9)房屋建筑工程。包括为生产运行服务的永久性辅助生产建筑、仓库、办公、值班宿舍及文化福利建筑等房屋建筑和室外工程。

(10)供电设施工程。指工程生产运行供电需要架设的输电线路及变配电设施工程。

(11)其他建筑工程。包括安全监测设施工程,照明线路,通信线路,厂坝(闸、站)区供水、供热、排水等公用设施,劳动安全与工业卫生设施,水文、泥沙监测设施工程,水情自动测报系统工程及其他。

2)引水工程及河道工程

引水工程及河道工程指供水、调水、灌溉、河湖整治、堤防修建与加固工程。包括供水、灌溉及田间渠(管)道、河湖整治与堤防工程、建筑物工程(水源工程除外)、交通工程、房屋建筑工程、供电设施工程和其他建筑工程。

(1)供水、调水、灌溉及田间渠(管)道、河湖整治与堤防工程。包括渠(管)道工程、排水沟(渠、管)工程、田间土地整理、清淤疏浚工程、堤防修建与加固工程等。渠(管)道工程还包括渠(管)道上的附属小型建筑物(如观测量测设施、调压减压设施、检修设施)。

(2)建筑物工程。包括泵站、水闸、隧洞、渡槽、倒虹吸、跌水、小水电站、排水沟(涵)、调蓄水库工程等。规模较大的建筑物可作为一级项目单独列示。

(3)交通工程。指对外和内部运行管理维护的永久性公路、桥梁、码头等工程。

(4)房屋建筑工程。包括为生产运行服务的永久性辅助生产建筑、仓库、办公用房、值班宿舍及文化福利等房屋建筑和室外工程。

(5)供电设施工程。指为工程生产运行供电需要架设的输电线路及变配电设施工程。

(6)其他建筑工程。包括安全监测设施工程、照明线路、通信线路,厂坝(闸、泵站)区供水、供热、排水等公用设施,劳动安全与工业卫生设施,水文、泥沙监测设施工程,水情自动测报系统工程及其他。

2. 第二部分　机电设备及安装工程

1)枢纽工程

指构成枢纽工程固定资产的全部机电设备及安装工程。本部分由发电设备及安装工程、升压变电设备及安装工程和公用设备及安装工程三项组成。

(1)发电设备及安装工程。包括水轮机、发电机、主阀、起重机、水力机械辅助设备、电气设备等设备及安装工程。

(2)升压变电设备及安装工程。包括主变压器、高压电气设备、一次拉线等设备及安装工程。

(3)公用设备及安装工程。包括通信设备,通风采暖设备,机修设备,计算机监控系统,工业电视系统,管理自动化系统,全厂接地及保护网,电梯,坝区馈电设备,厂坝区供水、排水、供热设备,水文、泥沙监测设备,水情自动测报系统设备,视频安防监控设备,安全监测设备,消防设备,劳动安全与工业卫生设备,交通设备等设备及安装工程。

2)引水工程及河道工程

指构成该工程固定资产的全部机电设备及安装工程。一般由泵站设备及安装工程、水闸设备及安装工程、水电站设备及安装工程、灌溉田间设备及安装工程、供变电设备及安装工程和公用设备及安装工程六项组成。

(1)泵站设备及安装工程。包括水泵、电动机、主阀、起重设备、水力机械辅助设备、电气设备等设备及安装工程。

(2)水闸设备及安装工程。包括电气一次设备和电气二次设备及安装工程。

(3)水电站设备及安装工程。组成内容可参照枢纽工程的发电设备及安装工程和升压变电设备及安装工程。

(4)灌溉田间工程。包括首部设备及安装工程、田间灌水设施及安装工程。首部设备及安装工程包括过滤、施肥、控制调节、计量等设备及安装工程;田间灌水设施及安装工程包括田间喷灌、微(滴)灌等全部灌水设施及安装工程。

(5)供变电工程。包括供电、变配电设备及安装工程。

(6)公用设备及安装工程。包括通信设备,通风采暖设备,机修设备,计算机监控系统,工业电视系统,管理自动化系统,全厂接地及保护网,坝(闸、泵站)区馈电设备,厂坝(闸、泵站)区供水、排水、供热设备,水文、泥沙监测设备,水情自动测报系统设备,视频安防监控设备,安全监测设备,消防设备,劳动安全与工业卫生设备,交通设备等设备及安装工程。

3. 第三部分　金属结构设备及安装工程

指构成枢纽工程、引水工程及河道工程固定资产的全部金属结构设备及安装工程。包括闸门、启闭机、清污设备、升船机等设备及安装工程,水电站(泵站等)压力钢管制作及安装工程和其他金属结构设备及安装工程。

金属结构设备及安装工程项目应与建筑工程项目相对应。

4. 第四部分　施工临时工程

指为辅助主体施工所必须修建的生产和生活用临时性工程。本部分组成内容如下:

(1)导流工程。包括导流明渠、导流洞、施工围堰、蓄水期下游断流补偿设施、金属结构设备及安装工程。

(2)施工交通工程。包括施工现场内外为工程建设服务的临时交通工程,如公路、铁路、桥梁、施工支洞、码头、转运站等。

(3)施工场外供电工程。包括从现有电网向施工现场供电的高压输电线路(枢纽工程 35 kV 及以上等级;引水工程及河道工程 10 kV 及以上等级)和施工变(配)电设施设备(场内除外)工程。

(4)施工房屋建筑工程。指工程在建设过程中建造的临时房屋,包括施工仓库、办公及生活、文化福利建筑及所需的配套设施工程。

(5)脚手排架。指混凝土浇筑及砌体砌筑时所搭设的脚手排架。

(6)其他施工临时工程。指除施工导流、施工交通、施工场外供电、施工房屋建筑、脚手排架、缆机平台、基坑降水以外的施工临时工程。主要包括施工供水(泵房及干管)、砂石料系统、混凝土拌和浇筑系统、大型机械安装拆卸、防汛、防冰、施工排水、施工通信等工程。

(7)根据工程实际情况可单独列示缆机平台、基坑降水、围堰内初期排水等临时设施项目。

5.第五部分　独立费用

本部分由建设管理费、工程建设监理费、联合试运转费、生产准备费、科研勘测设计费和其他六项组成。

(1)建设管理费。包括项目建设单位开办费、人员经常费、项目管理费。

(2)工程建设监理费。指在工程建设过程中聘任监理单位,对工程的质量、进度、安全和投资等进行监理所发生的全部费用。

(3)联合试运转费。包括整套设备带负荷试运转期间人工、燃料(动力)、材料、机械使用等全部费用。

(4)生产准备费。包括生产及管理单位提前进厂费、生产职工培训费、管理用具购置费、备品备件购置费、工器具及生产家具购置费。

(5)科研勘测设计费。包括工程科学研究试验费和工程勘测设计费。

(6)其他。包括工程保险费、竣工检测费、其他费和税。

6.基本预备费

基本预备费主要为解决在工程建设过程中,设计变更和有关技术标准调整增加的投资,以及工程遭受一般自然灾害所造成的损失和为预防自然灾害而采取的措施费用。

(二)工程部分项目划分

1.工程项目分类

根据水利水电工程性质,其工程项目分别按枢纽工程、引水工程及河道工程划分,工程各部分下设一、二、三级项目。

第二、三级项目中,仅列示了代表性子目,编制概算时,二、三级项目可根据初步设计阶段的工作深度和工程具体情况增减或再划分,以三级项目为例进行项目再划分。

2.三级项目分类

(1)土方开挖工程,应将土方开挖与砂砾石开挖分列。

(2)石方开挖工程,应将明挖与暗挖,平洞与斜井、竖井分列。

(3)土石方回填工程,应将土方回填与石方回填、砂砾料填筑分列。

(4)混凝土工程,应将不同工程部位、不同强度等级、不同级配及材质的混凝土分列。

(5)模板工程,应将不同规格形状和材质的模板分列。

(6)砌石工程,应将干砌石、浆砌石、抛石、铅丝(钢筋)笼块石及砖墙等分列。

(7)钻孔工程,应按使用不同钻孔机械及钻孔的不同用途分列。

(8)锚固工程,应按锚杆、锚索、喷混凝土等分列。

(9)灌浆工程,应按不同灌浆种类、排水孔等分列。

(10)钢筋及钢结构,应按钢筋、钢衬砌、钢构架等分列。

(11)其他建筑工程,应按启闭机室、控制室(楼)、温控措施、厂房装修、细部结构工程等分列。

(12)机电、金属结构设备及安装工程,应根据设计提供的设备清单,按分项要求逐一列出。

(13)钢管制作及安装工程,应将不同管径的钢管、叉管分列。

具体的划分(一、二、三级项目)详见有关章节内容或皖水建函〔2018〕258号文。

(三)工程概算费用构成

水利建设项目总费用包括工程(直接)费用、独立费用、预备费、建设期融资利息。工程费用包括建筑及安装工程费、设备购置费。

1. 建筑及安装工程费

建筑及安装工程费由直接费、间接费、利润、材料补差、税金组成。

1)直接费

直接费指建筑及安装工程施工过程中直接消耗在工程项目上的活劳动和物化劳动。由基本直接费、其他直接费组成。

基本直接费包括人工费、材料费、施工机械使用费(均不包含增值税进项税额)。

其他直接费包括冬雨季施工增加费、夜间施工增加费、临时设施费、安全生产措施费(含文明施工费)和其他。

(1)基本直接费。

①人工费。

人工费指直接从事建筑及安装工程施工的生产工人开支的各项费用,内容包括:

a. 基本工资。

b. 辅助工资。

②材料费。

材料费指用于建筑及安装工程项目上的消耗性材料、装置性材料和周转性材料摊销费。包括定额工作内容规定应计入的未计价材料和计价材料。

材料预算价格一般包括材料原价、运杂费、运输保险费和采购及保管费四项。

③施工机械使用费。

施工机械使用费指消耗在建筑及安装工程项目上的机械磨损、维修和动力燃料费用等。包括折旧费、修理及替换设备费、安装拆卸费、机上人工费和动力燃料费等。

(2)其他直接费。

①冬雨季施工增加费。

②夜间施工增加费。

③临时设施费。

④安全生产措施费。

安全生产措施费指为保证施工现场安全作业环境及安全施工、文明施工所需要,在工程设计已考虑的安全支护措施之外发生的安全生产、文明施工相关费用。

⑤其他。

包括施工工具用具使用费、检验试验费、工程定位复测费及施工控制网测设费、工程点交费、竣工场地清理费、工程项目及设备仪表移交生产前的维护费、工程验收检测费等。

2)间接费

间接费指施工企业为建筑及安装工程施工而进行组织与经营管理所发生的各项费用。间接费构成产品成本,由规费和企业管理费组成。

(1)规费。

规费是指政府和有关部门规定必须缴纳的费用。包括社会保险费和住房公积金。

(2)企业管理费。

企业管理费指施工企业为组织施工生产及经营管理活动所发生的费用。

3)利润

利润指按规定应计入建筑、安装工程费用中的利润。

4)材料补差

材料补差指根据主要材料消耗量、主要材料预算价格与材料基价之间的差值,计算的主要材料补差金额。材料基价是指计入基本直接费的主要材料限制价格。

5)税金

税金指国家对建设工程项目(建筑业)征收的增值税。

2. 设备购置费

设备购置费包括设备原价、运杂费、运输保险费和采购及保管费。

1)设备原价

(1)国产设备。原价指出厂价(含增值税)。

(2)进口设备。以到岸价和进口征收的税金、手续费、商检费及港口费等各项费用之和为原价。

(3)重型机组需分瓣运至工地后的拼装费用,应包括在设备原价内。

2)运杂费

运杂费指设备由厂家运至工地安装现场所发生的一切运杂费用。包括运输费、装卸费、包装绑扎费、大型变压器充氮费及可能发生的其他杂费。

3)运输保险费

运输保险费指设备在运输过程中的保险费用。

4)采购及保管费

采购及保管费指建设单位和施工企业在负责设备的采购、保管过程中发生的各项费用。

3. 独立费用

独立费用由建设管理费、工程建设监理费、联合试运转费、生产准备费、科研勘测设计费和其他六项组成。

1)建设管理费

建设管理费指建设单位在工程项目筹建和建设期间进行管理工作所需费用。包括建设单位开办费、建设单位人员费、项目管理费。

2)工程建设监理费

工程建设监理费指在工程建设过程中委托监理单位,对工程的质量、进度、投资、环境和安全等进行监理所发生的全部费用。

3)联合试运转费

联合试运转费指新建或新增加生产能力的工程项目,在交付生产前按照设计文件规定的工程质量标准和技术要求,对整个生产线或装置进行负荷联合试运转所发生的费用净支出。

4)生产准备费

生产准备费指水利水电建设项目的生产、管理单位为准备正常的生产运行或管理所发生的费用。包括生产及管理单位提前进厂费、生产职工培训费、管理用具购置费、备品备件购置费和工器具及生产家具购置费。

5)科研勘测设计费

科研勘测设计费指为工程建设所需的科研、勘测和设计等费用。包括工程科学研究试验费和工程勘测设计费。

(1)工程科学研究试验费。指为保障工程质量,解决工程建设技术问题,而进行必要的科学研究试验所需的费用。

(2)工程勘测设计费。指工程从项目建议书阶段开始至以后各设计阶段发生的勘测费、设计费。不包括工程建设征地移民设计、环境保护设计、水土保持设计各阶段所发生的勘测设计费。建设征地移民设计、环境保护设计、水土保持设计各阶段发生的勘测设计费应分别在各自的专题投资中计列。

6)其他

(1)工程保险费。指工程建设期间,为使工程能在遭受水灾、火灾等自然和意外事故造成损失后得到经济补偿,而对建筑、设备及安装工程等进行投保所发生的保险费用。

(2)质量检测费。指工程实施过程中,业主按规定委托第三方对工程进行质量检测所发生的费用。

(3)其他费和税。指按国家规定应缴纳的与工程建设有关的费用和税收。

4. 预备费及建设期融资利息

1)预备费

预备费包括基本预备费和价差预备费。

(1)基本预备费。

基本预备费主要为解决在工程建设过程中,设计变更和有关技术标准调整而增加的投资,以及工程遭受一般自然灾害所造成的损失和为预防自然灾害而采取的措施费用。主要包括:

①在批准的基础设计和概算范围内增加的设计变更、局部地基处理等费用。

②一般自然灾害造成的损失和预防自然灾害所采取措施的费用。

③竣工验收时鉴定工程质量对隐蔽工程进行必要开挖和修复的费用。

④超规超限设备运输过程中可能增加的费用。

(2)价差预备费。

价差预备费是为在建设期内利率、汇率或价格等因素的变化而可能增加的费用。如解决在工程项目建设过程中,因人工工资、材料和设备价格上涨以及费用标准调整而增加的投资。

2)建设期融资利息

建设期融资利息是根据国家财政金融政策规定,工程在建设期内需偿还并应计入工程总投资的融资利息。

3)关于建设期融资利息、价差预备费有关问题的理解和处理

(1)水利工程是一项利国利民的公益性项目,一般情况下,其投资主体是国家和各级政府,资金来源一般是各级政府的财政支出。所以,不计算建设期融资利息,价差预备费也不进行计算,工程总投资即是工程静态总投资,其工程部分、建设征地及移民补偿、环境保护、水土保持的工程投资一般不计算建设期融资利息和价差预备费。

(2)随着国家经济体制的进一步改革,水利工程投资的多元化也进一步发展,工程融资渠道也发生了很多变化。如果建设工程发生了融资贷款,那么就要根据融资方案和各融资渠道的利率、工程进度安排计算建设期融资利息。工程总投资(合计)的融资利息计算时,应该是放在工程部分静态总投资、建设征地及移民补偿静态总投资、环境保护工程静态总投资、水土保持工程静态总投资之后,以上四部分静态总投资加上价差预备费为基础计算总的建设期融资利息。

(3)一般情况下,工程部分、建设征地及移民补偿、环境保护工程、水土保持工程投资不单独计算建设期融资利息。但是后三部分内容需要单独出专题报告时,为了体现建设征地及移民补偿、环境保护工程、水土保持工程总投资时,其总投资应分别包括建设期融资利息,其计算方法是放在各部分静态总投资之后进行计算。

(4)各级政府财政资金投资的水利工程项目,一般不给计算价差预备费。但是近几年来各种建筑材料、设备、服务等物价都有大幅度提高,特别是水利工程投资的多元化,为了保障水利工程投资计算的准确性,因此价差预备费应该及时列入工程总投资内。

(5)对于水电工程(或者含有小型发电项目的水利工程),因为水电厂工程政府财政不会投入资金,一般是融资贷款,所以水电工程总投资应计算价差预备费和建设期融资利息,不然财务评价效果也不会准确。

第三节　建设征地移民补偿、环境保护工程、水土保持工程造价构成

一、建设征地移民补偿造价构成

水利工程建设征地移民安置补偿,是水利工程设计的重要组成部分,是工程设计方案比选的一项重要内容,关系到工程规模的合理选定,关系到移民的生产、生活和有关地区国民经济的恢复与发展以及社会稳定,必须以实事求是的科学态度,深入细致地调查研究,精心设计,合理确定其造价。

由于水利工程的特殊性，水利部近年来相继出台了《水利水电工程建设征地移民安置规划设计规范》、《水利水电工程建设农村移民安置规划设计规范》、《水利水电工程建设征地移民安置规划大纲编制导则》、《水利水电工程建设征地移民实物调查规范》、《水利工程设计概(估)算编制规定(建设征地移民补偿)》等系列规范和造价编制文件，这些文件的出台为水利工程的顺利实施起到了巨大作用。

(一)建设征地移民补偿造价的编制依据、原则及基本资料

目前，安徽省水利工程的建设征地移民补偿概(估)算投资编制，主要采用水利部相关文件规定并结合安徽省水利工程的特点和有关标准进行编制。小型水利工程一般不单独编制建设征地移民补偿造价文件。

1. 编制依据

(1)国家有关法律、法规。主要包括《中华人民共和国水法》、《中华人民共和国土地管理法》、《中华人民共和国森林法》、《中华人民共和国草原法》、《中华人民共和国文物保护法》、《国务院关于修改〈大中型水利水电工程建设征地补偿和移民安置条例〉的决定》(国务院令第679号)等。

(2)《水利水电工程建设征地移民安置规划设计规范》(SL 290—2009)。

(3)《国土资源部、国家发展改革委、水利部、国家能源局关于加大用地政策支持力度促进大中型水利水电工程建设的意见》(国土资规〔2016〕1号)。

(4)《水利工程设计概(估)算编制规定(建设征地移民补偿)》(水总〔2014〕429号)(简称“429编规”)。

(5)《安徽省实施〈中华人民共和国土地管理法〉办法》的有关规定。

(6)《安徽省人民政府关于公布全省征地区片综合地价标准的通知》(皖政〔2020〕32号)。

(7)《安徽省财政厅 林业厅转发财政部 国家林业局关于〈调整森林植被恢复费征收标准引导节约集约利用林地〉的通知》(财综〔2015〕2041号)。

(8)各地市、县地方政府发布的拆迁补偿补助标准及有关规定。

(9)有关征地移民实物调查和移民安置规划等设计成果。

(10)其他有关政策性文件等。

特别说明：建设征地移民补偿是政策性很强的工作，其概(估)算投资应按最新的政策、标准和规定计算。

2. 编制原则

(1)征地移民补偿补助标准必须执行国家及安徽省的有关法律法规。国家有明确规定的执行国家规定，国家没有规定的执行安徽省有关规定。

(2)征地移民补偿投资概(估)算采用的价格水平应与枢纽工程相同。

(3)征地移民涉及的不同专业工程项目单价，应采用相关专业的概(估)算编制办法、标准和定额计算或采用类比综合单位指标；征用耕地复垦单价采用省、市、县人民政府规定的标准，没有规定的，应根据耕地复垦设计成果计算确定。

(4)征地移民补偿投资概算必须以征地移民实物调查成果和移民安置规划设计成果为基础。

(5)征地移民涉及的农村、城(集)镇基础设施建设、工业企业处理和专业项目处理以及防护工程建设,应按照原规模、原标准或者恢复原功能的原则计列补偿投资。凡结合迁建或防护需要提高标准、扩大规模增加的投资,不列入建设征地移民补偿投资。对不需要或难以恢复或改建的工业企业和专业项目,可给予合理的补偿。

(6)有关部门利用水库水域发展兴利事业所需投资,应按“谁投资、谁受益”的原则,由有关部门自行承担,不列入征地移民补偿投资。

(7)单位或者个人使用未确定使用权的国有土地,原则上不予补偿。

(8)各设计阶段征地移民补偿投资概(估)算的编制工作,应由编制征地移民安置规划的设计单位负责。凡委托有关专业设计单位承担的规划设计和编制的补偿投资(包括资产评估成果),均应由编制移民安置规划的设计单位进行审核后,再纳入征地移民补偿总投资。

3. 基本资料

(1)《安徽省人民政府关于公布全省征地区片综合地价标准的通知》(皖政〔2020〕32号)中,工程所在地被征土地的各行政区域内的耕地补偿价格。

(2)涉及县(市)政府价格主管部门发布的农、林、牧、副、渔主产品及副产品收购价格,建设主管部门公布的各类人工工资、交通运输、能源、主要建筑材料等基础价格资料。

(3)涉及县(市)政府发布的各行政区域内的拆迁补偿补助标准等有关文件和规定。

(4)国家、省市有关行业标准、规定、概预算编制办法、定额和造价管理资料。

(5)省、市、县已建、在建水利水电工程征地移民的补偿标准、单价等方面资料。

(6)有关征地移民实物调查和移民安置规划等设计成果。

(7)工程施工总进度计划,移民实施进度总计划与年度计划。

(8)有关协议和承诺文件等资料。

(二)建设征地移民补偿造价文件的组成(以概算为例)

概算文件包括编制说明、概算表、概算附表及附件等。

1. 编制说明

1)编制原则和依据

(1)概算编制原则和依据。

(2)主要征地、拆迁补偿补助基础价格的采用依据。

(3)人工、主要材料和机械台班等基础单价的计算依据。

(4)采用的标准、定额、费率和计算方法。

(5)有关税费的计算依据和标准。

2)单价分析

说明耕地、林地、房屋、基础设施等主要项目的单价分析计算方法和结果。

3)征地移民补偿投资计算

说明补偿投资计算时采用的工程量、工作量、实物数量的确定原则及主要结果。

4)投资主要指标

投资主要指标包括农村、城(集)镇、工业企业、专业项目、防护工程、库底清理、其他费用、预备费、有关税费等各部分投资及占总投资的比例,征地移民补偿总投资,农村移民人均投资等。

5)其他需要说明的问题

应从价格变动、实物量变化、补偿项目及其工程量调整、政策性变化等方面进行详细分析,说明初步设计阶段与可行性研究阶段(或可行性研究阶段与项目建议书阶段)相比较的投资变化原因和结论,并列表对比分析。

列表内容主要包括投资对比表,实物量对比表,主要工程项目和工程量对比表,基础单价、主要材料和设备价格对比表。

2. 概算表、概算附表及附件

1)概算表

(1)征地移民补偿投资概算总表。

(2)征地移民补偿投资概算分项汇总表。

(3)征地移民补偿投资分项概算表。

(4)征地移民分年度投资计划表。

2)概算附表及附件

概算附表及附件一般包括以下内容和表格,主要是基础价格和建筑安装工程单价和有关费用的分析计算,可以根据每个工程项目的特点进行简化和增加有关内容。

(1)主要项目补偿单价汇总表。

(2)土地亩产值及补偿补助单价计算表或汇总表。

(3)主要农产品价格和建筑材料预算价格汇总表

(4)房屋等建筑工程(补偿)单价汇总和分析表。

(5)农村居民点新址征地及基础设施建设投资计算表(书)。

(6)集镇迁建新址征地及基础设施建设投资计算表(书)。

(7)城镇迁建新址征地及基础设施建设投资计算表(书)。

(8)工业企业迁建补偿费计算表(书)。

(9)专业项目恢复改建补偿投资计算表(书)。

(10)防护工程建设补偿投资计算表(书)。

(11)有关协议和承诺文件。

(三)建设征地移民补偿造价构成(以概算为例)

依据《水利水电工程建设征地移民安置规划设计规范》(SL 290—2009)和《水利工程设计概(估)算编制规定(建设征地移民补偿)》(水总〔2014〕429号)的有关规定,建设征地移民补偿造价由农村部分、城(集)镇部分、工业企业、专业项目、防护工程、库底清理、其他费用、预备费和有关税费等九部分投资构成。

1. 项目划分

1)农村移民安置补偿费

农村部分包括征地补偿补助,房屋及附属建筑物补偿,居民点新址征地及基础设施建设,农副业设施补偿,小型水利水电设施补偿,农村工商企业补偿,文化、教育、医疗卫生等单位迁建补偿,搬迁补助,其他补偿补助,过渡期补助。

(1)征地补偿补助。

征地补偿补助包括征收(永久)土地补偿和安置补助、征用(临时)土地补偿、林地园地林木补偿、征用土地复垦、耕地青苗补偿。

(2)房屋及附属建筑物补偿。

房屋及附属建筑物补偿包括房屋补偿、房屋装修补助、附属建筑物补偿。应根据房屋结构类别、性质及有关参数按市县发布的有关拆迁补偿规定和标准进行计算。

(3)居民点新址征地及基础设施建设。

居民点新址征地及基础设施建设包括新址征地补偿和基础设施建设。

①新址征地补偿应包括征收土地补偿和安置补助、青苗补偿、地上附着物补偿等。

②基础设施建设包括场地平整和新址防护、居民点内道路、供水、排水、供电、电信、广播电视等。

(4)农副业设施补偿。

农副业设施补偿包括行政村、村民小组或农民家庭兴办的榨油坊、砖瓦窑、采石场、米面加工厂、农机具维修厂、酒坊、豆腐坊等项目。

(5)小型水利水电设施补偿。

小型水利水电设施补偿包括水库、山塘、引水坝、机井、渠道、水轮泵站和抽水机站,以及配套的输电线路等项目。

(6)农村工商企业补偿。

农村工商企业补偿包括房屋及附属建筑物、搬迁补助、生产设施、生产设备、停产损失、零星林(果)木等项目。

(7)文化、教育、医疗卫生等单位迁建补偿。

文化、教育、医疗卫生等单位迁建补偿包括房屋及附属建筑物,搬迁补助,设备、设施、学校和医疗卫生单位增容补助、零星林(果)木等项目补偿。

(8)搬迁补助。

搬迁补助包括移民及其个人或集体的物资,在搬迁时的车船运输、途中食宿、物资搬迁运输、搬迁保险、物资损失补助、误工补助和临时住房补贴等。

(9)其他补偿补助。

其他补偿补助包括移民个人所有的零星林(果)木补偿、鱼塘设施补偿、坟墓补偿、贫困移民建房补助等。

(10)过渡期补助。

过渡期补助包括移民生产生活恢复期间的补助。

关于农村移民安置补偿项目划分的一至五级分级,详见“429编规”。

2)城(集)镇迁建补偿费

城(集)镇部分均应包括房屋及附属建筑物补偿、新址征地及基础设施建设、搬迁补助、工商企业补偿、机关事业单位迁建补偿、其他补偿补助等。

关于城(集)镇迁建补偿项目划分的一至五级分级,详见“429编规”。投资计算方法同农村移民安置补偿费。

3)工业企业迁建补偿

工业企业迁建补偿包括用地补偿和场地平整、房屋及附属建筑物补偿、基础设施和生产设施补偿、设备搬迁补偿、搬迁补助、停产损失、零星林(果)木补偿等。

4)专业项目恢复改建补偿

专业项目恢复改建补偿包括铁路工程、公路工程、库周交通工程、航运工程、输变电工程、电信工程、广播电视工程、水利水电工程、国有农(林、牧、渔)场、文物古迹和其他项目等。

5)防护工程

防护工程包括建筑工程、机电设备及安装工程、金属结构设备及安装工程、临时工程、独立费用和基本预备费。其实防护工程就是一个单项完整的建筑及安装工程。

6)库底清理

库底清理包括建(构)筑物清理、林木清理、易漂浮物清理、卫生清理、固体废物清理等内容。

7)其他费用

其他费用包括前期工作费、综合勘测设计科研费、实施管理费、实施机构开办费、技术培训费、监督评估费等。

8)预备费

预备费包括基本预备费和价差预备费。

9)有关税费

有关税费包括与征地有关的国家规定的税费,如耕地开垦费(也叫占补平衡费)、耕地占用税、森林植被恢复费、草原植被恢复费、被征地农民养老保险费、安徽省水利建设基金等。

2. 费用构成

1)费用划分

建设征地移民安置补偿费用由补偿补助费、工程建设费、其他费用、预备费、有关税费、建设期融资利息等构成。其中,工程建设费包括建筑工程费、机电设备及安装工程费、金属结构设备及安装工程费、临时工程费等。

2)补偿补助费

补偿补助费包括征收土(永久)地补偿费和安置补助费、征用(临时)土地补偿费、房屋及附属建筑物补偿费、房屋装修补助费、青苗补偿费、林地与园地的林木补偿费、零星林(果)木补偿费、鱼塘设施补偿费、农副业设施补偿费、小型水利水电设施补偿费、工商企业设施设备补偿费、文化教育和医疗卫生等单位设施设备补偿费、行政事业等单位设备设施补偿费、工业企业设施设备补偿费、停产损失、搬迁补助费、坟墓补偿费等。此外,还有贫困移民建房补助、文教卫生增容补助和过渡期补助等费用。

3)工程建设费

工程建设费包括基础设施工程、专业项目、防护工程和库底清理等项目的建筑工程费、机电设备及安装工程费、金属结构设备及安装工程费、临时工程费等,按项目类型和规模,根据相应行业和地区的有关规定计列费用。

4)其他费用

其他费用包括前期工作费、综合勘测设计科研费、实施管理费、实施机构开办费、技术培训费、监督评估费等费用。

5)预备费

预备费包括基本预备费和价差预备费两项费用。

(1)基本预备费。主要是指在建设征地移民安置设计及补偿费用概(估)算内难以预料的项目费用。费用内容包括经批准的设计变更增加的费用,一般自然灾害造成的损失,预防自然灾害所采取的措施费用,以及其他难以预料的项目费用。

(2)价差预备费。是指建设项目在建设期间,由于人工工资、材料和设备价格上涨以及费用标准调整而增加的投资。

6)有关税费

(1)耕地开垦费(也称占补平衡费)。是指根据《中华人民共和国土地管理法》的规定,按照"占多少、垦多少"的原则,由占用耕地的单位负责开垦与所占用耕地的数量和质量相当的耕地,对没条件开垦或开垦不符合要求的,应当按安徽省的有关规定缴纳耕地开垦费。

(2)耕地占用税。是指根据《中华人民共和国耕地占用税法》,按安徽省的有关规定,对占用种植农作物的土地从事非农业建设需缴纳的耕地占用税。

(3)森林植被恢复费。是指根据《中华人民共和国森林法》第十八条规定,进行工程勘查、开采矿藏和各项工程建设,应当不占或少占林地,必须占用或者征收、征用林地的,用地单位应依照有关规定缴纳森林植被恢复费。

(4)草原植被恢复费。是指根据《中华人民共和国草原法》第三十九条规定,因工程建设征收、征用或者使用草原的,应当按有关规定缴纳草原植被恢复费。

(5)被征地农民养老保险费。是指因工程建设被征收的农民耕地按照国家规定需要交纳农民养老保障费用。可根据各个地方规定和标准进行计列。

(6)安徽省水利建设基金。是指根据安徽省地方水利建设基金筹集和使用管理办法(皖政〔2012〕54号)规定缴纳的地方政府性基金。

(7)新增建设用地有偿使用费。是指根据《财政部 国土资源部 中国人民银行关于调整新增建设用地土地有偿使用费政策等问题的通知》(财综〔2006〕48号)中的规定和标准缴纳新增建设用地的有偿使用费。

(8)其他的有关税费发生时,可以根据中央和地方人民政府有关文件和规定计列。

7)建设期融资利息

建设期融资利息是根据国家财政金融政策规定,工程在建设期内需偿还并应计入工程总投资的融资利息。

注:一般情况下建设征地移民补偿工程概算投资,不单独计算建设期融资利息。而是在工程部分静态总投资、建设征地及移民补偿静态总投资、环境保护工程静态总投资、水土保持工程静态总投资之后,以上四部分静态总投资为基础计算总的融资利息。另外,建设征地移民补偿的价差预备费,和融资利息情况一样不单独计算。

二、环境保护工程造价构成

为合理确定水利水电工程环境保护投资,水利部颁布了《水利水电工程环境保护概

(估)算编制规程》(SL 359—2006,简称“编制规程”),安徽省水利水电工程的环境保护工程造价活动目前按此规程执行。

(一)环境保护工程造价文件的编制依据和编制原则

1. 编制依据

造价编制依据应包括下列内容:

(1)国家及地方(省、市、县)主管部门发布的有关法律、法规及技术标准。

(2)《水利水电工程环境保护概(估)算编制规程》(SL 359—2006)。

(3)水利水电工程及开发建设项目的水土保持方案概(估)算编制规定和定额、施工机械台时费定额,有关行业主管部门颁发的定额。

(4)初步设计阶段环境保护设计文件及图纸。

(5)有关合同协议及资金筹措方案。

注:对于超出现有标准的环境保护工程特殊项目,可根据水利水电工程特点按照有关行业主管部门颁发的定额和规定计算。

2. 编制原则

(1)水利水电工程环境影响报告书和环境保护设计确定的环境保护措施的投资应列入工程的环境保护工程投资。环境保护工程投资不包括水土保持工程投资。

(2)对属于《水利工程设计概(估)算编制规定》(水总〔2014〕429 号)项目划分中的工程部分、同时具有环境保护功能的项目,其投资应列入工程部分,不应重复计列。

(3)移民安置工程的环境保护工程投资编制应按“编制规程”的有关规定执行。

(二)环境保护工程造价文件的组成(以概算为例)

概算文件包括编制说明、概算表、概算附件等。

1. 编制说明

概算编制说明的内容应包括工程概况、投资主要指标、概算编制的原则和依据、存在的问题等。

2. 概算表及概算附件

1)环境保护工程概算表

环境保护工程概算表应包括总概算表、工程概算表、分年度投资表等。

2)概算附表

概算附表应包括建筑工程、植物工程单价汇总表,仪器设备预算价格及安装工程单价汇总表,非工程措施单价汇总表,主要材料预算价格汇总表,施工机械台时费汇总表,主要工程量(工作量)汇总表等。

3)概算附件

概算附件应包括人工预算单价计算表(或汇总表)、主要材料预算价格计算表、施工机械台时费计算表、工程单价计算表、分年度投资计算表。另外,还有主要仪器设备预算价格计算表、补充定额计算书、独立费用计算书、建设期融资利息计算书等。

(三)环境保护工程造价构成

依据《水利水电工程环境保护概(估)算编制规程》(SL 359—2006)和其他有关规定,水利水电工程环境保护工程造价由环境保护措施费、监测措施费、仪器设备及安装费、临时措施费、独立费用,以及这五部分之外的预备费和建设期融资利息等七部分投资构成。

1. 项目划分

1)项目的组成

(1)水利水电工程环境保护工程项目应划分为第一部分环境保护措施、第二部分环境监测措施、第三部分环境保护仪器设备及安装、第四部分环境保护临时措施、第五部分 环境保护工程独立费用,以及这五部分之外的环境保护预备费和建设期融资利息。

(2)环境保护措施、环境监测措施、环境保护仪器设备及安装、环境保护临时措施、环境保护独立费用等五部分应分别设置一、二、三级项目。

(3)二、三级项目可根据具体工程的实际情况取舍。

2)第一部分　环境保护措施

(1)环境保护措施。应包括防止、减免或减缓工程对环境的不利影响和满足工程环境功能要求而兴建的环境保护措施,主要有水环境(水质、水温)保护、土壤环境保护、陆生植物保护、陆生动物保护、水生生物保护、景观保护及绿化、人群健康保护、生态需水以及其他如移民安置环境保护措施等。

(2)水质保护。应包括为防止、减免或减缓水利水电工程建设造成的河流水域功能降低等所采取的保护措施,以及为满足供水水质要求所采取的保护措施。主要有污水处理工程、水源地防护与生态恢复等。

(3)水温恢复。应包括为防止、减免或减缓水利水电工程建设引起的河流水温变化对工农业用水及生态造成的影响所采取的措施。主要有分层取水工程、引水渠、增温池等。

(4)土壤环境保护。应包括为防止、减免或减缓水利水电工程建设引起的土壤次生潜育化、次生盐碱化、沼泽化、土地沙化等所采取的保护措施。主要有防渗截渗工程、排水工程、防护林等。

(5)陆生植物保护。应包括为防止、减免或减缓水利水电工程建设造成的陆生植物种群及环境破坏、珍稀及濒危植物受到淹没或生境破坏所采取的保护措施。主要有就地防护、迁地移栽、引种栽培、种质库保存等。

(6)陆生动物保护。应包括为防止、减免或减缓水利水电工程建设对陆生动物种群、珍稀濒危野生动物种群及生境的影响所采取的保护措施。主要有建立迁徙通道、保护水源、围栏、养殖等。

(7)水生生物保护。应包括为防止、减免或减缓兴建水利水电工程造成河流、湖泊等水域水生生物生境变化,对珍稀、濒危以及有重要经济、学术研究价值的水生生物的索饵场、产卵场、越冬场及洄游通道产生不利影响所采取的保护措施。主要有栖息地保护、过鱼设施、鱼类增殖站及人工放流、产卵池、孵化池、放养池等。

(8)景观保护及绿化。应包括为防止、减免或减缓兴建水利水电工程对风景名胜造成影响以及为美化环境所采取的保护及绿化措施。主要有植树、种草等。

(9)人群健康保护。应包括为防止水利水电工程建设引起的自然疫源性疾病、介水传染病、虫媒传染病、地方病等所采取的保护措施。主要有疫源地控制、防疫、检疫、传染媒介控制等。

(10)生态需水保障措施。应包括为保证水利水电工程下游河道的生态需水量而采取的工程和管理措施。主要有放水设施、拦水堰等。

(11)其他环境保护措施。应包括为防止、减免或减缓水利水电工程造成下游河道或水位降低,影响工程下游的水利、交通等设施的运行,采取的工程保护措施和补偿措施;移民安置环境保护措施等。

3)第二部分　环境监测措施

(1)施工期环境监测措施。应包括水质监测、大气监测、噪声监测、卫生防疫监测、生态监测等。

(2)运行期环境监测措施。可包括监测站(点)等环境监测设施,不包括环境监测费用。

4)第三部分　环境保护仪器设备及安装

(1)环境保护仪器设备及安装。应包括为了保护环境和开展监测工作所需的仪器设备及安装。主要有环境保护设备、环境监测仪器设备。

(2)环境保护设备。应包括污水处理、噪声防治、粉尘防治、垃圾收集、处理及卫生防疫等设备。

(3)环境监测仪器设备。应包括水环境监测、大气监测、噪声监测、卫生防疫监测、生态监测等仪器设备。

5)第四部分　环境保护临时措施

(1)环境保护临时措施。应包括工程施工过程中,为保护施工区及其周围环境和人群健康所采取的临时措施。

(2)环境保护临时措施。应分为废(污)水处理、噪声防治、固体废物处置、环境空气质量控制、人群健康保护等临时措施等。

6)第五部分　环境保护工程独立费用

环境保护工程独立费用包括建设管理费、环境监理费、科研勘测设计咨询费等。

(1)建设管理费。应分为环境管理经常费、环境保护设施竣工验收费、环境保护宣传及技术培训费。

(2)科研勘测设计咨询费。应分为科学研究试验费、环境影响评价费、勘测设计费和技术咨询费等四项内容。

2. 费用构成

1)环境保护工程造价费用构成

(1)环境保护费。应包括工程措施费、非工程措施费、独立费用、预备费、建设期融资利息。

(2)工程措施费。应包括建筑工程费、植物工程费、仪器设备及安装费。

2)建筑工程费和植物工程费

建筑工程费和植物工程费应由直接工程费、间接费、企业利润、税金组成。

3)环境保护仪器设备费及安装费

(1)环境保护仪器设备费应包括仪器设备原价、运杂费、运输保险费和采购及保管费。

(2)环境保护安装费应包括对设备进行安装需要的人工、材料和机械使用等费用。

4)非工程措施费

非工程措施费包括一次性补偿费用、施工期环境监测费和其他非工程措施费。

(1)一次性补偿费用。指因工程对环境造成不利影响，且难以恢复、改建的项目所发生的补偿费用。

(2)环境监测费。指施工期委托监测单位开展环境监测工作所发生的费用。

(3)其他非工程措施费。指施工期委托有关单位开展卫生防疫等工作所发生的费用。

5)独立费用

独立费用包括环境建设管理费、监理费、科研勘测设计咨询费和其他费用等。

(1)建设管理费。包括建设单位在工程建设期间进行环境保护管理工作所需的费用。主要有环境管理经常费、环境保护设施竣工验收费、环境保护宣传及技术培训费等。

(2)环境监理费。包括施工期根据环境管理要求，监理单位或人员进行环境监理所需的费用。

(3)科研勘测设计咨询费。包括环境保护设计所需的科研、勘测、设计和咨询等费用。分为环境保护科学研究试验费、环境影响评价费、环境保护勘测设计费和技术咨询费等。

(4)其他。按照有关规定可以列入概算的其他项目和费用。

6)预备费和建设期融资利息

(1)预备费。包括基本预备费和价差预备费两项费用。

(2)建设期融资利息。是根据国家财政金融政策规定，工程在建设期内需偿还并应计入工程总投资的融资利息。

注：环境保护工程造价的建设期融资利息一般不单独计算，而是放在工程部分静态总投资、建设征地及移民补偿静态总投资、环境保护工程静态总投资、水土保持工程静态总投资之后，以上四部分静态总投资为基础计算总的融资利息。如果环境保护工程作为一个专题报告，为了体现环境保护工程总投资时，才单独计算其环境保护工程的融资利息。价差预备费的计算与融资利息情况一样处理。

三、水土保持工程造价构成

(一)概述

长期以来，由于水土保持工程涉及大量植物措施和农田基本建设等内容，具有单项工程规模较小、内容繁杂、施工难度和施工队伍等级相对较低等特点，水利工程和其他行业定额及标准很难适用于编制水土保持工程造价文件。

为了规范计价行为，统一水土保持概(估)算编制方法，水利部颁发了《水土保持工程概(估)算编制规定和定额》(水总〔2003〕67号)。这个文件有三项内容，分别是《开发建设项目水土保持工程概(估)算编制规定》、《水土保持生态建设工程概(估)算编制规定》和《水土保持工程概算定额》。

水土保持工程前期工作中，开发建设项目水土保持项目、水土保持生态建设项目工作经过多年发展，已走上正轨，参照基建程序进行管理。《水土保持工程概(估)算编制规定和定额》指导水土保持行业规范性编制工程投资文件起到重大作用。目前，安徽省水利工程和其他行业的开发建设项目均执行这一套“规定和定额”。

(二)水土保持工程造价文件的编制依据

1. 开发建设项目水土保持工程

(1)国家和上级主管部门以及省市有关部门颁发的有关法令、制度、规定等。

(2)开发建设项目水土保持工程概算编制规定。

(3)水利部办公厅《关于印发〈水利工程营业税改征增值税计价依据调整办法〉的通知》(办水总〔2016〕132 号、办财务函〔2019〕448 号)。

(4)《安徽省水利水电工程设计概(估)算编制规定》(皖水建函〔2018〕258 号)。

(5)水土保持工程概算定额和有关部门颁发的定额。

(6)开发建设项目水土保持工程设计文件及图纸。

(7)有关合同、协议及资金筹措方案。

(8)其他有关资料和依据。

2. 水土保持生态建设工程

(1)水土保持生态建设工程概(估)算编制规定。

(2)其他依据和开发建设项目一致。

(三)水土保持工程造价文件的组成(以开发建设项目概算为例)

概算文件包括概算编制说明、概算表、水土保持工程概算附件等。

1. 概算编制说明

(1)水土保持工程概况。

(2)水土保持工程投资主要指标。

(3)编制原则和依据。

(4)水土保持工程概算编制中存在的其他应说明的问题。

2. 概算表及概算附表

1)概算表

(1)总概算表;

(2)工程措施概算表;

(3)植物措施概算表;

(4)施工临时工程概算表;

(5)独立费用概算表;

(6)分年度投资表。

2)概算附表

(1)工程单价汇总表;

(2)主要材料预算价格汇总表;

(3)次要材料预算价格汇总表;

(4)施工机械台时费汇总表;

(5)主体工程主要工程量汇总表;

(6)主体工程主要材料用量汇总表;

(7)工时数量汇总表。

3. 水土保持工程概算附件(原则上单独成册,随概算报审)

(1)人工预算单价计算表;

(2)主要材料运杂费计算表;

(3)主要材料预算价格计算表;

(4)施工用电价格计算书;

(5)施工用水价格计算书;

(6)补充施工机械台时费计算书;

(7)砂石料单价计算书;

(8)混凝土材料单价计算表;

(9)工程措施单价计算表;

(10)植物措施单价计算表;

(11)独立费用计算书;

(12)分年度投资计算表。

注:水土保持生态建设工程造价文件的组成,基本上和开发建设项目水土保持工程造价文件一致,也包括概算编制说明、概算表、水土保持工程概算附件等。只是对其具体要求有所删减。

(四)水土保持工程造价构成

依据水利部颁发的《开发建设项目水土保持工程概(估)算编制规定》、《水土保持生态建设工程概(估)算编制规定》(简称"编制规定")和水利部办公厅《关于印发〈水利工程营业税改征增值税计价依据调整办法〉的通知》(办水总〔2016〕132 号),以及其他有关水土保持方面的规定,开发建设项目水土保持工程造价一般由工程措施、植物措施、施工临时工程、独立费用以及预备费构成;水土保持生态建设工程造价一般由工程措施、林草措施、封育治理措施、独立费用以及预备费构成。

1. 开发建设项目水土保持工程造价构成

1)项目划分

开发建设项目水土保持工程涉及面广,类型各异,内容复杂,为适应水土保持工程管理工作的需要,满足水土保持工程设计和建设过程中各项工作的要求,项目划分必须按照《开发建设项目水土保持工程概(估)算编制规定》,采用统一格式,供各方面共同遵循。

开发建设项目水土保持工程项目划分为工程措施、植物措施、施工临时工程和独立费用共四部分,各部分下设一、二、三级项目,详见开发建设项目"编制规定"项目划分表。

2)项目的组成内容

(1)第一部分　工程措施。指为减轻或避免因开发建设造成植被破坏和水土流失而兴建的永久性水土保持工程。包括拦渣工程、护坡工程、土地整治工程、防洪工程、机械固沙工程、泥石流防治工程、设备及安装工程等。

(2)第二部分　植物措施。指为防治水土流失而采取的植物防护工程、植物恢复工程及绿化美化工程等。

(3)第三部分　施工临时工程。包括临时防护工程和其他临时工程。

(4)第四部分　独立费用。由建设管理费、工程建设监理费、科研勘测设计费、水土保持(流失)监测费、其他工程等五项组成。

3)项目费用构成

(1)工程概算费用构成。

水土保持工程费应包括工程措施及植物措施费、独立费用、预备费。

①工程措施及植物措施费。由直接工程费、间接费、企业利润和税金组成。直接工程费包括直接费、其他直接费、现场经费。间接费包括企业管理费、财务费用、其他费用。

②独立费用。由建设管理费、工程建设监理费、科研勘测设计费、水土保持(流失)监测费、其他工程等五项组成。

③预备费。包括基本预备费、价差预备费。

(2)关于建设期融资利息。

和环境保护工程一样,建设期融资利息一般不单独计算,如果需要时才单独计算其水土保持工程的融资利息。为了体现水土保持工程总投资时,价差预备费的计算与融资利息情况一样处理。

2. 水土保持生态建设工程造价构成

1)项目划分

(1)根据水土保持生态建设工程的特点,水土保持生态建设工程,按治理措施划分为工程措施、林草措施及封育治理措施三大类。

(2)水土保持生态建设工程项目划分为工程措施费、林草措施费、封育治理措施费和独立费用共四个部分(注意:施工临时工程不单独计列)。

(3)工程措施、林草措施及封育治理措施通常下设一级、二缀、三级项目,独立费用下设一级、二级项目,详见生态建设工程“编制规定”项目划分表。

注:施工临时工程费用含在其他直接费用中。

2)项目的组成内容

(1)第一部分　工程措施。

由梯田工程,谷坊、水窖、蓄水池工程,小型蓄排、引水工程,治沟骨干工程,机械固沙工程,设备及安装工程,其他工程七项组成。

(2)第二部分　林草措施。

由水土保持造林工程、水土保持种草工程及苗圃三部分组成。

(3)第三部分　封育治理措施。

由拦护设施、补植补种两部分组成。

(4)独立费用。

独立费用由建设管理费、工程建设监理费、科研勘测设计费、水土保持(流失)监测费及水土保持竣工验收费等五项组成。

(5)预备费。

预备费包括基本预备费和价差预备费。

(6)建设期融资利息。

价差预备费与融资利息和开发建设项目工程一样处理。

3）费用构成

（1）概算项目费用与开发建设项目水土保持工程费用构成基本一致，主要包括工程措施费、林草措施费及封育治理措施费、独立费用和预备费等。

（2）工程措施、林草措施及封育治理措施费用的构成包括直接工程费、间接费、企业利润和税金。其包含内容与开发建设项目一致，详见《水土保持生态建设工程概（估）算编制规定》。

（3）独立费用、预备费和建设期融资利息与开发建设项目一致。

第四节　水文项目和水利信息化项目总投资及造价构成

一、水文项目总投资构成

水利水电工程的规划、设计、施工和运行管理中，需要水位、流量、洪量等有关的水文分析计算资料，这些资料的来源都取自于水利工程的水文测站、设施、观测设备和水文工程项目。为了取得长期的水文观测资料，将陆续地建设大量的水文工程项目，为水利水电工程设计建设提供科学的技术支撑。

为了规范水文建设项目的工程概（估）算文件编制，合理确定水文设施工程投资，水利部以水总〔2006〕140号文发布了《水利工程概算补充定额（水文设施工程专项）》，补充定额明确了水文设施工程概算的编制办法，是编制水文设施工程项目投资（造价）的基本依据。

对于大中型水利水电枢纽工程来说，水文设施工程项目只是其中的一小部分，枢纽工程总投资是一个整体，一般情况不单独编制水文设施工程造价文件，它只是枢纽工程投资的一小部分，按其性质分类分别把投资列入相应的建筑工程、设备及安装工程中，最后统一计算临时工程、独立费用、预备费和建设期融资利息。

如果水文设施是一个单独的工程项目，或者是要求作为一个专题单独报批的情况下，水文项目就必须编制单独的投资文件。

（一）水文项目造价文件

1. 水文项目造价文件类型

和水利工程建设过程一样，单独的水文项目建设各阶段由于工作深度不同、要求不同，其工程造价文件类型也不同。现行的水文项目造价文件类型一般有投资估算、设计概算、施工图预算、控制价与投标报价、完工结算和竣工决算等。

2. 水文工程造价文件的作用

不同阶段的造价文件的作用不同，其主要作用就是为水文建设项目决策提供科学依据，合理地确定工程投资规模，在项目建设前期、实施阶段有效地控制工程造价。

（二）水文项目总投资构成

1. 水文项目总投资构成

水文项目总投资一般由水文项目工程静态总投资、价差预备费、建设期融资利息构成。新建专项水文设施项目涉及建设征地和拆迁，环境保护、水土保持等内容时，则工程总投资就应包括建设征地移民补偿投资、环境保护投资、水土保持工程投资，可以依据《水利工程设计概(估)算编制规定》(建设征地移民补偿)、《水利水电工程环境保护概(估)算编制规程》、《水土保持工程概(估)算编制规定和定额》等规定,计算这几部分的工程投资,并计入水文项目工程总投资。

2. 工程静态总投资构成

工程静态总投资由建筑工程投资、仪器设备及安装工程投资、临时工程投资、独立费用以及基本预备费构成。

1)建筑工程投资

建筑工程投资指水文设施建筑物工程投资。包括测验河段基础设施工程、水位观测设施工程、流量与泥沙测验设施工程降水与蒸发观测设施工程、水环境监测设施工程、实时水文图像监控设施工程、生产生活用房工程、供电供水与通信设施工程及其他设施工程等投资。

2)仪器设备及安装工程投资

仪器设备及安装工程投资指构成水文设施工程固定资产的全部仪器设备及安装工程投资。包括各种水文信息采集传输和处理仪器设备、实时水文图像监控设备、测绘仪器以及其他设备的购置和安装调试工程等投资。

3)临时工程投资

临时工程投资指为辅助主体工程施工所必须修建的生产和生活用临时性工程投资。包括施工围堰工程、施工交通工程、施工房屋建筑工程、其他施工临时工程投资。

4)独立费用

独立费用由建设管理费、工程建设监理费、生产准备费、工程勘察设计费和其他五项组成。

5)基本预备费

基本预备费主要为解决在工程施工过程中,经上级批准的设计变更增加的投资及为解决意外事故而采取的措施所增加的工程项目和费用。

3. 价差预备费

价差预备费主要为解决在工程项目建设过程中,因人工工资、材料和设备价格上涨以及费用标准调整而增加的投资。

4. 建设征地移民补偿投资、环境保护投资、水土保持工程投资

涉及建设征地和拆迁、环境保护、水土保持等内容,其水文项目工程总投资就包括建设征地移民补偿投资、环境保护工程投资、水土保持工程投资。可以依据相关概(估)算编制要求和有关规定编制这几部分的工程投资,并计入水文项目工程总投资内。

5. 建设期融资利息

水文设施工程专项,如果发生融资贷款,应按融资不同渠道在贷款利率计算建设期融资利息,并计入水文项目工程总投资内。如果水文设施工程只是枢纽工程的一部分,其建设期融资利息一般不单独计算,是按整个枢纽工程在融资方案单独计算建设期融资利息。

二、水文项目造价构成

(一)概述

2007年6月1日,《中华人民共和国水文条例》的颁布实施(2017年第三次修改),对

我国水文事业发展、促进人与自然和谐相处以及建设生态文明具有重要意义。随着水文事业快速发展,政府加大了水文基础设施的投入,水利部也相继出台了《水文监测环境和设施保护办法》(水利部令第47号)、《水文基础设施及技术装备管理规范》(SL/T 415—2019)、《水文设施工程初步设计报告编制规程》(SL 506—2011)、《水利工程概算补充定额(水文设施工程专项)》(水总〔2006〕140号,简称“专项规定”),这些法规和文件为合理确定水项目工程投资起到了重要作用。

“专项规定”明确了水文设施工程概算的编制办法,是编制水文设施工程项目投资(造价)的基本依据。对指导我们编制水文项目工程投资文件起到重要作用。目前,安徽省水利工程和其他行业的水文建设项目均执行“专项规定”。

(二)水文项目造价文件的编制依据

(1)国家和上级主管部门以及省市有关部门颁发的有关法令、制度、规程、规定等。

(2)《水文设施工程初步设计报告编制规程》(SL 506—2011)、《水文基础设施及技术装备管理规范》(SL/T 415—2019)。

(3)《水利工程设计概(估)算编制规定》和《水文设施工程概算编制办法》。

(4)《水利建筑工程概算定额》、《水利水电设备安装工程概算定额》、《水利工程施工机械台时费定额》和有关行业主管部门颁发的定额。

(5)《水文设施建筑工程概算定额》、《水文仪器设备安装工程概算定额》、《水文设施工程施工机械台时费定额》。

(6)《关于印发〈水利工程营业税改征增值税计价依据调整办法〉的通知》(办水总〔2016〕132号)。

(7)《水利部办公厅关于调整水利工程计价依据增值税计算标准的通知》(办财务函〔2019〕448号)。

(8)水利工程设计工程量计算规则。

(9)水文设施工程初步设计文件及图纸。

(10)有关合同、协议及资金筹措方案。

(11)其他。

(三)水文项目造价文件的组成(以设计概算为例)

概算文件包括概算编制说明、工程概算表、工程概算附件等。

水文设施工程概算由四部分组成,具体划分为建筑工程、仪器设备及安装工程、施工临时工程、独立费用。工程各部分下设一级、二级、三级项目。

1.概算正件内容

1)编制说明

(1)工程概况。说明流域,河系,建设地点,对外交通条件,工程规模,建筑安装工程量,材料用量,工期,资金来源等。

(2)投资主要指标。工程总投资和静态总投资,年度价格指数,基本预备费率等。

(3)编制原则和依据如下:

①概算编制原则和依据。

②人工预算单价,主要材料,施工用电、水、风等基础单价的计算依据。

③主要仪器设备价格的编制依据。

④费用计算标准及依据。

⑤工程资金筹措方案。

(4)概算编制中其他应说明的问题。

(5)工程概算总表。

2)工程概算表

(1)概算表。

①总概算表。

②建筑工程概算表。

③仪器设备及安装工程概算表。

④施工临时工程概算表。

⑤独立费用概算表。

⑥分年度投资表。

(2)概算附表。

①建筑工程单价汇总表。

②安装工程单价汇总表。

③主要材料预算价格汇总表。

④次要材料预算价格汇总表。

⑤施工机械台时费汇总表。

⑥主要工程量汇总表。

⑦主要材料量汇总表。

⑧工时数量汇总表。

⑨建设及施工场地征用数量汇总表。

2. 概算附件内容

(1)人工预算单价计算表。

(2)主要材料运输费用计算表。

(3)主要材料预算价格计算表。

(4)施工用电价格计算书。

(5)施工用水价格计算书。

(6)施工用风价格计算书。

(7)混凝土材料单价计算表。

(8)建筑工程单价表。

(9)安装工程单价表。

(10)主要仪器设备运杂费率计算书。

(11)临时房屋建筑工程投资计算书。

(12)独立费用计算书(按独立项目分项计算)。

(13)价差预备费计算表。

(14)计算人工、材料、仪器设备预算价格和费用依据的有关文件、询价报价资料及其他。

(四)水文项目造价构成

依据水利部“专项规定”和《关于印发〈水利工程营业税改征增值税计价依据调整办法〉的通知》(办水总〔2016〕132号),以及其他有关水文设施工程方面的规定,水文项目造价一般由建筑工程、仪器设备及安装工程、施工临时工程、独立费用以及预备费构成。

1.项目划分

1)项目划分简述

水文设施工程项目分为建筑工程、仪器设备及安装工程、施工临时工程及独立费用四部分,各部分下设一、二、三级项目。

第二、三级项目中,仅列示了代表性子目,编制造价文件时二、三级项目可根据《水文水资源工程初步设计报告编制暂行规定》(水文计〔2004〕94号)的工作深度要求和工程情况增减。

项目划分具体详见“专项规定”的有关内容。

2.项目的组成内容

1)第一部分 建筑工程

指水文设施建筑物。包括测验河段基础设施工程、水位观测设施工程、流量与泥沙测验设施工程降水与蒸发观测设施工程、水环境监测设施工程、实时水文图像监控设施工程、生产生活用房工程、供电供水与通信设施工程及其他设施工程等。

2)第二部分 仪器设备及安装工程

指构成水文设施工程固定资产的全部仪器设备及安装工程。包括各种水文信息采集传输和处理仪器设备、实时水文图像监控设备、测绘仪器以及其他设备的购置和安装调试工程等。

3)第三部分 施工临时工程

指为辅助主体工程施工所必须修建的生产和生活用临时性工程。其组成内容如下:

(1)施工围堰工程。

(2)施工交通工程。

(3)施工房屋建筑工程。

(4)其他施工临时工程。

4)第四部分 独立费用

本部分费用由建设管理费、工程建设监理费、生产准备费、工程勘察设计费和其他五项组成。

(1)建设管理费。

(2)工程建设监理费。

(3)生产准备费。

(4)工程勘察设计费。

(5)其他。包括工程保险费、环境影响评价费。

注:“专项规定”的独立费用中,是包括建设及施工场地征用费的,随着改革的发展,近年来已经把“建设及施工场地征用费”单独列项计算,详见有关规定。

3. 项目费用构成概述

1)建设项目费用构成

水文设施工程费用由工程费、独立费用、预备费组成。

工程费包括建筑及安装工程费、仪器设备及安装费。

2)建筑及安装工程费

由直接工程费、间接费、企业利润和税金组成。直接工程费包括直接费、其他直接费、现场经费。间接费包括企业管理费、财务费用、其他费用。

3)仪器设备费

由仪器设备原价、运杂费、运输保险费、采购及保管费组成。

4)独立费用

由建设管理费生产准备费、工程建设监理费、工程勘察设计费和其他组成。

(1)建设管理费,包括建设项目管理费、工程建设监理费

(2)生产准备费,包括生产及管理单位提前进场费、水文比测费、生产职工培训费、管理用具购置费、备品备件购置费、工器具及生产家具购置费。

(3)工程勘察设计费。

(4)建设及施工场地征用费。

(5)其他,包括工程保险费、环境影响评价费。

5)预备费

预备费包括基本预备费和价差预备费。

4. 建筑及安装工程费

建筑及安装工程费由直接工程费、间接费、企业利润、税金组成。

5. 仪器设备费

仪器设备费包括仪器设备原价、运杂费、运输保险费和采购及保管费。

6. 独立费用

独立费用由建设管理费、工程建设监理费、生产准备费、工程勘察设计费和其他五项组成。

7. 预备费及建设期融资利息

1)预备费

预备费包括基本预备费和价差预备费。

2)建设期融资利息

关于建设期融资利息、价差预备费有关问题的理解和处理,详见工程部分设计概算构成内容。

8. 设计概算编制方法及计算标准

关于水文项目设计概算具体的编制方法、计算标准、概算表格详见“专项规定”和有关文件规定。

三、水利信息化项目总投资构成

（一）概述

水利信息化是指充分利用现代信息技术，深入开发和广泛利用水利信息资源，全面提升水利事业活动效率和效能的历史过程。

从水利信息管理方面来看，包括水资源管理系统、防汛抗旱指挥管理系统。系统内包括若干子系统。水资源管理系统包括数据库、信息查询、决策支持及水资源业务管理系统。防汛抗旱指挥系统包括防汛和抗旱数据库、防汛与抗旱信息服务系统、防汛与抗旱业务管理系统、水情预警监控系统、应急指挥系统等。

随着科学技术的不断发展，水利工程信息化管理也得到了充分的应用，在国家和政府政策的支持和重视下，水利水电工程信息化管理投入也进一步加强，信息化工程和系统的投资比例逐步提升。

（二）信息化项目建设

"十四五"将在全国范围内建成协同智能的水利业务应用体系、有序共享的水利信息资源体系、集约完善的水利信息化基础设施体系、安全可控的水利网络安全体系及优化健全的水利信息化保障体系，全面提升水利信息化水平，推动"数字水利"向"智慧水利"转变，推进水治理体系和水治理能力现代化。加强多源数据融合应用机制建设，结合"水利一张图"推进多源数据的有效整合和应用；依托卫星遥感应用，结合地面监测手段，逐步建立"天—地"一体化水利监测综合体系。

为了加强水利信息化建设与管理，强化水利信息化资源整合共享和网络安全，保障水利信息化协调有序发展，《水利部信息化建设与管理办法》（水信息〔2016〕196 号）对水利信息化项目建设与管理提出了具体要求。

（三）信息化项目投资

（1）对于大中型水利水电枢纽工程来说，信息化项目只是其中的一部分，枢纽工程总投资是一个整体，一般情况不单独编制信息化工程造价文件，它只是枢纽工程投资的一小部分，按其性质分类分别把投资列入相应的建筑工程、设备及安装工程中，最后统一计算临时工程、独立费用、预备费和建设期融资利息。和枢纽工程一起进行验收和决算。

（2）信息化工程作为一个单独的工程项目时，或者是要求作为一个专题单独报批的情况下，信息化项目就必须编制单独的投资文件。到目前为止，水利行业的信息化项目还没有造价方面的计价依据和概估算编制办法。有两种处理办法，一是按照《安徽省水利水电工程设计概（估）算编制规定》（皖水建函〔2018〕258 号），或者按照《水利工程设计概（估）算编制规定》（水总〔2014〕429 号）和有关的文件规定编制信息化项目投资；二是参照工业和信息化部发布的《电子建设工程概（预）算编制办法及计价依据》和《电子建设工程预算定额》（HYD 41—2015）及有关文件规定编制信息化项目投资。

（四）水利信息化项目造价文件

采用以上两种方法编制的水利信息化项目造价文件内容基本一致，只是格式上的不同，和枢纽主体工程一样，现行的水利信息化项目造价文件类型一般有投资估算、设计概算、施工图预算、控制价与投标报价、完工结算和竣工决算等。

(五)水利信息化项目总投资构成

按照水利行业《水利工程设计概(估)算编制规定》编制的工程总投资,和枢纽主体工程一样,总投资构成一般包括:工程部分静态总投资、价差预备费、专题投资(包括建设征地移民补偿投资、环境保护投资、水土保持工程投资)、建设期融资利息。其各项投资构成详见"工程部分"投资构成。

参照工业和信息化部发布的"概预算编制规定"编制的工程总投资,总投资构成一般包括建设投资和专项费用。

(1)建设投资。包括工程费用、工程建设其他费用、预备费。

①工程费用,主要是指设备购置费、建筑工程费、安装工程费。

②工程建设其他费用,指建设单位管理费、勘察设计费、建设监理费、环境影响咨询费、场地准备及临时设施费、生产准备及开办费等。

③预备费,是指基本预备费和价差预备费。

(2)专项费用。包括建设期贷款利息、铺底流动资金、固定资产投资方向调节费(暂停征收)。

四、水利信息化项目造价构成

(一)水利行业规定和标准

(1)水利信息化项目造价构成,按照《安徽省水利水电工程设计概(估)算编制规定》(皖水建函〔2018〕258号),工程部分的概算静态投资由第一部分建筑工程、第二部分机电设备及安装工程、第三部分金属结构设备及安装工程、第四部分施工临时工程、第五部分独立费用五部分投资以及基本预备费组成。

(2)项目划分、项目组成、费用构成,均按照皖水建函〔2018〕258号文执行。

(3)价差预备费及建设期融资利息、设计概算编制方法及计算标准以及概算表格均按照皖水建函〔2018〕258号文规定执行。

水利信息化项目造价构成详细内容详见枢纽工程部分的造价构成。

(二)工业和信息化部行业规定和标准

(1)工业和信息化部发布的《电子建设工程概(预)算编制办法及计价依据》(HYD 41—2005),详细地规定了信息化项目造价构成,水利行业可以参考使用,这套标准对定额的使用更为合理,因为它是一套更为专业的信息化工程的安装定额。

(2)如果参考使用《电子建设工程概(估)算编制办法及计价依据》(HYD 41—2015)编制水利信息化项目造价,就应该全部按照其相关规定及行业有关文件规定确定项目划分、项目组成、费用构成,按规定计算安装工程单价和工程取费。

第三章　水利工程计量与计价

第一节　水利工程设计工程量计算

水利工程各设计阶段的设计工程量，是设计工作的重要成果和编制工程概（估）算的主要依据。设计工程量计算除符合《水利水电工程设计工程量计算规定》（SL 328—2005）外，尚应符合国家现行有关标准的规定。

一、水利建筑工程量分类

（一）设计工程量

各设计阶段根据图纸计算出的工程量，乘以《水利水电工程设计工程量计算规定》（SL 328—2005）中所列相应的阶段系数后，作为编制工程概（估）算的设计工程量。

阶段系数所增加的工程量是考虑由于各设计阶段勘测、设计工作的深度不同，存在一定的误差，为留有适当余地而增加的工程量。

（二）施工超挖工程量

为保证建筑物的安全，施工开挖一般都不允许欠挖，以保证建筑物的设计尺寸，施工超挖自然不可避免。影响施工超挖工程量的主要因素有施工方法、施工技术及管理水平、地质条件等。

（三）施工附加量

施工附加量是指为完成本项目工程必须增加的工程量。例如：小断面圆形隧洞为满足交通需要扩挖下部而增加的工程量；隧洞工程为满足交通、放炮的需要设置洞内错车道、避炮洞所增加的工程量；为固定钢筋网而增加的固定筋工程量等。

（四）施工超填工程量

施工超填工程量是指由施工超挖量、施工附加量相应增加的回填工程量。

（五）施工损失量

1. 体积变化损失量

体积变化损失量，如土石方填筑工程中的施工期沉陷而增加的工程量，混凝土体积收缩而增加的工程量等。

2. 运输及操作损耗量

运输及操作损耗量，如混凝土、土石方在运输、操作过程中的损耗，以及围垦工程、堵坝抛填工程的冲损等。

3. 其他损耗量

其他损耗量，如土石方填筑工程施工后，按设计边坡要求的削坡损失工程量，接缝削坡损失工程量，黏土心（斜）墙及土坝的雨后坝面清理损失工程量，混凝土防渗墙一期、二期墙槽接头孔重复造孔及混凝土浇筑增加的工程量。

(六)质量检查工程量

1. 基础处理检查工程量

基础处理工程大多采用钻一定数量检查孔的方法进行质量检查。

2. 其他检查工程量

如土石方填筑工程通常采用挖试坑的方法来检查其填筑成品方的干密度。

(七)试验工程量

试验工程量,如土石坝工程为取得石料场爆破参数和坝上碾压参数而进行的爆破试验、碾压试验而增加的工程量。

二、各类工程量在概算中的处理

在编制概(估)算时,应按工程量计算规定和项目划分及定额等有关规定,正确处理上述各类工程量。

(一)设计工程量

设计工程量就是编制概(估)算的工程量。图纸工程量乘以设计工程量阶段系数,即是设计工程量。可行性研究、初步设计阶段的设计系数应采用《水利水电工程设计工程量计算规定》(SL 328—2005)中"水利水电工程设计工程量阶段系数表"的数值。阶段系数为变幅值,可根据工程地质条件和建筑物结构复杂程度等因素选取,复杂的取大值,简单的取小值。

(二)施工超挖量、施工附加量及施工超填量

由于预算定额中未计入施工超挖量、施工附加量及施工超填量三项工程量,故采用预算定额计价时,应将这三项合理的工程量所发生的费用采用相应的超挖、超填预算定额,摊入综合单价中,而不是简单地乘以这三项工程量的扩大系数。概算定额已将这三项工程量计入定额中。

(三)施工损失量

概算定额中均已计入了场内操作运输损耗量。土石坝施工沉陷、雨后清理等损失工程量,均应按定额规定计入填筑工程单价中。一期、二期混凝土防渗墙接头孔增加的工程量,也应按定额有关规定处理。

(四)质量检查工程量

概算定额中已包括检查孔、钻孔、灌浆及压水试验(或压浆检查)。而预算定额中均未计入检查孔,采用预算定额时,检查孔应按灌浆方式和灌浆后的Lu值,选取相应的定额计算。

(五)试验工程量

爆破试验、碾压试验、级配试验、灌浆试验等大型试验均为设计工作提供重要参数,应列入在勘测设计费的专项费用或工程科研试验费中。

三、工程量计算相关规范

(一)《水利水电工程设计工程量计算规定》(SL 328—2005)

《水利水电工程设计工程量计算规定》(SL 328—2005)(简称《规定》)规范了全国水利水电工程设计工程量的计算。

根据《规定》,永久水工建筑物和主要施工临时工程的工程量,均应按照水利水电基本建设工程项目划分的要求,根据建筑物或工程设计几何轮廓尺寸计算,再乘以相应的设计阶段系数,见表 3-1。

《规定》明确不得将超挖、超填、合理的施工附加量等计入设计工程量,合理的超挖、超填、合理的施工附加量等已计入概算定额。

表 3-1　水利水电工程设计工程量阶段系数

类别	设计阶段	土石方开挖工程量(万 m^3)				混凝土工程量(万 m^3)			
		>500	200~500	50~200	≤50	>300	100~300	50~100	≤50
永久工程或建筑物	项目建议书	1.03~1.05	1.05~1.07	1.07~1.09	1.09~1.11	1.03~1.05	1.05~1.07	1.07~1.09	1.09~1.11
	可行性研究	1.02~1.03	1.03~1.04	1.04~1.06	1.06~1.08	1.02~1.03	1.03~1.04	1.04~1.06	1.06~1.08
	初步设计	1.01~1.02	1.02~1.03	1.03~1.04	1.04~1.05	1.01~1.02	1.02~1.03	1.03~1.04	1.04~1.05
施工临时工程	项目建议书	1.05~1.07	1.07~1.10	1.10~1.12	1.12~1.15	1.05~1.07	1.07~1.10	1.10~1.12	1.12~1.15
	可行性研究	1.04~1.06	1.06~1.08	1.08~1.10	1.10~1.13	1.04~1.06	1.06~1.08	1.08~1.10	1.10~1.13
	初步设计	1.02~1.04	1.04~1.06	1.06~1.08	1.08~1.10	1.02~1.04	1.04~1.06	1.06~1.08	1.08~1.10
金属结构工程	项目建议书								
	可行性研究								
	初步设计								

类别	设计阶段	土石方填筑、砌石工程量(万 m^3)				钢筋(t)	钢材(t)	模板(t)	灌浆(t)
		>500	200~500	50~200	≤50				
永久工程或建筑物	项目建议书	1.03~1.05	1.05~1.07	1.07~1.09	1.09~1.11	1.08	1.06	1.11	1.16
	可行性研究	1.02~1.03	1.03~1.04	1.04~1.06	1.06~1.08	1.06	1.05	1.08	1.15
	初步设计	1.01~1.02	1.02~1.03	1.03~1.04	1.04~1.05	1.03	1.03	1.05	1.10
施工临时工程	项目建议书	1.05~1.07	1.07~1.10	1.10~1.12	1.12~1.15	1.10	1.10	1.12	1.18
	可行性研究	1.04~1.06	1.06~1.08	1.08~1.10	1.10~1.13	1.08	1.08	1.09	1.17
	初步设计	1.02~1.04	1.04~1.06	1.06~1.08	1.08~1.10	1.05	1.05	1.06	1.12
金属结构工程	项目建议书								
	可行性研究								
	初步设计								

注:1. 若采用混凝土立模面系数乘以混凝土工程量计算模板工程量,不应再考虑模板阶段系数。

2. 若采用混凝土含钢率或含钢量乘以混凝土工程量计算钢筋工程量,不应再考虑钢筋阶段系数。

3. 截流工程的工程量阶段系数可取 1.25~1.35。

4. 表中工程量系工程总工程量。

(二)《水利工程工程量清单计价规范》(GB 50501—2007)

中华人民共和国建设部和国家质量监督检验检疫局联合发布的《水利工程工程量清单计价规范》(GB 50501—2007)(简称《规范》)指出,招标投标阶段工程量清单列示的有效工程量为设计几何轮廓尺寸计算的量。施工过程中一切非有效工程量发生的费用,均应摊入有效工程量单价中。

《规范》防止和杜绝以往工程价款结算由于工程量计量不规范而引发的合同变更和索赔纠纷。

四、工程量计算

(一)工程项目的设置

工程项目的设置除必须满足《规定》提出的基本要求(如土石方开挖工程应按不同土壤、岩石类别分别列项;洞挖应将平洞、斜井、竖井分列;混凝土工程按不同强度等级分列等)外,还必须与概算定额子目划分相适应,如土石方填筑工程应按抛石、堆石料、过渡料、垫层料等分列。固结灌浆应按深孔(地质钻机钻孔)、浅孔(风钻钻孔)分列等。再如钻孔灌浆工程,一般概算定额将钻孔、灌浆单列,因此在计算工程量时,钻孔、灌浆也应分开计算。

工程量的计量单位应与定额子目的单位一致。有的工程项目,其单位可以有两种表示方式,如喷混凝土可以用"m^2",也可以用"m^3";混凝土防渗墙可以用"m^2"(阻水面积),也可以用"m"(进尺)和"m^3"(混凝土浇筑);高压喷射防渗墙可以用"m^2"(阻水面积),也可以用"m"(进尺)。设计采用的工程量单位应与定额单位相一致,如不一致则应按定额的规定进行换算,使之一致。

工程量计算要与定额的规定相适应,例如岩基帷幕灌浆,如果定额中已将建筑物段的钻孔、封孔工作量摊入岩基段的钻孔灌浆中,则工程量只能计算岩基段钻灌量。

(二)工程量计算

工程量计算准确与否直接影响设计概算的准确度。概算人员除掌握造价专业的知识外,还应当具有一定的水工、施工、机电、金属结构等专业知识,按照概算编制有关规定,正确处理各类工程量。在编制概算时,概算人员应认真查阅主要设计图纸,对各专业提供的设计工程量逐次核对,凡不符合概算编制要求的应及时向设计人员提出修正,切忌不能照抄使用,力求准确可靠。

1. 永久工程建筑工程量计算

1)土石方工程量计算

土石方开挖工程量,应根据设计开挖图纸,按不同土壤和岩石类别分别进行计算,石方开挖工程应将明挖、槽挖、水下开挖、平洞、斜井和竖井开挖等分别计算。

土石方填筑工程量,应根据建筑物设计断面中的不同部位及其不同填筑材料的设计要求分别进行计算,其沉陷量应包括在内,以建筑物实体方计量。

2)砌石工程量计算

砌石工程量应按建筑物设计图纸的几何轮廓尺寸,以"建筑成品方"计算。砌石工程量应将干砌石和浆砌石分开。干砌石应按干砌卵石、干砌块石,同时还应按建筑物或构筑物的不同部位及型式,如护坡(平面、曲面)、护底、基础、挡土墙、桥墩等分别计列;浆砌石应按浆砌块石、卵石、条料石,同时还应按不同的建筑物(浆砌石拱圈明渠、隧洞、重力坝)及不同的结构部位分项计列。

3)混凝土及钢筋混凝土工程量计算

混凝土及钢筋混凝土的工程量应根据建筑物的不同部位及混凝土的设计强度等级分别计算。

钢筋及埋件、设备基础螺栓孔洞工程量应按设计图纸所示的尺寸并按定额计量单位计算,例如大坝的廊道、钢管道、通风井、船闸侧墙的输水道等,应扣除孔洞所占体积。

计算地下工程(如隧洞、竖井、地下厂房等)混凝土的衬砌工程量时,若采用水利建筑工程概算定额,应以设计断面的尺寸为准;若采用预算定额,应包括设计衬砌厚度加允许超挖部分的工程,但不包括允许超挖范围以外增加超挖所充填的混凝土量。

4)钻孔灌浆工程量

钻孔工程量按实际钻孔深度计算,计量单位为 m。计算钻孔工程量时,应按不同岩石类别分项计算,混凝土钻孔一般按X类岩石级别计算。

灌浆工程量从基岩面起计算,计量单位为 m 或 m^2。计算灌浆工程量时,应按不同岩层的不同单位吸水率或单位干料耗量分别计算。

隧洞回填灌浆,其工程量计算范围一般在顶拱中心角 90°~120°范围内的拱背面积计算,高压管道回填灌浆按钢管外径面积计算工程量。

混凝土防渗墙工程量。若采用概算定额,按设计的阻水面积计算其工程量,计量单位为 m^2。

5)模板工程量计算

在编制概(估)算时,模板工程量应根据设计图纸及混凝土浇筑分缝图计算。在初步设计之前没有详细图纸时,可参考现行概算定额附录9《水利工程混凝土建筑物立模面系数参考表》的数据进行估算,即

模板工程量=相应工程部位混凝土概算工程量×相应的立模面系数(m^3/m^2)

立模面系数是指每单位混凝土(100 m^3)所需的立模面积(m^2)。立模面系数与混凝土的体积、形状有关,也就是与建筑物的类型和混凝土的工程部位有关。

6)土工合成材料工程量计算

土工合成材料工程量宜按设计铺设面积或长度计算,不应计入材料搭接及各种型式嵌固的用量。

2. 施工临时工程的工程量计算

(1)施工导流工程工程量计算要求与永久水工建筑物计算要求相同,其中永久与临时结合的部分应计入永久工程量中,阶段系数按施工临时工程计取。

(2)施工支洞工程量应按永久水工建筑物工程量计算要求计算,阶段系数按施工临时工程计取。

(3)大型施工设施及施工机械布置所需土建工程量,按永久建筑物的要求计算工程量,阶段系数按施工临时工程计取。

(4)施工临时公路的工程量可根据相应设计阶段施工总平面布置图或设计提出的运输线路分等级计算公路长度或具体工程量。

(5)施工供电线路工程量可按设计的线路走向、电压等级和回路数计算。

3. 金属结构工程量

(1)水工建筑物的各种钢闸门和拦污栅工程量以吨计,项目建议书可按已建工程类比确定;可行性研究阶段可根据初选方案确定的类型和主要尺寸计算;初步设计阶段应根据选定方案的设计尺寸和参数计算。

各种闸门和拦污栅的埋件工程量计算均应与其主设备工程量计算精度一致。

(2)启闭设备工程量计算,宜与闸门和拦污栅工程量计算精度相适应,并分别列出设备重量(t)和数量(台、套)。

(3)压力钢管工程量应按钢管型式(一般、叉管)、直径和壁厚分别计算,以 t 为计量单位,不应计入钢管制作与安装的操作损耗量。

第二节　水利工程定额分类、适用范围及作用

一、概述

定额,是指在一定的外部条件下,预先规定完成某项合格产品所需要素(人力、物力、财力、时间等)的标准额度。它反映了一定时间的社会生产力水平。

定额水平是一定时期社会生产力水平的反映,它与操作人员的技术水平、机械化程度及新材料、新工艺、新技术的发展和应用有关,也与企业的管理组织水平和全体工作人员的劳动积极性有关。

定额不是一成不变的,而是随着生产力水平的变化而变化的。一定时期的定额水平,必须坚持平均先进的原则。平均先进水平,就是在一定的生产条件下,大多数企业、班组和个人,经过努力可以达到或超过的标准。因此,定额必须从实际出发,根据生产条件、质量标准和工人现有的技术水平等经过测算、统计、分析而制定,并随着上述条件的变化而进行补充和修订,以适应生产发展的需要。

定额作为一门科学,有科学性、群众性、针对性、权威性、时效性与稳定性等特点。它伴随着企业管理的产生而产生,使企业管理发生了根本变革。我国国民经济各部门,广泛地制定和采用了各种定额。

二、工程定额分类

工程定额种类繁多,可分别按其性质、用途、内容、管理体制的不同来划分。

(一)按我国现行管理体制和执行范围划分

1. 全国统一定额

全国统一定额指工程建设中,各行业、部门普遍使用,需要全国统一执行的定额。一般由国家发展和改革委员会或授权某主管部门组织编制颁发。如全国市政工程预算定额、送电线路工程预算定额、电气工程预算定额、通信设备安装预算定额、通风及空调工程预算定额等。

2. 行业定额

行业定额指工程建设中,部分专业工程在某一个部门或几个部门使用的专业定额,经

国家发展和改革委员会批准由一个主管部门或几个主管部门编制颁发，在有关行业中执行。如水利水电建筑工程预算定额、公路工程预算定额、铁路工程预算定额等。

3. 地方定额

地方定额一般指省、自治区、直辖市根据地方工程特点编制的地方通用定额和地方专业定额，在本地区执行。

4. 企业定额

企业定额指建筑、安装企业在其生产经营过程中用自己积累的资料，结合本企业的具体情况自行编制的定额，供该企业内部管理和投标报价之用。

（二）按适用的建设阶段划分

1. 投资估算指标

投资估算指标主要用于项目建议书及可行性研究阶段技术经济比较和预测（估算）工程造价。它的概略程度与可行性研究阶段的深度相一致。

2. 概算定额

概算定额主要用于初步设计阶段预测工程造价。

3. 预算定额

预算定额主要用于编制施工图预算时计算工程造价和计算工程中劳动力、材料、机械台时，也是招标阶段编制标底、报价的依据。

4. 施工定额

施工定额是施工企业为组织生产和管理在企业内部使用的一种定额，属于企业生产定额的性质。

（三）按费用性质划分

1. 直接费定额

直接费定额指直接用于施工生产的人工、材料、成品、半成品、机械消耗的定额。如水利水电建筑工程预算定额、水利水电设备安装工程预算定额等。

2. 间接费定额

间接费定额指施工企业经营管理所需的费用定额。

3. 其他基本建设费用定额

其他基本建设费用定额指不属于建筑安装工作量的独立费用定额，如勘测设计费定额等。

（四）按定额的内容划分

1. 劳动定额

劳动定额指具有某种专长和规定的技术水平的工人，在一定的施工组织条件下，在单位时间内应当完成合格产品的数量或完成单位合格产品所需的劳动时间。

2. 材料消耗定额

材料消耗定额指完成合格的单位产品所需材料、成品、半成品的合理数量。

3. 机械作业定额

某种机械在一定的施工组织条件下，在单位时间内应当完成合格产品的数量，称机械产量定额；或完成单位合格产品所需时间，称机械时间定额。

4. 综合定额

综合定额指在一定的施工组织条件下,完成单位合格产品所需人工、材料、机械台时数量,是劳动定额、材料消耗定额和机械台班(时)定额的综合。

5. 机械台班(时)定额

机械台班(时)定额指施工过程中使用施工机械一个台时所需机上人工、动力、燃料、折旧、修理、替换配件、安装拆卸以及牌照税、车船使用税等的定额。

6. 费用定额

费用定额指除以上定额以外的其他直接费定额、间接费定额、其他费用定额等。

三、工程定额编制的原则

(一)水平合理

定额水平应反映社会平均水平,体现社会必要劳动量,也就是在正常施工条件下多数工人和企业能够达到和超过的水平,既不能采用少数先进生产者、先进企业所达到的水平,也不能以落后的生产者和企业的水平为依据。

定额水平要与建设阶段相适应。前期阶段(如可行性研究、初步设计)定额水平宜反映社会平均水平。而用于投标报价的定额水平则宜具有竞争力,合理反映本企业的技术、装备和经营管理水平,如施工定额应按企业平均先进水平确定。

(二)基本准确

定额是对各个千差万别的实践进行概括,抽象出一般的数量标准。从这里可以看出,定额的“准”是相对的,定额的“不准”是绝对的。我们不能要求定额编得与自己的实际完全相符,而只能要求其基本准确。定额(项目、子目)按影响定额的主要参数划分,粗细应恰当,步距要合理。定额计量单位、调整系数及附注的设置应科学。

(三)简明适用

在保证基本准确的前提下,定额项目不宜过细过繁,步距不宜太小、太密,对于影响定额的次要参数可采用调整系数等办法简化定额项目,做到粗而准确,细而不繁,便于使用。

四、工程定额编制的方法

定额编制的方法较多,常用的有以下几种。

(一)技术测定法

技术测定法是深入施工现场,应用计时观察和材料消耗测定的方法,对各个工序进行实测、查定、取得数据,然后对这些资料进行科学的整理分析,拟定成定额。这种方法有较充分的科学依据,有较强的说服力,但工作量较大。它适用于产品品种少、经济价值大的定额项目。

(二)统计分析法

统计分析法是根据施工实际中的人工、材料、机械台时消耗和产品完成数量的统计资料,经科学的分析、整理、剔去其中不合理的部分后,拟定成定额。

(三)调查研究法

调查研究法是和参加施工实践的老工人、班组长、技术人员座谈讨论,利用他们在施工实践中积累的经验和资料,加以分析整理而成定额。

(四)计算分析法

计算分析法大多用于材料消耗定额和一些机械(如开挖、运输机械)的作业定额。其方法为拟定施工条件,选择典型施工图,计算工程量,拟定定额参数,计算定额数量。

五、工程定额的内容和作用

不同的定额有不同的内容和作用,现将几种常用定额的内容和作用简述如下。

(一)施工定额

施工定额有人工定额、材料定额、机械使用定额三种。

施工定额基本上是按工序制定的定额。以混凝土工程为例,现行水利水电建设工程施工定额分模板工程、混凝土工程两册。模板工程又按木材加工、模板制作、安装、拆除、运输等工序分别设节。混凝土工程又按配运骨料、水泥运输、凿毛、清仓、混凝土拌和、运输、浇筑、养护等工序分别设节。

施工定额是施工企业管理工作的基础,主要用于施工企业内部经济核算,编制施工预算、施工作业计划,是实行内部经济核算(或承包)的依据。施工定额也是编制预算定额和编制补充单价表的基础。

(二)预算定额

预算定额将完成单位分部分项工程项目所需的各个工序综合在一起,以混凝土工程为例,将完成 100 m^3 混凝土浇筑所需的混凝土配料、拌和、运输、浇筑、养护等综合在一起,按其部位、结构类型分别设节,如板、墙、墩、梁等。模板制作、安装、拆卸、运输另有定额。

预算定额是编制预算的依据,是编制控制价、报价的参考定额,也是编制概算定额的基础。

(三)概算定额

概算定额是在预算定额的基础上进一步综合而成的。以水闸混凝土工程为例,概算定额将预算定额中的导水墙、阻滑板、溢流堰、护坦、闸墩、胸墙、工作桥等定额综合在一起,以适应概算编制的需要。概算定额是编制初设概算和修改概算的依据,是编制估算指标的基础,也是施工组织设计确定劳动力、材料、施工机械用量的依据之一。

(四)概算指标

概算指标是概算定额的扩大与合并,它是以整个建筑物和构筑物为对象,以更为扩大的计量单位来编制的。概算指标的内容包括劳动、机械台班、材料定额三个基本部分,同时还列出了各结构分部的工程量及单位建筑工程(以体积计或面积计)的造价,是一种计价定额。

概算指标的设定与初步设计的深度相适应,一般是在概算定额和预算定额的基础上编制,比概算定额更加综合扩大。它是设计单位编制工程概算或建设单位编制年度任务计划、施工准备期间编制材料和机械设备供应计划的依据,也可供国家编制年度建设计划参考。

(五)估算指标

估算指标是在项目建议书和可行性研究阶段编制投资估算时使用的一种定额。它往往以独立的单项工程或完整的工程项目为计算对象,编制内容是所有项目费用之和。它的概略程度与可行性研究阶段相适应。投资估算指标往往根据历史的预、决算和价格变动等资料编制,但其编制基础仍然离不开预算定额、概算定额。

各种定额的相互关系见表 3-2。

表 3-2　各种定额的相互关系

定额分类	施工定额	预算定额	概算定额	概算指标	投资估算指标
对象	工序	分部分项工程	扩大的分部分项工程	整个建筑物或构筑物	独立的单项工程或完整的工程项目
用途	编制施工预算	编制施工图预算	编制设计概算	编制初步设计概算	编制投资估算
项目划分	最细	细	较粗	粗	很粗
定额水平	平均先进	平均	平均	平均	平均
定额性质	生产性定额	计价性定额			

六、定额的使用

(一)定额的使用方法

定额是编制水利工程造价的重要依据,要准确地使用定额,必须做到以下几点:

(1)要认真阅读定额的总说明和章节说明。对说明中指出的编制原则、依据、适用范围、使用方法、已经考虑和没有考虑的因素以及有关问题的说明等,都要通晓和熟悉。

(2)要熟悉定额项目的工作内容。根据工程部位、施工方法、施工机械和其他施工条件正确地选用定额项目,做到不错项、不漏项、不重项。

(3)要学会使用定额的各种附录。例如,对建筑工程,要掌握土壤与岩石分级、砂浆与混凝土配合比用量确定等。对于安装工程要掌握安装费调整和各种装置性材料用量的确定等。

(4)要注意定额调整的各种换算关系。当施工条件与定额项目条件不符时,应按定额说明与定额表附注中的有关规定进行换算调整。例如,各种运输定额的运距换算,各种调整系数的换算等。除特殊说明外,一般系数换算均按连乘计算,使用时还要区分调整系数是全面调整系数,还是对人工工时、材料消耗或机械台时的某一项或几项进行调整。

(5)要注意定额单位与定额中数字的适用范围。工程项目单价的计量单位要和定额项目的计量单位一致。要区分土石方工程的自然方和压实方,砂石备料中的成品方、自然方与堆方码方,砌石工程中的砌体方与石料方,沥青混凝土的拌和方与成品方等。定额中凡数字后用“以上”、“以外”表示的都不包括数字本身。凡数字后用“以下”“以内”表示的都包括数字本身。凡用数字上下限表示的,如 1 000~2 000,相当于 1 000 以上至 2 000 以下,即大于 1 000,小于或等于 2 000 的范围内。

(6)安装工程概、预算定额,应根据安装设备种类、规格,选用定额子目。

（二）定额使用注意事项

1. 水利建筑工程定额

（1）概、预算的项目及工程量的计算应与定额项目的设置、定额单位相一致。

（2）现行概算定额中，已按现行施工规范和有关规定，计入了不构成建筑工程单价实体的各种施工操作损耗，允许的超挖及超填量，合理的施工附加量及体积变化等所需人工、材料及机械台时消耗量，编制设计概算时，工程量应按设计结构几何轮廓尺寸计算。而现行预算定额中均未计入超挖超填量、合理施工附加量及体积变化等，使用预算定额应按有关规定进行计算。

（3）定额中其他材料费、零星材料费和其他机械费均以百分率（%）形式表示，其计算基数为：其他材料费以主要材料费之和为计算基数；零星材料费以人工费、机械费之和为计算基数；其他机械费以主要机械费之和为计算基数。

2. 水利水电设备安装工程定额

（1）定额中人工工时、材料、机械台时等以实物量表示。其中材料和机械仅列出主要品种的型号、规格及数量，如品种、型号、规格不同，均不做调整。其他材料和一般小型机械及机具分别按占主要材料费和主要机械费的百分率计列。

（2）安装费率定额中以设备原价作为计算基础，安装工程人工费、材料费、机械使用费和装置性材料费均以费率（%）形式表示，除人工费用外，使用时均不做调整。

（3）装置性材料根据设计确定的品种、型号、规格和数量计算，并计入规定的操作损耗量。

（4）使用电站主厂房桥式起重机进行安装工作时，桥式起重机台时费不计基本折旧费和安装拆卸费。

（5）定额中零星材料费，以人工费、机械使用费之和为计算基数。

七、使用水利定额应注意的问题

（一）专业专用

水利水电工程除水工建筑物和水利水电设备安装外，一般还有房屋建筑、公路、铁路、输电线路、通信线路等永久性设施。水工建筑物和水利水电设备安装应采用水利、电力主管部门颁发的定额。其他永久性工程应分别采用所属主管部门颁发的定额，如铁路工程应采用国家铁路局颁发的铁路工程定额，公路工程应采用交通运输部颁发的公路工程定额。

（二）工程定额与费用定额配套使用

在计算各类永久性设施工程投资时，采用的工程定额应执行专业专用的原则，其费用定额也应遵照专业专用的原则，与工程定额相配套。如采用公路工程定额计算永久性公路投资，应相应采用交通运输部颁发的费用定额。

（三）定额的种类应与设计阶段相适应

可行性研究阶段编制投资估算应采用估算指标；初步设计阶段编制设计概算应采用概算定额；施工图设计阶段编制施工图预算应采用预算定额。如因本阶段定额缺项，需采用下一阶段定额，应按规定乘阶段系数。如采用概算定额编制投资估算，应乘以 1.10 的投资估算调整系数;采用预算定额编制概算时,应乘以 1.03~1.05 的概算调整系数。

(四)准确理解把握定额的有关规定

由于各行业、各系统之间的标准、习惯有差异,故使用定额前应先阅读总说明和有关章节说明、工作内容、适用范围,切忌主观臆断。

第三节 水利工程造价文件类型及作用

一、水利水电工程基本建设程序

水利水电工程基本建设具有规模大、费用高、制约因素多、工程失事后危害性较大等特点,因此水利水电基本建设程序要求非常严格。

水利水电工程基本建设程序一般分为:项目建议书、可行性研究报告、施工准备、初步设计、建设实施、生产准备、竣工验收、后评价等八个阶段,各阶段的具体内容如下。

(一)项目建议书阶段

项目建议书是在流域(或区域)规划的基础上,由主管部门(或投资者)对拟建项目做出大体轮廓性设想和建议。为确定拟建项目是否有必要建设、是否具备建设的基本条件、是否值得投入资金和人力、是否需要再做进一步的研究论证工作提供依据。

项目建议书编制一般由政府委托有相应资质的设计单位承担,并按国家现行规定权限向上级主管部门申报审批。项目建议书被批准后由政府向社会公布,若有投资建设意向,应及时组建项目法人筹备机构,开展下一阶段建设程序工作。

(二)可行性研究报告阶段

可行性研究应对项目进行方案比较,对项目在技术上是否可行和经济上是否合理进行科学的分析和论证。经过批准的可行性研究报告,是项目决策和进行初步设计的依据。可行性研究报告,由项目法人(或筹备机构)组织编制。

可行性研究应对项目在技术上是否先进、适用、可靠,在经济上是否合理可行,在财务上是否盈利做出多方案比较,提出评价意见,推荐最佳方案。可行性研究报告是建设项目立项决策的依据,也是项目办理资金筹措、签订合作协议、进行初步设计等工作的依据和基础。

可行性研究报告,按国家现行规定的审批权限报批。申报项目可行性研究报告,必须同时提出项目法人组建方案及运行机制、资金筹措方案、资金结构及回收资金的办法,并依照有关规定附具有管辖权的水行政主管部门或流域机构签署的规划同意书,对取水许可预申请的书面审查意见,审批部门要委托有相应资质的工程咨询机构对可行性研究报告进行评估,并综合行业归口主管部门、投资机构(公司)、项目法人(或项目法人筹备机构)等方面的意见进行审批。项目可行性研究报告批准后,应正式成立项目法人,并按项目法人责任制进行管理。

(三)施工准备阶段

项目在主体工程开工之前,必须完成各项施工准备工作,其主要内容包括:施工现场的征地、拆迁;完成施工用水、电、通信、路和场地平整等工程;完成必需的生产、生活临时建筑工程；组织招标设计、咨询、设备和物资采购等服务；实施经批准的应急工程、试验工程等专项工程；组织建设监理和主体工程招标投标，并择优选定建设监理单位和施工承包队伍。这一阶段的工作对于保证项目开工后能否顺利进行具有决定性作用。

水利工程建设项目进行施工准备开工的条件为：项目可行性研究报告已经批准；环境影响评价文件等已经批准，年度投资计划已下达或建设资金已落实，项目法人即可开展施工准备，开工建设。

工程建设项目施工，除某些不适应招标的特殊项目（须经水行政主管部门批准）外，均须实行招标投标。水利工程建设项目的招标投标，按有关法律、行政法规和《水利工程建设项目招标投标管理规定》等规章制度执行。

（四）初步设计阶段

初步设计是根据批准的可行性研究报告和必要而准确的设计资料，对设计对象进行通盘研究。阐明拟建工程在技术上的可行性和经济上的合理性，确定项目的各项基本技术参数，编制项目的总概算。初步设计任务应择优选择有项目相应资质的设计单位承担，依照有关初步设计编制规定进行编制。

承担水利水电工程设计的单位在进行设计以前，要认真研究可行性研究报告，全面收集建设地区的工农业生产、社会经济、自然条件，包括水文、地质、气象等资料；要对坝址、库区的地形、地质进行勘测、勘探；对岩土地基进行分析试验；对建设区的建筑材料的分布、储量、运输方式、单价等进行调查、勘测。

初步设计要提出设计报告、设计图纸和初设概算三项资料。主要内容包括：工程的总体规划布置，工程规模（包括装机容量、水库的特征水位等），地质条件，主要建筑物的位置、结构形式和尺寸，主要建筑物的施工方法，施工导流方案，消防设施、环境保护、水库淹没、工程占地、水利工程管理机构等。对灌区工程来说，还要确定灌区的范围，主要干支渠道的规划布置，渠道的初步定线、断面设计和土石方量的估计等，还应包括各种建筑材料的用量、主要技术经济指标、建设工期、设计总概算等。

初步设计报批前，一般由项目法人委托有相应资质的工程咨询机构或组织专家，对初步设计中的重大问题进行咨询论证。设计单位根据咨询论证意见，对初步设计文件进行补充、修改和优化。初步设计由项目法人组织审查后，按国家现行规定权限向主管部门申报审批。

（五）建设实施阶段

建设实施阶段是指主体工程的建设实施，项目法人按照批准的建设文件，组织工程建设，保证项目建设目标的实现。项目法人或其代理机构必须按审批权限，向主管部门提出主体工程开工申请报告，经批准后，主体工程方能正式开工。

主体工程开工必须具备如下条件：

（1）项目法人或建设单位已经设立；

（2）初步设计已经批准，施工详图设计满足主体工程施工需要；

（3）建设资金已经落实；

（4）主体工程施工单位和监理单位已经确定，并分别订立了合同；

（5）质量安全监督单位已经确定，并办理了质量安全监督手续；

(6)主要设备和材料已经落实来源;

(7)施工准备和征地移民等工作满足主体工程开工需要。

施工是把设计变为具有使用价值的工程实体,必须严格按照设计图纸进行,如有修改变动,要征得设计单位的同意。施工单位要严格履行合同,要与建设、设计单位和监理工程师密切配合。在施工过程中,各个环节要相互协调,要加强科学管理,确保工程质量,全面按期完成施工任务。要按设计和施工验收规范验收,对地下工程,特别是基础和结构的关键部位,一定要在验收合格后,才能进行下一道工序施工,并做好原始记录。

(六)生产准备阶段

生产准备是建设阶段转入生产经营的必要条件。项目法人应按照建管结合和项目法人责任制的要求,适时做好有关生产准备工作。生产准备应根据不同类型的工程要求确定,一般应包括以下主要内容:

(1)生产组织准备。建立生产经营的管理机构及相应管理制度。

(2)招收和培训人员。按照生产运营的要求,配备生产管理人员,并通过多种形式的培训,提高人员素质,使之能满足运营要求。生产管理人员要尽早介入工程的施工建设,参加设备的安装调试,熟悉情况,掌握好生产技术和工艺流程,为顺利衔接基本建设和生产经营阶段做好准备。

(3)生产技术准备。主要包括技术资料的汇总、运行技术方案和岗位操作规程的制定、新技术准备。

(4)生产物资准备。主要是落实投产运营所需要的原材料、协作产品、工器具、备品备件和其他协作配合条件的准备。

(5)正常的生活福利设施准备。

(七)竣工验收阶段

竣工验收是工程完成建设目标的标志,是全面考核基本建设成果、检验设计和工程质量的重要步骤。竣工验收合格的项目即从基本建设转入生产或使用。当建设项目的建设内容全部完成,并经过单项工程验收,符合设计要求并按有关规定的要求完成了档案资料的整理工作;完成竣工报告、竣工决算等必需文件的编制后,项目法人按规定向验收主管部门提出申请,根据国家和部颁验收规程,组织验收。竣工决算编制完成,应由审计机关组织竣工审计。其审计报告作为竣工验收的基本资料。工程规模较大、技术较复杂的建设项目可先进行初步验收。不合格的工程不予验收;有遗留问题的项目,对遗留问题必须有具体处理意见,且有限期处理的明确要求并落实责任人。

水利水电工程按照设计文件所规定的内容建成以后,在办理竣工验收以前,必须进行试运营。例如,对灌溉渠道来说,要进行放水试验;对水电站、抽水站来说,要进行试运转和试生产,检查考核是否达到设计标准和施工验收中的质量要求。如工程质量不合格,应返工或加固。

竣工验收程序,一般分两个阶段:单项工程验收和整个工程项目的全部验收。对于大型工程,因建设时间长或建设过程中逐步投产,应分批组织验收。验收之前,项目法人要组织设计、施工等单位进行初验并向主管部门提交验收申请,根据国家和部颁验收规程组织验收。

水利水电工程把上述验收程序分为阶段验收和竣工验收,凡能独立发挥作用的单项工程均应进行阶段验收,如截流、下闸蓄水、机组启动、通水等。

(八)后评价阶段

后评价是工程交付生产运营1~2年后,对项目的立项决策、设计、施工、竣工验收、生产运营等全过程进行系统评价的一种技术经济活动,是基本建设程序的最后一环。通过后评价达到肯定成绩、总结经验、研究问题、提高项目决策水平和投资效果的目的。评价的内容主要包括:

(1)影响评价。通过项目建成投入生产后对社会、经济、政治、技术和环境等方面所产生的影响来评价项目决策的正确性。

(2)经济效益评价。通过项目建成投产后所产生的实际效益分析,来评价项目投资是否合理,经营管理是否得当,并与可行性研究阶段的评价结果进行比较,找出二者之间的差异及原因,提出改进措施。

(3)过程评价。前述两种评价是从项目投产后运营结果来分析评价的。过程评价则是从项目的立项决策、设计、施工、竣工投产等全过程进行系统分析。

二、工程造价文件的类型及作用

水利水电工程建设过程各阶段由于工作深度不同、要求不同,其工程造价文件类型也不同。现行的工程造价文件类型主要有投资估算、设计概算、控制价与投标报价、竣工结算和竣工决算等。

(一)投资估算

投资估算是项目建议书及可行性研究阶段对建设工程造价的预测,应充分考虑各种可能的需要、风险、价格上涨等因素,要打足投资,不留缺口,适当留余地。投资估算是项目建议书及可行性研究报告的重要组成部分,是项目法人为选定近期开发项目做出科学决策和进行初步设计的重要依据。投资估算是工程造价全过程管理的“龙头”,抓好这个“龙头”有十分重要的意义。

(二)设计概算

设计概算是初步设计阶段对建设工程造价的预测,是初步设计文件的重要组成部分。初设概算是在已经批准的可行性研究投资估算静态总投资的控制下进行编制的。

由于初步设计阶段建筑物的布置、结构形式、主要尺寸以及机电设备的型号、规格等均已确定,所以设计概算对建设工程造价不是一般的测算,而是带有定位性质的测算。经批准的设计概算是国家确定和控制工程建设投资规模,政府有关部门对工程项目造价进行审计和监督,项目法人筹措工程建设资金和管理工程项目造价的依据;也是编制建设计划,编制项目管理预算和标底,考核工程造价和竣工结算、决算以及项目法人向银行贷款的依据。概算经批准后,相隔两年及两年以上工程未开工的,工程项目法人应委托设计单位对概算进行重编,并报原审查单位审批。

建设项目实施过程中,由于某些原因造成工程投资突破批准概算投资的,项目法人可以要求编制单位调整概算。

利用外资建设的水利水电工程项目,设计单位还应编制包括内资和外资的全部工程投资总概算(简称外资概算)。外资概算也是初步设计的组成部分。

外资概算的编制一般应按两个步骤进行:第一步按国内概算的编制办法和规定,完成全内资概算的编制;第二步再按已确定的外资来源、投向和投资,编制外资概算。

(三)控制价与投标报价

控制价是招标人对发包工程项目投资的预期价格,它可用来测算和科学评价投标报价的合理性,作为评标的重要参考。一般由项目法人委托具有相应资质的水利工程造价咨询单位,根据招标文件、图纸,按有关规定,结合工程的具体情况,计算出的合理工程价格。

控制价的主要作用是招标人对招标工程所需投资的自我测算,明确自己在发包工程上应承担的财务义务。控制价也是衡量投标人报价的准绳和评标的重要参考尺度。

投标报价是承包商(或厂家)对建筑及安装工程施工产品(或机电、金属结构设备)的自主定价。相对国家定价、标准价而言,它反映的是市场价,体现了企业的经营管理和技术、装备水平。

(四)竣工结算和竣工决算

竣工结算是承包商与项目法人对承建工程项目的最终结算(施工过程中的结算属中间结算)。

竣工决算是项目法人向国家(或投资人)汇报建设成果和财务状况的总结性文件,是竣工验收报告的重要组成部分。竣工决算反映了工程的实际造价,是项目法人向管理单位移交财产,考核工程项目投资,分析投资效果的依据。竣工决算由项目法人负责编制。

竣工结算与竣工决算的主要区别有两点:一是范围,竣工结算的范围只是承包工程项目,是基本建设项目的局部,而竣工决算的范围是基本建设项目的整体;二是成本内容,竣工结算只是承包合同范围内的预算成本,而竣工决算是完整的预算成本,它还要计入工程建设的其他费用、水库淹没处理、水土保持及环境保护工程费用和建设期还贷利息等工程成本和费用。由此可见,竣工结算是竣工决算的基础,只有先办竣工结算,才有条件编制竣工决算。

以上是国内工程造价成果的类型,与国外的工程造价成果类型不大相同。以英、美等国为例,从规划选点到招标阶段,工程造价成果分 5 种类型:概念性估算、初步估算、控制性估算、工程师估算(或称工程师概算)、标底估算。工作深度由粗到精,允许的误差由大到小,分别为±20%、±15%、±10%、±5%、±5%左右。

第四节　水利工程概(估)算文件编制

编制和审批安徽省内建设的水利水电工程基本建设项目的概(估)算文件有两套编制规定作为依据,分别是水利部发布的《水利工程设计概(估)算编制规定》(水总〔2014〕429 号)《水利工程营业税改征增值税计价依据调整办法》(水总〔2016〕132 号),以及安徽省水利厅发布的《安徽省水利水电工程设计概(估)算编制规定》(皖水建函〔2018〕258 号)。

429 号文及 132 号文适用于大型水利项目和报送水利部、流域机构审批的中型水利项目,258 号文适用于中、小型水利水电工程基本建设项目。

一、概算文件组成内容

水利工程设计概、估算文件包括设计概算报告(正件)和概算附件,其内容和要求详见第二章第二节。

二、工程概算及项目组成

(一)工程概算组成

工程概算总投资由工程部分概算投资(序号Ⅰ)、建设征地移民补偿概算投资(序号Ⅱ)、环境保护工程概算投资(序号Ⅲ)、水土保持工程概算投资(序号Ⅳ)、价差预备费、建设期融资利息组成。以上Ⅰ~Ⅳ部分概算投资构成工程静态投资。

(二)项目组成

概算项目组成包括第一部分建筑工程、第二部分机电设备及安装工程、第三部分金属结构设备及安装工程、第四部分施工临时工程、第五部分独立费用和基本预备费。具体组成内容详见第二章第二节。

(三)项目划分

1.基本建设项目划分

基本建设工程通常按项目本身的内部组成,将其划分为建设项目、单项工程、单位工程、分部工程和分项工程。

1)建设项目

建设项目是指按照一个总体设计进行施工,由一个或若干个单项工程组成,经济上实行统一核算,行政上实行统一管理的基本建设工程实体。如一座独立的工业厂房、一所学校或水利枢纽工程等。

一个建设项目中,可以有几个单项工程,也可能只有一个单项工程,不得把不属于一个设计文件的、经济上分别核算的、行政分开管理的几个项目捆在一起作为一个建设项目,也不能把总体设计内的工程,按地区或施工单位划分为几个建设项目。在一个设计任务书范围内,规定分期进行建设时,仍为一个建设项目。

2)单项工程

单项工程是指在一个建设项目中,具有独立的设计文件,竣工后能够独立发挥生产能力和使用效益的工程。如工厂内能够独立生产的车间、办公楼等;一所学校的学习楼、学生宿舍等;一个水利枢纽工程的发电站、拦河大坝等。单项工程是具有独立存在意义的一个完整工程,也是一个极为复杂的综合体,它是由许多单位工程所组成的,如一个新建车间,不仅有厂房,还有设备安装等工程。

3)单位工程

单位工程是单项工程的组成部分,是指具有独立的设计文件、可以独立组织施工,但完工后不能独立发挥效益的工程。一般按照建筑物建筑及安装来划分,如生产车间是一个单项工程,它又可以划分为建筑工程和设备安装两大类单位工程。其中,建筑工程包括一般土建工程、电气照明工程、暖气通风工程、水卫工程、工业管道工程、特殊构筑物工程等单位工程;设备及安装工程包括机械设备及安装工程、电气设备及安装工程等。又如,灌区工程中的进水闸、分水闸、渡槽,水电站引水工程中的进水口、引水隧洞、调压井等都是单位工程。

4)分部工程

分部工程是单位工程的组成部分,是按工程部位、设备种类和型号、使用的材料和工种的不同对单位工程所做的进一步划分。例如,房屋建筑工程可划分为基础工程、墙体工程、屋面工程等。也可以按照工种来划分,例如房屋建筑工程可划分为土石方工程、钢筋混凝土工程、装饰工程等;隧洞工程可以分为开挖工程、衬砌工程等。

分部工程是编制工程造价、组织施工、质量评定、包工结算与成本核算的基本单位,但在分部工程中影响工料消耗的因素仍然很多。例如,同样都是土方工程,由于土壤类别不同,挖土深度不同,施工方法不同,则每一单位土方工程所消耗的人工、材料差别很大。因此,必须把分部工程按照不同的施工方法、不同的材料、不同的规格等做进一步的划分。

5)分项工程

分项工程是分部工程的组成部分,是通过较为简单的施工过程就能生产出来,并且可以用适当计量单位计算其工程量大小的建筑或设备安装工程产品。例如每立方米砖基础工程、一台电动机的安装等。一般说,它的独立存在是没有意义的,它只是建筑或设备安装工程的最基本构成要素。

2. 水利工程项目划分

水利工程一般具有规模大、建设周期长、影响因素复杂等特点。为了便于编制基本建设计划和工程造价,组织招投标与施工,进行质量、工期和投资控制,拨付工程款项,实行经济核算和考核工程成本,需对基本建设项目进行系统地逐级划分。

水利工程按工程性质分为枢纽工程、引水工程及河道工程两大类。工程各部分下设一、二、三级项目。项目划分内容参考水总〔2014〕429号文和皖水建函〔2018〕258号文有关规定,在此不再赘述。

3. 项目划分注意事项

(1)现行的项目划分适用于估算、概算及施工图预算。对于招标文件和业主预算,要根据工程分标及合同管理的需要来调整项目划分。

(2)建筑及安装工程三级项目的设置除深度应满足429号文和258号文的有关规定外,还应与采用的定额相适应。

(四)概(估)算文件的编制步骤

1. 了解工程概况,查勘工程现场

(1)向各有关专业了解工程概况。了解有关工程规划、地质勘测、枢纽布置、主要建筑物结构形式及技术数据、施工导流、施工总布置、施工方法、总进度、主要机电设备技术数据和报价等。

(2)查勘工程现场。形成对工程的初步认识。

2. 广泛调查研究,收集有关资料

(1)现场查勘,掌握工程实地现场情况,尤其是与概(估)算相关的现场条件。

(2)调查收集工程所在地劳资、材料、交通运输等有关规定与价格。

(3)收集与工程有关的新技术、新工艺和新材料以及设备价格等有关资料。

(4)熟悉施工组织设计。

3. 编写概(估)算专业设计大纲

概(估)算编制大纲,应由专业负责人或具有相应资格的人员编写和校审,并报审查部门审查核备。编制大纲应包含以下内容:

(1)编制原则和编制依据。

(2)按照工作大纲要求,列出人工、主材等基础单价或计算条件。

(3)明确主要设备的价格依据。

(4)确定有关费用的取费标准和费率。

(5)其他应说明的问题。

4. 分析计算单价、确定估算指标

(1)基础单价计算。是计算建筑安装工程单价的依据,包括人工预算单价、材料预算价格、电水风价格、砂石料单价和施工机械台时费等。基础单价按照工程所在地编制年(季度、月)的价格水平分析计算,既要贯彻执行现行的规程规定,又要与施工组织设计相一致。

(2)建筑及安装工程单价分析计算。在基础单价计算的基础上,根据设计提供的工程项目和施工方法,按照现行定额和费用标准编制主要工程单价。

(3)确定有关估算指标。对非主体工程的有关项目,可分析估算指标作为计算基础,或直接估算确定费用。

5. 编制各部分概(估)算

根据设计提出的工程量、设备清单和分析计算并汇总好的建筑安装工程单价(个别非主体工程项目采用指标或百分比),按现行规定的项目划分,依次编制建筑工程、机电设备及安装工程、金属结构设备及安装工程、临时工程和独立费用的概(估)算。

(1)建筑工程概(估)算。通常采用下列编制方法:单价法、实物量法、指标法和百分率法。不同工程分别采用不同的方法编制。

(2)机电设备及安装工程概(估)算。机电设备及安装工程投资由设备费和安装费两大部分组成。

(3)临时工程概(估)算。通常采用单价法、实物量法、指标法或百分率法来编制。

(4)独立费用。由建设管理费、工程建设监理费、联合试运转费、生产准备费、科研勘测设计费和其他六项组成,按照水总〔2014〕429 号文和皖水建函〔2018〕258 号文中相关规定计算。

三、费用构成标准

水利建设项目工程部分概算费用内容和构成:建设项目总费用包括工程(直接)费用、独立费用、预备费、建设期融资利息。工程费用包括建筑及安装工程费、设备购置费。其费用构成详见第二章第二节。

本节以皖水建函〔2018〕258 号文为例介绍说明工程的费用构成标准。

(一)建筑及安装工程费

建筑及安装工程费由直接费、间接费、利润、材料补差和税金组成。

1. 直接费

直接费包括基本直接费、其他直接费。

1)基本直接费(即定额直接费)

人工费=定额劳动量(工时)×人工预算单价(元/工时)

材料费=定额材料用量×材料预算单价

机械使用费=定额机械使用量(台时)×施工机械台时费(元/台时)

2)其他直接费

(1)冬雨季施工增加费。按基本直接费的百分率计算,标准为1.0%,灌溉及田间工程为0.5%。

(2)夜间施工增加费。按基本直接费的百分率计算,标准为:建筑工程0.3%,安装工程0.6%。

(3)临时设施费。按基本直接费的百分率计算,标准为:建筑及安装工程1.5%~2.5%。枢纽工程、河道机械疏浚工程、中型水电(泵)站、水闸、船闸、桥梁等单项建筑物工程、小型重要水电站工程等取中上限;引水工程及河道工程、堤防加固工程、中型灌区的干渠及干渠工程、灌溉田间工程以及小型水利建筑物工程等取下限。

(4)安全生产措施费。按基本直接费的百分率计算,标准为:建筑及安装工程1.2%~1.5%。枢纽工程、中型水电(泵)站、水闸、船闸、桥梁等单项建筑物工程等取中上限;河道、堤防加固、渠道及田间工程等取下限;其他工程取中值。

(5)其他。按基本直接费的百分率计算。其中:建筑工程为0.5~1.0%,安装工程为1.0~1.5%。

枢纽工程、中型水电(泵)站、水闸、船闸、桥梁等单项建筑物工程等取上限;河道、堤防加固、渠道及田间工程等取下限;其他工程取中值。

特别说明:砂石备料工程其他直接费费率取0.5%。

2. 间接费

间接费由规费和企业管理费组成。

间接费费率见表3-3。

表3-3　间接费费率

序号	工程类别	计算基础	间接费费率(%)
一	建筑工程		
1	土方工程	直接费	4.0~5.0
2	石方工程	直接费	9.0~10
3	砂石备料工程(自采)	直接费	4.0
4	模板工程	直接费	6.0~7.0
5	混凝土工程	直接费	7.0~8.0

续表 3-3

序号	工程类别	计算基础	间接费费率(%)
6	钢筋制安工程	直接费	4.0
7	钻孔灌浆及锚固工程	直接费	8.0~9.0
8	疏浚工程	直接费	6.0
9	其他工程	直接费	7.0~8.0
二	机电、金结设备及安装工程	人工费	70

间接费计算方法：枢纽工程、中型水电(泵)站、水闸、船闸、桥梁等单项建筑物工程等取上限；河道、堤防加固、渠道及田间工程等取下限；其他工程取中值。

若土方填筑等工程项目所利用原料单价已含其他直接费、间接费、利润和税金，则该项目单价间接费费率取下限。

工程类别划分说明：

(1)土方工程。包括土方开挖、土方填筑工程等。

(2)石方工程。包括石方开挖、石方填筑、砌石、抛石工程等。

(3)砂石备料工程(自采)。包括天然砂砾料和人工砂石料开采加工。

(4)模板工程。包括现浇各种混凝土时制作及安装的各类模板工程。

(5)混凝土工程。包括现浇和预制各种混凝土、伸缩缝、止水、防水层、温控措施等。

(6)钢筋制安工程。包括钢筋制作与安装工程等。

(7)钻孔灌浆及锚固工程。包括各种类型的钻孔灌浆、防渗墙、锚杆(索)、预应力锚筋(索)、喷浆(混凝土)、打桩工程等。

(8)疏浚工程。指用挖泥船、水力冲挖机组等机械疏浚江河、湖泊的工程。

(9)其他工程。指除上述工程外的工程。

3. 利润

利润按直接费和间接费之和的 7%计算。

4. 材料补差

材料补差根据主要材料消耗量、主要材料预算价格与材料限价之间的差值计算。

5. 税金

税金计算公式为

税金=(直接费+间接费+利润+材料补差)×计算税率(9.0%)

(二)设备费

设备费包括设备原价、运杂费、运输保险费和采购及保管费。

(三)独立费用

独立费用由建设管理费、工程建设监理费、联合试运转费、生产准备费、科研勘测设计费和其他六项组成。

四、基础单价编制

(一)人工预算单价

人工预算单价包含工长、高级工、中级工、初级工四个单价。人工预算单价见表 3-4。编制概(估)算时应分别计算。

表 3-4　人工预算单价

序号	工种	单位	标准
1	工长	元/工时	9.27
2	高级工	元/工时	8.57
3	中级工	元/工时	7.28
4	初级工	元/工时	4.64

人工预算单价将随国家、安徽省政府相关政策性变化适时做相应调整。

(二)材料预算价格

1. 主要材料预算价格

对于用量多、影响工程投资大的主要材料,如钢材、木材、板枋、粉煤灰、水泥、块(碎)石、黄砂、油料、火工产品等,一般需要编制材料预算价格。计算公式为

材料预算价格=(材料原价+运杂费)×(1+采购及保管费费率)+运输保险费

(1)材料原价。按工程所在地区就近大型物资供应公司、材料交易中心的市场成交价或设计选定的生产厂家的出厂价计算。

(2)运杂费。铁路运输按铁路部门《铁路货物运价规则》及有关规定计算运杂费。公路及水路运输费,按工程所在地交通部门现行规定或市场行情运价计算。

(3)运输保险费。按工程所在地或中国人民保险公司的有关规定计算。

(4)采购及保管费。按材料运到工地分仓库价格(不包括运输保险费)的 3.3%计算。

(5)材料原价、运杂费、运输保险费、采购及保管费分别按不含增值税进项税额的价格计算。

2. 其他材料预算价格

可参考工程所在地区的工业与民用建筑安装工程材料预算价格或信息价格(不含增值税进项税额的价格)。

3. 材料补差

主要材料预算价格超过相应的材料基价时,应按基价计入工程单价参加取费,预算价与基价的差值以材料补差形式计算,材料补差列入单价表中并计取税金。主要材料基价见表 3-5。

主要材料预算价格低于基价时,按预算价计入工程单价。

计算施工用电、风、水价格时,按预算价参与计算。

表 3-5 主要材料基价

序号	材料名称	单位	基价(元)
1	钢筋	t	2 560
2	水泥	t	255
3	炸药	t	5 150
4	柴油	t	2 990
5	汽油	t	3 075
6	块石、碎石、黄砂	m^3	70
7	商品混凝土	m^3	200

4. 未计价材料价格

建筑及安装工程未计价材料应采用不含增值税进项税额的价格。

5. 例题

【例 3-1】 某水利工程水泥由甲水泥厂直供,水泥强度等级为 42. 5,出厂价为 320 元/t。自水泥厂通过公路运往工地仓库,运杂费为 30 元/t。运输保险费费率按 1%计;采购及保管费费率按 3%计。计算此水利工程用水泥的预算价格。

解:水泥原价=320 元/t

水泥运杂费=30 元/t

水泥运输保险费=水泥原价×运输保险费费率=320×1%=3. 20(元/t)

采购及保管费=(原价+运杂费)×采购及保管费费率

=(320+30)×3% = 10. 50(元/t)

水泥预算价格=水泥原价+运杂费+运输保险费+采购及保管费

= 320+30+3. 20+10. 50=363. 70(元/t)

(三)施工用电、水、风预算价格

1. 施工用电价格

施工用电价格由基本电价、电能损耗摊销费和供电设施维修摊销费组成,根据施工组织设计确定的供电方式以及不同电源的电量所占比例,按国家或工程所在地区规定的电网电价和规定的加价(均不含增值税进项税额)进行计算。

1)电网供电价格计算公式

电网供电价格=基本电价÷(1−高压输电线路损耗率)÷(1−35 kV 以下变配电设备及配电线路损耗率)+供电设施维修摊销费

2)柴油发电机供电价格计算公式

(1)自设水泵供冷却水方式:

柴油发电机供电价格=[(柴油发电机组(台)时总费用+水泵组(台)时总费用)÷(柴油发电机额定容量之和×K)]÷(1−厂用电率)÷(1−变配电设备及配电线路损耗率)+供电设施维修摊销费

(2)自发电循环水冷却方式:

$$柴油发电机供电价格=[柴油发电机组(台)时总费用/柴油发电机额定容量之和\times K)]\div(1-厂用电率)\div(1-变配电设备及配电线路损耗率)+单位循环冷却水费+供电设施维修摊销费$$

式中,K 为发电机出力系数,一般取 0.8~0.85;厂用电率取 3%~5%;高压输电线路损耗率取 3%~5%;变配电设备及配电线路损耗率取 4%~7%;供电设施维修摊销费取 0.04~0.05 元/(kW·h);单位循环冷却水费取 0.05~0.07 元/(kW·h)。

2. 施工用水价格

施工用水价格由基本水价、供水损耗和供水设施维修摊销费组成,根据施工组织设计所配置的供水系统设备组(台)时总费用和组(台)时总有效供水量计算。

水价计算公式

$$施工用水价格=[水泵组(台)时总费用/(水泵额定容量之和\times K)]\div(1-供水损耗率)+供水设施维修摊销费$$

式中,K 为能量利用系数,取 0.75~0.85;供水损耗率取 6%~10%;供水设施维修摊销费取 0.04~0.05/m^3 元。

注:①施工用水为多级提水并中间有分流时,要逐级计算水价。②施工用水有循环用水时,水价要根据施工组织设计的供水工艺流程计算。

3. 施工用风价格

施工用风价格由基本风价、供风损耗和供风设施维修摊销费组成,根据施工组织设计所配置的空气压缩机系统设备组(台)时总费用和组(台)时总有效供风量计算。

(1)泵水冷却方式风价计算公式:

$$施工用风价格=[(空气压缩机系统设备组(台)时总费用+水泵组(台)时总费用)\div(空气压缩机额定容量之和\times 60\ min\times K)]\div(1-供风损耗率)+供风设施维修摊销费$$

(2)空气压缩机系统如采用循环冷却水,不用水泵,风价计算公式:

$$施工用风价格=[空气压缩机组(台)时总费用/(空气压缩机额定容量之和\times 60\ min\times K)]\div(1-供风损耗率)+单位循环冷却水费+供风设施维修摊销费$$

式中,K 为能量利用系数,取 0.70~0.85;供风损耗率取 6%~10%;单位循环冷却水费取 0.007 元/m^3;供风设施维修摊销费取 0.004~0.005 元/m^3。

(四)施工机械使用费

1. 计算方法

施工机械使用费应根据《水利工程施工机械台时费定额》及有关规定计算。对于定额缺项的施工机械,可补充编制台时费定额。施工机械台时费定额调整如下:定额中的折旧费除以 1.15 调整系数,修理及替换设备费除以 1.11 调整系数,安装拆卸费不变。

组合台时(简称组时)是指多台施工机械设备相互衔接或配备形成的机械联合作业系统的台时,组时费是指系统中各机械台时费之和。其计算公式为

$$机械组时费=\sum 机械设备的台时费\times 机械配备的台数$$

2. 例题

【例 3-2】 某水利工程中级工人工预算单价为 7.28 元/工时,柴油预算价格为 2.80

元/kg。施工机械台时费定额的折旧费除以 1.13 调整系数，修理及替换设备费除以 1.09 调整系数。请按现行台时费定额计算 8 t 自卸汽车的台时费。

解：查《水利工程施工机械台时费定额》中编号为 3013 的定额子目得：一类费用中折旧费 22.59 元/台时、修理及替换设备费 13.55 元/台时，一类费用小计为 36.14 元/台时；二类费用中机上人工为 1.3 工时/台时，柴油耗量为 10.2 kg/台时。

计算一类费用：

(1)折旧费＝22.59÷1.13＝19.99(元/台时)；

(2)修理及替换设备费＝13.55÷1.09＝12.43(元/台时)；

(3)一类费用＝19.99+12.43＝32.42(元/台时)。

计算二类费用：

(1)机上人工费 ＝ 1.3×7.28＝9.46(元/台时)；

(2)动力燃料费 ＝ 10.2×2.80＝28.56(元/台时)；

(3)二类费用 ＝ 9.46+28.56＝38.02(元/台时)。

计算 8 t 自卸汽车的机械台时费：

8 t 自卸汽车的机械台时费＝一类费用+二类费用＝32.42+38.02＝70.44(元/台时)。

(五)砂石料单价

水利水电工程砂石料由施工企业自行开采备料时，砂石料单价应根据料源情况、开采条件和工艺流程按相应定额和基础价格进行计算，并计取其他直接费、间接费、利润，即自开采砂石料按不含进项税的单价参与工程费用计算。

不具备自行开采加工条件的外购砂石料预算价格计算，采用主要材料预算价格的计算办法进行，也可以按地方建设管理部门发布的市场信息预算价(不含税)加运至工地的运杂费用计算。在计算过程中，材料容重可分别按黄砂 1.5 t/m^3、级配碎石 1.6 t/m^3、毛石 1.7 t/m^3、块石 1.85 t/m^3 计算。

自行开采或外购的黄砂、碎(砾)石、块(毛)石、毛条(料)石等地方材料预算价格，超过 70 元/m^3 的差额部分，以材料补差形式列入单价表并计取税金。

1. 砂石料生产的工艺流程与单价组成

1)砂石料生产的工艺流程

(1)覆盖层清除。

天然砂石料场或采石场表面的杂草、树木、腐殖土或风化与弱风化岩石及夹泥层等覆盖物，在毛料开采前必须清理干净。

该工序单价应根据施工组织设计确定的施工方式，套用一般土石方工程概预算定额计算，然后摊入砂石料成品单价中。

(2)毛料开采运输。

毛料开采运输是指毛料从料场开采、运输到筛分厂毛料堆的整个过程。

该工序费用应根据施工组织设计确定的施工方法，选用概预算定额进行计算。

(3)毛料的破碎、筛分、冲洗。

①天然砂石料。

天然砂石料的破碎、筛分、冲洗加工一般包括预筛分、超径石破碎、筛洗、中间破碎、二次筛分、堆存及废弃料清除等工序。

筛洗是指将毛料和碎石半成品通过各级筛分机与洗砂机筛分、冲洗成设计需要的质量合格的不同粒径粗骨料与细骨料的过程。一般包括预筛、初筛、复筛、洗砂等过程。其中,预筛分是指将毛料隔离超径石的过程。

破碎加工一般包括超径石破碎(粗碎)和中间破碎(中碎)。超径石破碎是指将预筛分隔离的超径石进行一次或两次破碎,加工成需要粒径的碎石半成品的过程;中间破碎是指由于生产和级配平衡的需要,将一部分大粒径骨料进行破碎加工的过程。按现行定额规定,超径石破碎定额包含中间破碎,只是在计算破碎单价时应根据要求破碎产品的粒径不同查找相应的定额表。破碎后的碎石再返回筛分厂进行筛洗。

二次筛分是指粗骨料在运输、储存过程中会受污染,逊径含量也可能超标,为保证混凝土质量,有的工程在骨料上搅拌楼之前进行的第二次筛分。

②人工砂石料。

人工砂石料的破碎、筛分、冲洗加工一般包括破碎(一般分为粗碎、中碎、细碎)、筛分(一般分为预筛、初筛、复筛)、清洗等工序。根据现行定额,人工砂石料加工分为 3 种情况,即单独生产碎石、单独生产人工砂、同时生产碎石和人工砂。当人工砂石料加工的碎石原料含泥量超过 5%时,需增加预洗工序。

编制破碎筛洗加工单价时,应根据施工组织设计确定的施工机械、施工方法、套用相应概预算定额进行计算。

(4)成品的运输。

成品运输是指将经过筛洗加工后的成品料,运至混凝土搅拌楼前的调节料仓或与搅拌楼上料胶带输送机相接为止的过程。运输方式根据施工组织设计确定,运输单价采用概预算定额相应的子目计算。

(5)弃料处理。

弃料处理是指天然砂砾料中的自然级配组合与设计采用级配组合不同而产生的弃料处理的过程。该部分费用应摊入成品骨料单价内。

具体采用哪些工序,要根据料场天然级配和混凝土生产时所需骨料确定。水利部现行 2002 年定额按不同的生产规模,列出了通用工艺设备,可根据砂石料的生产工艺进行组合。

2)砂石料单价组成

砂石料单价是指混凝土拌和系统骨料储存仓内 1 m^3 骨料的价格,它一般包括从料场覆盖层清除到毛料开采运输、砂砾料加工、直至成品料运输到混凝土搅拌楼前调节料仓或与搅拌楼上料胶带输送机相接为止的全部生产流程所发生的费用。

砂石料单价应根据施工组织设计确定的砂石备料方案和工艺流程,按相应定额计算各加工工序单价,然后累计计算成品单价。根据 132 号文规定,自采砂石料单价根据料源情况、开采条件和工艺流程按相应定额和不含增值税进项税额的基础价格进行计算,并计取间接费、利润及税金。自采砂石料按不含税金的单价参与工程费用计算。外购砂石料价格不包含增值税进项税额,基价 70 元/m^3 不变。

2. 砂石料单价的计算

1)计算覆盖层清除单价

覆盖层清除单价以自然方计,根据施工组织设计确定的施工方法,采用土石方工程相应定额编制单价。

2)计算毛料采运、加工、运输单价

毛料(砂砾料或碎石原料)采运、加工、运输单价应根据施工组织设计确定的施工方法,结合砂石料加工厂生产规模,采用水利部现行2002年预算定额第六章“砂石备料工程”中相应定额子目编制概预算单价。

3)计算砂石料综合单价

砂石料综合单价等于各工序单价分别乘以其单价系数后累加。在砂石料综合单价计算中,如弃料用于其他工程项目,应按可利用量的比例从砂石单价中扣除。

3. 自采块石、片石、料石、条石单价计算

自采块石、片石、料石、条石单价是指开采质量合格的石料并运输到施工现场堆料点所需人工费、材料费和机械使用费的单位价格。一般包括料场覆盖层(风化层、无用夹层等)清除、石料开采、加工(修凿)、运输、堆存以及以上施工过程中的损耗等。但块石、片石、料石、条石加工及运输各节概预算定额中,均已考虑了开采、加工、运输、堆存损耗因素在内,计算概预算单价时不另计系数和损耗。片石、块石单价以元/m^3成品码方计,料石、条石以元/m^3清料方计。

(六)混凝土(砂浆)材料单价

根据设计确定的不同工程部位的混凝土(砂浆)强度等级和级配,分别计算出每m^3混凝土(砂浆)材料单价,计入相应的混凝土工程概算单价内。混凝土(砂浆)配合比的各项材料用量,应根据工程试验提供的资料计算,若无试验资料时,可参照现行《水利建筑工程概算定额》附录“混凝土、砂浆配合比及材料用量表”计算。

当采用商品混凝土时,其材料单价应按限价200元/m^3计入工程单价参加取费,预算价格与基价的差额以材料补差形式进行计算,材料补差列入单价表中并计取税金。

1. 混凝土材料单价的计算

混凝土各组成材料的用量是计算混凝土材料单价的基础,应根据工程试验提供的资料计算。

1)确定混凝土材料配合比

确定混凝土材料配合比时,应考虑按混合料、掺外加剂和利用混凝土后期强度等节约水泥的措施。混凝土材料中各项组成材料的用量,应按设计强度等级,根据试验确定的混凝土配合比计算。如无试验资料,可参照《水力建筑工程概算定额》附录中的混凝土材料配合比及材料用量表查用。

现行《水利建筑工程概算定额》附录7列出了不同强度混凝土、砂浆配合比。在使用附录混凝土材料配合比及材料用量表时,应注意以下几个方面:

(1)表中混凝土材料配合比是按卵石、粗砂拟定的,如改用碎石或中、细砂,应对配合比表中的各材料用量按表3-6进行系数换算(注:粉煤灰换算系数同水泥的换算系数)。

(2)埋块石混凝土,应按配合比表的材料用量,扣除埋块石实体的数量计算。

1 块石实体方 = 1.67 码方

埋块石混凝土材料量 = 配合表列材料用量×(1−埋块石率%)

表 3-6 碎石或中、细砂配合比换算系数

项目	水泥	砂	石子	水
卵石换为碎石	1.10	1.10	1.06	1.10
粗砂换为中砂	1.07	0.98	0.98	1.07
粗砂换为细砂	1.10	0.96	0.97	1.10
粗砂换为特细砂	1.16	0.90	0.95	1.16

注:1. 水泥按重量计,砂、石子、水按体积计;

2. 若实际采用碎石及中、细砂,则总的换算系数应为各单项换算系数的乘积。

因埋块石增加的人工见表 3-7。

表 3-7 埋块石混凝土人工工时增加量

埋块石率(%)	5	10	15	20
每 100 m^3 埋块石混凝土增加人工工时	24.0	32.0	42.4	56.8

注:不包括块石运输及影响浇筑的工时。

(3)当工程采用的水泥强度等级与配合比表中不同时,应对配合比表中的水泥用量进行调整,见表 3-8。

表 3-8 水泥强度等级换算系数参考表

原强度等级	代换强度等级		
	32.5	42.5	52.5
32.5	1.00	0.86	0.76
42.5	1.16	1.00	0.88
52.5	1.31	1.13	1.00

(4)除碾压混凝土材料配合比表外,混凝土配合比表中各材料的预算量包括场内运输及操作损耗,不包括搅拌后(熟料)的运输和浇筑损耗,搅拌后的运输和浇筑损耗已根据不同浇筑部位计入定额内。

(5)水泥用量按机械拌和拟定,若人工拌和,则水泥用量需增加 5%。

2)计算掺粉煤灰混凝土材料用量

定额附录中掺粉煤灰混凝土配合比的材料用量是按超量取代法(也称超量系数法)确定的,即按照与纯混凝土同稠度、等强度的原则,用超量取代法对纯混凝土中的材料量进行调整,调整系数称为粉煤灰超量系数。按下列步骤计算:

(1)计算掺粉煤灰混凝土的水泥用量。

$$C = C_0(1 - f)$$

式中,C 为掺粉煤灰混凝土的水泥用量,kg;C_0 为与掺粉煤灰混凝土同稠度、等强度的纯混凝土水泥用量,kg;f 为粉煤灰取代水泥百分率,即水泥节约量,其值可参考表 3-9

选取。

表 3-9　粉煤灰取代水泥百分率(f)参考

混凝土强度等级	普通硅酸盐水泥	矿渣硅酸盐水泥
≤C15	15%~25%	10%~20%
C20	10%~15%	10%
C25~C30	15%~20%	10%~15%

注:1. 32.5(R)水泥及以下取下限,42.5(R)水泥及以上取上限。C20及以上混凝土宜采用Ⅰ、Ⅱ级粉煤灰,C15及以下素混凝土可采用Ⅲ级粉煤灰。

2. 粉煤灰等级按《水工混凝土掺用粉煤灰技术规范》标准划分。

(2)确定粉煤灰的掺量。

$$F = K(C_0 - C)$$

式中,F 为粉煤灰掺量,kg;K 为粉煤灰取代(超量)系数,为粉煤灰的掺量与取代水泥节约量的比值,可按表 3-10 取值。

表 3-10　粉煤灰的取代(超量)系数

粉煤灰级别	Ⅰ级	Ⅱ级	Ⅲ级
超量系数	1.0~1.4	1.2~1.7	1.5~2.0

(3)计算砂、石用量。

由于采用超量取代法计算的掺粉煤灰混凝土的灰重(即水泥及粉煤灰总重)较纯混凝土的灰重多,增加的灰重计算公式为

$$\Delta C = C + F - C_0$$

式中,ΔC 为增加的灰重,kg。

按与纯混凝土容重相等的原则,掺粉煤灰混凝土砂、石总量应相应减少 ΔC,按含砂率相等的原则,则掺粉煤灰混凝土砂、石重分别按下式计算:

$$S \approx S_0 - \Delta C S_0/(S_0 + G_0)$$

$$G \approx G_0 - \Delta C G_0/(S_0 + G_0)$$

式中,S 为掺粉煤灰混凝土砂重,kg;S_0 为纯混凝土砂重,kg;G 为掺粉煤灰混凝土石重,kg;G_0 为纯混凝土石重,kg。

由于增加的灰重 ΔC 主要是代替细骨料砂填充粗骨料石的空隙,故简化计算时也可将增加的灰重 ΔC 全部从砂的重量中核减,石重不变。

(4)计算用水量。

$$\text{掺粉煤灰混凝土用水量 } W = \text{纯混凝土用水量 } W_0(\text{m}^3)$$

(5)计算外加剂用量。

外加剂用量 Y 可按掺粉煤灰混凝土的水泥用量 C 的 0.2%~0.3%计算,概算定额取 0.2%计,即

$$Y = C \times 0.2\%$$

根据上述公式,可计算不同的超量系数 K 及不同的粉煤灰取代水泥百分率 f 时掺粉

煤灰混凝土的材料用量。

3)计算混凝土材料单价

混凝土材料单价计算公式为

$$混凝土材料单价=\sum(某材料用量\times某材料预算价格)$$

如果有几种不同强度等级的混凝土,需要计算混凝土材料的综合单价,则按各强度等级的混凝土所占比例计算加权平均单价。另外,根据《水利工程营业税改征增值税计价依据调整办法》(水总〔2016〕132号),混凝土材料单价按混凝土配合比中各项材料的数量和不含增值税进项税额的材料价格进行计算。

2. 砂浆材料单价的计算

砂浆材料单价的计算方法和混凝土材料单价的计算方法大致相同,应根据工程试验提供的资料确定砂浆的各组成材料及相应的用量,进而计算出砂浆材料单价。若无试验资料,可参照现行《水利建筑工程概算定额》附录水泥砂浆材料配合表中,各组成材料的预算量,进而计算出砂浆材料的单价。

砂浆材料单价计算公式为:

$$砂浆材料单价=\sum(某材料用量\times某材料预算价格)$$

3. 例题

【例3-3】 某建筑物工程中混凝土挡土墙设计选用C20二级配的混凝土。C20混凝土用42.5号普通水泥。外加剂采用木质磺酸钙。已知混凝土各组成材料的预算价格为:42.5号普通水泥400元/t,木质磺酸钙1.20元/kg,砂200元/m^3,碎石150元/m^3,水0.80元/m^3。计算混凝土材料单价。

解:计算混凝土配合比材料预算量:

根据现行《水利建筑工程概算定额》附录7掺外加剂混凝土材料配合比及材料用量表,查得上述各种强度等级与级配的混凝土配合比材料预算量,见表3-11。

计算混凝土材料单价:见表3-11。

$$\begin{aligned}计算混凝土材料单价&=254\times0.4+0.5\times200+0.82\times150+0.52\times1.2+0.15\times0.8\\&=325.34(元/m^3)\end{aligned}$$

表3-11　混凝土材料单价计算表

混凝土强度等级	级配	材料预算量					材料费(元)					混凝土材料单价(元/m^3)
		水泥(kg)	砂(m^3)	碎石(m^3)	外加剂(kg)	水(m^3)	水泥	砂	碎石	外加剂	水	
C20	二	254	0.5	0.82	0.52	0.15	101.6	100	123	0.62	0.12	325.34

五、建筑及安装工程单价编制

(一)概述

工程单价是指完成单位工程量(如1 m^3、100 m^3、1 t等)所耗用的直接费、间接费、利润、材料补差和税金五部分的总和。它是编制水利水电建筑安装工程概预算的基础。

建筑及安装工程的主要工程项目都应计算工程单价。

工程概算单价(简称工程单价)分为建筑工程单价和安装工程单价两类。

建筑工程单价包括土方开挖工程单价、石方开挖工程单价、土石填筑工程单价、混凝土工程单价、模板工程单价、砂石备料工程单价、钻孔灌浆及锚固工程单价、疏浚工程单价及其他工程单价等九项。安装工程单价包括机电设备安装工程单价和金属结构设备安装工程单价。

(二)工程概算单价的编制要求、步骤与方法

1. 工程单价编制要求

(1)严格执行水总〔2014〕429 号文或皖水建函 258 号文。

(2)正确选用定额。

(3)正确套用定额子目:概算编制者必须熟读定额的总说明、章节说明、定额表附注及附录的内容,熟悉各定额子目的适用范围、工作内容及有关定额系数的使用方法,根据合理的施工组织设计确定的有关技术条件,选用相应的定额子目。

(4)现行《水利建筑工程概算定额》中没有的工程项目,可编制补充定额;对于非水利水电专业工程,按照专业专用的原则,执行有关专业部颁发的相应定额。

(5)现行《水利建筑工程概算定额》各定额子目中,已按现行施工规范和有关规定,计入了不构成建筑工程单位实体的各种施工操作损耗、允许超挖及超填量、合理的施工附加量及体积变化等所需增加的人工、材料及机械台时消耗量,编制工程概算时,应一律按设计几何轮廓尺寸计算的工程量计算。

(6)使用现行《水利建筑工程概算定额》编制建筑工程概算单价时,除定额中规定允许调整外,均不得对定额中的人工、材料、施工机械台时数量及施工机械的名称、规格、型号进行调整。

(7)如定额参数(建筑物尺寸、运距等)介于概算定额两子目之间时,可采用插入法调整定额值。计算公式如下:

$$A = B + \frac{(C - B)(a - b)}{c - b}$$

式中,A 为所求定额值;B 为小于 A 而接近 A 的定额值;C 为大于 A 而接近 A 的定额值;a 为 A 项定额值的运距;b 为 B 项定额值的运距;c 为 C 项定额值的运距。

2. 工程单价编制步骤

(1)了解工程概况,熟悉设计图纸,收集基础资料,弄清工程地质条件,确定取费标准。

(2)根据工程特征和施工组织设计确定的施工条件、施工方法及采用的机械设备情况,正确选用定额子目。

(3)根据本工程的基础单价和有关费用标准,计算直接费、间接费、利润、材料补差和税金,并加以汇总求得建筑工程单价。

3. 工程单价编制方法

建筑工程单价的编制一般采用表格法,所用表格形式如表 3-12 所示。

表 3-12　建筑工程单价表

定额编号＿＿＿＿＿＿　项目＿＿＿＿＿＿　定额单位：

施工方法：

编号	名称及规格	单位	数量	单价(元)	合计(元)

(1)将定额编号、项目名称、定额单位、施工方法等分别填入表中相应栏内。其中，“名称及规格”一栏，应填写详细和具体，如施工机械的型号、混凝土的强度等级和级配等。

(2)将定额中查出的人工、材料、机械台时消耗量填入表 3-12 的数量栏中。

(3)将相应的人工预算单价、材料预算价格和机械台时费填入表 3-12 的单价栏中。

(4)按“消耗量×单价”得出相应的人工费、材料费和机械使用费，分别填入相应合计栏中，相加得出基本直接费。

(5)根据规定的费率标准，计算其他直接费、间接费、利润、材料补差与税金等，汇总后即得出该工程项目的工程单价。

(三)建筑工程单价组成

1. 直接费

1)基本直接费

人工费＝定额劳动量(工时)×人工预算单价(元/工时)

材料费＝定额材料用量×材料预算单价

机械使用费＝定额机械使用量(台时)×施工机械台时费(元/台时)

2)其他直接费

其他直接费＝基本直接费×其他直接费费率之和

2. 间接费

间接费＝直接费×间接费费率

3. 利润

利润＝(直接费+间接费)×利润率

4. 材料补差

材料补差＝(材料预算价格－材料基价)×材料消耗量

5. 税金

税金＝(直接费+间接费+利润+材料补差)×税率

6. 建筑工程单价

建筑工程单价＝直接费+间接费+利润+材料补差+税金

建筑工程单价含有未计价材料(如输水管道)时，其格式参照安装工程单价。

表 3-13　建筑工程单价计算程序表

序号	项目	计算方法
(一)	直接费	(1)+(2)
(1)	基本直接费	①+②+③
①	人工费	Σ定额劳动量(工时)×人工预算单价(元/工时)
②	材料费	Σ定额材料用量×材料预算价格
③	施工机械使用费	Σ定额机械使用量(台时)×施工机械台时费(元/台时)
(2)	其他直接费	(1)×其他直接费费率之和
(二)	间接费	(一)×间接费费率
(三)	利润	[(一)+(二)]×利润率
(四)	材料补差	(材料预算价格-材料基价)×材料消耗量
(五)	税金	[(一)+(二)+(三)+(四)]×税率
(六)	建筑工程单价	(一)+(二)+(三)+(四)+(五)

(四)安装工程单价组成

1. 实物量形式的安装单价

1)直接费

(1)基本直接费。

人工费=定额劳动量(工时)×人工预算单价(元/工时)

材料费=定额材料用量×材料预算单价

机械使用费=定额机械使用量(台时)×施工机械台时费(元/台时)

(2)其他直接费。

其他直接费=基本直接费×其他直接费费率之和

2)间接费

间接费=人工费×间接费费率

3)利润

利润=(直接费+间接费)×利润率

4)材料补差

材料补差=(材料预算价格-材料基价)×材料消耗量

5)未计价装置性材料费

未计价装置性材料包括水机管子、滑触线、一次拉线、电缆、母线、接地、保护网、压力钢管、钢轨、压力钢管制作等,此类材料量(含损耗)乘预算单价后列入单价表,并计取税金。

未计价装置性材料费=未计价装置性材料用量×材料预算单价

6)税金

税金=(直接费+间接费+利润+材料补差+未计价装置性材料费)×税率

7)安装工程单价

单价=直接费+间接费+利润+材料补差+未计价装置性材料费+税金

采用水利部1993年颁发的《(中小型)水利水电设备安装工程概(预)算定额》时,应按照水利部水利建设经济定额站水定〔2003〕1号文进行调整。

表3-14 实物量形式安装工程单价计算程序表

序号	费用名称	计算方法
一	直接费	(一)+(二)
(一)	基本直接费	(1)+(2)+(3)
(1)	人工费	Σ定额劳动量(工时)×人工预算单价(元/工时)
(2)	材料费	Σ定额材料用量×材料预算价格
(3)	机械使用费	Σ定额机械使用量(台时)×施工机械台时费(元/台时)
(二)	其他直接费	(一)×其他直接费费率(%)
二	间接费	(1)×间接费费率(%)
三	利润	(一+二)×利润率(%)
四	材料补差	(材料预算价格-材料基价)×材料消耗量
五	未计价装置性材料费	Σ未计价装置性材料用量×材料预算单价
六	税金	(一+二+三+四+五)×税率(%)
七	安装工程单价	一+二+三+四+五+六

注:机电、金属结构设备安装工程的间接费以人工费作为计算基础。

2. 费率形式的安装单价

采用以费率(%)形式的安装工程定额,其人工费费率不变,材料费费率除以1.03调整系数,机械使用费费率除以1.11调整系数,装置性材料费费率除以1.16调整系数。计算基数不变,仍为含增值税的设备费。

1)直接费(%)

(1)基本直接费(%)。

人工费=定额人工费(%)

材料费=定额材料费(%)

装置性材料费(%)=定额装置性材料费(%)

机械使用费(%)=定额机械使用量(%)

(2)其他直接费。

其他直接费(%)=基本直接费(%)×其他直接费费率之和(%)

2)间接费(%)

间接费(%)=人工费(%)×间接费费率(%)

3)利润(%)

$$利润(\%)=[直接费(\%)+间接费(\%)]\times利润率(\%)$$

4)税金(%)

$$税金(\%)=(直接费+间接费+利润)(\%)\times税率(\%)$$

5)安装工程单价

$$安装工程单价(\%)=直接费(\%)+间接费(\%)+利润(\%)+税金(\%)$$

$$安装工程单价=安装工程单价(\%)\times设备原价$$

表 3-15　安装费率表示的安装工程单价计算程序表

序号	费用名称	计算方法
一	直接费(%)	(一)+(二)
(一)	基本直接费(%)	(1)+(2)+(3)+(4)
(1)	人工费(%)	定额人工费率(%)
(2)	材料费(%)	定额材料费率(%)
(3)	装置性材料费(%)	定额装置性材料费率(%)
(4)	机械使用费(%)	定额机械使用费率(%)
(二)	其他直接费(%)	(一)×其他直接费费率之和(%)
二	间接费(%)	(1)×间接费费率(%)
三	利润(%)	(一+二)×利润率(%)
四	税金(%)	(一+二+三)×税率(%)
五	安装工程单价(%)	一+二+三+四
六	安装工程单价(元)	五×设备费

注:进口设备安装费率应按现行概算定额的费率予以调整,计算公式为:进口设备安装费率=同类型国产设备安装费率×国产设备原价/进口设备原价

(五)土方工程单价编制

1. 定额套用

1)按工序

土方开挖工程由开挖和运输两个主要工序组成。计算土方开挖工程单价时,一般合并为综合单价计算,也可以分别计算。

2)按施工方法

土方开挖工程可分为机械施工和人力施工两种,人力施工效率低而且成本高,只有当工作面狭窄或施工机械进入困难的部位才采用,如小断面沟槽开挖、陡坡上的小型土方开挖等。

3)按开挖尺寸

土方开挖工程可分为一般土方开挖、渠道土方开挖、沟槽土方开挖、柱坑土方开挖、平洞土方开挖、斜井土方开挖、竖井土方开挖等。在编制土方开挖工程单价时,应按下述规定来选用定额。

(1)一般土方开挖工程是指一般明挖土方工程和上口宽大于 16 m 的渠道及上口面

积大于 80 m^2 柱坑土方工程。

(2)渠道土方开挖工程是指上口宽不大于 16 m 的梯形断面、长条形、底边需要修整的渠道土方工程。

(3)沟槽土方开挖工程是指上口宽不大于 8 m 的矩形断面或边坡陡于 1∶0.5 的梯形断面,长度大于宽度 3 倍的长条形,只修底不修边坡的土方工程,如截水墙、齿墙等各类墙基和电缆沟等。

(4)柱坑土方开挖工程是指上口面积不大于 80 m^2,长度小于宽度 3 倍,深度小于上口短边长度或直径,四侧垂直或边坡陡于 1∶0.5,不修边坡只修底的坑挖工程,如集水坑工程。

(5)平洞土方开挖工程是指水平夹角不大于 6°,断面面积大于 2.5 m^2 的洞挖工程。

(6)斜井土方开挖工程是指水平夹角为 6°~75°,断面面积大于 2.5 m^2 的洞挖工程。

(7)竖井土方开挖工程是指水平夹角 75°,断面面积大于 2.5 m^2、深度大于上口短边长度或直径的洞挖工程,如抽水井、通风井等。

4)按土质级别和运距

土类的级别是按开挖的难易程度来划分的,除冻土外,现行定额均按土石十六级分类法划分,土类级别共分为Ⅰ~Ⅳ级。不同的土质和运距均应分别列项计算工程单价。

2.计算单价注意事项

(1)土方工程定额中使用的计量单位有自然方、松方和实方 3 种类型。

①自然方是指未经扰动的自然状态的土方;

②松方是指自然方经人工或机械开挖松动过的土方或备料堆置土方;

③实方是指土方填筑(回填)并经过压实后符合设计干密度的成品方;

④在计算土方开挖、运输工程单价时,计量单位均按自然方计算。

(2)在计算砂砾(卵)石开挖和运输工程单价时,应按Ⅳ类土定额进行计算。

(3)当采用推土机或铲运机施工时,推土机的推土距离和铲运机的铲运距离是指取土中心至卸土中心的平均距离;若推土机推松土时,定额中推土机的台时数量应乘以 0.8 的系数。

(4)当采用挖掘机、装载机挖装土料自卸汽车运输的施工方案时,定额中是按挖装自然方拟定的;如挖装松土时,定额中的人工工时及挖装机械的台时数量应乘以 0.85 的系数。

(5)在查机械台时数量定额时,应注意以下两个问题:

①凡一种机械名称之后,同时并列几种型号规格的,如压实机械中的羊足碾,运输定额中的自卸汽车等,表示这种机械只能选用其中一种型号规格的机械定额进行计价。

②凡一种机械分几种型号规格与机械名称同时并列的,则表示这些名称相同而规格不同的机械定额都应同时进行计价。

(6)定额中的其他材料费、零星材料费、其他机械费均以费率(%)形式表示,其计量基数如下:

①其他材料费。以主要材料费之和为计算基数。

②零星材料费。以人工费、机械费之和为计算基数。

③其他机械费。以主要机械费之和为计算基数。

(7)当采用挖掘机或装载机挖装土方自卸汽车运输的施工方案时,定额子目是按土类级别和运距来划分的。关于运距计算和定额套用有下列几种情况:

①当运距小于 5 km 且又是整数运距时,如 1 km、2 km、3 km,直接按表中定额子目选用。若遇到 1.5 km、3.6 km、4.3 km 时,可采用插入法计算其定额值。

当运距小于 1 km(如 0.7 km)时,其定额值计算如下:

定额值(运距 0.7 km)= 1 km 值-(2 km 值-1 km 值)×(1-0.7)

②当运距为 5~10 km 时:

定额值 = 5 km 值+(运距-5)×增运 1 km 值

③当运距大于 10 km 时:

定额值=5 km 值+5×增运 1 km 值+(运距-10)×增运 1 km 值×0.75

3. 例题

【例 3-4】 某小型泵站工程,基础土方开挖工程采用 1 m^3 挖掘机挖装 10 t 自卸汽车运 4.3 km 至弃料场弃料。已知基本资料如下:

(1)初级工的人工预算单价为 4.26 元/工时;

(2)泵站基础土方为Ⅲ类土;

(3)所用机械台时费为:1 m^3 挖掘机 125.97 元/台时,59 kW 推土机 64.59 元/台时,10 t 自卸汽车 90.55 元/台时。

计算该项目基础土方开挖运输的概算单价。

解:泵站的工程性质属于河道工程,故其他直接费费率取 4.2%,间接费费率取 5%,利润率为 7%,税率取 9%。

根据工程特征和施工组织设计确定的施工条件、施工方法、土类级别及采用的机械设备情况,选用现行《水利建筑工程概算定额》第一-36 节,定额如表 3-16 所示。

因汽车运距 4.3 km,介于定额子目 10625 与 10626 之间,所以自卸汽车的台时数量需用内插法计算,采用公式计算如下:

定额值(运距 4.3 km)= 10.96+(12.36-10.96)÷(5-4)×(4.3-4)= 11.38(台时)

将定额中查出的人工、材料、机械台时消耗量填入表 3-17 的数量栏中。将相应的人工预算单价、材料预算价格和机械台时费填入表 3-17 的单价栏中。按"消耗量×单价"得出相应的人工费、材料费和机械使用费填入合计栏中,相加得出基本直接费。

表 3-16　1 m^3 挖掘机挖土自卸汽车运输(Ⅲ类土)　(定额单位:100 m^3)

项目	单位	运距(km)					增运
		1	2	3	4	5	1 km
工长	工时						
高级工	工时						
中级工	工时						
初级工	工时	7.0	7.0	7.0	7.0	7.0	
合计	工时	7.0	7.0	7.0	7.0	7.0	
零星材料费	%	4	4	4	4	4	

续表 3-16

项目	单位	运距(km)					增运
		1	2	3	4	5	1 km
挖掘机 液压 1 m^3	台时	1.04	1.04	1.04	1.04	1.04	
推土机 59 kW	台时	0.52	0.52	0.52	0.52	0.52	
自卸汽车 5 t	台时	10.23	13.39	16.30	19.05	21.68	2.42
8 t	台时	6.76	8.74	10.56	12.28	13.92	1.52
10 t	台时	6.29	7.97	9.51	10.96	12.36	1.28
编号		10622	10623	10624	10625	10626	10627

注:表中自卸汽车定额类型为一种名称后列几种型号规格,故只能选用其中一种进行计价。

根据已取定的各项费率,计算出其他直接费、间接费、利润、税金等,汇总后即得出该工程项目的工程单价。

土方开挖运输概算单价的计算见表 3-17,计算结果为 16.26 元/m^3。

表 3-17　土方开挖运输工程　(定额单位:100 m^3 自然方)

施工方法:1 m^3 液压挖掘机挖装 10 t 自卸汽车运 4.3 km 弃料

序号	名称及规格	单位	数量	单价(元)	合计(元)
一	直接费				1 327.38
(一)	基本直接费				1 273.88
(1)	人工费(初级工)	工时	7.0	4.26	29.82
(2)	零星材料费	%	4	1 224.88	49.00
(3)	机械使用费				1 195.06
	挖掘机液压 1 m^3	台时	1.04	125.97	131.01
	推土机 59 kW	台时	0.52	64.59	33.59
	自卸汽车 10 t	台时	11.38	90.55	1 030.46
(二)	其他直接费	%	4.2	1 273.88	53.50
二	间接费	%	5	1 327.38	66.37
三	利润	%	7	1 393.75	97.56
四	材料补差				
五	税金	%	9	1 491.31	134.22
六	单价合计				1 625.53

(六)石方工程单价编制

1. 定额套用

石方工程包括石方开挖和石渣运输等项目。按施工条件分为明挖石方和暗挖石方两大类。

1）按施工方法

主要包含风钻钻孔爆破开挖、浅孔钻钻孔爆破开挖、液压钻孔爆破开挖和掘进机开挖等几种。钻孔爆破方法一般有浅孔爆破法、深孔爆破法、洞室爆破法和控制爆破法（定向、光面、预裂、静态爆破等）。掘进机是一种新型的开挖专用设备，掘进机开挖是对岩石进行纯机械的切割或挤压破碎，并使掘进与出渣、支护等作业能平行连续地进行，施工安全、工效较高。但掘进机一次性投入大，费用高。

2）按开挖部位及断面尺寸

主要包含一般石方开挖、一般坡面石方开挖、沟槽石方开挖、坑挖石方开挖、基础石方开挖、平洞石方开挖、斜井石方开挖、竖井石方开挖等。

（1）一般石方开挖是指一般明挖石方和底宽超过 7 m 的沟槽石方、上口面积大于 160 m^2 的坑挖石方，以及倾角不大于 20°并垂直于设计开挖面的平均厚度大于 5 m 的坡面石方等开挖工程。

（2）一般坡面石方开挖是指倾角大于 20°，垂直于设计开挖面的平均厚度不大于 5 m 的石方开挖工程。

（3）沟槽石方开挖是指底宽不大于 7 m，两侧垂直或有边坡的长条形石方开挖工程，如渠道、排水沟、地槽、截水槽等。

（4）坡面沟槽石方开挖是指槽底轴线与水平夹角大于 20°的沟槽石方开挖工程。

（5）坑挖石方是指上口面积不大于 160 m^2，深度不大于上口短边长度（或直径）的石方开挖工程。如柱基础、混凝土基坑、集水坑等。

（6）基础石方开挖是指不同开挖深度的基础石方开挖工程。如混凝土坝、水闸、厂房、溢洪道、消力池等不同开挖深度的基础石方开挖工程。

（7）平洞石方开挖是指水平夹角不大于 6°的洞挖工程。

（8）斜井石方开挖是指水平夹角为 45°～75°的井挖工程。水平夹角 6°～45°的斜井，按斜井石方开挖定额乘以 0.9 系数计算。

（9）竖井石方开挖是指水平夹角大于 75°，上口面积大于 5 m^2，深度大于上口短边长度（或直径）的洞挖工程，如调压井、闸门井等。

（10）地下厂房石方开挖是指地下厂房或窑洞式厂房的开挖工程。

3）按运输方式

（1）人力运输即人工装双胶轮车、轻轨斗车运输等，适用于工作面狭小、运距短、施工强度低的工程或工程部位。

（2）机械运输即挖掘机（或装载机）配自卸汽车运输，一般工程都可采用；电瓶机车可用于洞井出渣，内燃机车适于较长距离的运输。

4）按作业环境

主要分为洞内运输与洞外运输。在各节运输定额中，一般都有“露天”、“洞内”两部分内容。若既有洞内又有洞外运输时，应分别套用。洞内运输部分，套用“洞内”定额基本运距（装、运、卸）及“增运”子目；洞外运输部分，套用“露天”定额及“增运”子目（仅有运输工序）。

2. 计算单价注意事项

1) 岩石级别的分类

岩石级别的分类是按其成分和性质划分级别的,现行部颁定额是按土石十六级分类法划分的,其中Ⅴ至XⅥ级为岩石。

2) 影响石方开挖工效的因素

石方开挖的工序由钻孔、装药、爆破、翻渣、清理等组成。影响开挖工序的主要因素如下。

(1) 岩石级别。因为岩石级别越高,其强度越高,钻孔的阻力越大,钻孔工效越低;同时对爆破的抵抗力也越大,所需炸药也越多。所以,岩石级别是影响开挖工效的主要因素之一。

(2) 石方开挖的施工方法。石方开挖所采用的钻孔设备、爆破方法、炸药种类、开挖部位不同,都会对石方开挖的工效产生影响。

(3) 石方开挖的形状及设计对开挖面的要求。根据工程设计的要求,石方开挖往往需开挖成一定的形状,如沟、槽、坑、洞、井等,其爆破系数(每 m^2 工作面上的炮孔数)较没有形状要求的一般石方开挖要大得多,爆破系数越大,爆破效率越低,耗用爆破器材(炸药、雷管、导线)也越多。为了防止不必要的超挖、欠挖,工程设计对开挖面有基本要求(如爆破对建基面的损伤限制、对开挖面平整度的要求等)时,需对钻孔、爆破、清理等工序必须在施工方法和工艺上采取措施。例如,为了限制爆破对建基面的损伤,往往在建基面以上设置一定厚度的保护层(保护层厚度一般以 1.5 m 计),保护层开挖大多采用浅孔小炮,爆破系数很高,爆破效率很低,有的甚至不允许放炮,采用人工开挖。再如,有的为了满足开挖面平整度的要求,须在开挖面进行专门的预裂爆破。

3) 工程量单位及计算

(1) 在编制石方开挖及运输工程单价时,均以自然方为计量单位。

(2) 石方开挖各节定额中,均包括了允许的超挖量和合理的施工附加量所增加的人工、材料及机械台时消耗量,使用本定额时,不得在工程量计算中另计超挖量和施工附加量。

(3) 各节石方开挖定额,均已按各部位的不同要求,根据规范规定,分别考虑了保护层开挖等措施。如预裂爆破、光面爆破等,编制概算单价时一律不做调整。

4) 石方开挖中炸药的选取

石方开挖定额中炸药的代表型号规格,应根据不同施工条件和开挖部位按下述品种、规格选取:

(1) 一般石方开挖按 2[#]岩石铵锑炸药选取;

(2) 露天石方开挖(基础、坡面、沟槽、坑)按 2[#]岩石铵锑炸药和 4[#]抗水岩石铵炸药各半选取;

(3) 洞挖石方(平洞、斜井、竖井、地下厂房等)按 4[#]抗水岩石铵锑炸药选取。

5) 通风机械台时计算

洞井石方开挖定额中的通风机台时量是按一个工作面长度 400 m 拟定。如工作面长度超过 400 m,应按石方开挖定额章说明中"通风机调整系数表"进行内插调整通风机台时定额量。

6)石方运输单价与开挖综合单价关系

在概算中,石方运输费用不单独表示,而是在开挖费用中体现。因此在石方开挖各节定额子目中均列有“石渣运输”项目。编制概算单价时,应按定额石渣运输量乘以石方运输单价(仅计算基本直接费)计算开挖综合单价。

7)定额中的材料消耗量

(1)凡一种材料名称之后,同时并列几种不同型号、规格的,如石方开挖工程定额导线中的火线和电线,表示这种材料只能选用其中一种型号规格的定额进行计价。

(2)凡一种材料分几种型号规格与材料名称同时并列的,如石方开挖工程定额中同时并列的导火线和导电线,则表示这些名称相同而型号规格不同的材料都应同时计价。

3. 例题

【例 3-5】 某水电站工程基础岩石级别为Ⅺ级,基础石方开挖采用风钻钻孔爆破,开挖深度为 1.8 m,石渣运输采用 1.5 m^3 装载机装 10 t 自卸汽车运 2 km 弃渣,已知基本资料如下。

(1)材料预算价格:合金钻头 50.00 元/个,炸药综合价 4.50 元/kg,火雷管 1.00 元/个,导火线 0.50 元/m。

(2)机械台时费:手风钻 29.75 元/台时,1.5 m^3装载机 132.56 元/台时,88 kW 推土机 108.53 元/台时,10 t 自卸汽车 90.55 元/台时。

(3)人工预算单价:工长 11.55 元/工时,中级工 8.90 元/工时,初级工 6.13 元/工时。

计算石方开挖运输综合单价。

解:分析基本资料,确定取费费率。由题意得知该工程性质属于枢纽工程,故其他直接费费率取 7%,间接费费率取 12.5%,利润率为 7%,税金率取 9%。

根据工程特征和施工组织设计确定的施工条件、施工方法、岩石级别及采用的机械设备情况,石方开挖定额套用现行《水利建筑工程概算定额》第二–11 节 20131 子目,定额如表 3-18 所示。石渣运输定额采用第二–40 节 20514 子目,定额如表 3-19 所示。

表 3-18 基础石方开挖——风钻钻孔(开挖深度不大于 2 m)

(定额单位:100 m^3)

项目	单位	岩石级别			
		Ⅴ~Ⅷ	Ⅸ~Ⅹ	Ⅺ~Ⅻ	ⅩⅢ~ⅩⅣ
工长	工时	5.4	6.6	8.2	10.7
高级工	工时				
中级工	工时	52.5	75.8	104.1	147.6
初级工	工时	205.0	251.0	300.9	371.2
合计	工时	262.9	333.4	413.2	529.5
合金钻头	个	2.89	4.75	6.80	9.57
炸药	kg	46	59	69	79

续表 3-18

项目	单位	岩石级别			
		Ⅴ～Ⅷ	Ⅸ～Ⅹ	Ⅺ～Ⅻ	XIII～XIV
火雷管	个	264	331	382	432
导火线	m	392	493	569	644
其他材料费	%	7	7	7	7
风钻 手持式	台时	11.72	19.92	31.52	51.52
其他机械费	10	10	10	10	
石渣运输	m^3	110	110	110	110
编号		20129	20130	20131	20132

表 3-19　1.5 m^3 装载机装石渣自卸汽车运输(露天)　(定额单位:100 m^3)

项目	单位	运距(km)					增运 1 km
		1	2	3	4	5	
工长	工时						
高级工	工时						
中级工	工时						
初级工	工时	14.2	14.2	14.2	14.2	14.2	
合计	工时	14.2	14.2	14.2	14.2	14.2	
零星材料费	%	2	2	2	2	2	
装载机 1.5 m^3	台时	2.67	2.67	2.67	2.67	2.67	
推土机 88 kW	台时	1.34	1.34	1.34	1.34	1.34	
自卸汽车 8 t	台时	11.01	13.97	16.69	19.24	21.69	2.27
10 t	台时	9.92	12.29	14.46	16.51	18.48	1.81
12 t	台时	8.70	10.67	12.48	14.19	15.83	1.51
编号		20513	20514	20515	20516	20517	20518

计算石渣运输单价(只计算基本直接费)。把已知的人工预算单价、机械台时费和定额子目 20514 的数值填入表 3-20 中相应各栏进行计算。注意零星材料费的计算基础为人工费与机械使用费之和,计算过程详见表 3-20,石渣运输单价计算结果为 17.33 元/m^3。

表 3-20　石渣运输工程　（定额单位:100 m^3 自然方）

施工方法:1.5 m^3 装载机装 10 t 自卸汽车运 2 km 弃料					
序号	名称及规格	单位	数量	单价(元)	合计(元)
一	直接费				
(一)	基本直接费				1 733.27
1	人工费(初级工)	工时	14.2	6.13	87.05
2	零星材料费	%	2	1 699.28	33.99
3	机械使用费				1 612.23
	装载机 1.5 m^3	台时	2.67	132.56	353.94
	推土机 88 kW	台时	1.34	108.53	145.43
	自卸汽车 10 t	台时	12.29	90.55	1 112.86

计算石方开挖运输综合单价。将已知的各项基础单价、取定的费率及定额子目 20131 中的各项数值填入表 3-21 中,其中石渣运输单价为表 3-20 中的计算结果。

注意:其他材料费的计算基础为主要材料费之和,其他机械费的计算基础为主要机械费之和;计算过程详见表 3-21,石方开挖运输综合单价的结果为 101.26 元/m^3。

表 3-21　基础石方开挖　（定额单位:100 m^3 自然方）

施工方法:岩石级别为Ⅺ级,采用手风钻钻孔爆破					
序号	名称及规格	单位	数量	单价(元)	合计(元)
一	直接费				7 717.59
(一)	基本直接费				7 212.70
1	人工费				2 865.72
	工长	工时	8.2	11.55	94.71
	中级工	工时	104.1	8.90	926.49
	初级工	工时	300.9	6.13	1 844.52
2	材料费				1 409.19
	合金钻头	个	6.80	50.00	340.00
	炸药	kg	69	4.50	310.50
	火雷管	个	382	1.00	382.00
	导火线	m	569	0.50	284.50
	其他材料费	%	7	1 317.00	92.19

续表 3-21

序号	名称及规格	单位	数量	单价(元)	合计(元)
3	机械使用费				1 031.49
	风钻 手持式	台时	31.52	29.75	937.72
	其他机械费	%	10	937.72	93.77
4	石渣运输	m^3	110	17.33	1 906.30
(二)	其他直接费	%	7	7 212.70	504.89
二	间接费	%	12.5	7 717.59	964.70
三	利润	%	7	8 682.29	607.76
四	材料补差				
五	税金	%	9	9 290.05	836.10
六	单价合计				10 126.15

(七)土石填筑工程单价编制

1. 定额套用

1)砌石工程

砌石工程因具有就地取材、施工设备简单、施工工艺简便、造价较低等优点,因而被广泛应用于水利工程中的护坡、护底、挡土墙等部位。

(1)按工程部位。

①护坡。是指坡面与水平面夹角(α),为 $10°<\alpha\leq 30°$,砌体平均厚度 0.5 m 以内(含勒脚),主要起保护作用的砌体。

②护底。是指护砌面与水平面夹角(α),在 10°以下,包括齿墙和围坎。

③挡土墙。是指坡面与水平面夹角(α),为 $30°<\alpha\leq 90°$,承受侧压力,主要起挡土作用的砌体。

④墩墙。是指一般与地面垂直,能承受水平和垂直荷载的砌体,包括闸墩和桥墩。

(2)按施工工艺。

砌石工程按施工工艺可分为浆砌石、干砌石、砌筑预制块及抛石等。

砌石单价根据设计确定的砌体形式和施工方法选用定额。砌石定额中的石料数量,均已考虑了施工操作损耗和体积变化(码方、清料方与实方间的体积变化)因素。

砌筑工程定额中的砂石料如为自采,则根据施工组织设计确定的施工方法,套用砂石备料工程定额相应开采、运输定额子目计算(仅计算定额基本直接费,这样可直接代入砌筑单价计算表,避免重复计算其他直接费、间接费、利润和税金)。如为外购块石、条石或料石时,按材料预算价格计算。一般砂、碎石(砾石)、块石、料石等预算价格应控制在 70 元/m^3 左右,超过部分计取税金后列入相应部分之后。

2）土石填筑工程

在水利工程中，土坝、堤防、道路、围堰等项目一般均为土石填筑。土石填筑工程分为土石坝（堤）填筑和一般土石方回填两种。两者的施工工艺大致相同，土石坝（堤）填筑对土料及碾压的要求更高。

土方填筑工程施工工序一般包括：料场覆盖层清除、土料开采运输（土料翻晒）和铺土压实三大工序。在计算土方填筑工程单价时，应根据施工组织设计分别计算与相应工序对应的单价，最后组合成土方填筑综合单价。

（1）料场覆盖层清除及清除摊销费。根据填筑土料的质量要求，料场表层覆盖的杂草、乱石、树根及不合格的表土等必须予以清除，以确保土方的填筑质量。其清除费用按清除量乘以清除单价来计算。覆盖层清除摊销费就是将其清除费用摊入填筑设计成品方中，即单位设计成品方应摊入的清除费用。可用下式计算：

覆盖层清涂摊销费＝覆盖层清除总费用÷设计成品方量

＝覆盖层清除单价×覆盖层清除量÷设计成品方量

＝覆盖层清除单价×覆盖层清除摊销率

（2）土料翻晒单价。若取土区土料含水率过大，则不能直接用于填筑施工，需要在料场必须先行犁耙翻晒，必要时堆置土牛以备填筑用料。计算时查现行《水利建筑工程预算定额》第一-43节10463子目。

（3）土方开挖运输单价。是指自土料场开采运输土料至填筑工作面每 m^3 土料的费用。

（4）土方压实单价。主要工作内容包括平土、洒水、刨毛、碾压、削坡及坝面各种辅助工作。压实定额按自料场直接运输上坝与自成品供料场运输上坝两种情况分别编制。计算压实单价时，应根据施工组织设计确定的施工方案、设计要求压实后需达到的干密度正确选用相应的定额子目。土方压实单价的单位为实方。

（5）土方填筑综合单价。由若干个分项工序单价组成。

编制概算单价时，土石填筑工程定额中未编列土石坝物料的运输定额，在土石坝填筑概算定额中土石坝物料运输量已算好，列在定额最后一行。土石坝物料压实定额中已计入超填量及施工附加量，并考虑坝面干扰因素；土石坝物料运输量，包括超填及附加量，雨后清理、削坡、施工沉陷等损耗以及物料折实因素等。计算概算单价时，可根据定额所列物料运输数量采用概算定额相关子目计算物料运输上坝费用，并乘以坝面施工干扰系数1.02。

使用预算定额计算土石填筑单价时要注意开采（备料）、物料运输和碾压的定额单位不同，还要考虑有关系数：折实系数（设计干密度÷天然干密度）；综合系数 A 值。计算式为

每100 m^3 压实成品方需要的自然方体积＝（100+A）×折实系数

综合折实系数＝（1+A%）×折实系数

则　土方填筑综合单价＝覆盖层清除单价×摊销率+（翻晒单价×翻晒比例+挖运单价）×综合折实系数+压实单价

综合系数 A 包括开挖、上坝运输、雨后清理、边坡削坡、接缝削坡、施工沉陷、取土坑、

试验坑和不可避免的压坏等损耗因素,其值应根据不同的施工方法和坝料按表3-22选取,使用时不再调整。

表3-22 综合系数选用表

项目	A(%)
机械填筑混合坝坝体土料	5.86
机械填筑均质坝坝体土料	4.93
机械填筑心(斜)墙土料	5.70
人工填筑坝体土料	3.43
人工填筑心(斜)墙土料	3.43
坝体砂砾料、反滤料	2.20
坝体堆石料	1.40

3)堆石坝填筑工程

堆石坝填筑单价包括堆石料备料单价、运输单价和压实单价。

(1)堆石料备料单价。是指在石料场堆存点加工每 m^3 成品堆方堆石料的费用。它是由覆盖层清除摊销单价和开采单价组成,在堆石坝填筑概算综合单价中 以"堆石料"材料单价(元/m^3 成品堆方)的形式表示(只计直接费)。

(2)运输单价。指从石料场堆石料堆存点装车并运输上坝至填筑工作面的工序单价,包括装车、运输上坝、卸车、空回等费用。

(3)压实单价。现行概算定额的土石坝物料压实定额分自料场直接运输上坝和自成品供料场运输上坝两种情况,并按不同的碾压设备、不同的填筑物料(堆石料、砂砾料、反滤料、垫层料等)分别编制。

①自料场直接运输上坝。定额中土料的物料运输计量是按填筑干密度大于16.67 kN/m^3 土坝拟定的,为126 m^3 自然方,干密度较小的堤防填筑或一般土料压实,其土料运输量为118 m^3 自然方,砂砾料运输量为118 m^3 自然方,从成品堆料场运输上坝(子目30086、30088)运输量为139 m^3 成品堆方,两者的体积换算松实系数为1.18,与混合料的松实系数1.19基本一致;堆石料运输量为78 m^3 自然方,子目30089堆石料运输量为121 m^3 自然方,两者的体积换算松实系数为1.55,与石方的松实系数1.53基本一致。子目30075~30084中土料或砂砾料运输费用采用土方开挖定额;子目30085适用堆石料考虑利用开挖的石渣的情况,故不计堆石料的开采费用,只需按石方开挖运输定额计算运输费用。

②自成品供料场运输上坝。定额中物料运输计量单位为成品堆方,砂砾料运输量为139 m^3 成品堆方,堆石料运输量为121 m^3 成品堆方,反滤料和垫层料运输量为117 m^3 成品堆方。《水利建筑工程概算定额》第三-19节"土石坝物料压实"综合定额的单位均为压实后的成品实方,已计入了从石料开采到上坝运输、压实过程中所有的损耗及超填、施工附加量,编制概算单价时,不得另计任何系数。

2.计算单价注意事项

(1)非土石堤坝的一般土料、砂石料压实,其人工、机械定额乘以0.8的调整系数。

(2)对不要求压实的一般土方回填,可只计算土方开挖运输单价。

(3)土石坝物料压实(填筑)定额中的反滤料、垫层料填筑定额,其砂和碎石的数量比例可按设计资料进行调整。

(4)概算定额三-19 节 30075、30085 等定额子目计算土石坝物料压实(填筑)工程单价时,零星材料费的计算基数不含土料及砂石料运输费。

(5)定额中石料规格与标准。

①卵石。指最小粒径在 20 cm 以上的河滩卵石,呈不规则圆形。卵石较坚硬,强度高,常用其砌筑护坡或墩墙。

②碎石。指经破碎、加工分级后,粒径大于 5 mm 的石块。

③块石。指厚度大于 20 cm,长、宽各为厚度的 2~3 倍,上下两面平行且大致平整,无尖角)薄边的石块。

④片石。指厚度大于 15 cm,长、宽各为厚度的 3 倍以上,无一定规则形状的石块。

⑤毛条石。指一般长度大于 60 cm 的长条形四棱方正的石料。

⑥料石。指毛条石经过修边打荒加工,外露面方正,各相邻面正交,表面凹凸不超过 10 mm 的石料。

⑦砂砾料。指天然砂卵(砾)石混合料。

⑧堆石料。指山场岩石经爆破后,无一定规格、无一定大小的任意石料。

⑨反滤料、过渡料。指土石坝或一般堆砌石工程的防渗体与坝壳(土料、砂砾料或堆石料)之间的过渡区石料,由粒径、级配均有一定要求的砂、砾石、碎石等组成。

(6)定额中的计量单位。

①定额中材料的计量单位。对砂、碎石、堆石料、过渡料和反滤料,按堆方(松方)计;对块石、片石和卵石,按码方计;对条石、料石按清料方计。块石的实方指堆石坝坝体方,块石松方就是块石的堆方,在一般土石方工程换算时可参考表 3-23。

表 3-23　土石方松实系数换算表

项目	自然方	松方	实方	码方
土方	1	1.33	0.85	
石方	1	1.53	1.31	
砂方	1	1.07	0.94	
混合料	1	1.19	0.88	
块石	1	1.75	1.43	1.67

②定额计量单位。土石填筑工程定额计量单位,除注明者外,均按建筑实体方(或称成品方)计算。其中,抛石护底护岸工程为抛投方,铺筑砂石垫层、干砌石、浆砌石为砌体方,土石坝物料压实为实方。概算单价的单位应与定额计量单位相一致。

③在土石填筑工程概算定额中,砂、石料自料场运至施工现场堆放点的运输费用应包括在石料单价内。施工现场堆放点至工作面的场内运输已包括在砌石工程定额内。编制砌石工程概算单价时,不得重复计算石料运输费。

3. 例题

【例 3-6】 某水闸工程护底工程采用 M7.5 浆砌块石施工,所有砂石材料均需外购,其外购单价为:砂 40 元/m^3,块石 73 元/m^3,已知基本资料如下:

(1) M7.5 水泥砂浆每 m^3 配合比:32.5 级普通硅酸盐水泥 261.00 kg,砂 1.11 m^3,施工用水 0.157 m^3。

(2) 材料价格:32.5 级普通硅酸盐水泥 300 元/t,施工用水 2.60 元/m^3,电价 1.2 元/(kW·h)。

(3) 人工预算单价:工长 9.27 元/工时,中级工 6.62 元/工时,初级工 4.64 元/工时。

(4) 机械台时费:0.4 m^3 砂浆搅拌机 19.89 元/台时,胶轮车 0.9 元/台时。

计算该水闸 M7.5 浆砌块石护底工程概算单价。

解:分析基本资料,确定取费费率,由题意得知该工程性质属于引水工程,故其他直接费费率取 4.6%,间接费费率取 10.5%(一般引水工程取下限),利润率为 7%,税率取 9%。

计算砂浆材料单价,根据所采用砂浆材料的配合比计算如下:

砂浆单价 = 261.00×0.3+1.11×40+0.157×2.60=123.11(元/m^3)

根据工程部位和施工方法选用定额,定额套用现行《水利建筑工程概算定额》第三-8 节 30031 子目,定额如表 3-24 所示。

计算浆砌石工程单价。将已知的各项基础单价、取定的费率及定额子目 30031 中的各项数值填入表 3-25 中。注意:按现行规定,外购材料块石的预算价格为 73 元/m^3,超过了 70 元/m^3 的限价,故计入工程单价的块石价格为 70 元/m^3 计,超过部分为 73-70=3(元/m^3),应计算材料补差后列入砌石单价第 5 项税金之前。计算过程详见表 3-25,浆砌块石护底的工程单价为 225.20 元/m^3。

表 3-24 浆砌块石 (单位:100 m^3 砌体方)

项目	单位	护坡		护底	基础	挡土墙	桥墩闸墩
		平面	曲面				
工长	工时	17.3	19.8	15.4	13.7	16.7	18.2
高级工	工时						
中级工	工时	356.5	436.2	292.6	243.3	339.4	387.8
初级工	工时	490.1	531.2	457.2	427.4	478.5	504.7
合计	工时	863.9	987.2	765.2	684.4	834.6	910.7
块石	m^3	108	108	108	108	108	108
砂浆	m^3	35.3	35.3	35.3	34.0	34.4	34.8
其他材料费	%	0.5	0.5	0.5	0.5	0.5	0.5
砂浆搅拌机 0.4 m^3	台时	6.54	6.54	6.54	6.30	6.38	6.45
胶轮车	台时	163.44	163.44	163.44	160.19	161.18	162.18
编号		30029	30030	30031	30032	30033	30034

表 3-25　浆砌块石护底　（定额单位：100 m^3 砌体方）

施工方法：选石、修石、冲洗、拌制砂浆、砌筑、勾缝

序号	名称及规格	单位	数量	单价(元)	合计(元)
一	直接费				17 200.08
(一)	基本直接费				16 443.67
1	人工费				4 201.18
	工长	工时	15.4	9.27	142.76
	中级工	工时	292.6	6.62	1 937.01
	初级工	工时	457.2	4.64	2 121.41
2	材料费				11 965.31
	块石		108	70	7 560.00
	砂浆		35.3	123.11	4 345.78
	其他材料费	%	0.5	11 905.78	59.53
3	机械使用费				277.18
	砂浆搅拌机 0.4 m^3	台时	6.54	19.89	130.08
	胶轮车	台时	163.44	0.9	147.10
(二)	其他直接费	%	4.6	16 443.67	756.41
二	间接费	%	10.5	17 200.08	1 806.01
三	利润	%	7	19 006.09	1 330.43
四	材料补差(块石)	m^3	108	3	324.00
五	税金	%	9	20 660.52	1 859.45
六	单价合计				22 519.97

【例 3-7】　某水库大坝为均质土坝，其施工方法采用 2.75 m^3 铲运机从土料场运 500 m 直接上坝，拖拉机碾压；料场土类级别为Ⅲ级，坝体土料设计干密度为 16.5 kN/m^3，土料天然干密度为 14.5 kN/m^3。已知基本资料如下：

(1)料场覆盖层清除单价为 4.30 元/m^3(自然方)，覆盖层清除摊销率为 4%。

(2)人工预算单价为：初级工 6.13 元/工时；中级工 8.90 元/工时。

(3)材料预算价格为：柴油 6.5 元/kg，电价 1.2 元/(kW·h)。

(4)机械台时费：2.75 m^3 铲运机 10.53 元/台时，55 kW 推土机 69.12 元/台时，74 kW 推土机 103.86 元/台时，55 kW 拖拉机 55.34 元/台时，74 kW 拖拉机 79.61 元/台时，蛙式打夯机 13.92 元/台时，刨毛机 66.41 元/台时。

计算该工程土方填筑的综合单价。

解：根据工程性质确定取费费率，工程性质属于枢纽工程，故其他直接费费率取 7%，间接费费率取 8.5%，利润率为 7%，税率取 9%。

计算土方的开挖运输单价,根据采用的施工方法,选用概算定额第一–33 节 10574 子目,定额见表 3-26。计算过程见表 3-27,开挖运输单价为:10.87 元/m^3(自然方)。

表 3-26 2.75 m^3 铲运机铲运土(Ⅲ类土) (定额单位:100 m^3)

项目	单位	运距(m)				
		100	200	300	400	500
工长	工时					
高级工	工时					
中级工	工时					
初级工	工时	3.7	6.0	7.9	9.7	11.3
合计	工时	3.7	6.0	7.9	9.7	11.3
零星材料费	%	10	10	10	10	10
铲运机 2.75 m^3	台时	3.00	4.79	6.33	7.72	9.07
拖拉机 55 kW	台时	3.00	4.79	6.33	7.72	9.07
推土机 55 kW	台时	0.30	0.48	0.63	0.77	0.91
编号		10570	10571	10572	10573	10574

表 3-27 土方开挖运输工程 (定额单位:100 m^3 自然方)

施工方法:2.75 m^3 铲运机铲装运 500 m 上坝

序号	名称及规格	单位	数量	单价(元)	合计(元)
一	直接费				858.75
(一)	基本直接费				802.57
1	人工费(初级工)	工时	11.3	6.13	69.27
2	零星材料费	%	10	729.61	72.96
3	机械使用费				660.34
	铲运机 2.75 m^3	台时	9.07	10.53	95.51
	拖拉机 55 kW	台时	9.07	55.34	501.93
	推土机 55 kW	台时	0.91	69.12	62.90
(二)	其他直接费	%	7	802.57	56.18
二	间接费	%	8.5	858.75	72.99
三	利润	%	7	931.74	65.22
四	材料补差				
五	税金	%	9	996.96	89.73
六	单价合计				1 086.69

计算土方压实单价,根据施工方法和采用的压实机械,选用《水利建筑工程概算定额》第三–19 节 30075 子目,定额见表 3-28。计算过程见表 3-29,结果为 6.09 元/m^3(压实

方)。

表 3-28　土石坝物料压实(土料自料场直接运输上坝)

(定额单位:100 m^3压实方)

项目	单位	拖拉机压实		羊脚碾压实	
		干密度(kN/m^3)			
		≤16.67	>16.67	≤16.67	>16.67
工长	工时				
高级工	工时				
中级工	工时				
初级工	工时	21.8	25.1	26.8	29.4
合计	工时	21.8	25.1	26.8	29.4
零星材料费	%	10	10	10	10
羊脚碾 5~7 t 拖拉机 59 kW	组时			1.81	2.33
8~12 t 74 kW	组时			1.30	1.68
拖拉机 74 kW	台时	2.06	2.65		
推土机 74 kW	台时	0.55	0.55	0.55	0.55
蛙式打夯机 2.8 kW	台时	1.09	1.09	1.09	1.09
刨毛机	台时	0.55	0.55	0.55	0.55
其他机械费	%	1	1	1	1
土料运输(自然方)	m^3	126	126	126	126
编号		30075	30076	30077	30078

表 3-29　土料压实工程　(定额单位:100 m^3压实方)

施工方法:拖拉机压实,Ⅲ类土,设计干密度为 16.5 kN/m^3

序号	名称及规格	单位	数量	单价(元)	合计(元)
一	直接费				480.94
(一)	基本直接费				449.48
1	人工费(初级工)	工时	21.8	6.13	133.63
2	零星材料费	%	10	408.62	40.86
3	机械使用费				274.99
	拖拉机 74 kW	台时	2.06	79.61	164.00
	推土机 74 kW	台时	0.55	103.86	57.12

续表 3-29

序号	名称及规格	单位	数量	单价(元)	合计(元)
	蛙式打夯机 2.8 kW	台时	1.09	13.92	15.17
	刨毛机	台时	0.55	66.41	36.53
	其他机械费	%	1	272.82	2.72
(二)	其他直接费	%	7	449.48	31.46
二	间接费	%	8.5	480.94	40.88
三	利润	%	7	521.82	36.53
四	材料补差				
五	税金	%	9	558.35	50.25
六	单价合计				608.60

计算综合折实系数,根据工程性质查表得综合系数 $A=4.93\%$,则

综合折实系数 $=(1+A\%)\times$设计干密度/天然干密度

$=(1+4.93\%)\times1.65/1.45 = 1.19$

计算土方填筑综合单价:

土方填筑综合单价 $=4.30\times4\%+10.87\times1.19+6.09=19.20$(元/$m^3$)(压实方)

(八)混凝土工程单价编制

混凝土工程按施工工艺可分为现浇混凝土和预制混凝土两大类。现浇混凝土又可分为常态混凝土、碾压混凝土和沥青混凝土。常态混凝土适用于坝、闸涵、船闸、水电站厂房、隧洞衬砌等工程;沥青混凝土适用于堆石坝、砂壳坝的心墙、斜墙及均质坝的上游防渗工程等。

1. 定额套用

1)现浇混凝土

(1)混凝土材料单价。

混凝土材料单价是指按级配计算的砂、石、水泥、水、掺和料及外加剂等每 m^3 混凝土的材料价格。单价中不包括拌制、运输、浇筑等工序的人工、材料和机械费用,配比量中不包含除搅拌损耗外的施工操作损耗及超填量等。

混凝土材料单价在混凝土工程单价中占有较大比重,编制概算单价时,应按本工程的混凝土级配试验资料计算。如无试验资料,可参照概算定额附录 7 混凝土配合比表计算混凝土材料单价。

(2)混凝土拌制单价。

混凝土的拌制包括配料、运输、搅拌、出料等工序。在进行混凝土拌制单价计算时,应根据所采用的拌制机械来选用现行《水利建筑工程概算定额》第 4 章 35~37 节中的相应子目,进行工程单价计算。混凝土拌制单价作为混凝土浇筑定额中的一项内容即构成混

凝土浇筑单价中的定额基本直接费,为避免重复计算其他直接费、间接费、利润和税金,混凝土拌制单价只计算定额基本直接费。混凝土搅拌系统由施工组织设计专业视工程规模大小、工期长短、混凝土数量多少、施工技术要求等来具体拟定。

混凝土拌制定额按拌制常态混凝土拟定,若拌制加冰、加掺和料等其他混凝土,则应按表 3-30 所规定的系数对混凝土拌制定额进行调整。

表 3-30　混凝土拌制定额调整表

拌和楼规格	混凝土级别			
	常态混凝土	加冰混凝土	加掺和料混凝土	碾压混凝土
1×2.0 m^3 强制式	1.00	1.20	1.00	1.00
2×2.5 m^3 强制式	1.00	1.17	1.00	1.00
2×1.0 m^3 自落式	1.00	1.00	1.10	1.30
2×1.5 m^3 自落式	1.00	1.00	1.10	1.30
3×1.5 m^3 自落式	1.00	1.00	1.10	1.30
2×3.0 m^3 自落式	1.00	1.00	1.10	1.30
4×3.0 m^3 自落式	1.00	1.00	1.10	1.30

用搅拌楼拌制现浇混凝土定额子目中,以组时表示的“骨料系统”和“水泥系统”是指骨料、水泥进入搅拌楼之前与搅拌楼相衔接而必须配备的有关机械设备,包括自搅拌楼骨料仓下廓道内接料斗开始的胶带输送机及其供料设备;自水泥罐开始的水泥提升机械或空气输送设备、胶带运输机、吸尘设备,以及袋装水泥的拆包机械等。其组时费用根据施工组织设计选定的施工工艺和设备配备数量自行计算。

(3)混凝土运输单价。

混凝土运输是指混凝土自搅拌机(楼)出料口至浇筑现场工作面的运输,是混凝土工程施工的一个重要环节,包括水平运输和垂直运输两部分。水利工程多采用数种运输设备相互配合的运输方案,不同的施工阶段、不同的浇筑部位,可能采用不同的运输方式。但使用现行概算定额时须注意,各节现浇混凝土定额中“混凝土运输”作为浇筑定额的一项内容,它的数量已包括完成每一定额单位有效实体所需增加的超填量和施工附加量等。应根据施工组织设计选定的运输方式来选用运输定额子目,并以该运输单价乘以混凝土浇筑定额中所列的“混凝土运输”数量构成混凝土浇筑单价的直接费用项目。

(4)混凝土浇筑单价。

混凝土浇筑的主要子工序包括基础面清理、施工缝处理、入仓、平仓、振捣、养护、凿毛等。影响浇筑工序的主要因素有仓面面积、施工条件等。仓面面积大,便于发挥人工及机械效率,工效高。施工条件对混凝土浇筑工序的影响很大,套用定额时需注意以下几点:

①现行混凝土浇筑定额中包括浇筑和工作面运输(不含浇筑现场垂直运输)所需全部人工、材料和机械的数量和费用。

②混凝土浇筑仓面清洗用水,地下工程混凝土浇筑施工照明用电,已分别计入浇筑定额的用水量及其他材料费中。

③平洞、竖井、地下厂房、渠道等混凝土衬砌定额中所列示的开挖断面和衬砌厚度按

设计尺寸选取。定额与设计厚度不符,可用插入法计算。

④混凝土材料定额中的“混凝土”,系指完成单位产品所需的混凝土成品量,其中包括干缩、运输、浇筑和超填等损耗量在内。

2)预制混凝土

预制混凝土单价一般包括混凝土拌和、运输、预制、预制构件运输及安装等工序单价。现行概算定额中混凝土预制及安装定额包括混凝土拌和及预制场内混凝土运输工序,场外混凝土运输、预制件运输需根据所采用的运输机械选用相应的定额,另计运输单价。

混凝土预制构件运输包括装车、运输、卸车,应按施工组织设计确定的运输方式、装卸和运输机械、运输距离选择定额。

混凝土预制构件安装与构件重量、设计要求安装有关的准确度以及构件是否分段等有关。当混凝土构件单位重量超过定额中起重机械起重量时,可用相应起重机械替换,但台时量不变。

3)混凝土温度控制费用的计算

为防止大体积混凝土由于温度应力而产生裂缝和坝体接缝灌浆后接缝再度拉裂,根据现行设计规程和混凝土坝设计及施工规范的要求,对混凝土坝等大体积混凝土工程的施工,都必须进行混凝土温控设计,提出温控标准和降温防裂措施。温控措施很多,采用哪些温控措施,应根据不同地区的气温条件、不同坝体结构的温控要求、不同工程的特定施工条件及建筑材料的要求等综合因素,分别采用风或水预冷骨料,采用水化热较低的水泥,减少水泥用量,加冰或冷水拌制混凝土,对坝体混凝土进行一、二期通水冷却及表面保护等措施。

(1)温控措施费用的计算原则和标准。

大体积混凝土温控措施的费用,应根据坝址夏季月平均气温、设计要求温控标准、混凝土冷却降温后的降温幅度和混凝土的浇筑温度参照表 3-31 进行计算。

表 3-31　混凝土温控措施费用计算标准参考表

夏季月平均气温(℃)	降温幅度(℃)	温控措施	占混凝土总量比例(%)
20 以下		个别高温时段,加冰或加冷水拌制混凝土	20
20 以下	5	加冰、加冷水拌制混凝土 坝体一、二期通水冷却及混凝土表面保护	35 100
20~25	5~10	风或水预冷大骨料 加冰、加冷水拌制混凝土 坝体一、二期通水冷却及混凝土表面保护	25~35 40~45 100
20~25	10 以上	风预冷大、中骨料 加冰、加冷水拌制混凝土 坝体一、二期通水冷却及混凝土表面保护	35~40 45~55 100

续表 3-31

夏季月平均气温(℃)	降温幅度(℃)	温控措施	占混凝土总量比例(%)
25 以上	10~15	风预冷大、中、小骨料 加冰、加冷水拌制混凝土 坝体一、二期通水冷却及混凝土表面保护	35~45 55~60 100
25 以上	15 以上	风和水预冷大、中、小骨料 加冰、加冷水拌制混凝土 坝体一、二期通水冷却及混凝土表面保护	50 60 100

注:降温幅度指夏季月平均气温与混凝土出机口温度之差。

(2)基本参数的选择和确定。

①工程所在地区的多年月平均气温水温、寒潮降温幅度和次数等气象数据。

②设计要求的混凝土出机口温度、浇筑温度和坝体的容许温差。

③拌制每 m^3 混凝土所需加冰或加水的数量、时间及相应措施的混凝土数量。

④混凝土骨料预冷的方式,平均预冷每 m^3 混凝土骨料所需消耗冷风、冷水的数量,预冷时间与温度,每 m^3 混凝土需预冷骨料的数量及需进行骨料预冷的混凝土数量。

⑤坝体的设计稳定温度,接缝灌浆的时间,坝体混凝土一、二期通低温水的时间、流量、冷水温度及通水区域。

⑥各制冷或冷冻系统的工艺流程,配置设备的名称、规格、型号、数量和制冷剂消耗指标等。

⑦混凝土表面保护方式,保护材料的品种、规格及每 m^3 混凝土的保护材料数量。

(3)混凝土温控措施费用计算步骤。

①根据夏季月平均气温、水温计算混凝土用砂、石骨料的自然温度和常温混凝土出机口温度。如常温混凝土出机口温度能满足设计要求,则不需采用特殊降温措施(计算方法见《水利建筑工程概算定额》附录 10 表 10-1)。

②根据温控设计确定的混凝土出机口温度,确定应预冷材料(石子、砂、水等)的冷却温度,并据此验算混凝土出机口温度能否满足设计要求。每 m^3 混凝土加片冰数量一般为 40~60 kg,加冷水量=配合比用水量-加片冰数量-骨料含水量,机械热可用插值法计算。

③计算风冷骨料、冷水、片冰、坝体通水等温控措施的分项单价,然后计算出每 m^3 混凝土温控综合直接费。

④计算其他直接费、间接费、企业利润及税金,然后计算每 m^3 混凝土温控综合单价。

⑤根据需温控混凝土占混凝土总量的比例,计算每 m^3 混凝土温控加权平均单价。

4)钢筋制作安装单价

钢筋是水利工程的主要建筑材料,常用钢筋多为直径 6~40 mm。建筑物或构筑物所用钢筋的安装方法有散装法和整装法两种。散装法是将加工成型的散钢筋运到工地,再逐根绑扎或焊接。整装法是在钢筋加工厂内制作好钢筋骨架,再运至工地安装就位。水利工程因结构复杂,断面庞大,多采用散装法。

在进行钢筋制作安装单价计算时,现行概算定额中不分工程部位和钢筋规格型号,把“钢筋制作与安装”定额综合成一节,定额编号为第四-23节40123子目,计量单位为t;其钢筋定额消耗量已包括切断及焊接损耗、截余短头废料损耗,以及搭接帮条等附加量。该节概算定额适用于水工建筑物各部位的现浇及预制混凝土。

2. 计算单价注意事项

(1)各类混凝土浇筑的计量单位均为建筑物及构筑物的成品实体方。

(2)混凝土拌制及混凝土运输定额的计量单位均为半成品方,不包括干缩、运输、浇筑和超填等损耗的消耗量。

(3)预制混凝土定额中的模板材料为单位混凝土成品方的摊销量,已考虑了周转。

(4)沥青混凝土浇筑包括配料、混凝土加温、铺筑、养护,模板制作、安装、拆除、修整及场内运输和辅助工作。

(5)碾压混凝土浇筑包括冲毛、冲洗、清仓,铺水泥砂浆,混凝土配料、拌制、运输、平仓、碾压、切缝、养护,工作面运输及辅助工作等。

(6)常态混凝土和碾压混凝土定额中不包含模板制作与安装,模板的费用应按模板工程定额另行计算;预制混凝土及沥青混凝土定额中已包括了模板的相关费用,计算时不得再算。

3. 例题

【例3-8】 某水闸工程底板采用现浇钢筋混凝土底板,底板厚度为1.0 m,混凝土强度等级为C25,二级配;施工方法采用0.8 m^3搅拌机拌制混凝土,1 t机动翻斗车装混凝土运100 m至仓面进行浇筑。已知基本资料如下:

(1)人工预算单价:工长9.27元/工时,高级工8.57元/工时,中级工6.62元/工时,初级工4.64元/工时。

(2)材料预算价格:42.5级普通硅酸盐水泥340元/t,中砂35元/m^3,碎石(综合)45元/m^3,水0.5元/m^3,电1.2元/(kW·h),柴油6.5元/kg,施工用风0.35元/m^3。

(3)机械台时费:0.8 m^3搅拌机27.87元/台时,胶轮车0.9元/台时,1 t机动翻斗车14.22元/台时,1.1 kW插入式振动器2.02元/台时,风水枪33.09元/台时。

计算闸底板现浇混凝土工程的概算单价。

解: 计算混凝土材料单价。查现行《水利建筑工程概算定额》附录7,可知C25混凝土、42.5级普通硅酸盐水泥二级配混凝土材料配合比(1 m^3):42.5级普通硅酸盐水泥289 kg,粗砂733 kg(0.49 m^3),卵石1 382 kg(0.81 m^3),水0.15 m^3。实际采用的是碎石和中砂,应按表3-14进行系数换算。

$$换算后的混凝土配合比单价=289\times0.34\times1.10\times1.07+0.49\times35\times1.10\times0.98+0.81\times45\times1.06\times0.98+0.15\times0.50\times1.10\times1.07=172.07(元/m^3)$$

计算混凝土拌制单价(只计定额基本直接费)。选用《水利建筑工程概算定额》第四-35节40172子目,定额见表3-32,计算过程见表3-33,混凝土拌制单价为15.60元/m^3。

计算混凝土运输单价(只计定额基本直接费)。选用《水利建筑工程概算定额》第四-40节40192子目,定额见表3-34,计算过程见表3-35,混凝土运输单价为7.15元/m^3。

表 3-32　搅拌机拌制　（单位：100 m^3）

项目	单位	搅拌机出料（m^3）	
		0.4	0.8
工长	工时		
高级工	工时		
中级工	工时	126.2	93.8
初级工	工时	167.2	124.4
合计	工时	293.4	218.2
零星材料费	%	2	2
搅拌机	工时	18.90	9.07
胶轮车	工时	87.15	87.15
编号		40171	40172

表 3-33　混凝土拌制　（定额单位：100 m^3）

施工方法：0.8 m^3 搅拌机拌制混凝土

序号	名称及规格	单位	数量	单价（元）	合计（元）
一	直接费				
（一）	基本直接费				1 559.99
1	人工费				1 198.18
	中级工	工时	93.8	6.62	620.96
	初级工	工时	124.4	4.64	577.22
2	零星材料费	%	2	1 529.40	30.59
3	机械使用费				331.22
	搅拌机 0.8 m^3	台时	9.07	27.87	252.78
	胶轮车 1 t	台时	87.15	0.9	78.44
	合计				1 559.99

表 3-34 机动翻斗车运混凝土 (单位:100 m^3)

项目	单位	运距(m)					增运 100 m
		100	200	300	400	500	
工长	工时						
高级工	工时						
中级工	工时	37.6	37.6	37.6	37.6	37.6	
初级工	工时	30.8	30.8	30.8	30.8	30.8	
合计	工时	68.4	68.4	68.4	68.4	68.4	
零星材料费	%	5	5	5	5	5	
机动翻斗车 1 t	台时	20.32	23.73	26.93	29.87	32.76	2.78
编号		40192	40193	40194	40195	40196	40197

表 3-35 混凝土运输 (定额单位:100 m^3)

施工方法:1 t 机动翻斗车运混凝土 100 m

序号	名称及规格	单位	数量	单价(元)	合计(元)
一	直接费				
(一)	基本直接费				714.81
1	人工费				391.82
	初级工	工时	30.8	4.64	142.91
	中级工	工时	37.6	6.62	248.91
2	零星材料费	%	5	680.77	34.04
3	机械使用费				288.95
	机动翻斗车 1 t	台时	20.32	14.22	288.95
	合计				714.81

计算混凝土浇筑单价。根据工程性质确定取费费率,其他直接费费率取 4.6%,间接费费率取 8.5%,利润率为 7%,税率取 9%。

选用《水利建筑工程概算定额》第四−10 节 40057 子目,定额见表 3-36。计算过程见表 3-37。混凝土浇筑工程的概算单价为 346.37 元/m^3。

表 3-36　底板　（单位:100 m³）

项目	单位	厚度(cm)		
		100	200	400
工长	工时	17.6	11.8	8.1
高级工	工时	23.4	15.8	10.9
中级工	工时	310.6	209.3	143.8
初级工	工时	234.4	157.9	108.5
合计	工时	586.0	394.8	271.3
混凝土	m^3	112	108	106
水	m^3	133	107	74
其他材料费	%	0.5	0.5	0.5
振动器 1.1 kW	台时	45.84	44.16	43.31
风水枪	台时	17.08	11.51	7.91
其他机械费	%	3	3	3
混凝土拌制	m^3	112	108	106
混凝土运输	m^3	112	108	106
编号		40057	40058	40059

表 3-37　底板混凝土浇筑　（定额单位:100 m³）

施工方法:1 t 机动翻斗车装混凝土运 100 m 至仓面,1.1 kW 插入式振动器振捣

序号	名称及规格	单位	数量	单价(元)	合计(元)
一	直接费				27 371.75
(一)	基本直接费				26 168.02
1	人工费				3 507.48
	工长	工时	17.6	9.27	163.15
	高级工	工时	23.4	8.57	200.54
	中级工	工时	310.6	6.62	2 056.17
	初级工	工时	234.4	4.64	1 087.62
2	材料费				19 435.03
	混凝土	m^3	112	172.07	19 271.84
	水	m^3	133	0.5	66.50
	其他材料费	%	0.5	19 338.34	96.69

续表 3-37

序号	名称及规格	单位	数量	单价(元)	合计(元)
3	机械使用费				677.51
	振动器 1.1 kW	台时	45.84	2.02	92.60
	风水枪	台时	17.08	33.09	565.18
	其他机械费	%	3	657.78	19.73
4	混凝土拌制	m^3	112	15.60	1 747.20
5	混凝土运输	m^3	112	7.15	800.80
(二)	其他直接费	%	4.6	26 168.02	1 203.73
二	间接费	%	8.5	27 371.75	2 326.60
三	利润	%	7	29 698.35	2 078.88
四	材料补差				
五	税金	%	9	31 777.23	2 859.95
六	单价合计				34 637.18

【例 3-9】 在例 3-14 的水闸工程中,闸底板和闸墩采用的钢筋型号有Φ 20 的 A3,Φ 25 的变形钢筋,已知基本资料如下:

(1)人工预算单价已知。

(2)材料预算价格:钢筋 3 400 元/t,铁丝 5.80 元/kg,电焊条 4.50 元/kg,水 0.5 元/m^3,电 2.6 元/(kW · h),汽油 6.5 元/kg,施工用风 0.15 元/m^3。

(3)施工机械台时费:钢筋调直机(14 kW)14.08 元/台时,风砂枪 33.09 元/台时,钢筋切断机(20 kW)18.52 元/台时,钢筋弯曲机(Φ 6~40)10.85 元/台时,电焊机(25 kVA)9.42 元/台时,电弧对焊机(150 型)103.24 元/台时,载重汽车(5 t)58.22 元/台时,塔式起重机(10 t)93.83 元/台时。

计算该水闸的钢筋制作与安装工程概算单价。

解:根据背景材料查得,其他直接费费率为 4.6%,间接费费率为 5%,税率为 9%,钢筋基价为 2 560 元/t。

因现行概算定额中不分工程部位和钢筋规格型号,把"钢筋制作与安装"定额综合成一节,故选用定额编号为第四-23 节 40123 子目,定额见表 3-38。钢筋制作与安装工程单价计算过程见表 3-39,水闸的钢筋制作与安装工程概算单价为 5 873.69 元/t。

表 3-38　钢筋制作与安装　（单位:1 t）

项目	单位	数量
工长	工时	10.6
高级工	工时	29.7
中级工	工时	37.1
初级工	工时	28.6
合计	工时	106.0
钢筋	t	1.07
铁丝	kg	4
电焊条	kg	7.36
其他材料费	%	1
钢筋调直机 14 kW	台时	0.63
风砂枪	台时	1.58
钢筋切断机 20 kW	台时	0.42
钢筋弯曲机 φ6~40	台时	1.10
电焊机 25 kVA	台时	10.50
电弧对焊机 150 型	台时	0.42
载重汽车 5 t	台时	0.47
塔式起重机 10 t	台时	0.11
其他机械费	%	2
编号		40123

表 3-39　钢筋制作与安装　（定额单位:1 t）

工作内容:回直、除锈、切断、弯制、焊接、帮扎及加工场至施工场地运输

序号	名称及规格	单位	数量	单价(元)	合计(元)
一	直接费				3 996.36
(一)	基本直接费				3 820.61
1	人工费				731.09
	工长	工时	10.6	9.27	98.26
	高级工	工时	29.7	8.57	254.53
	中级工	工时	37.1	6.62	245.60
	初级工	工时	28.6	4.64	132.70
2	材料费				2 823.48
	钢筋	t	1.07	2 560	2 739.20
	铁丝	kg	4	5.80	23.20
	电焊条	kg	7.36	4.50	33.12
	其他材料费	%	1	2 795.52	27.96

续表 3-39

序号	名称及规格	单位	数量	单价(元)	合计(元)
3	机械使用费				266.04
	钢筋调直机 14 kW	台时	0.63	14.08	8.87
	风砂枪	台时	1.58	33.09	52.28
	钢筋切断机 20 kW	台时	0.42	18.52	7.78
	钢筋弯曲机ϕ 6~40	台时	1.10	10.85	11.94
	电焊机 25 kVA	台时	10.50	9.42	98.91
	电弧对焊机 150 型	台时	0.42	103.24	43.36
	载重汽车 5 t	台时	0.47	58.22	27.36
	塔式起重机 10 t	台时	0.11	93.83	10.32
	其他机械费	%	2	260.82	5.22
(二)	其他直接费	%	4.6	3 820.61	175.75
二	间接费	%	5	3 996.36	199.82
三	利润	%	7	4 196.18	293.73
四	材料补差(钢筋)	t	1.07	840	898.80
五	税金	%	9	5 388.71	484.98
六	单价合计				5 873.69

(九)模板工程单价编制

1. 定额套用

模板工程是指混凝土浇筑工程中使用的平面模板、曲面模板、异形模板、滑动模板等的制作、安装及拆除等。

模板的主要作用就是支撑流态混凝土的重量和侧压力,使之按设计要求的形状凝固成型。混凝土浇筑立模的工作量很大,其费用和耗用的人工较多,模板作业对混凝土质量及造价影响较大。现行概、预算定额将模板制作、安装定额单独计列,简化了混凝土定额子目内容。模板与混凝土定额的组合更灵活、适应性更强。

选用定额时应根据工程部位、模板的类型、施工方法等因素综合考虑。

(1)按形式。模板可分为平面模板、曲面模板、异形模板(如渐变段、厂房蜗壳及尾水管等)、针梁模板、滑模、钢模台车。

(2)按材质。模板可分为木模板、钢模板、预制混凝土模板。木模板的周转次数少、成本高、易于加工,大多用于异形模板。钢模板的周转次数多,成本低,广泛用于水利工程建设中。

(3)按安装性质。模板可分为固定模板和移动模板。固定模板每使用一次,就拆除一次。移动模板与支撑结构构成整体,使用后整体移动,如隧洞中常用的钢模台车或针梁模板。移动模板能大大缩短模板安拆的时间和人工、机械费用,提高模板的周转次数,广泛应用于较长的隧洞中。边浇筑边移动的模板称滑动模板(简称滑模),采用滑模浇筑具有进度快、浇筑质量高、整体性好等优点,广泛应用于大坝及溢洪道的溢流面、闸(桥)墩、竖井、闸门井等部位。

(4)按使用性质。模板可分为通用模板和专用模板。通用模板制作成标准形状,经组合安装至浇筑仓面,是水利工程建设中最常用的一种模板。专用模板按需要制成后,不再改变形状,如上述钢模台车、滑模。专用模板成本较高,可使用次数多,广泛应用于工厂化生产的混凝土预制厂。

2. 计算单价注意事项

(1)模板制作与安装拆除定额,均以 100 m^2 立模面积为计量单位,立模面积应按混凝土与模板的接触面积计算,即按混凝土结构物体形及施工分缝要求所需的立模面积计算。

(2)模板材料均按预算消耗量计算,包括了制作、安装、拆除、维修的损耗和消耗,并考虑了周转和回收。

(3)模板定额中的材料,除模板本身外,还包括支撑模板的立柱、围囹、桁(排)架及铁件等。对于悬空建筑物(如渡槽槽身)的模板,计算到支撑模板结构的承重梁为止。承重梁以下的支撑结构应包括在"其他施工临时工程"中。

(4)在隧洞衬砌钢模台车、针梁模板台车、竖井衬砌的滑模台车及混凝土面板滑模台车中,所用到的行走机构、构架、模板及支撑型钢,电动机、卷扬机、千斤顶等动力设备,均作为整体设备以工作台时计入定额。但定额中未包括轨道及埋件,只有溢流面滑模定额中含轨道及支撑轨道的埋件、支架等材料。

(5)大体积混凝土(如坝、船闸等)中的廊道模板,均采用一次性预制混凝土板(浇筑后作为建筑物结构的一部分)。混凝土模板预制及安装,可参考混凝土预制及安装定额编制其单价。

(6)概算定额中列有模板制作定额,并在"模板安装拆除"定额子目中嵌套模板制作数量 100 m^2,这样便于计算模板综合工程单价。预算定额中将模板制作和安装拆除定额分别计列,使用预算定额时将模板制作及安装拆除工程单价算出后再相加,即为模板综合单价。

(7)使用概算定额计算模板综合单价时,模板制作单价有两种计算方法。

①若施工企业自制模板,按模板制作定额计算出基本直接费(不计入其他直接费、间接费、利润和税金),作为模板的预算价格代入安装拆除定额,统一计算模板综合单价。

②若外购模板,安装拆除定额中的模板预算价格应为模板使用一次的摊销价格,其计算公式为

外购模板预算价格(1−残值率)÷周转次数×综合系数

式中,残值率为 10%,周转次数为 50 次,综合系数为 1.15(含露明系数及维修损耗系数)。

(8)概算定额中凡嵌套有"模板 100 m^2"的子目,计算"其他材料费"时,计算基数不包括模板本身的价值。

3. 例题

【例 3-10】 某水闸工程闸墩施工采用标准钢模板立模,已知基本资料如下:

(1)人工预算单价:工长 9.27 元/工时,高级工 8.57 元/工时,中级工 6.62 元/工时,

初级工 4.64 元/工时。

(2)材料预算价格：施工用电 0.60 元/(kW · h)，汽油 4.8 元/kg，施工用风 0.15 元/m^3，组合钢模板 6.50 元/kg，型钢 3.60 元/kg，卡扣件 4.50 元/kg，铁件 6.50 元/kg，电焊条 7.00 元/kg，预制混凝土柱 350.00 元/m^3。

(3)施工机械台时费：钢筋切断机(20 kW)18.52 元/台时，载重汽车(5 t)58.22 元/台时，电焊机(25 kVA)9.42 元/台时，汽车起重机(5 t)63.63 元/台时。

计算该水闸工程闸墩施工的模板制作与安装综合概算单价。

解：计算模板制作单价：

(1)确定取费费率，根据工程性质，其他直接费费率取 4.6%，间接费费率取 7%，利润率为 7%，税率取 9%。

(2)因模板制作是模板安装工程材料定额的一项内容，为避免重复计算，故模板制作单价只计算定额基本直接费。查概算定额套用第五-12 节 50062 子目，定额见表 3-40。计算过程见表 3-41，模板制作单价(基本直接费)为 9.45 元/m^2。

表 3-40　普通模板制作　(单位：100 m^2)

项目	单位	标准钢模板	平面木模板	曲面模板
工长	工时	1.2	4.1	4.5
高级工	工时	3.8	12.1	14.7
中级工	工时	4.2	33.6	30.3
初级工	工时	1.5	12.8	11.9
合计	工时	10.7	62.6	61.4
锯材	m^2		2.3	0.4
组合钢模板	kg	81		106
型钢	kg	44		498
卡扣件	kg	26		43
铁件	kg	2	25	36
电焊条	kg	0.6		11.0
其他材料费	%	2	2	2
圆盘锯	台时		4.69	
双面刨床	台时		3.91	
型钢剪断机 13 kW	台时			0.98
型材弯曲机	台时			1.53
钢筋切断机 20 kW	台时	0.07	0.17	0.19
钢筋弯曲机 ϕ6~40	台时		0.44	0.49
载重汽车 5 t	台时	0.37	1.68	0.43
电焊机 25 kVA	台时	0.72		8.17
其他机械费	%	5	5	5
编号		50062	50063	50064

表 3-41 闸墩钢模板制作 (定额单位:100 m³)

施工方法:铁件制作、模板运输

序号	名称及规格	单位	数量	单价(元)	合计(元)
一	直接费				
(一)	基本直接费				945.03
1	人工费				78.45
	工长	工时	1.2	9.27	11.12
	高级工	工时	3.8	8.57	32.57
	中级工	工时	4.2	6.62	27.80
	初级工	工时	1.5	4.64	6.96
2	材料费				835.48
	组合钢模板	kg	81	6.50	526.50
	型钢	kg	44	3.60	158.40
	卡扣件	kg	26	4.50	117.00
	铁件	kg	2	6.50	13.00
	电焊条	kg	0.6	7.00	4.20
	其他材料费	%	2	819.10	16.38
3	机械使用费				31.10
	钢筋切断机 20 kW	台时	0.07	18.52	1.30
	载重汽车 5 t	台时	0.37	58.22	21.54
	电焊机 25 kVA	台时	0.72	9.42	6.78
	其他机械费	%	5	29.62	1.48

计算闸墩钢模板制作、安装综合单价。查概算定额套用第五-1 节 50001 子目,定额见表 3-42。计算过程详见表 3-43,注意:在计算其他材料费时,其计算基数不包括模板本身的价值。闸墩钢模板制作、安装综合单价为 59.95 元/m²。

表 3-42 普通模板 (单位:100 m²)

项目	单位	标准模板		平面木模板	曲面模板
		一般部位	梁板柱部位		
工长	工时	17.5	21.9	11.0	14.1
高级工	工时	85.2	106.5	7.4	59.3
中级工	工时	123.2	154.0	111.2	167.2
初级工	工时			27.7	37.2
合计	工时	225.9	282.4	157.3	277.8

续表 3-42

项目	单位	标准模板		平面木模板	曲面模板
		一般部位	梁板柱部位		
模板	m^2	100	100	100	100
铁件	kg	124		321	357
预制混凝土柱	m^3	0.3		1.0	
电焊条	kg	2.0	2.0	5.2	5.8
其他材料费	%	2	2	2	2
汽车起重机 5 t	台时	14.6	14.60	11.95	12.88
电焊机 25 kVA	台时	2.06	2.06	6.71	2.06
其他机械费	%	5	5	5	10
编号		50001	50002	50003	50004

注:底板、趾板为岩石基础时,标准钢模板定额人工乘 1.2 系数,其他材料费按 8%计算。

表 3-43　模板制作与安装　(定额单位:100 m^2)

工作内容:模板安装、拆除、除灰、刷脱模剂,维修、倒仓

序号	名称及规格	单位	数量	单价(元)	合计(元)
一	直接费				
(一)	基本直接费				4 592.30
1	人工费				1 707.97
	工长	工时	17.5	9.27	162.23
	高级工	工时	85.2	8.57	730.16
	中级工	工时	123.2	6.62	815.58
2	材料费				1 888.50
	模板	m^2	100	9.45	945.00
	铁件	kg	124	6.50	806.00
	预制混凝土柱	m^3	0.3	350.00	105.00
	电焊条	kg	2.0	7.00	14.00
	其他材料费	%	2	925.00	18.50
3	机械使用费				995.83
	汽车起重机 5 t	台时	14.60	63.63	929.00
	电焊机 25 kVA	台时	2.06	9.42	19.41
	其他机械费	%	5	948.41	47.42
(二)	其他直接费	%	4.6	4 592.30	211.25
二	间接费	%	7	4 803.55	336.25
三	利润	%	7	5 139.80	359.79
四	材料补差				
五	税金	%	9	5 499.59	494.96
六	单价合计				5 994.55

(十)钻孔灌浆及锚固工程单价编制

1. 定额套用

1)钻孔灌浆

钻孔灌浆是利用灌浆机施加一定的压力,将浆液通过预先设置的钻孔或灌浆管,灌入岩石、土或建筑物中,使其胶结成坚固、密实而不透水的整体,提高地基承载能力、改善和加强其抗渗性能及整体性所采取的处理措施。包括帷幕灌浆、固结灌浆、回填(接触)灌浆、防渗墙、减压井等工程。

在计算钻孔灌浆工程单价时,应根据设计确定的孔深、灌浆压力等参数以及岩石的级别、透水率等,按施工组织设计确定的钻机、灌浆方式、施工条件来选择定额子目。

(1)按灌浆材料分类。

主要有水泥灌浆、水泥黏土灌浆、黏土灌浆、沥青灌浆和化学灌浆等。

(2)按灌浆作用分类。

①帷幕灌浆。为在坝基形成一道阻水帷幕以防止坝基及绕坝渗漏,降低坝底扬压力而进行的深孔灌浆。

现行概算定额分造孔及帷幕灌浆两部分,造孔和灌浆均以单位延长米(m)计,帷幕灌浆概算定额包括制浆、灌浆、封孔、孔位转移、检查孔钻孔、压水试验等内容。预算定额则需另计检查孔压水试验,检查孔压水试验按试段计。

②接触灌浆。为加强坝体混凝土和基岩接触面。现行概算定额分造孔及固结灌浆两部分,造孔和灌浆均以单位延长米(m)计。固结灌浆定额包括已计入灌浆前的压水试验和灌浆后的补浆及封孔灌浆等工作。预算定额灌浆后的压水实验要另外计算。

③固结灌浆。为提高地基整体性、均匀性和承载能力而进行的灌浆,使其有效传递应力,提高坝体的抗滑稳定性而进行的灌浆。接触灌浆多在坝体下部混凝土固化收缩基本稳定后进行。

④接缝灌浆。大体积混凝土由于施工需要而形成了许多施工缝,为了恢复建筑物的整体性,利用预埋的灌浆系统,对这些缝进行的灌浆。现行概算定额分预埋铁管法和塑料拔管法,定额适用于混凝土坝体,按接触面积(m^2)计算。

⑤回填灌浆。为使隧道顶拱岩面与衬砌的混凝土面,或压力钢管与底部混凝土接触面结合密实而进行的灌浆。现行概算定额分隧洞回填灌浆和钢管道回填灌浆。隧洞回填灌浆适用于混凝土衬砌段。隧洞回填灌浆定额的工作内容包括预埋管路、简易平台搭拆、风钻通孔、制浆、灌浆、封孔、检查孔钻孔、压浆试验等。定额是以设计回填面积为计量单位的,按开挖面积分列子目。

⑥劈裂灌浆。多用于土坝(堤)除险加固坝体的防渗处理。概算定额分钻机钻土坝(堤)灌浆孔和土坝(堤)劈裂灌浆,均以单位延长米(m)计。劈裂灌浆定额已包括检查孔、制浆、灌浆、劈裂观测、冒浆处理、记录、复灌、封孔、孔位转移、质量检查。定额是按单位孔深干料灌入量不同而分类的。

2)混凝土防渗墙

混凝土防渗墙是一种有效的防渗处理措施。防渗墙单价包括造孔和浇筑混凝土两部分内容。一般都将造孔和浇筑分列,概算定额均以阻水面积(100 m^2)为单位,按墙厚分列子目;而预算定额造孔用折算进尺(100 折算米)为单位,防渗墙混凝土用 100 m^3 为单位,应注意单位的换算。

(1)造孔。

防渗墙的成墙方式大多采用槽孔法。造孔采用冲击钻机、反循环钻、液压开槽机等机械进行。一般用冲击钻较多,其施工程序包括造孔前的准备、泥浆制备、造孔、终孔验收、清孔换浆等。

(2)浇筑混凝土。

防渗墙采用导管法浇筑水下混凝土。其施工工艺为浇筑前的准备、配料拌和、浇筑混凝土、质量验收。由于防渗墙混凝土不经振捣,因而混凝土应具有良好的和易性。要求入孔时坍落度为 18~22 cm,扩散度为 34~38 cm,最大骨料粒径不大于 4 cm。

3)锚固工程

锚固可分为锚桩、锚洞、喷锚护坡与预应力锚固 4 大类。其适用范围见表 3-44。

表 3-44 锚固分类及适用范围

类型	结构形式	适用范围
锚桩	钢筋混凝土桩:人工挖孔桩、大口径钻孔桩。钢桩:型钢桩、钢棒桩	适用与浅层具有明显滑面的地基加固
喷锚支护	锚杆加喷射混凝土	适用于高边坡加固,隧洞入口边坡支护
	锚杆挂网加喷混凝土	
预应力锚固	混凝土柱状锚头	适用于大吨位预应力锚固
	镦头锚锚头	适用于大、中、小吨位预应力锚固
	爆炸压接螺杆锚头	适用于中、小吨位预应力锚固
	锚塞锚环钢锚头	适用于小吨位预应力锚固
	组合型钢锚头	适用于大、中、小吨位预应力锚固

在现行概算定额中,锚杆分地面和地下,钻孔设备分为风钻钻孔、履带钻孔、锚杆钻机钻孔、地质钻机钻孔、锚杆台车钻孔、凿岩台车钻孔。按注浆材料又分为砂浆和药卷。锚杆以“根”为单位,按锚杆长度和钢筋直径分项,按不同的岩石级别划分子目。

2. 计算单价注意事项

1)了解施工工艺

(1)了解灌浆施工工艺流程。

灌浆工艺流程一般为:施工准备→钻孔→冲洗→表面处理→压水试验→灌浆→封孔→质量检查。

①施工准备。包括场地清理、劳动组合、材料准备、孔位放样、电风水布置、机具设备就位、检查等。

②钻孔。采用手风钻、回转式钻机和冲击钻等钻孔机械进行。

③冲洗。用水将残存在孔内的岩粉和铁砂末冲出孔外，并将裂隙中的充填物冲洗干净，以保证灌浆效果。

④表面处理。为防止有压情况下浆液沿裂隙冒出地面而采取的塞缝、浇盖面混凝土等措施。

⑤压水试验。压水试验的目的是确定地层的渗透特性，为岩基处理设计和施工提供依据。压水试验是在一定压力下将水压入孔壁四周缝隙，根据压入流量和压力，计算出代表岩层渗透特性的技术参数。规范规定，渗透特性用透水率表示，单位为吕容(Lu)，定义为：压水压力为1 MPa时，每m试段长度每分钟注入水量1 L时，称为1 Lu。

⑥灌浆。按照灌浆时浆液灌注和流动的特点，可分为纯压式和循环式两种灌浆方式。

纯压式灌浆，单纯地把浆液沿灌浆管路压入钻孔，再扩张到岩层裂隙中。适用于裂隙较大、吸浆量多和孔深不超过15 m的岩层。这种灌浆方式设备简单，操作方便，当吃浆量逐渐变小时，浆液流动慢，易沉淀，影响灌浆效果。

循环式灌浆，浆液通过进浆管进入钻孔后，一部分被压入裂隙，另一部分由回浆管返回拌浆筒。这样可使浆液始终保持流动状态，防止水泥沉淀，保证了浆液的稳定和均匀，提高灌浆效果。

按照灌浆顺序，灌浆方法有一次灌浆法和分段灌浆法。后者又可分为自上而下分段灌浆法、自下而上分段灌浆法及综合灌浆法。

一次灌浆法，将孔一次钻到设计深度，再沿全孔一次灌浆。施工简便，多用于孔深10 m内、基岩较完整、透水性不大的地层。

自上而下分段灌浆法，自上而下钻一段(一般不超过5 m)后，冲洗、压水试验、灌浆。待上一段浆液凝结后，再进行下一段钻灌工作。如此钻、灌交替，直至设计深度。此法灌浆压力较大，质量好，但钻、灌工序交叉，工效低。多用于岩层破碎、竖向节理裂隙发育地层。

自下而上分段灌浆法，一次将孔钻到设计深度，然后自下而上利用灌浆塞逐段灌浆。这种方法钻灌连续，速度较快，但不能采用较高压力，质量不易保证。一般适用于岩层较完整坚固的地层。

综合灌浆法，通常接近地表的岩层较破碎，越往下则越完整，上部采用自上而下分段灌浆法，下部采用自下而上分段灌浆法，使之既能保证质量，又可加快速度。

⑦封孔。人工或机械(灌浆及送浆)用砂浆封填孔口。

⑧质量检查。质量检查的方法较多，最常用的是打检查孔检查，取岩芯、做压水试验检查透水率是否符合设计和规范要求。检查孔的数量，一般帷幕灌浆为灌浆孔的10%，固结灌浆为灌浆孔的5%。

(2)了解锚杆施工工艺。

①一般锚杆的施工工艺为：钻孔→锚杆制作→安装→水泥浆封孔(或药卷产生化学反应封孔)锚定。锚杆长度超过10 m的长锚杆，应配锚杆钻机或地质钻机。

②预应力锚杆施工程序：造孔、锚束编制→运输吊装→放锚束、锚头锚固→超张拉、安

装、补偿→采用水泥浆封孔、灌浆防护。

③喷锚支护的一般工艺:凿毛→配料→上料、拌和→挂网→喷锚→喷混凝土→处理回弹料、养护。

2)了解灌浆施工工效的主要因素

(1)岩石(地层)级别。是钻孔工序的主要影响因素。岩石级别越高,对钻进的阻力越大,钻进工效越低,钻具消耗越多。

(2)岩石(地层)的透水性。是灌浆工序的主要影响因素。透水性强(透水率高)的地层可灌性好,吃浆量大,单位灌浆长度的耗浆量大。反之,灌注每吨浆液干料所需的人工、机械台班(时)用量就少。

(3)施工方法。一次灌浆法和自下而上分段灌浆法的钻孔和灌浆两大工序互不干扰,工效高。自上而下分段灌浆法钻孔与灌浆相互交替,干扰大、工效低。

(4)施工条件。露天作业,机械的效率能正常发挥。隧洞(或廊道)内作业影响机械效率的正常发挥,尤其是对较小的隧洞(或廊道),限制了钻杆的长度,增加了接换钻杆次数,降低了工效。

岩土的级别和透水率分别为钻孔和灌浆两大工序的主要参数,正确确定这两个参数对钻孔灌浆单价有重要意义。由于水工建筑物的地基绝大多数不是单一的地层,通常多达十几层或几十层。各层的岩土级别、透水率各不相同,为了简化计算,几乎所有的工程都采用一个平均的岩石级别和平均的透水率来计算钻孔灌浆单价。在计算这两个重要参数的平均值时,一定要注意计算的范围要和设计确定的钻孔灌浆范围完全一致,也就是说,不要简单地把水文地质剖面图中的数值拿来平均,要注意把上部开挖范围内的透水性强的风化层和下部不在设计灌浆范围的相对不透水地层都剔开。

3)了解定额调整规定

(1)加强长砂浆锚杆束是按 4×Φ 28 锚筋拟订的,如设计采用锚筋根数、直径不同,应按设计调整锚筋用量。定额中的锚筋材料预算价按钢筋价格计算,锚筋的制作已含在定额中。

(2)预应力锚束分为岩体和混凝土,按作用分为无黏结型和黏结型。以“束”为单位,按施加预应力的等级分类,按锚束长度分项。

(3)喷射分为地面和地下。按材料分为喷浆和喷混凝土,喷浆以“喷射面积”为单位。按有钢筋和无钢筋喷射工艺不同,按喷射厚度不同,定额的消耗量不同。喷射混凝土分为地面护坡、平洞支护、斜井支护,以“喷射混凝土的体积”为单位,按厚度不同划分子项。喷浆(混凝土)定额的计量以喷后的设计有效面积(体积)计算,定额中已包括了回弹及施工损耗量。

(4)锚筋桩可参考相应的锚杆定额,定额中的锚杆附件包括垫板、三角铁和螺帽等。锚杆(索)定额中的锚杆(索)长度是指嵌入岩石的设计有效长度,不包括锚头外露部分,按规定应留的外露部分及加工过程中的消耗,均已计入定额。

(5)灌浆工程定额中的水泥用量是指概算基本量,如有实际资料,可按实际消耗量调整。

(6)灌浆工程定额中的灌浆压力划分标准为:高压>3 MPa,中压为 1.5~3 MPa,低压<1.5 MPa。

(7)灌浆工程定额中的水泥强度等级的选择应符合设计要求,设计未明确的可按以下标准选择:回填灌浆 32.5;帷幕与固结灌浆 32.5;接缝灌浆 42.5;劈裂灌浆 32.5;高喷灌浆 32.5。

(8)在使用现行《水利建筑工程概算定额》第七-1 节“钻机钻岩石层帷幕灌浆孔”(自下而上分段灌浆法)、第七-3 节“钻岩石层排水孔、观测孔”(钻机钻孔)时,应注意当终孔孔径大于 91 mm 或孔深大于 70 m 时,钻机应改用 300 型钻机;在廊道或隧洞内施工时,其人工、机械定额应乘以表 3-45 中的系数。

表 3-45　人工、机械定额调整系数表

廊道或隧洞高度(m)	0~ 2.0	2.0~ 3.5	3.5~ 5.0	5.0
系数	1.19	1.10	1.07	1.05

(9)《水利建筑工程概算定额》第七-1 节、第七-3 节中各定额是按平均孔深 30~50 m 拟订的。当孔深小于 30 m 或孔深大于 50 m 时,其人工和钻机定额应乘以表 3-46 中的系数。

表 3-46　人工、机械定额调整系数表

孔深(m)	≤30	30~50	50~70	70~90	>90
系数	0.94	1.00	1.07	1.17	1.31

(10)当采用地质钻机钻灌不同角度的灌浆孔或观察孔、试验孔时,其人工、机械、合金片、钻头和岩芯管定额应乘以表 3-47 中的系数。

表 3-47　人工、机械及材料定额调整系数表

钻机与水平夹角	0°~60°	60°~75°	75°~85°	85°~90°
系数	1.19	1.05	1.02	1.00

(11)现行概算定额中,压水试验已包含在灌浆定额中。预算定额中的压水试验适用于灌浆后的压水试验。灌浆前的压水试验和灌浆后的补灌及封孔灌浆已计入定额。压水试验一个压力点法适用于固结灌浆,三压力五阶段法适用于帷幕灌浆。压浆试验适用于回填灌浆。

(12)加强长砂浆锚杆束是按 4×Φ 28 锚筋拟定的,如设计锚筋根数、直径不同,应按设计调整锚筋用量。定额中的锚筋材料预算价格按钢筋价格计算,锚筋的制作已包含在定额中。

(13)锚筋桩可参考相应的锚杆定额,定额中的锚杆附件包括垫板、三角铁和螺帽等。

锚杆(索)定额中的长度是指嵌入岩石的设计有效长度,不包括锚头外露部分,按规定应留的外露部分及加工过程中的消耗,均已计入定额。

(14)喷浆(混凝土)定额的计量,以喷后的设计有效面积(体积)计算,定额已包括了回弹及施工损耗量。

3. 例题

【例 3-11】 某水库坝基岩石基础固结灌浆,采用手风钻钻孔,一次灌浆法,灌浆孔深 5 m,岩石级别为Ⅷ级。已知基本资料如下。

(1)坝基岩石层平均单位吸水率 3 Lu,灌浆水泥采用 32.5 级普通硅酸盐水泥。

(2)人工预算单价:工长 11.55 元/工时,高级工 10.67 元/工时,中级工 8.90 元/工时,初级工 6.13 元/工时。

(3)材料预算单价:合金钻头 50.00 元/个,空心钢 10.00 元/kg,32.5 级普通硅酸盐水泥 300.00 元/t,水 0.50 元/m^3,施工用风 0.15 元/m^3,施工用电 1.2 元/(kW·h)。

(4)施工机械台时费:风钻 29.60 元/台时,灌浆泵(中压泥浆)31.31 元/台时,灰浆搅拌机 14.40 元/台时,胶轮车 0.90 元/台时。

试计算坝基岩石固结灌浆综合概算单价。

解:计算钻孔单价:

(1)根据工程性质确定取费费率,其他直接费费率 7%,间接费费率 10.5%,利润率 7%,税率 9%。

(2)根据采用的施工方法和岩石级别(Ⅷ),查现行《水利建筑工程概算定额》,选用第七-2 节 70017 定额子目,定额见表 3-48。计算过程见表 3-49。钻岩石层固结灌浆孔概算单价为 19.87 元/m。

表 3-48 钻岩石层固结灌浆孔(风钻钻灌浆孔) (单位:100 m)

项目	单位	岩石级别			
		Ⅴ~Ⅷ	Ⅸ~Ⅹ	Ⅺ~Ⅻ	XIII~XIX
工长	工时	2	3	5	7
高级工	工时				
中级工	工时	29	38	55	84
初级工	工时	54	70	101	148
合计	工时	85	111	161	239
合金钻头	个	2.30	2.72	3.38	4.31
空心钢	kg	1.13	1.46	2.11	3.50
水	m^3	7	10	15	23
其他材料费	%	14	13	11	9
风钻	台时	20.0	25.8	37.2	55.8
其他机械费	%	15	14	12	10
编号		70017	70018	70019	70020

注:洞内作业,人工、机械乘 1.15 系数。

表 3-49　钻岩石层固结灌浆　（定额单位:100 m）

施工方法:手风钻钻孔孔深 5 m;工作内容:孔位转移、接拉风管、钻孔、检查孔钻孔

序号	名称及规格	单位	数量	单价(元)	合计(元)
一	直接费				1 541.86
(一)	基本直接费				1 440.99
1	人工费				612.22
	工长	工时	2	11.55	23.10
	中级工	工时	29	8.90	258.10
	初级工	工时	54	6.13	331.02
2	材料费				147.97
	合金钻头	个	2.30	50.00	115.00
	空心钢	kg	1.13	10.00	11.30
	水	m^3	7	0.50	3.50
	其他材料费	%	14	129.80	18.17
3	机械使用费				680.80
	风钻	台时	20.0	29.60	592.00
	其他机械费	%	15	592.00	88.80
(二)	其他直接费	%	7	1 440.99	100.87
二	间接费	%	10.5	1 541.86	161.90
三	利润	%	7	1 703.76	119.26
四	材料补差				
五	税金	%	9	1 823.02	164.07
六	单价合计				1 987.09

计算基础固结灌浆工程单价。根据本工程灌浆岩层的平均吸水率 3 Lu,查概算定额第七-5 节 70046 子目,定额见表 3-50。计算过程见表 3-51,基础固结灌浆概算单价为 127.37 元/m。

表 3-50　基础固结灌浆　（单位:100 m）

项目	单位	透水率(Lu)						
		2 以下	2~4	4~6	6~8	8~10	10~20	20~50
工长	工时	23	23	24	25	26	28	29
高级工	工时	48	48	50	51	53	56	58
中级工	工时	139	141	145	151	159	169	175
初级工	工时	240	243	251	263	277	297	308
合计	工时	450	455	470	490	515	550	570

续表 3-50

项目	单位	透水率(Lu)						
		2 以下	2～4	4～6	6～8	8～10	10～20	20～50
水泥	t	2.3	3.2	4.1	5.7	7.4	8.7	10.4
水	m^3	481	528	565	610	663	715	1 005
其他材料费	%	15	15	14	14	13	13	12
灌浆泵 中压泥浆	台时	92	93	96	100	105	112	116
灰浆搅拌机	台时	84	85	88	92	97	104	108
胶轮车	台时	13	17	22	31	42	47	58
其他机械费	%	5	5	5	5	5	5	5
编号		70045	70046	70047	70048	70049	70050	70051

表 3-51　基础固结灌浆　(定额单位:100 m)

工作内容:冲洗、制浆、灌浆、封孔、孔位转移,以及检查孔的压水试验、灌浆

序号	名称及规格	单 位	数量	单价(元)	合计(元)
一	直接费				9 761.60
(一)	基本直接费				9 122.99
1	人工费				3 522.30
	工长	工时	23	11.55	265.65
	高级工	工时	48	10.67	512.16
	中级工	工时	141	8.90	1 254.90
	初级工	工时	243	6.13	1 489.59
2	材料费				1 242.00
	水泥	t	3.2	255.00	816.00
	水	m^3	528	0.50	264.00
	其他材料费	%	15	1 080.00	162.00
3	机械使用费				4 358.69
	灌浆泵 中压泥浆	台时	93	31.31	2 911.83
	灰浆搅拌机	台时	85	14.40	1 224.00
	胶轮车	台时	17	0.90	15.30
	其他机械费	%	5	4 151.13	207.56
(二)	其他直接费	%	7	9 122.99	638.61
二	间接费	%	10.5	9 761.60	1 024.97
三	企业利润	%	7	10 786.57	755.06
四	材料补差(水泥)	t	3.2	300.00−255.00	144.00
五	税金	%	9	11 685.63	1 051.71
六	单价合计				12 737.34

坝基岩石基础固结灌浆综合概算单价包括钻孔单价和灌浆单价，即

坝基岩石基础固结灌浆综合概算单价＝19.87＋127.37＝147.24(元/m)。

【例 3-12】 某段堤身加固防渗采用黏土劈裂灌浆处理，施工方法为：150 型地质钻机套管固壁钻进，孔深 25 m，灌浆泵灌浆；设计单位孔深干料灌入量为 0.5 t/m。已知基本资料如下：

(1)人工预算单价：工长 8.02 元/工时，高级工 7.40 元/工时，中级工 6.16 元/工时，初级工 4.26 元/工时。

(2)材料预算单价：水 0.50 元/m^3，黏土 8.00 元/t，合金钻头 50.00 元/个，合金片 10.00 元/kg，岩芯管 12.00 元/m，钻杆 15.00 元/m，钻杆接头 16.00 元/个，水玻璃 4.50 元/kg，施工用电 0.60 元/(kW·h)。

(3)机械台时费：地质钻机(150 型)32.37 元/台时，泥浆搅拌机 23.07 元/台时，灌浆泵(中压泥浆)27.11 元/台时，胶轮车 0.90 元/台时。

计算黏土劈裂灌浆工程概算单价。

解：计算钻机钻孔概算单价：

(1)根据工程性质确定取费费率，其他直接费费率 4.2%，间接费费率 9.25%，利润率 7%，税率 9%。

(2)根据施工方法和所用机械，查概算定额套用第七-8 节 70062 子目，定额见表 3-52。计算过程见表 3-53，钻机钻孔概算单价为 84.48 元/m。

表 3-52　钻机钻土坝(堤)灌浆孔　(单位：100 m)

项目	单位	泥浆固壁钻进	套管固壁钻进
工长	工时	24	36
高级工	工时	24	36
中级工	工时	34	50
初级工	工时	401	601
合计	工时	483	723
水	m^3	800	
黏土	t	17	
合金钻头	个	1.5	2.5
合金片	kg	0.2	0.4
岩芯管	m	1.5	8.0
钻杆	m	1.5	2.0
钻杆接头	个	1.4	1.9
其他材料费	%	14	13
地质钻机 150 型	台时	52	77
灌浆泵 中压泥浆	台时	52	
泥浆搅拌机	台时	12	
其他机械费	%	5	5
编号		70061	70062

表 3-53　钻机钻土坝(堤)灌浆孔　　(定额单位:100 m)

工作内容:固定孔位、准备、钻孔、下套管、拔套管、记录、孔位转移

序号	名称及规格	单位	数量	单价(元)	合计(元)
一	直接费				6 630.24
(一)	基本直接费				6 362.99
1	人工费				3 423.38
	工长	工时	36	8.02	288.72
	高级工	工时	36	7.40	266.40
	中级工	工时	50	6.16	308.00
	初级工	工时	601	4.26	2 560.26
2	材料费				322.50
	合金钻头	个	2.5	50.00	125.00
	合金片	kg	0.4	10.00	4.00
	岩芯管	m	8.0	12.00	96.00
	钻杆	m	2.0	15.00	30.00
	钻杆接头	个	1.9	16.00	30.40
	其他材料费	%	13	285.40	37.10
3	机械使用费				2 617.11
	地质钻机 150 型	台时	77	32.37	2 492.49
	其他机械费	%	5	2 492.49	124.62
(二)	其他直接费	%	4.2	6 362.99	267.25
二	间接费	%	9.25	6 630.24	613.30
三	利润	%	7	7 243.54	507.05
四	材料补差				
五	税金	%	9	7 750.59	697.55
六	单价合计				8 448.14

计算堤身劈裂灌浆概算单价。根据灌浆材料及设计单位孔深干料灌入量 0.5 t/m,查概算定额,选用第七-9 节 70063 子目,定额见表 3-54。计算过程见表 3-55,堤身劈裂灌浆概算单价为 115.48 元/m。

黏土劈裂灌浆工程单价 = 84.48 + 115.48 = 199.96(元/m)。

表 3-54　土坝(堤)劈裂灌浆(灌黏土浆)　(单位:100 m)

项目	单位	单位孔深干料灌入量(t/m)			
		0.5	1.0	1.5	2.0
工长	工日	44	57	81	114
高级工	工日	71	90	131	183
中级工	工日	269	338	489	688
初级工	工日	551	682	971	1 348
合计	工日	935	1 167	1 672	2 333
水	m^3	138	171	239	306
黏土	t	50	91	148	206
水玻璃	kg	300	450	750	1 050
其他材料费	%	13	11	9	8
灌浆泵 中压泥浆	台时	33	48	80	113
泥浆搅拌机	台时	32	58	95	132
胶轮车	台时	50	99	146	181
其他机械费	%	5	5	5	5
编号		70063	70064	70065	70066

表 3-55　钻机钻土坝(堤)灌浆孔　(定额单位:100 m)

工作内容:检查钻孔、制浆、灌浆、劈裂观测、冒浆处理、记录、复灌、封孔、孔位转移、质量检查

序号	名称及规格	单位	数量	单价(元)	合计(元)
一	直接费				9 065.20
(一)	基本直接费				8 699.81
1	人工费				4 882.58
	工长	工时	44	8.02	352.88
	高级工	工时	71	7.40	525.40
	中级工	工时	269	6.16	1 657.04
	初级工	工时	551	4.26	2 347.26
2	材料费				2 055.47
	水	m^3	138	0.50	69.00
	黏土	t	50	8.00	400.00
	水玻璃	kg	300	4.50	1 350.00
	其他材料费	%	13	1 819.00	236.47
3	机械使用费				1 761.76

续表 3-55

序号	名称及规格	单位	数量	单价(元)	合计(元)
	灌浆泵 中压泥浆	台时	33	27.11	894.63
	泥浆搅拌机	台时	32	23.07	738.24
	胶轮车	台时	50	0.90	45.00
	其他机械费	%	5	1 677.87	83.89
(二)	其他直接费	%	4.2	8 699.81	365.39
二	间接费	%	9.25	9 065.20	838.53
三	利润	%	7	9 903.73	693.26
四	材料补差				
五	税金	%	9	10 596.99	951.30
六	单价合计				11 548.29

(十一)疏浚工程单价编制

1.定额套用

疏浚工程项目包括疏浚工程和吹填工程。疏浚工程主要用于河湖整治,内河航道疏浚,出海口门疏浚,湖、渠道、海边的开挖与清淤工程。

1)按施工机械

挖泥船按工作机构原理和输送方式的不同划分为机械式、水力式和气动式3大类,常用的机械式挖泥船有链斗式、抓斗式、铲斗式;水力式挖泥船有绞吸式、斗轮式、耙吸式、射流式及冲吸式等,其中以绞吸式运用最广。

2)按土质类别

绞吸式、链斗式、抓斗式、铲斗式挖泥船,吹泥船开挖水下方的泥土及粉细砂分为Ⅰ~Ⅶ类,中、粗砂各分为松散、中密、紧密3类。详见现行《水利建筑工程概算定额》附录4中的土、砂分级表。

水力冲挖机组的土类划分为Ⅰ~Ⅳ类,详见现行《水利建筑工程概算定额》附录4中的水力冲挖机组土类划分表。

2.计算单价注意事项

(1)定额计量单位。现行《水利建筑工程概算定额》除注明者外,均按水下自然方计算。疏浚或吹填工程量应按设计要求计算,吹填工程陆上方应折算为水下自然方。在开挖过程中的超挖、回淤等因素均包括在定额内。在河道疏浚遇到障碍物清除时,应按实单独列项。

(2)绞吸式挖泥船、链斗式挖泥船及吹泥船均按名义生产率划分船型,抓斗式挖泥船按斗容划分船型。

(3)定额中的人工是指从事辅助工作的用工,如对排泥管线的巡视、检修、维护等。不包括绞吸式挖泥船及吹泥船岸管的安装、拆移及各排泥场(区)的围堰填筑和维护用工。

(4)绞吸式挖泥船的排泥管线长度是指自挖泥(砂)区中心至排泥(砂)区中心,浮筒管、潜管、岸管各管线长度之和。如所需排泥管线长度介于两定额子目之间时,应按"插入法"计算。

3. 例题

【例 3-13】 某河道清淤疏浚工程，采用绞吸式挖泥船进行施工，挖泥船的名义生产率为 200 m³/h，河底土质为Ⅲ类可塑壤土，挖深为 6 m，排泥管线长度为 400 m。已知基本资料如下。

（1）人工预算单价：中级工 6.16 元/工时，初级工 4.26 元/工时。

（2）材料预算单价：柴油 6.5 元/kg。

（3）机械台时费：挖泥船（200 m³/h）857.61 元/艘时，浮筒管（φ400×7 500 mm）1.02 元/组时，岸管（φ400×6 000 mm）0.53 元/根时，拖轮（176 kW）222.89 元/艘时，锚艇（88 kW）124.17 元/艘时，机艇（88 kW）127.04 元/艘时。

计算该河道疏浚工程概算单价。

解：（1）确定取费费率。根据工程性质取其他直接费费率 4.2%，间接费费率 7.25%，企业利润率 7%，税率 9%。

（2）确定选用定额子目。根据工程性质、挖泥船的名义生产率（200 m³/h）、土质类别及排泥管线长度，决定选用概算定额第八-1 节 80205 子目，定额见表 3-56。

（3）计算疏浚工程概算单价。把已知的人工预算单价、机械台时费及定额 80205 子目中的各项数据填入表 3-57 中，计算过程见表 3-57，疏浚工程概算单价为 6.31 元/m³（水下自然方）。

表 3-56　绞吸式挖泥船（200 m³/h，Ⅲ类土）　　（单位：10 000 m³）

项目	单位	（Ⅲ类土）							
		排泥管线长度（km）							
		≤0.5	0.6	0.7	0.8	0.9	1.0	1.1	1.3
工长	工时								
高级工	工时								
中级工	工时	31.1	32.6	34.1	36.0	37.9	40.1	42.5	48.8
初级工	工时	46.6	48.9	51.3	54.0	56.8	60.1	63.8	73.1
合计	工时	77.7	81.5	85.4	90.0	94.7	100.2	106.3	121.9
挖泥船 200 m³/h	艘时	44.11	46.32	48.53	51.17	53.82	56.90	60.43	69.26
浮筒管 φ400×7 500 mm	组时	1 176	1 235	1 294	1 365	1 435	1 518	1 612	1 847
岸管 φ400×6 000 mm	根时	2 205	3 088	4 044	5 117	6 279	7 586	9 065	12 697
拖轮 176 kW	艘时	11.03	11.58	12.13	12.79	13.46	14.23	15.10	17.31
锚艇 88 kW	艘时	13.23	13.89	14.56	15.35	16.14	17.07	18.13	20.77
机艇 88 kW	艘时	14.55	15.29	16.01	16.89	17.76	18.77	19.94	22.85
其他机械费	%	4	4	4	4	4	4	4	4
编号		80205	80206	80207	80208	80209	80210	80211	80212

注：1. 基本排高 6 m，每增（减）1 m，定额乘（除）以 1.015。

2. 最大挖深 10 m；基本挖深 6 m，每增 1 m，定额增加系数 0.03。

表 3-57 疏浚工程 (定额单位:10 000 m^3 水下自然方)

工作内容:固定船位,挖、排泥(砂),移浮筒管,配套船舶定位、行驶及其他辅助工作

序号	名称及规格	单位	数量	单价(元)	合计(元)
一	直接费				50 415.10
(一)	基本直接费				48 383.01
1	人工费				390.10
	中级工	工时	31.1	6.16	191.58
	初级工	工时	46.6	4.26	198.52
2	机械使用费				47 992.91
	挖泥船 200 m^3/h	艘时	44.11	857.61	37 829.18
	浮筒管 Φ400×7 500 mm	组时	1 176	1.02	1 199.52
	岸管 Φ400×6 000 mm	根时	2 205	0.53	1 168.65
	拖轮 176 kW	艘时	11.03	222.89	2 458.48
	锚艇 88 kW	艘时	13.23	124.17	1 642.77
	机艇 88 kW	艘时	14.55	127.04	1 848.43
	其他机械费	%	4	46 147.03	1 845.88
(二)	其他直接费	%	4.2	48 383.01	2 032.09
二	间接费	%	7.25	50 415.10	3 655.09
三	利润	%	7	54 070.19	3 784.91
四	材料补差				
五	税金	%	9	57 855.10	5 206.96
六	单价合计				63 062.06

(十二)其他工程单价编制

1. 定额套用

其他工程项目主要包括围堰、公路、铁道等临时工程,以及塑料薄膜、土工布、土工膜、复合柔毡铺设、人工铺草皮等。

选用定额时,应根据施工内容、施工方法及具体参数等合理选用。

2. 计算单价注意事项

(1)塑料薄膜、土工膜、复合柔毡、土工布等定额仅指这些防渗(反滤)材料本身的铺设,不包括上面的保护层和下面的垫层砌筑。其定额计量单位是指设计有效防渗面积。

(2)临时工程定额中的材料数量均为备料量,未考虑周转回收。周转及回收量可按临时工程使用时间参照表 3-58 所列材料使用寿命及残值进行计算。

表 3-58　临时工程材料使用寿命及残值

材料名称	使用寿命	残值(%)
钢板桩	6 年	5
钢轨	12 年	10
钢丝绳(吊桥用)	10 年	5
钢管(风水管道用)	8 年	10
钢管(脚手架用)	10 年	10
阀门	10 年	5
卡扣件(脚手架用)	50 次	10
导线	10 年	10

3. 例题

【例 3-14】　某土坝坝面反滤层采用土工布铺设,坝面边坡为 1∶2.5。已知基本资料如下。

(1)人工预算单价:工长 11.55 元/工时,中级工 8.90 元/工时,初级 6.13 工元/工时。

(2)材料预算价格:土工布 3.50 元/ m^2。

计算该工程土工布铺设概算单价。

解:根据工程性质确定取费费率,因该工程属枢纽工程中的其他工程,故取其他直接费费率 7%,间接费费率 10.5%,企业利润率 7%,税率 9%。

根据工程特点选用概算定额第九-14 节 90069 子目,定额见表 3-59。

计算概算单价。计算过程见表 3-60,概算单价为 6.69 元/ m^2(有效防渗面积)。

表 3-59　土工布铺设　(单位:100 m^2)

项目	单位	平铺	斜铺		
			边坡		
			1∶2.5	1∶2.0	1∶1.5
工长	工时	1	1	1	1
高级工	工时				
中级工	工时	2	2	3	3
初级工	工时	10	12	12	14
合计	工时	13	15	16	18
土工布	m^2	107	107	107	107
其他材料费	%	2	2	2	2
编号		90068	90069	90070	90071

表 3-60　土工布铺设　　（定额单位:100 m^2）

工作内容:场内运输、铺设、接缝(针缝)

序号	名称及规格	单位	数量	单价(元)	合计(元)
一	直接费				518.84
(一)	基本直接费				484.90
1	人工费				102.91
	工长	工时	1	11.55	11.55
	中级工	工时	2	8.90	17.80
	初级工	工时	12	6.13	73.56
2	材料费				381.99
	土工布	m^2	107	3.50	374.50
	其他材料费	%	2	374.50	7.49
(二)	其他直接费	%	7	484.90	33.94
二	间接费	%	10.5	518.84	54.48
三	利润	%	7	573.32	40.13
四	材料补差				
五	税金	%	9	613.45	55.21
六	单价合计				668.66

(十三)设备安装工程单价编制

1. 安装工程单价计算表格式

安装工程单价采用表 3-61 格式计算。

表 3-61　安装工程单价表

定额编号:　　项目:　　定额单位:

型号规格:

编号	名称	单位	数量	单价(元)	合计(元)

2. 装置性材料的确定

1) 装置性材料的概念

装置性材料是个专用名称,它本身属于材料,但又是被安装的对象,安装后构成工程的实体。

装置性材料可分为主要装置性材料和次要装置性材料。凡是在概算定额各项目中作为主要安装对象的材料,即为主要装置性材料,如轨道、管路、电缆、母线、一次拉线、接地装置、保护网、滑触线等。其余的即为次要装置性材料,如轨道的垫板、螺栓电缆支架、母线之金具等。

主要装置性材料在概算定额中，一般作未计价材料，须按设计提供的规格、数量和工地材料预算计算其费用（另加定额规定的损耗率），如果没有足够的设计资料，可参考概算定额附录2~11确定主要装置性材料耗用量（已包括损耗在内）；次要装置性材料因品种多、规模小，且价值也较低，已计入概算定额中，在编制概算时，不必另计。

2）设备与工器具和装置性材料的划分

设备与工器具主要按单项价值划分。凡单项价值500元或500元以上者作为设备，否则作为工器具。

设备与装置性材料的划分原则是：

（1）制造厂成套供货范围的部件、备品备件、设备体腔内定量填充物（如透平油、变压器油、六氟化硫气等）均作为设备，其价值进入设备费。

透平油的作用是散热、润滑、传递受力，主要用在水轮机、发电机的油槽内，调速器及油压装置内、进水阀本体的操作机构内、油压装置内。

变压器油的作用是散热、绝缘和灭电弧，主要用在变压器（所有的油浸变压器、油浸电抗器、所有带油的互感器、油断路器、消弧线卷、大型实验变压器）内。其油款在设备出厂价内。

（2）不论成套供货、还是现场加工或零星购置的贮气罐、阀门、盘用仪表、机组本体上的梯子、平台和栏杆等均作为设备，不能因供货来源不同而改变设备的性质。

（3）管道和阀门如构成设备本体部件时，应作为设备，否则应作为材料。

（4）随设备供应的保护罩、网门等，已计入相应设备出厂价格内的，应作为设备，否则应作为材料。

（5）电缆和管道的支吊架、母线、金属、金具、滑触线和架、屏盘的基础型钢、钢轨、石棉板、穿墙隔板、绝缘子、一般用保护网、罩、门、梯子、栏杆和蓄电池架等，均作为材料。

（6）设备喷锌费用应列入设备费。

3. 例题

【例3-15】 某水电站工程的发电岔洞采用平板焊接闸门，每扇闸门自重为9 t。人工预算单价为：工长11.55元/工时，高级工10.67元/工时，中级工8.90元/工时，初级工6.13元/工时。机械台时费为：门式起重机（10 t）205.85元/台时，电焊机（20~30 kVA）13.22元/台时。材料预算价格见表3-62。

表3-62　材料预算价格汇总

编号	名称及规格	单位	预算价格	编号	名称及规格	单位	预算价格
1	钢板	kg	4.20	7	汽油70#	kg	6.00
2	氧气	m^3	3.00	8	油漆	kg	15.60
3	乙炔气	m^3	12.80	9	棉纱头	kg	48.00
4	黄油	kg	5.50	10	电焊条	kg	7.00
5	型钢	kg	4.00	11	橡胶板	kg	7.80
6	木材	m^3	1 800.00	12	电	kW·h	0.60

计算该工程的发电岔洞平板焊接闸门的安装工程概算单价。

解:分析基本资料,确定取费费率,由项目背景得知该工程地处华东地区,水电站项目的工程性质属于枢纽工程,故其他直接费费率取 7.7%,间接费费率取 75%,利润率为 7%,税率取 9%。查主要材料基价表得汽油基价为 3.075 元/kg。

根据工程性质和工作任务情况,定额套用部颁 1999 年《水利水电设备安装工程概算定额》第十-1 节 10001 子目,定额见表 3-63。

表 3-63 平板焊接闸门安装 (单位:t)

项目	单位	每扇闸门自重(t)				
		≤10	≤20	≤40	≤60	≤80
工长	工时	5	5	4	4	4
高级工	工时	26	23	21	21	22
中级工	工时	45	42	36	36	40
初级工	工时	26	23	21	21	22
合计	工时	102	93	82	82	88
钢板	kg	3.0	3.4	3.2	3.5	3.9
电焊条	kg	3.9	4.5	4.2	4.6	5.1
氧气	m^3	1.8	2.0	1.9	2.1	2.4
乙炔气	m^3	0.8	0.9	0.9	0.9	1.0
汽油 70#	kg	2.0	2.2	2.1	2.3	2.6
油漆	kg	2.0	2.2	2.1	2.3	2.6
棉纱头	kg	0.8	0.9	0.9	1.0	1.1
其他材料费	%	16	16	16	16	16
门式起重机 10 t	台时	0.8	0.8	1.2	1.3	1.4
电焊机 20~30 kVA	台时	2.8	3.0	4.0	4.4	4.7
其他机械费	%	10	10	10	10	10
定额编号		10001	10002	10003	10004	10005

计算平板焊接闸门的安装工程概算单价。将定额编号为 10001 的内容及已知的人工预算单价、施工机械台时费价格填入表 3-64 中进行计算,计算结果为 2 383.67 元/t。

表 3-64 闸门安装工程 (定额单位:t)

闸门类型:9 t 平板焊接闸门					
编号	名称及规格	单位	数量	单价(元)	合价(元)
一	直接费				1 366.94
(一)	基本直接费				1 269.21
1	人工费				895.05
(1)	工长	工时	5	11.55	57.75

续表 3-64

编号	名称及规格	单位	数量	单价(元)	合价(元)
(2)	高级工	工时	26	10.67	277.42
(3)	中级工	工时	45	8.90	400.50
(4)	初级工	工时	26	6.13	159.38
2	材料费				152.29
(1)	钢板	kg	3.0	4.20	12.60
(2)	电焊条	kg	3.9	7.00	27.30
(3)	氧气	m^3	1.8	3.00	5.40
(4)	乙炔气	m^3	0.8	12.80	10.24
(5)	汽油 70#	kg	2.0	3.075	6.15
(6)	油漆	kg	2.0	15.60	31.20
(7)	棉纱头	kg	0.8	48.00	38.4
(8)	其他材料费	%	16	131.29	21.00
3	机械使用费				221.87
(1)	门式起重机 10 t	台时	0.8	205.85	164.68
(2)	电焊机 20~30 kVA	台时	2.8	13.22	37.02
(3)	其他机械费	%	10	201.70	20.17
(二)	其他直接费	%	7.7	1 269.21	97.73
二	间接费	%	75	895.05	671.29
三	利润	%	7	2 038.23	142.68
四	材料补差(汽油)	kg	2.0	6-3.075	5.85
五	未计价装置性材料费				
六	税金	%	9	2 186.76	196.81
七	安装工程单价合计			2 383.67	

【例 3-16】 某泵站采用的水泵泵型为竖轴轴流泵,水泵自重 18 t,转轮叶片为全调节方式。人工预算单价为:工长 11.55 元/工时,高级工 10.67 元/工时,中级工 8.90 元/工时,初级工 6.13 元/工时。机械台时费:桥式起重机(20 t)50.34 元/台时,电焊机(20~30 kVA)13.22 元/台时,车床(Φ 400~600)20.67 元/台时,刨床(B650)10.91 元/台时,摇臂

钻床(Φ 50)15.04 元/台时。材料预算价格已知。

计算该排灌站工程的水泵安装工程单价。

解:分析基本资料,确定取费费率,由项目背景得知该工程地处华东地区,大型排灌站工程项目的性质属于枢纽工程,故其他直接费费率取 7.7%,间接费费率取 75%,利润率为 7%,税率取 9%。

根据工程性质和工作任务情况,定额套用部颁 1999 年《水利水电设备安装工程概算定额》第三-1 节 03002 子目,定额见表 3-65。

表 3-65　水泵安装　　(单位:台)

项目	单位	设备自重(t)				
		12	18	25	30	35
工长	工时	192	286	375	439	502
高级工	工时	940	1 374	1 801	2 108	2 412
中级工	工时	2 388	3 492	4 578	5 356	6 130
初级工	工时	392	573	751	878	1 005
合计	工时	3 916	5 725	7 505	8 781	10 049
钢板	kg	63	108	132	148	162
型钢	kg	102	173	213	237	260
电焊条	kg	33	54	67	74	82
氧气	m^3	70	119	146	163	179
乙炔气	m^3	32	54	65	73	80
汽油 70#	kg	30	51	62	70	77
油漆	kg	17	29	35	38	44
橡胶板	kg	14	23	30	33	37
木材	m^3	0.3	0.4	0.4	0.5	0.6
电	kW · h	550	940	1 160	1 300	1 420
其他材料费	%	20	20	20	20	22
桥式起重机	台时	35	54	59	59	59
电焊机 20~30 kVA	台时	27	60	64	70	70
车床 Φ400~600	台时	27	54	60	60	60
刨床 B650	台时	21	38	43	43	43
摇臂钻床 Φ50	台时	21	33	38	38	38
其他机械费	%	16	16	16	16	18
定额编号		03001	03002	03003	03004	03005

注:1. 本节定额以“台”为计量单位,按全套设备自重选用。

2. 本节定额适用于混流式、轴流式、贯流式等泵型的竖轴或横轴水泵的安装,按转轮叶片为半调节方式考虑,如采用全调节方式,人工应乘以 1.05 系数。

计算水泵的安装工程单价,将定额编号为 03002 的内容及已知的人工预算单价、施工机械台时费价格填入表 3-66 中进行计算,计算结果为 132 818.97 元/台。

表 3-66 水泵安装工程 (定额单位:台)

设备型号:轴流式水泵自重 18 t,转轮叶片为全调节方式

编号	名称及规格	单位	数量	单价(元)	合价(元)
一	直接费				72 354.01
(一)	基本直接费				67 181.07
1	人工费				55 182.93
(1)	工长	工时	286×1.05	11.55	3 468.47
(2)	高级工	工时	1 374×1.05	10.67	15 393.61
(3)	中级工	工时	3 492×1.05	8.90	32 632.74
(4)	初级工	工时	573×1.05	6.13	3 688.11
2	材料费				5 573.32
(1)	钢板	kg	108	4.20	453.60
(2)	型钢	kg	173	4.00	692.00
(3)	电焊条	kg	54	7.00	378.00
(4)	氧气	m^3	119	3.00	357.00
(5)	乙炔气	m^3	54	12.80	691.20
(6)	汽油 70#	kg	51	3.075	156.83
(7)	油漆	kg	29	15.60	452.40
(8)	橡胶板	kg	23	7.80	179.40
(9)	木材	m^3	0.4	1 800.00	720.00
(10)	电	kW·h	940	0.60	564.00
(11)	其他材料费	%	20	4 644.43	928.89
3	机械使用费				6 424.82
(1)	桥式起重机 20 t	台时	54	50.34	2 718.36
(2)	电焊机 20~30 kVA	台时	60	13.22	793.20
(3)	车床 ϕ400~600	台时	54	20.67	1 116.18
(4)	刨床 B650	台时	38	10.91	414.58
(5)	摇臂钻床 ϕ50	台时	33	15.04	496.32
(6)	其他机械费	%	16	5 538.64	886.18
(二)	其他直接费	%	7.7	67 181.07	5 172.94
二	间接费	%	75	55 182.93	41 387.20
三	利润	%	7	113 741.21	7 961.88
四	材料补差(汽油)	kg	51	6-3.075	149.18
五	未计价装置性材料费				
六	税金	%	9	121 852.27	10 966.70
七	工程安装单价合计				132 818.97

六、分部工程概算编制

(一)第一部分　建筑工程

建筑工程按主体建筑工程、交通工程、房屋建筑工程、供电线路工程、其他建筑工程等分别采用不同的方法编制。

1. 主体建筑工程

(1)主体建筑工程概算按设计工程量乘以工程单价进行编制。

模板工程在概算阶段采用立模面系数乘现浇混凝土工程量乘工程单价计算;预算或招标阶段应以立模板面积工程量乘工程单价计算。

(2)主体建筑工程量应根据《水利水电工程设计工程量计算规定》(SL 328—2005),按项目划分要求,计算到三级项目。

(3)当设计对混凝土施工有温控要求时,应根据温控措施设计,计算温控措施费;也可以经过分析确定指标后,按建筑物混凝土方量进行计算。

(4)细部结构工程。参照水工建筑工程细部结构指标表确定,见表 3-67。

表 3-67　水工建筑工程细部结构指标表

项目名称	混凝土重力坝、重力拱坝、宽缝重力坝、支墩坝		混凝土双曲拱坝	土坝、堆石坝	水闸	冲砂闸、泄洪闸
单位	元/m^3(坝体方)		元/m^3(坝体方)	元/m^3(坝体方)	元/m^3(混凝土)	元/m^3(混凝土)
综合指标	16.2		17.2	1.15	48.0	42.0
项目名称	进水口、进水塔		溢洪道	隧洞	竖井、调压井	高压管道
单位	元/m^3(混凝土)		元/m^3(混凝土)	元/m^3(混凝土)	元/m^3(混凝土)	元/m^3(混凝土)
综合指标	19.0		18.1	15.3	19.0	4.0
项目名称	电(泵)站地面厂房	电(泵)站地下厂房	船闸	倒虹吸、暗渠	渡槽	明渠(衬砌)
单位	元/m^3(混凝土)		元/m^3(混凝土)	元/m^3(混凝土)	元/m^3(混凝土)	元/m^3(混凝土)
综合指标	37.0	57.0	30.0	17.7	54.0	8.45

注:1. 表中综合指标包括多孔混凝土排水管、廊道木模制作与安装、止水工程(面板坝除外)、伸缩缝工程、接缝灌浆管路、冷却水管路、栏杆、照明工程、爬梯、通气管道、排水工程、排水渗井钻孔及反滤料、坝坡踏步、孔洞钢盖板、厂房内上下水工程、防潮层、建筑钢材及其他细部结构工程。

2. 表中综合指标仅包括基本直接费内容。

3. 改扩建及加固工程根据设计确定细部结构工程的工程量。其他工程,如果工程设计能够确定细部结构工程的工程量,可按设计工程量乘以工程单价进行计算,不再按上表指标计算。

2. 交通工程

交通工程投资按设计工程量乘以单价进行计算,也可根据工程所在地区造价指标或有关实际资料,采用扩大单位指标编制。

3. 房屋建筑工程

(1)永久房屋建筑。

①用于生产、办公的房屋建筑面积,由设计单位按有关规定结合工程规模确定,单位造价指标根据工程所在地相应建筑造价水平确定。

②值班宿舍及文化福利建筑的投资按主体建筑工程投资的百分率计算。枢纽工程及单项中型建筑物工程 1.5%~2.0%;河道、堤防、灌区等工程 1.2%~1.8%。在每档中,投资小或工程位置偏僻者取大值;反之,取小值。

③除险加固工程(含枢纽、引水、河道工程)、灌溉田间工程的永久房屋(新建、修缮)建筑面积由设计单位根据有关规定结合工程建设需要确定。

(2)室外工程投资,一般按房屋建筑工程投资的 15%~20%计算。

4. 供电设施工程

根据设计的电压等级、线路架设长度及所需配备的变配电设施要求,采用工程所在地区造价指标或有关实际资料计算。

5. 其他建筑工程

(1)安全监测设施工程,指属于建筑工程性质的内外部观测设施。安全监测工程项目投资应按设计资料计算。如无设计资料,可根据坝型或其他工程型式,按照主体建筑工程投资的百分率计算。当地材料坝 0.9%~1.1%;混凝土坝 1.1%~1.3%;引水式电站(引水建筑物) 1.1%~1.3%;堤防工程 0.2%~0.3%;泵站工程 0.7%~0.8%;水闸工程 0.6%~0.7%。在每档中,投资小或工程位置偏僻者取大值;反之,取小值。

(2)动力线路、照明线路、通信线路等工程投资按设计工程量乘以单价或采用扩大单位指标编制。

(3)其余各项按设计要求分析计算。

(二)第二部分　机电设备及安装工程

机电设备及安装工程投资由设备费和安装工程费两部分组成。

1. 设备费

1)设备原价

以出厂价或设计单位分析论证后的询价为设备原价。

2)运杂费

(1)主要设备运杂费和其他设备运杂费,均按占设备原价的百分率计算。主要设备运杂费率标准见表 3-68。

公路直达或铁路、公路联运时,分别按里程求得费率后叠加计算;如果设备由公路直达,应按公路里程计算费率后,再加公路直达基本费率。

(2)其他设备运杂费费率,按设备原价的 3%~5%计算。工程地点距铁路线近者费率取小值,远者取大值。

表 3-68　主要设备运杂费率表　(%)

设备分类	铁路		公路		公路直达基本费率
	基本运距 1 000 km	每增运 500 km	基本运距 100 km	每增运 20 km	
水轮发电机组	2.21	0.30	1.06	0.15	1.01
主机、桥机	2.99	0.50	1.85	0.20	1.33
主变压器					
120 000 kVA 及以上	3.50	0.40	2.80	0.30	1.20
120 000 kVA 以下	2.97	0.40	0.92	0.15	1.20

3)运输保险费

国产设备的运输保险费可按省、市有关部门的规定计算。进口设备的运输保险费按有关规定计算。目前情况下一般不再计算此项费用。

4)采购及保管费

采购及保管费按设备原价、运杂费之和的 0.7%计算。

5)运杂综合费率

运杂综合费率=运杂费费率+(1+运杂费费率)×采购及保管费费率+运输保险费费率

上述运杂综合费率适用于计算国产设备运杂费。国产设备运杂综合费率乘以相应国产设备原价占进口设备原价的比例系数,即为进口设备的国内段运杂综合费率。

为了简化计算,运杂综合费率可按 3.1%~5.1%计取。

6)交通工具购置费

交通工具购置费指工程竣工后,为保证建设项目初期生产管理单位正常运行必须配备的车辆和船只所需要的费用。交通设备数量应由设计单位按有关规定、结合工程规模确定,设备价格根据市场情况、结合国家有关政策确定。

不得用于购置进口、豪华车辆。灌溉田间工程不计此项费用。

无设计资料时,可按第一部分建筑工程投资为基数的百分率计算,标准为 0.5%。

2. 安装工程费

安装工程投资按设备数量乘以安装单价进行计算。

(三)第三部分 金属结构设备及安装工程

编制方法同第二部分“机电设备及安装工程”。

(四)第四部分 施工临时工程

1. 导流工程

导流工程按设计工程量乘以工程单价进行计算。

2. 施工交通工程

施工交通工程按设计工程量乘以工程单价进行计算,也可根据工程所在地区造价指标或有关实际资料,采用扩大单位指标编制。

3. 施工场外供电工程

施工场外供电工程根据设计的 10 kV 及以上电压等级、线路架设长度及所需配备的变配电设施要求，采用工程所在地区造价指标或有关实际资料计算。

4. 施工房屋建筑工程

施工房屋建筑工程包括施工仓库和办公、生活及文化福利建筑两部分。施工仓库，指为工程施工而临时兴建的设备、材料、工器具等仓库；办公、生活及文化福利建筑，指施工单位、建设单位、监理单位及设计代表在工程建设期所需的办公室、宿舍、招待所和其他文化福利设施等房屋建筑工程。

不包括列入临时设施和其他施工临时工程项目内的电、风、水、通信系统、砂石料系统，混凝土拌和及浇筑系统，木工、钢筋、机修等辅助加工厂，混凝土预制构件厂，混凝土制冷、供热系统，施工排水等生产用房。

(1)施工仓库：建筑面积由施工组织设计确定，单位造价指标根据当地相应临时房屋建筑造价水平确定。

(2)办公、生活及文化福利建筑，分别按以下方法计算：

①枢纽工程及施工期较长的水利水电工程(河道治理工程和灌溉工程除外)按下列公式计算

$$I = \frac{A \cdot U \cdot P}{N \cdot L} \cdot K_1 \cdot K_2 \cdot K_3$$

式中，I 为办公、生活及文化福利房屋建筑工程投资；A 为建安工作量，按工程一至四部分建安工作量(不包括办公、生活及文化福利建筑和其他施工临时工程)之和乘以(1+其他施工临时工程百分率)计算；U 为人均建筑面积综合指标，按 12~15 m^2/人标准计算(水利水电枢纽工程及施工期在 3 年以上的工程取大值，其他工程以及施工期在 3 年以下的工程取小值或中值)；P 为单位造价指标，参考工程所在地区的永久房屋造价指标(元/m^2)计算；N 为施工年限，按施工组织设计确定的合理工期计算；L 为全员劳动生产率，一般不低于 80 000~120 000 元/(人·年)，施工机械化程度高的取大值，反之取小值或中值；K_1 为施工高峰人数调整系数，取 1.10；K_2 为室外工程系数，取 1.10~1.15，地形条件差的可取大值，反之取小值；K_3 为单位造价指标调整系数，按不同施工年限，采用表 3-69 中的调整系数。

表 3-69　单位造价指标调整系数 K_3 表

工期	系数
2 年以内	0.25
2~3 年	0.40
3~5 年	0.55

②河道治理工程、灌溉工程、堤防工程、疏浚工程、改扩建加固工程以及小型工程的施工临时办公、生活、文化。

福利建筑按第一至第四部分建安工作量的百分率计算见表 3-70。

表 3-70　施工临时办公、生活、文化福利建筑费率表

合理工期	百分率
≤3 年	1.5%~2.0%
>3 年	1.0%~1.5%

一般工程、小型工程取中上限,大型工程取下限。

5. 脚手排架工程

施工脚手排架费用按主体建筑物工程投资的百分率计算,各类工程脚手排架费率见表 3-71。

表 3-71　施工脚手排架费率

工程名称	施工脚手排架费率(%)
混凝土坝、砌石坝	1.5~2.0
水电站枢纽工程	1.0~1.5
渡槽	6.0~8.0
其他建筑物工程	2.0~4.0
建筑物加固工程	3.0~6.0

注:中型工程取上限,小型工程取下限;特殊工程项目可根据施工组织设计计算确定。

6. 其他临时工程

按工程一至四部分建安工作量(不包括其他施工临时工程)之和的百分率计算。各类工程的百分率规定如下:

(1)水利水电枢纽、引水工程及灌溉排涝工程为 2.5%~3.0%。工程施工条件复杂、施工期较长及建筑较多的工程取大值,反之取小值。

(2)河道治理工程、堤防工程及灌溉田间工程为 0.5%~1.5%;施工条件复杂、施工排水量大、建筑物较多及有衬砌的工程取大值,反之取小值。

注:①根据工程实际情况可单独列示缆机平台、围堰内初期排水等临时设施项目。②如设计要求必须采用深井或井点排水等降低地下水措施的工程,可根据施工组织设计提供的工程量和相应工程单价计算。

(五)第五部分 独立费用

1. 建设管理费

建设管理费包括建设单位开办费、建设单位人员费、项目管理费。

计算办法:建设单位开办费、建设单位人员费、项目管理费合并按一至四部分建安工作量的 3.6%~6.0%计算。枢纽及引水工程、改扩建及加固工程、小型水利水电工程取大值;河道、堤防、疏浚、小型单项、灌溉田间工程等取小值。

2. 工程建设监理费

工程建设监理费可参照 258 号文的附录二计算。

3. 联合试运转费

联合试运转费指标按表 3-72 计算。

表 3-72 联合试运转费指标

水电站工程	单机容量（万 kW）	≤1	≤2	≤3	≤4	≤5	≤6	≤10
	费用（万元/台）	6.0	8.0	10.0	12.0	14.0	16.0	18.0
电力泵站	装机(kW)	50~60 元						

4. 生产准备费

1) 生产及管理单位提前进厂费

枢纽工程、泵站、水闸、船闸及水电站等单项建筑物工程按一至四部分建安工作量的0.15%~0.35%计算。中型工程取小值,小型工程取大值。

引水和灌溉排涝工程视工程规模参照枢纽工程计算。

改扩建与加固工程、堤防、河道、灌溉田间及疏浚工程、不单独设置管理单位或管理单位不需新增管理定员的工程等,原则上不计此项费用。若工程有新建中型泵站、泄洪闸、船闸等建筑物时,按建筑物投资参照上述标准计算。

2) 生产职工培训费

枢纽工程、泵站、水闸、船闸及水电站等单项建筑物工程按一至四部分建安工作量的0.35%~0.55%计算。中型工程取小值,小型工程取大值。

引水和灌溉排涝工程视工程规模参照枢纽工程计算。

改扩建与加固工程、堤防、河道、灌溉田间及疏浚工程、不单独设置管理单位或管理单位不需新增管理定员的工程等,原则上不计此项费用。改扩建与加固工程中,根据工程管理需要增设计算机监控系统、电视监视系统以及水文(水情)自动测报系统的,可适当计列此项费用。

3) 管理用具购置费

枢纽工程、泵站、水闸、船闸及水电站等单项建筑物工程按一至四部分建安工作量的0.04%~0.06%计算。中型工程取小值,小型工程取大值。

引水、河道及灌溉田间工程等按建安工作量的0.02%~0.03%计算。引水工程取大值,其他工程取小值。

4) 备品备件购置费

备品备件购置费按占设备费的0.4%~0.6%计算。中型工程取小值,小型工程取大值。

注:①设备费应包括机电设备、金属结构设备以及运杂费等全部设备费。②电站、泵站同容量、同型号机组超过一台时,只计入一台的设备费。

5) 工器具及生产家具购置费

工器具及生产家具购置费按占设备费的0.1%~0.2%计算。中型工程取小值,小型工程取大值。

5. 科研勘测设计费

1)工程科学研究试验费

对于常规项目按一至四部分建安工作量的百分率计算。其中:河道治理和灌溉排涝工程0.3%;枢纽、引水及单项建筑物工程0.7%;灌溉田间工程一般不计此项费用。

对于技术复杂的工程项目,需要专项试验的可根据工程实际情况(或签订的试验项目合同)计列专项试验费。

2)工程勘测设计费

已签订工程勘测设计合同的,按合同额计列;未签订合同的,项目建议书、可行性研究阶段的勘测设计费及报告编制费、评估费按258号文的附录3计算。初步设计、招标设计及施工图设计阶段的勘测设计费,按258号文的附录4进行计算。

6. 其他

1)工程保险费

工程保险费按工程一至四部分投资合计的0.45%~0.5%计算。田间工程原则上不计此项费用。

2)质量检测费

质量检测费按工程一至四部分投资合计的0.38%~0.5%计算。中型工程取小值,小型工程取大值。对基础处理技术复杂的泵站、水闸等单独批复的大中型水工建筑物工程可按1%计算。

3)其他费和税

(1)加固工程的老建筑物安全复核费,发生时按合同计列。

(2)其他,发生时按规定计取。

七、分年度投资及资金流量编制

(一)分年度投资

分年度投资是根据施工组织设计确定的施工进度和合理工期而计算出的工程各年度预计完成的投资额。

1. 建筑工程

(1)建筑工程分年度投资表应根据施工进度的安排,对主要工程按各单项工程分年度完成的工程量和相应的工程单价计算。对于次要的和其他工程,可根据施工进度,按各年所占完成投资的比例,摊入分年度投资表。

(2)建筑工程分年度投资的编制可按二级项目中的主要工程项目分别反映各自的建筑工程量。

2. 设备及安装工程

设备及安装工程分年度投资应根据施工组织设计确定的设备安装进度,计算各年预计完成的设备费和安装费。

3. 费用

根据费用的性质和费用发生的时段,按相应年度分别进行计算。

（二）资金流量

资金流量是为满足工程项目在建设过程中各时段的资金需求，按工程建设所需资金投入时间计算的各年度使用的资金量。资金流量表的编制以分年度投资表为依据，按建筑安装工程、永久设备工程和独立费用3种类型分别计算。本资金流量计算办法主要用于初步设计概算。

1. 建筑及安装工程资金流量

（1）建筑工程可根据分年度投资表的项目划分，考虑一级项目中的主要工程项目，以归项划分后各年度建筑工作量作为计算资金流量的依据。

（2）资金流量是在原分年度投资的基础上，考虑预付款、预付款的扣回、保留金和保留金的偿还等编制出的分年度资金安排。

（3）预付款一般可划分为工程预付款和工程材料预付款两部分。

①工程预付款。按划分的单个工程项目的建安工作量的10%～20%计算，工期在3年以内的工程全部安排在第一年，工期在3年以上的工程可安排在前两年。工程预付款的扣回从完成建安工作量的30%起开始，按完成建安工作量的20%～30%扣回，至预付款全部回收完毕为止。

对于需要购置特殊施工机械设备或施工难度较大的项目，工程预付款可取大值，其他项目取中值或小值。

②工程材料预付款。水利工程一般规模较大，所需材料的种类及数量较多，提前备料所需资金较大，因此考虑向承包商支付一定数量的材料预付款。可按分年度投资中次年完成建安工作量的20%在本年提前支付，并于次年扣回，依此类推，直至本项目竣工（河道工程和灌溉田间工程等不计此项预付款）。

（4）保留金。按建安工作量的2.5%计算，在概算资金流量计算时，按分项工程分年度完成建安工作量的5%扣留至该项工程全部建安工作量的2.5%时终止（即完成建安工作量的50%时），并将所扣的保留金100%计入该项工程终止后一年（如该年已超出总工期，则此项保留金计入工程的最后一年）的资金流量表内。

2. 永久设备工程资金流量

永久设备工程资金流量，划分为主要设备和一般设备两种类型分别计算。

（1）主要设备的资金流量计算，按设备到货周期确定各年资金流量比例。

（2）其他设备资金流量按到货前一年预付15%定金，到货年支付85%的剩余价款。

3. 独立费用资金流量

独立费用资金流量主要是勘测设计费的支付方式应考虑质量保证金的要求，其他项目则均按分年投资表中的资金安排计划。

（1）可行性研究和初步设计阶段勘测设计费按合理工期分年平均计算。

（2）技施阶段勘测设计费的95%按合理工期分年平均计算。其余5%的勘测设计费作为设计保证金，计入最后一年的资金流量表内。

八、总概算编制

(一)预备费

1. 基本预备费

根据工程规模、施工年限和地质条件等不同情况,按工程一至五部分投资合计(依据分年度投资表)的百分率计算。初步设计阶段取 5.0%~8.0%。技术复杂、建设难度大的工程项目取大值,其他工程取中小值。

2. 价差预备费

根据施工年限,以分年度投资的静态投资为计算基数。按国家有关部门适时发布的年物价指数计算。

计算公式为

$$E = \sum_{n=1}^{N} F_n[(1+P)^n - 1]$$

式中,E 为价差预备费;N 为合理建设工期;n 为施工年限;F_n 为建设期间资金流量表内第 n 年的投资;P 为年物价指数。

(二)建设期融资利息

根据合理建设工期、工程概算一至五部分投资、基本预备费、价差预备费之和,按国家有关部门发布的融资利率复利计算。

计算公式为

$$S = \sum_{n=1}^{N}\left[\left(\sum_{m=1}^{n} F_m b_m - \frac{1}{2}F_n b_n\right) + \sum_{m=0}^{n-1} S_m\right] i$$

式中,S 为建设期融资利息;N 为合理建设工期;n 为施工年度;m 为还息年度;F_n、F_m 为在建设期分年度投资表内第 n、m 年的投资;b_n、b_m 为各施工年份融资额占当年投资比例;i 为建设期融资利率;S_m 为第 m 年的付息额度。

(三)静态总投资

工程一至五部分投资与基本预备费之和构成工程部分静态投资。编制工程部分总概算表时,在第五部分独立费用以后,应按顺序计列以下项目:

(1)一至五部分投资合计。

(2)基本预备费。

(3)静态投资。

工程部分、建设征地移民补偿、环境保护工程、水土保持工程的静态投资之和构成静态总投资。

(四)总投资

静态总投资、价差预备费、建设期融资利息之和构成总投资。

编制工程概算总表时,在工程投资总计中应按顺序计列以下项目:

(1)静态总投资(汇总各部分静态投资)。

(2)价差预备费。

(3)建设期融资利息。

(4)总投资。

(五)工程概算总表

工程概算总表是由工程部分的总概算表与建设征地移民补偿、环境保护工程、水土保持工程的总概算表汇总并计算而成。表3-73中：Ⅰ是工程部分总概算表，按项目划分的五部分填表并列示至一级项目。Ⅱ是建设征地移民补偿总概算表，列示至一级项目。Ⅲ是环境保护工程总概算表。Ⅳ是水土保持工程总概算表。Ⅴ包括静态总投资（Ⅰ～Ⅳ项静态投资合计）、价差预备费、建设期融资利、总投资。

表3-73　工程概算总表　（单位：万元）

序号	工程或费用名称	建安工程费	设备购置费	独立费用	合计
Ⅰ	工程部分投资 第一部分 建筑工程 ⋮ 第五部分 独立费用 一至五部分投资合计 基本预备费 静态总投资				
Ⅱ	建设征地移民补偿投资 一、农村部分补偿费 ⋮ 七、其他费用 一至七项小计 基本预备费 有关税费 静态投资				
Ⅲ	环境保护工程投资 静态投资				
Ⅳ	水土保持工程投资 静态投资				
Ⅴ	工程投资总计（Ⅰ～Ⅳ合计）				
	静态总投资				
	价差预备费				
	建设期融资利息				
	总投资				

九、建设征地移民补偿、环境保护、水土保持工程概算编制

建设征地移民补偿、环境保护工程、水土保持工程(分开发建设项目和水土保持生态建设工程)3个专项的设计概算编制,主要包括概算文件的组成(构成)、概算的编制原则和依据、概算文件的编制等,详见第二章第三节内容。

十、水文项目和水利信息化项目概算编制

水文设施工程、水利信息化工程是水利行业比较专业的建设项目,其专业的设计概算编制,主要包括概算文件的组成(投资构成)、概算的编制原则和依据、概算文件的编制等,详见第二章第四节内容。

十一、投资估算

(一)综述

投资估算是项目建议书和可行性研究报告的重要组成部分,是国家为选定近期开发项目做出科学决策和批准进行初步设计的重要依据。

投资估算与设计概算在组成内容、项目划分和费用构成上基本相同,但在设计深度上不同,投资估算可根据《水利水电工程项目建议书编制规程》或《水利水电工程可行性研究报告编制规程》的有关规定,对设计概算编制规定中部分内容进行适当简化、合并或调整。

设计阶段和设计深度决定了两者编制方法及计算标准有所不同。

(二)编制方法及计算标准

1. 基础单价

基础单价的编制与设计概算相同。

2. 建筑及安装工程单价

投资估算主要建筑及安装工程单价编制与初设概算单价编制相同,一般采用概算定额,但考虑投资估算工作深度和精度,工程单价应乘以扩大系数。

各类工程扩大系数规定如下:砂石备料工程(自采)为0,模板及钢筋制安工程为5%,其他所有建筑工程及设备安装工程为10%。

3. 分部工程估算编制

(1)建筑工程。主体建筑工程、交通工程、房屋建筑工程编制方法与设计概算相同。其他建筑工程可视工程具体情况和规模按主体建筑工程投资的3%~5%计算。

(2)机电设备及安装工程。主要机电设备及安装工程编制方法基本与设计概算相同。其他机电设备及安装工程原则上根据工程项目计算投资,若设计深度不满足要求,可根据装机规模按占主要机电设备费的百分率或单位千瓦指标计算。

(3)金属结构及安装工程。编制方法基本与设计概算相同。

(4)施工临时工程。编制方法及计算标准与设计概算相同。

(5)独立费用。编制方法及计算标准与设计概算相同。

4. 分年度投资

根据施工组织安排和进度计划,原则上列至一级项目分析计算分年度投资。可参照设计概算的分年度投资表进行分析计算。

5. 预备费、建设期融资利息、静态总投资、总投资

可行性研究投资估算基本预备费率取 10%～12%;项目建议书阶段基本预备费率取 15%～18%。价差预备费率同设计概算。建设期融资利息,计算方法同设计概算。

(三)估算表格及其他

参照设计概算格式,可根据工程实际情况适当简化。

第五节　水利工程工程量清单编制

工程量清单是表现招标工程的项目名称、单位和相应数量的明细清单。工程量清单反映招标工程招标范围的全部工程内容,以及为实现这些工程内容而进行的其他工作,根据《中华人民共和国招标投标法》规定,招标文件应当包括招标项目的技术要求和投标报价要求,工程量清单是实现上述要求,特别是投标报价要求的主要依据。水利工程建设项目最早采用工程量清单模式进行招标投标。新中国第一个招标投标的水利工程项目——鲁布革水电站,采用工程量清单方式招标取得不错效果。在总结鲁布革水电站招标投标经验的基础上,水利部联合国家电力公司和国家工商行政管理总局组织编制了我国工程建设领域第一个施工合同和招标文件示范文本——《水利水电工程施工合同和招标文件示范文本》(GF—2000—0208)。该示范文本在相当长一段时间作为水利水电工程招标投标的指南,也直接影响房屋建筑及市政、交通、铁路等行业工程类招标,并在货物、服务类招标中得到大量应用。2006 年,国家发展和改革委员会、财政部、建设部、铁道部、交通部、信息产业部、水利部、民用航空总局、广播电影电视总局联合制定了《〈标准施工招标资格预审文件〉和〈标准施工招标文件〉试行规定》(国家发展和改革委员会等九部委局 56 号令)。工程量清单招标被以规范性文件形式予以确认,并得到工程建设领域各行业认可。作为标准施工招标文件在水利水电工程中的有效补充,水利部 2009 组织编制了《水利水电工程标准施工招标文件(2009 年版)》,编列了“工程量清单计价规范”和“工程量清单分组”两种模式供招标人选择使用。2018 年,在《水利水电工程标准施工招标文件(2009 年版)》的基础上结合安徽省水利工程建设项目实际,安徽省水利厅组织修订了《安徽省水利水电工程施工招标文件示范文本》,形成《安徽省水利水电工程施工招标文件示范文本(2018 年版)》。《安徽省水利水电工程施工招标文件示范文本(2018 年版)》按“工程量清单计价规范模式”编列工程量清单。

工程量清单招标一般适用于单价承包模式。在单价承包模式下,工程量清单是招标文件的组成部分,内置在招标文件第五章中,是编制最高投标限价(或标底)和投标报价的共同基础,已标价的工程量清单是合同文件的组成部分,是合同实施期间结算、变更、索赔及争议解决的重要依据之一。总价承包模式下,招标文件一般不提供工程量清单,由投标人根据招标图纸自行计算工程量并报价。总价承包模式下,招标文件提供工程量清单的,工程量清单的项目、单位、工程量等仅供参考,不作为合同实施期间结算、变更、索赔及

争议解决的依据。

工程量清单的准确性和完整性由招标人负责。招标人可自行编制,也可以委托设计单位、造价咨询单位及招标代理单位编制。工程量清单作为招标文件的重要组成部分,与招标文件其他部分,如“投标人须知”“通用合同条款”“专用合同条款”“技术标准和要求”“图纸”等密切相关,编制时应充分考虑招标文件的系统性、整体性和科学性。

一、工程量清单计价规范模式下工程量清单编制

长久以来,水利工程招标依据《水利水电工程施工合同和招标文件示范文本》(GF—2000—0208),按工程量清单分组模式编列工程量清单,简单明了,但存在工程量清单格式混乱、计量和支付方法不统一等问题,也不适应电子招投标的应用。为此,2007 年,水利部组织编制了《水利工程工程量清单计价规范》(GB 50501—2007),统一了水利工程工程量清单的编制格式和计价方法,对规范水利工程招标投标的工程量清单编制与计价行为,规范合同价款的确定与调整,以及工程价款的结算,健全和维护水利建设市场竞争秩序和适应电子招标投标的需要具有重要意义。

工程量清单计价规范模式下,工程量清单依据《水利工程工程量清单计价规范》(GB 50501—2007)编制。工程量清单由分类分项工程量清单、措施项目清单、其他项目清单、零星工作项目清单组成。工程量清单采用统一格式,做到“五统一”,即统一项目名称、统一项目编码、统一计量单位、统一工程规定、统一主要表格形式。

工程量清单一般由封面、填表须知、总说明、分类分项工程量清单、措施项目清单、其他项目清单、零星工作项目清单、招标人供应材料价格表、招标人供应施工设备表、招标人提供施工设施表组成。为了招标投标的方便,《安徽省水利水电工程施工招标文件示范文本》(2018 年版)将招标人编制的工程量清单结合投标人填报的工程量清单计价格式,编列于第五章工程量清单中。

(一)封面

工程量清单单独编印成册时,需要编制封面。封面的主要内容一般包括项目名称、合同编号、招标人名称、中介机构名称(若委托中介单位编制)、注册造价师执业专用章和编制时间。

(二)填表须知

填表须知是投标人报价必须掌握的工程量清单填报规范。

1. 填报格式

投标人填报的已标价工程量清单(含附件)是投标文件的组成部分,必须遵从投标文件的编制格式要求。投标文件的编制格式一般包括:

(1)投标文件应用不褪色的材料书写或打印,并由投标人的法定代表人或其委托代理人签字或盖单位章。委托代理人签字的,投标文件应附法定代表人签署的授权委托书。投标文件应尽量避免涂改、行间插字或删除。如果出现上述情况,改动之处应加盖单位章或由投标人的法定代表人或其授权的代理人签字确认。投标文件正本除封面、封底、目录、分隔页外的其他每一页必须加盖投标人单位章,并由投标人的法定代表人或其委托代理人签字,已标价的工程量清单还应由注册造价工程师加盖执业印章。

(2)投标文件正本1份,副本4份。正本和副本的封面上应清楚地标记“正本”或“副本”的字样。当副本和正本不一致时,以正本为准。

(3)投标文件的正本与副本应分别装订成册,并编制目录,投标文件用A4纸(图表页除外)装订成册,编制目录和页码,并不得采用活页夹装订。

2. 内容

工程量清单的任何内容不得随意删除或涂改,工程量清单中所有需要填报的单价和合价,投标必须填报,未填报的单价和合价,视为包括在工程量清单的其他单价和合价中。

3. 货币单位

投标金额一般均以元为单位,保留小数点后两位。

4. 电子版格式

根据是否采用电子招标投标系统规定电子版格式。

5. 投标报价调整

投标人在投标截止时间前修改投标函中的投标总报价,应同时修改“工程量清单”中的相应报价。在投标截止时间后,除计算性算术错误应评标委员会要求可以修正投标报价外,投标报价不可调整。

(三)总说明

工程量清单总说明与工程量清单的其他部分是一个有机整体,其作用在于提醒投标人填报工程量清单时重点注意事项,也体现招标人编制工程量清单中展现的意图。工程量清单嵌入招标文件时,总说明一般涵盖前述填报须知的要求。总说明的内容一般包括:

(1)工程概况。简述工程的总体概况,重点叙述本合同情况及发包模式。

(2)编制依据。工程量清单是根据招标文件中包括的、有合同约束力的图纸以及本规范合同条款中约定的 工程量计算规则编制。

(3)与招标文件其他部分的关系。工程量清单只有一个载体,准确报价还必须与招标文件中的投标人须知、通用合同条款、专用合同条款、技术标准和要求(合同技术条款)、招标图纸及相关规范等一起阅读和理解。

(4)工程量定义。工程量清单所列工程量仅是投标报价的共同基础,是用作投标报价的估算工程量,不作为最终结算的工程量,用于结算的工程量是承包人实际完成的,并按合同约定的计量方法进行计量的工程量。

(5)计量和支付约定。工程量清单中各项目工作内容要求及计量和支付的规定与招标文件技术标准和要求(合同技术条款)及合同条款协调一致。

(6)填报规则。投标人填写工程量清单计价表时应按照招标文件工程量清单、投标文件格式及本规范的计价规则填写。工程量清单计价表填写规则详见本章第六节相关内容。

(四)分类分项工程量清单

分类分项工程量清单包括水利建筑工程工程量清单和水利安装工程工程量清单两大类。水利建筑工程工程量清单分为土方开挖工程、石方开挖工程、土石方填筑工程、疏浚和吹填工程、砌筑工程、锚喷支护工程、钻孔和灌浆工程、基础防渗和地基加固工程、混凝土工程、模板工程、预制混凝土工程、原料开采及加工工程和其他建筑工程,共计14小类;

水利安装工程工程量清单分为机电设备安装工程、金属结构设备安装工程和安全监测设备采购及安装工程,共计 3 小类。

分类分项工程项目清单须载明项目编号、项目编码、项目名称、计量单位、工程量、技术标准和要求(合同技术条款)条款号和备注。工程量清单中项目主要特征、工程量计算规则、主要工作内容可根据招标项目实际需要编入。工程量清单项目对应技术标准和要求(合同技术条款)相关章节,编制时应仔细阅读技术标准和要求(合同技术条款)中的计量和支付部分,区分计量和计价的界限。

1. 项目编码

分类分项工程量清单项目编码采用十二位阿拉伯数字表示(由左至右计位),共分 5 级。一至九位为统一编码,其中一、二位为水利工程顺序码,为第一级;三、四位为专业工程顺序码,为第二级;五、六位为分类工程顺序码,为第三级;七、八、九位为分项工程顺序码,为第四级;十至十二位为清单项目名称顺序码,为第五级。当缺某分类分项工程时九位编码数会间断不连续,当在不同部位有相同分类分项工程时,则会重复出现相同的前九位编码。前九位编码可优先考虑按附录编排的顺序编辑,若为管理方便的需要,也允许调整顺序而出现九位编码次序颠倒情况。第五级十至十二位是清单项目名称编码,由清单编制人根据招标工程的工程量清单项目名称设置,同一分类分项工程为了区分不同的部位、质量、材料、规格等,划分出多个清单项目时,无论这些清单项目编排位置相隔多远,都要在相同的前九位编码之后,按清单项目出现的先后次序,自 001 起不间断、不重复、不颠倒的顺序编制十至十二位自编码,以三位不同的自编码来区分相同分类分项工程中的不同清单项目,保证在分类分项工程量清单中不出现相同的十二位清单项目编码。如坝基覆盖层一般土方开挖为 500101002001、溢洪道覆盖层一般土方开挖为 500101002002、进水口覆盖层一般土方开挖为 500101002003 等,依此类推。图 3-1 所示为编码 500101002001 各部分所代表的含义。

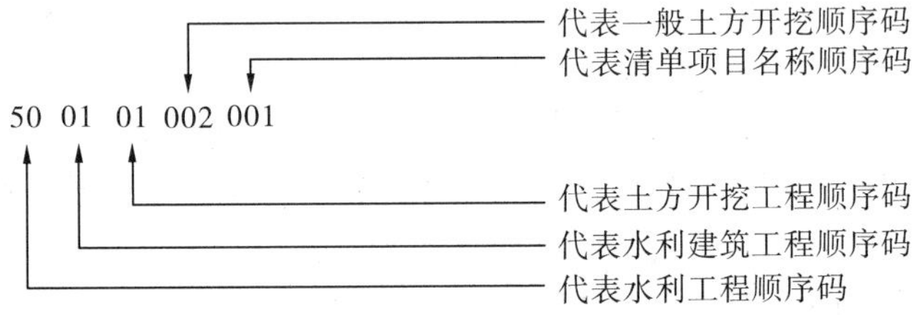

图 3-1　分类分项工程量清单项目编码含义

编制工程量清单应当杜绝项目编码错误及清单漏项、缺项。项目中可能存在项目名称和项目特征完全相同的分项工程,或项目编码的范围偏大,在工程量清单列项时应考虑全面,尽量减少缺项或漏项。例如,清单“止水工程”(500109008)下可分为紫铜片止水、橡胶止水带止水等,而紫铜片止水下又可分垂直止水和水平止水,应在清单编制或项目特征中加以说明。

为了体现项目层次,工程量清单项目一般需要编号,应对应项目编码采用如 1、1. 1、1. 1. 1、1. 1. 1. 1 等形式,一般不宜超过四级。

2. 项目名称

工程量清单的项目名称应描述明确，符合招标项目的特点。项目名称应按《水利工程工程量清单计价规范》(GB 50501—2007)的项目名称及项目主要特征，并结合招标工程的实际确定。分类分项工程量清单中的分类工程(即项目编码一至六位)必须按照《水利工程工程量清单计价规范》(GB 50501—2007)的规定依次选择顺序编制，不得更改，在同一项目划分级别下的分类工程名称不得重复。分类分项工程(即项目编码七至九位)的划分，按照工程项目属性选定分类分项工程的一至九位项目编码，顺序编制工程量清单中的最末一级分类分项工程项目。

工程量清单中的最末一级分类分项工程项目(即项目编码十至十二位)名称，按照工程部位(如边墙、顶拱等)、强度等级(如混凝土 C20、C30 等)、材质(如橡胶止水、铜片止水等)以及型号规格等，依序设置。分类分项工程量清单中的最末一级分类分项工程项目的名称应考虑 3 个因素：

(1)《水利工程工程量清单计价规范》(GB 50501—2007)附录中项目的名称。

(2)《水利工程工程量清单计价规范》(GB 50501—2007)附录中项目的主要特征。

(3)招标工程的实际情况。编制工程量清单时，还应考虑该项目的型号、规格、材质等特征要求，结合招标工程的实际情况，使分类分项工程量清单的项目名称尽可能具体化，能清晰地反映影响工程造价的主要因素，以利于合同管理。如表 3-74 中的钢筋网加工及安装分类分项工程项目，就是根据《水利工程工程量清单计价规范》(GB 50501—2007)附录 A. 11 钢筋、钢构件加工及安装工程中的钢筋加工及安装(500111001×××)项目的名称，并结合具体项目特征进行确定的，Φ 8@ 250×250 反映了钢筋的规格和间距，"边坡"和"洞内"反映了钢筋网的实际安装部位。

随着我国科学技术的不断进步，新设备、新材料、新技术、新工艺将伴随出现，《水利工程工程量清单计价规范》(GB 50501—2007)所编列有具体名称的分类工程项目或分类分项工程项目不可能全面覆盖所有工程项目，特别是对于加固、改建和扩建工程的项目尤为突出。编制工程量清单出现未包括的列有具体名称的分类工程项目或分类分项工程项目时，编制人可以根据该项目的属性、名称、型号、规格、材质等特征，在其他建筑工程中，或在所属建筑或安装的某分类工程中的其他分类分项工程项目内依序进行补充。

表 3-74　××隧洞工程分类分项工程量清单

序号	项目编码	项目名称	计量单位	工程数量	技术标准和要求(合同技术条款)编码	备注
		…				
1.5		隧洞				
		…				
1.5.5		钢筋、钢构件加工及安装工程				
1.5.5.1	500111001001	边坡钢筋网加工及安装 Φ 8@ 250×250	t	3	6	

续表 3-74

序号	项目编码	项目名称	计量单位	工程数量	技术标准和要求(合同技术条款)编码	备注
1.5.5.2	500111001002	洞内钢筋网加工及安装 Φ 8@ 250×250	t	10	6	
1.5.5.3	500111001003	钢筋加工及安装	t	3 400	8	
		…				

3. 项目特征

项目特征是对特定的清单项目的工作内容的具体要求,因此必须把内容描述清楚、全面、不遗漏,项目特征的描述应细致全面,在准确包括完成该项清单项目的所需工序及附属内容的同时也要尽量做到简明扼要,减去无实际意义的描述,主要应做到以下 3 个方面:

(1)对项目的自身特征的描述要简明扼要、避免歧义,如使用的材料、规格及型号等。

(2)对项目的工艺特征的描述要准确,如水泥深搅桩是多轴或单轴的描述等。

(3)不仅要注意项目工艺特征的描述,还要注意项目自身特征及施工特征的描述,如紫铜片止水的类型、是水平或是垂直、材质、规格尺寸、材料的主要性能指标、止水槽与沥青盒预制安装、填灌沥青材料等均应在清单项目特征内予以明确,土石方类别,弃土及取土的运距、压实度,混凝土灌注桩的孔径、孔深,混凝土的抗冻或抗渗等级,钢结构防腐层厚度,水泥土搅拌桩的水泥掺入比等。

4. 计量单位

分类分项工程量清单的计量单位按《水利工程工程量清单计价规范》(GB 50501—2007)规定的计量单位确定。以 m^3、m^2、m、kg、个、项、根、块、台、套、组、面、只、相、站、孔、束等为单位的,应取整数。以 t、km 为单位的,应保留小数点后两位数字,第三位数字四舍五入。《水利工程工程量清单计价规范》(GB 50501—2007)中部分分类分项工程有两种计量单位可供选用,如岩石层固结灌浆,其计量单位有"m"和"t"两种,招标人可根据具体情况选择,但在同一标段中的同一个分类分项工程应采用同一种计量单位,以利于统计和管理。

5. 工程量及计算规则

工程量清单是投标人投标报价的基础。除合同另有约定外,分类分项工程量清单中的工程量是根据招标设计图纸按《水利工程工程量清单计价规范》(GB 50501—2007)工程量计算规则计算的用于投标报价的估算工程量,不作为合同最终结算工程量。合同最终结算工程量是承包人实际完成并符合合同技术标准及要求和《水利工程工程量清单计价规范》(GB 50501—2007)工程量计算规则等规定,按施工图纸计算的有效工程量。主要分类工程工程量计算规则见本章第六节相关内容。

6. 编制方法

为使分类分项工程量清单的项目划分更清晰,以利于满足不同招标人对合同管理的习惯,工程量清单编制单位可先划分工程部位,后划分分类工程;也可先划分分类工程,后划分工程部位。无论序号将项目划分为多少层次或级别,仅对分类分项工程量清单中的最末一级分类分项工程项目进行编码。分类分项工程量清单的序号仅表示工程量清单项目间的层级关系和次序,没有其他特定含义,原则上应自 001 起不间断、不重复、不颠倒的顺序编制。

1)先划分工程部位,后划分分类工程

一级项目按不同工程部位进行编制,二级项目按分类工程顺序进行编制,三级项目按分类分项工程项目进行编制。

如表 3-75 中东风涵和建设涵为一级项目,东风涵中的土方开挖工程、土石方填筑工程、混凝土工程等为二级项目。

表 3-75　××枢纽工程分类分项工程量清单

序号	项目编码	项目名称	计量单位	工程数量	技术标准和要求(合同技术条款)编码	备注
1		东风涵				
1.1		土方开挖工程				
1.1.1	500101002001	土方开挖	m^3	10 000	4	
1.2		土石方填筑工程				
1.2.1	500103001001	土方回填	m^3	8 000	5	
1.2.2	500103007001	垫层	m^3	80	5	
1.3		混凝土工程				
1.3.1	500109001001	混凝土涵洞 C20	m^3	80	9	
1.3.2	500109001002	底板 C20	m^3	110	9	
1.3.3	500109001003	墙 C20	m^3	160	9	
		…				
2		建设涵				
2.1		土方开挖工程				
2.1.1	500101002002	土方开挖	m^3	11 000	4	
2.2		土石方填筑工程				
2.2.1	500103001002	土方回填	m^3	7 000	5	
2.2.2	500103007002	垫层	m^3	100	5	

续表 3-75

序号	项目编码	项目名称	计量单位	工程数量	技术标准和要求(合同技术条款)编码	备注
2. 3		混凝土工程				
2. 3. 1	500109001014	混凝土涵洞 C20	m^3	70	9	
2. 3. 1	500109001015	底板 C20	m^3	110	9	
2. 3. 3	500109001016	池墙 C20	m^3	180	9	
		…				

2)先划分分类工程,后划分工程部位

一级项目按分类工程顺序进行编制,二级项目按不同工程部位进行编制,三级项目按分类分项工程项目进行编制。

如表 3-76 中土方开挖工程、土石方填筑工程等为一级项目,施工围堰土方开挖、基坑土方开挖、上下游引河土方开挖、施工围堰土石方填筑、岸墙两侧填筑土石方填筑等为二级项目。

表 3-76　××枢纽工程分类分项工程量清单

序号	项目编码	项目名称	计量单位	工程数量	技术标准和要求(合同技术条款)编码	备注
1		土方开挖工程				
1. 1		施工围堰土方开挖				
1. 1. 1	500101002001	基坑施工围堰的拆除水上	m^3	50 000	3	
1. 2	500101002004	基坑土方开挖	m^3	120 000	2	
1. 3		上下游引河土方开挖				
1. 3. 1	500101002005	上游引河土方开挖	m^3	90 000	2	
1. 3. 2	500101002006	下游引河土方开挖	m^3	400 000	2	
2		土石方填筑工程				
2. 1		施工围堰土石方填筑				
2. 1. 1	500103015001	施工围堰的拆除	m^3	50 000	3	
2. 2		岸墙两侧填筑土石方填筑				
2. 2. 1	500103001001	岸墙后填筑	m^3	13 000	4	
2. 2. 2	500103001002	其他填筑	m^3	230 000	4	
		…				

7. 常见分类工程工程量清单编制

1) 土方开挖工程工程量清单编制

(1) 场地平整(500101001×××)。

适用于挖(填)平均厚度在0.5 m以内的场地清理、平整工程。场地平整的工程量按招标设计图示场地平整面积计量。项目编码宜根据设计深度确定,可按不同部位、不同土类级别、不同运距等区别自500101001001起依次顺序编码。若设计深度难以区分不同部位、不同土类级别、不同运距,或为避免在合同履行期,因合同双方所依据的划分标准不一致,导致产生合同争议、变更或索赔,则可合并采用500101001001一个项目编码,以下各项目的编码编制,均可按此原则处理。

挖(填)平均厚度超过0.5m的场地清理、平整工程,开挖可划归为一般土方开挖工程,填筑划归为土石方填筑工程。

(2) 一般土方开挖(500101002×××)。

适用于除渠道、沟、槽、坑土方开挖外的一般性土方明挖。包括场地平整工程中挖(填)平均厚度超过0.5 m的一般土方开挖。土方明挖应根据招标设计图示轮廓尺寸判断土方开挖属于坑、沟(槽)、渠道或一般土方开挖,判断依据为:

①底宽>3 m、长度>3倍底宽的土方明挖为渠道土方开挖(500101003×××)。

②底宽≤3 m、长度>3倍底宽的土方明挖为沟、槽土方开挖(500101004×××)。

③底宽≤3 m、长度≤3倍底宽、深度小于或等于上口短边或直径的土方明挖为坑土方开挖(500101005×××)。

不属于上述3种情况的土方明挖为一般土方开挖。

一般土方开挖的工程量按招标设计图示轮廓尺寸计算的有效自然方体积计量。项目编码可按不同部位、不同土类级别、不同运距等区别自500101002001起依次顺序编码。

(3) 渠道土方开挖(500101003×××)。

适用于底宽>3 m、长度>3倍底宽的渠道土方明挖。对于底宽>3 m、长度>3倍底宽的非渠道土方明挖,应视为一般土方开挖。渠道土方开挖的工程量按招标设计图示轮廓尺寸计算的有效自然方体积计量。项目编码可按不同部位、不同土类级别、不同断面尺寸、不同运距等区别自500101003001起依次顺序编码。

(4) 沟、槽土方开挖(500101004×××)。

适用于底宽≤3 m、长度>3倍底宽的土方明挖。沟、槽土方开挖的工程量按招标设计图示轮廓尺寸计算的有效自然方体积计量。项目编码可按不同部位、不同土类级别、不同断面尺寸、不同运距等区别自500101004001起依次顺序编码。

(5) 坑土方开挖(500101005×××)。

适用于底宽≤3 m、长度≤3倍底宽、深度小于或等于上口短边或直径的土方明挖。对于底宽≤3 m、长度≤3倍底宽、深度大于上口短边或直径的土方明挖,应视为竖井土方开挖。坑土方开挖的工程量按招标设计图示轮廓尺寸计算的有效自然方体积计量。项目编码可按不同部位、不同土类级别、不同断面尺寸、不同运距等区别自 500101005001 起依次顺序编码。

(6)其他。

覆盖层开挖,按地质资料的土石分界线计算土方开挖和石方开挖的工程数量,分别列项并进行编码。河床冲积层开挖、石料场剥离层开挖及清坡工程,根据地质资料的土石分界线,需进行钻爆作业的,按石方开挖工程编码;不需进行爆破或破碎的,按土方开挖工程编码。含石渣的土方、风化石渣开挖,按砂砾石开挖(500101006×××)编码。土石围堰水下部分拆除按水下土石填筑体拆除(500103015×××)编码,土石围堰水上部分拆除按其他土石方填筑工程(500103016×××)编码。

增运项目,原则上不进行编码。土方开挖与土方运输不在同一标段时,土方运输项目仍按土方开挖工程编码。开挖标段的土方开挖工程按招标设计图示轮廓尺寸计算的有效自然方体积计量;土方运输标段的土方运输项目按土方堆方体积计量;填筑料运输标段的填筑料运输项目按招标设计图示尺寸计算的填筑体有效压实方体积计量。

2)土石方填筑工程工程量清单编制

分类分项工程一般适用于土石坝、土堤、围堰的填筑工程,同时也适用于水利建筑物的其他填筑工程。

(1)一般土方填筑(500103001×××)。

适用于土坝、土堤等一般土方填筑。一般土方填筑的工程量按招标设计图示尺寸计算的填筑体有效压实方体积计量。项目编码可按不同部位、不同压实密度、不同运距等区别自 500103001001 起依次顺序编码。

(2)黏土料填筑(500103002×××)。

适用于土石坝、围堰等的防渗体黏土料填筑。黏土料填筑的工程量按招标设计图示尺寸计算的填筑体有效压实方体积计量。项目编码可按不同部位、不同压实密度、不同运距等区别自 500103002001 起依次顺序编码。

(3)反滤料填筑(500103005×××)。

适用于土石坝、围堰等的防渗体与过渡层料之间的反滤料及滤水坝趾反滤料填筑。反滤料填筑的工程量按招标设计图示尺寸计算的填筑体有效压实方体积计量。项目编码可按不同部位、不同运距等区别自 500103005001 起依次顺序编码。

(4)过渡层料填筑(500103006×××)。

适用于土石坝、围堰等的反滤料与坝壳之间的过渡层料填筑。过渡层料填筑的工程量按招标设计图示尺寸计算的填筑体有效压实方体积计量。项目编码可按不同部位、不同运距等区别自 500103006001 起依次顺序编码。

(5)垫层料填筑(500103007×××)。

适用于面板坝的面板与坝壳之间的垫层料填筑。

垫层料填筑的工程量按招标设计图示尺寸计算的填筑体有效压实方体积计量。项目编码可按不同部位、不同运距等区别自 500103007001 起依次顺序编码。

(6)土工合成材料铺设(500103014×××)。

适用于防渗结构的土工合成材料铺设。土工合成材料铺设的工程量按招标设计图示尺寸计算的有效面积计量。项目编码可按不同部位、不同材质、不同规格等区别自 500103014001 起依次顺序编码。土工布、复合柔毡、塑料薄膜、土工膜、复合土工膜等防渗材料的铺设均按土工合成材料铺设(500103014×××)项目编码。

(7)水下土石填筑体拆除(500103015×××)。

适用于围堰等水下土石填筑体拆除。水下土石填筑体拆除的工程量按招标设计文件要求,以拆除前后水下地形变化计算的体积计量。项目编码可按不同部位、不同运距等区别自 500103015001 起依次顺序编码。

3)疏浚和吹填工程工程量清单编制

(1)船舶疏浚(500104001×××)。

适用于在不同土壤中的水下疏浚,并排泥于指定地点。船舶疏浚的工程量按招标设计图示轮廓尺寸计算的水下有效自然方体积计量。项目编码可按不同部位、不同土(砂)级别、排泥管线长度等区别自 500104001001 起依次顺序编码。

(2)其他机械疏浚(500104002×××)。

适用于在不同土壤中的水下疏浚,并排泥于指定地点。其他机械疏浚的工程量按招标设计图示轮廓尺寸计算的水下有效自然方体积计量。项目编码可按不同部位、不同土(砂)级别、排泥管线长度等区别自 500104002001 起依次顺序编码。

(3)船舶吹填(500104003×××)。

适用于吹填坝、堤,淤积田地及场地。船舶吹填的工程量按招标设计图示轮廓尺寸计算的有效吹填体积计量。项目编码可按不同部位、不同土(砂)级别、排泥管线长度等区别自 500104003001 起依次顺序编码。

(4)其他机械吹填(500104004×××)。

适用于吹填坝、堤,淤积田地及场地。其他机械吹填的工程量按招标设计图示轮廓尺寸计算的有效吹填体积计量。项目编码可按不同部位、不同土(砂)级别、排泥管线长度等区别自 500104004001 起依次顺序编码。

(5)其他疏浚和吹填工程(500104005×××)。

指除以上 4 类(500104001×××~500104004×××)外的其他疏浚和吹填工程。其他疏浚和吹填工程的工程量按招标设计的有效工程量计量。项目编码可视具体情况,按不同部位、不同疏浚和吹填工程等区别自 500104005001 起依次顺序编码。水力冲挖土方按其他疏浚和吹填工程自 500104005×××项目编码。

4)砌体工程工程量清单编制

(1)干砌块石(500105001×××)。

适用于干砌块石挡墙、护坡等。干砌块石的工程量按招标设计图示尺寸计算的有效砌筑体积计量。项目编码可按不同部位、结构形式等区别自 500105001001 起依次顺序编码。

(2)浆砌块石(500105003×××)。

适用于浆砌块石挡墙、护坡、排水沟、渠道等。浆砌块石的工程量按招标设计图示尺寸计算的有效砌筑体积计量。项目编码可按不同部位、结构形式等区别自 500105003001 起依次顺序编码。

(3)浆砌卵石(500105004×××)。

适用于浆砌卵石挡墙、护坡、排水沟、渠道等。浆砌卵石的工程量按招标设计图示尺寸计算的有效砌筑体积计量。项目编码可按不同部位、结构形式等区别自 500105004001 起依次顺序编码。

(4)浆砌条(料)石(500105005×××)。

适用于浆砌条(料)石挡墙、护坡、墩、台、堰、低坝、拱圈、衬砌等。浆砌条(料)石的工程量按招标设计图示尺寸计算的有效砌筑体积计量。项目编码可按不同部位、结构形式等区别自 500105005001 起依次顺序编码。

(5)砌砖(500105006×××)。

适用于砖砌的墙、柱、基础等。砌砖的工程量按招标设计图示尺寸计算的有效砌筑体积计量。项目编码可按不同部位、结构形式等区别自 500105006001 起依次顺序编码。

(6)干砌混凝土预制块(500105007×××)。

适用于挡墙、隔墙等干砌混凝土预制块。干砌混凝土预制块的工程量按招标设计图示尺寸计算的有效砌筑体积计量。项目编码可按不同部位、结构形式等区别自 500105007001 起依次顺序编码。

(7)浆砌混凝土预制块(500105008×××)。

适用于挡墙、隔墙、护坡、护底、墩、台等浆砌混凝土预制块。浆砌混凝土预制块的工程量按招标设计图示尺寸计算的有效砌筑体积计量。项目编码可按不同部位、结构形式等区别自 500105008001 起依次顺序编码。

(8)砌体拆除(500105009×××)。

适用于挡墙、隔墙、护坡、护底、墩、台等各种形式的砌体拆除。砌体拆除的工程量按招标设计图示尺寸计算的拆除体积计量。项目编码可按不同部位、结构形式等区别自 500105009001 起依次顺序编码。

(9)砌体砂浆抹面(500105010×××)。

适用于挡墙、隔墙、护坡、护底、墩、台等各种形式的砌体砂浆抹面。砌体砂浆抹面的工程量按招标设计图示尺寸计算的有效抹面面积计量。项目编码可按不同部位、结构形式等区别自 500105010001 起依次顺序编码。

5)混凝土工程工程量清单编制

(1)普通混凝土(500109001×××)。

适用于坝、堤、堰、梁、板、柱、墙、排架、墩、台、屋面及衬砌混凝土等。普通混凝土的工程量按招标设计图示尺寸计算的有效实体方体积计量。项目编码可根据不同部位、不同龄期、不同强度等级、不同级配、不同抗渗、不同抗冻、不同抗磨等区别自 500109001001 起依次顺序编码。钢纤维混凝土、微纤维混凝土、硅粉混凝土、钢砂混凝土等特殊材料配合比的混凝土,按工艺要求划分仍属普通混凝土范畴,因此原则上按普通混凝土(500109001×××)项目进行编码。微纤维、钢纤维等材料原则上也不得单独列项,其费用包含在相应混凝土项目有效工程量的工程单价中。招标人若要求将模板使用费摊入到混凝土工程单价中,则应在分类分项工程量清单的备注栏中予以特别注明。

(2)二期混凝土(500109006×××)。

适用于机电和金属结构设备基础埋件(如蜗壳、闸门槽等)的二期混凝土及预留宽槽、封闭块的混凝土等。二期混凝土的工程量按招标设计图示尺寸计算的有效实体方体积计量。钢筋和埋件等所占用的空间不予扣除。项目编码可根据不同部位、不同强度等级、不同级配等区别自 500109006001 起依次顺序编码。

(3)止水工程(500109008×××)。

适用于水工建筑物。止水工程的工程量按招标设计图示尺寸计算的有效长度计量。项目编码可提据不同部位、不同止水材料、不同规格等区别自 500109008001 起依次顺序编码。

(4)伸缩缝(500109009×××)。

适用于水工建筑物。伸缩缝的工程量按招标设计图示尺寸计算的有效面积计量。项目编码可根据不同部位、不同填料种类等区别自 500109009001 起依次顺序编码。用于混凝土隔热保温的聚苯乙烯泡沫塑料板,不单独列项,其费用包含在相应混凝土有效工程量的工程单价中;用于填充混凝土伸缩缝的聚乙烯泡沫塑料板,按伸缩缝(500109009×××)项目编码。

(5)混凝土凿除(500109010×××)。

适用于各部位混凝土。混凝土凿除的工程量按招标设计图示凿除范围内的实体方体积计量。项目编码可根据不同部位、断面尺寸等区别自 500109010001 起依次顺序编码。混凝土凿毛不应单独列项,其费用包含在相应混凝土工程单价中。混凝土凿毛不同于混凝土凿除(500109010×××)和混凝土拆除(500102013×××)。混凝土凿毛:在新老混凝土结合面,采用高压水枪、风砂枪等或人工将老混凝土表层清除,形成有利于层间结合的麻面,称之为混凝土凿毛。混凝土凿除:指较小体积的混凝土清除,按混凝土凿除(500109010×××)项目编码。混凝土拆除:指较大体积的混凝土清除,按其他石方开挖工程(500102013×××)项目编码,以“m^3”为计量单位。

某枢纽工程混凝土部分分类分项工程量清单编制示例如表 3-77 所示。

表 3-77　分类分项工程量清单（示例）

合同编号：

标段名称：　　　　　　　　　　　　　　　　　　　　　　　　第　页、共　页

序号	项目编码	项目名称	计量单位	工程数量	单价(元)	合价(元)	技术标准和要求(合同技术条款)章节(略)
6	500109	混凝土工程					
6.1	500109001	普通混凝土					
		泵站混凝土工程					
6.1.1	500109001001	C25 站身底板混凝土	m^3	1 526.9			
6.1.2	500109001002	C25 进水流道混凝土(掺纤维)	m^3	1 440.1			
6.1.3	500109001003	C25 上游空箱墩墙混凝土	m^3	1 559.5			
6.1.4	500109001004	C25 上游空箱隔板混凝土(掺纤维)	m^3	261.3			
		节制闸混凝土工程					
6.1.27	500109001001	C25 底板混凝土	m^3	2 060.7			
6.1.28	500109001002	C25 闸墩混凝土(掺纤维)	m^3	1 676.8			
6.1.29	500109001003	C25 胸墙混凝土(掺纤维)	m^3	109.8			
6.1.30	500109001004	C25 空箱底板混凝土	m^3	417.2			
		翼墙、隔水墙、护坦					
6.1.41	500109001001	C25 上下游翼墙底板混凝土	m^3	2 660.6			
6.1.42	500109001002	C25 上下游翼墙前墙混凝土	m^3	1 591.4			
6.1.43	500109001003	C25 上下游翼墙扶壁混凝土	m^3	1 082.5			
		引河混凝土工程					
6.1.53	500109001001	C20 素混凝土护坡	m^3	3 424.0			
6.1.54	500109001002	C20 素混凝土隔埂	m^3	1 042.0			
6.1.55	500109001003	C20 素混凝土踏步	m^3	193.8			
		清污机桥					
6.1.56	500109001001	C25 清污机桥底板混凝土	m^3	425.6			
6.1.57	500109001002	C25 清污机桥墩墙混凝土	m^3	730.9			
6.1.58	500109001003	C25 清污机桥桥面板混凝土	m^3	141.1			
6.1.59	500109001004	C25 素混凝土清污坡道	m^3	263.7			
6.1.60	500109001005	C20 素混凝土封底	m^3	40.1			

续表 3-77

序号	项目编码	项目名称	计量单位	工程数量	单价(元)	合价(元)	技术标准和要求(合同技术条款)章节(略)
6.1.61	500109001006	聚丙烯腈混凝土纤维	kg	5 960.0			
6.2	500109006	二期混凝土					
6.2.1	500109006001	节制闸、泵站门槽混凝土(C30)	m^3	138.2			
6.2.2	500109006002	清污机埋件混凝土 C30	m^3	25.0			
6.4	500109008	止水工程					
6.4.1	500109008001	水平紫铜片止水(厚 1.2 mm,宽 35 cm)	m	577.3			
6.5	500109011	其他混凝土工程					
6.5.1	500109011001	C25 素混凝土清污坡道路面	m^3	45.0			

6)基础防渗和地基加固工程

(1)混凝土地下连续墙(500108001×××)。

适用于在砂卵石或松散土地基上建造防渗墙、支护墙、防冲墙、承重墙等。混凝土地下连续墙的工程量按招标设计图示尺寸计算不同墙厚的有效连续墙体截水面积计量。项目编码可根据不同部位、不同地层类别、不同墙厚、不同墙深、不同混凝土强度等级等区别自 500108001001 起依次顺序编码。

(2)高压喷射注浆连续防渗墙(500108002×××)。

适用于对松散透水地基的防渗处理。高压喷射注浆连续防渗墙的工程量按招标设计图示尺寸计算不同墙厚的有效连续墙体截水面积计量。项目编码可根据不同部位、不同地层类别、不同墙厚、不同墙深、不同高喷材料材质等区别自 500108002001 起依次顺序编码。

(3)高压喷射水泥搅拌桩(500108003×××)。

适用于软弱地基加固。高压喷射水泥搅拌桩的工程量按招标设计图示尺寸计算的有效成孔长度计量。项目编码可根据不同部位、不同地层类别、不同桩径、不同桩长等区别自 500108003001 起依次顺序编码。

(4)混凝土灌注桩(500108004×××)。

适用于软弱地基加固。混凝土灌注桩的工程量按招标设计图示尺寸计算的造孔(沉管)灌注桩灌注混凝土的有效体积(不含灌注桩顶设计高程以上需要挖去的混凝土)计量。项目编码可根据不同部位、不同岩土类别、不同桩径、不同桩长、不同混凝土强度等级等区别自 500108004001 起依次顺序编码。

(5)钢筋混凝土预制桩(500108005×××)。

适用于软弱地基加固。钢筋混凝土预制桩的工程量按招标设计图示桩径、桩长，以有效根数计量。项目编码可根据不同部位、不同岩土类别、不同桩径、不同桩长、不同混凝土强度等级等区别自 500108005001 起依次顺序编码。

(6)振冲桩加固地基(500108006×××)。

适用于软弱地基加固。振冲桩加固地基的工程量按招标设计图示尺寸计算的有效振冲成孔长度计量。项目编码可根据不同部位、不同岩土类别、不同孔径、不同孔深、不同填料种类及材质等区别自 500108006001 起依次顺序编码。

7)模板工程

模板工程中的普通模板包括平面模板、曲面模板、异型模板、预制混凝土模板等；其他模板包括装饰模板等。立模面积为混凝土与模板的接触面积，坝体纵、横缝键槽模板的立模面积按各立模面在竖直面上的投影面积计算(即与无键槽的纵、横缝立模面积计算相同)。模板按招标设计的混凝土建筑物(包括碾压混凝土和沥青混凝土)结构体形、浇筑分块和跳块顺序要求所需有效立模面积计量。不与混凝土面接触的模板面积不予计量，其费用应摊入到相应模板有效工程量的工程单价中。

不构成混凝土永久结构、作为模板周转使用的预制混凝土模板，应计入吊运、吊装的费用。构成永久结构的预制混凝土模板，按预制混凝土构件计量计价。模板制作安装中所用钢筋、小型钢构件，应摊入相应模板有效工程量的工程单价中。模板工程结算的工程量，按实际完成进行周转使用的有效立模面积计算。

(1)普通模板(500110001×××)。

适用于浇筑混凝土的普通模板。普通模板的工程量按招标设计图示建筑物体形、浇筑分块和跳块顺序要求所需有效立模面积计量。项目编码可根据不同部位、不同模板类型、不同材质、不同支撑形式等区别自 500110001001 起依次顺序编码。

(2)滑动模板(500110002×××)。

适用于溢流面、混凝土面板、闸墩、立柱、竖井等的滑模。滑动模板的工程量按招标设计图示建筑物体形、浇筑分块和跳块顺序要求所需有效立模面积计量。项目编码可根据不同部位、不同模板结构尺寸等区别自 500110002001 起依次顺序编码。

(3)移直模板(500110003×××)。

适用于模板台车、针梁模板、爬升模板等。移置模板的工程量按招标设计图示建筑物体形、浇筑分块和跳块顺序要求所需有效立模面积计量。项目编码可根据不同部位、不同模板类型、不同模板结构尺寸等区别自 500110003001 起依次顺序编码。

(4)其他模板工程(500110004×××)。

指除以上 3 类外的其他模板工程。其他模板工程的工程量按招标设计的有效工程量计量。项目编码可视具体情况，按不同部位、不同模板工程等区别自 500110004001 起依次顺序编码。

8)钢筋加工及安装工程

适用于钢筋混凝土中的钢筋、喷混凝土(浆)中的钢筋网、砌筑体中的拉结筋等。钢筋加工及安装的工程量按招标设计图示尺寸计算的有效重量计量。项目编码可根据不同部位、不同钢筋牌号、不同型号规格等区别自 500111001001 起依次顺序编码。

9)预制混凝土工程

(1)预制混凝土构件(500112001×××)。

适用于梁、板、拱、块、桩、渡槽、排架等。预制混凝土构件的工程量按招标设计图示尺寸计算的有效实体方体积计量。项目编码可根据不同部位、不同混凝土强度等级、不同构件结构尺寸等区别自500112001001起依次顺序编码。

(2)预制混凝土模板(500112002×××)。

适用于周转使用的预制混凝土模板。预制混凝土模板的工程量按招标设计图示尺寸计算的有效实体方体积计量。项目编码可根据不同用途、不同混凝土强度等级、不同模板结构尺寸等区别自500112002001起依次顺序编码。

(3)预制预应力混凝土构件(500112003×××)。

适用于预应力混凝土桥梁等。预制预应力混凝土构件的工程量按招标设计图示尺寸计算的有效实体方体积计量。项目编码可根据不同用途、不同混凝土强度等级、不同构件结构尺寸、不同预应力强度等区别自500112003001起依次顺序编码。

(4)混凝土预制件吊装(500112005×××)。

适用于具有一定安装高度的预制混凝土构件。混凝土预制件吊装的工程量按招标设计要求,以安装预制件的体积计量。项目编码可根据不同部位、不同构件结构尺寸、不同重量等区别自500112005001起依次顺序编码。

需要注意的是:构成永久结构混凝土工程有效实体、不周转使用的预制混凝土模板,按预制混凝土构件计量。预制混凝土工程计算有效体积时,不扣除埋设于构件体内的埋件、钢筋、预应力锚索及附件等所占体积。

10)金属结构设备安装工程工程量清单编制

编制金属结构设备安装工程工程量清单时,对于以各种型号规格的同一类设备归并列项(无明细项目),或各类设备项目之下均设置明细项目,或以各种型号规格的同一类设备归并列项,但其中部分设备设置明细项目等多种组合情况,编码规则是:只要属于规定的同一类设备,则仅对该类设备项目之下的最末级项目自001起顺序进行编码。以"项""套""台"等为单位的分类分项工程,根据需要若在该分类分项工程项目之下设置明细项目,则不再对该分类分项工程项目进行编码,并取消其计量单位和工程数量,只对该分类分项工程项目之下的明细项目在该分类分项工程前九位项目编码基础上自001起顺序编码。以重量为单位计算工程量的金属结构设备或未计价装置性材料,如闸门、拦污栅、埋件、压力钢管等,按招标设计图示尺寸计算的有效重量计量。

(1)油压启闭机设备安装(500202002×××)。

油压启闭机设备安装的工程量按招标设计图示的数量计量。项目编码可按不同部位、不同型号规格、不同重量等区别自500202002001起依次顺序编码。附属于启闭设备的电气设备安装不应单独列项,其费用包含在启闭设备安装单价中。

(2)卷扬式启闭机设备安装(500202003×××)。

卷扬式启闭机设备安装的工程量按招标设计图示的数量计量。项目编码可按不同部位、不同型号规格、不同重量等区别自500202003001起依次顺序编码。

(3)闸门设备安装(500202005×××)。

闸门设备安装的工程量按招标设计图示尺寸计算的有效重量计量。项目编码可按不同部位、不同形式、不同重量等区别自 500202005001 起依次顺序编码。闸门止水装置不应单独列项,其费用包含在闸门设备安装单价中。闸门的防腐、防锈处理不应单独列项,其费用包含在闸门设备安装单价中。

(4)拦污栅设备安装(500202006×××)。

拦污栅设备安装的工程量按招标设计图示尺寸计算的有效重量计量。项目编码可按不同部位、不同结构、不同重量等区别自 500202006001 起依次顺序编码。

(5)一期埋件安装(500202007×××)。

一期埋件安装的工程量按招标设计图示尺寸计算的有效重量计量。项目编码可按不同部位、不同结构、不同重量等区别自 500202007001 起依次顺序编码。

(6)其他设备安装

螺杆式启闭机、清污机、闸门压重物、储门库的安装,按其他金属结构设备安装工程(500202009×××)项目编码。启闭机拆除(回收)按其他金属结构设备安装工程(500202009×××)项目编码。

(7)其他。

对于需要投标人转运部分永久设备或采购少量小型永久设备及未计价装置性材料的水利安装工程,可根据招标工程实际情况对分类分项工程量清单表式进行调整,如表 3-78 所示。

表 3-78 ××工程分类分项工程量清单

序号	项目编码	项目名称	计量单位	工程数量	单价(元)		合价(元)		主要技术条款编码	备注
					永久设备及未计价装置性材料费	安装费	永久设备及未计价装置性材料费	安装费		
		…								
2		金属结构设备安装工程								
2.1		压力钢管加工及安装								
2.1.1	500202008001	压力钢管	t	4 249					11	安装费栏填报加工费和安装费
2.2		机组尾水检修闸门工程								
2.2.1	500202005001	机组尾水检修闸门门叶	t	1 444	×		×		12	招标人供应设备到现场
2.2.2	500202005002	机组尾水检修闸门门槽	t	605	×		×		12	招标人供应设备到现场

续表 3-78

序号	项目编码	项目名称	计量单位	工程数量	单价(元)		合价(元)		主要技术条款编码	备注
					永久设备及未计价装置性材料费	安装费	永久设备及未计价装置性材料费	安装费		
2.2.3	500202005003	1号尾水隧洞出口检修闸门门叶	t	283	×		×		12	招标人供应设备到现场
2.2.4	500202005004	1号尾水隧洞出口检修闸门门槽	t	94	×		×		12	招标人供应设备到现场
2.3		启闭设备工程								
2.3.1	500202003001	机组尾水检修闸门台车式启闭机	t	182.6					12	招标人供应设备到××转运站机电物资库,承包人负责转运,设备费栏至填报运杂费
						小计		合计		

①招标人供应设备到安装现场,由投标人负责安装的设备,编制工程量清单时应在相应工程量清单的单价和合价中的永久设备及未计价装置性材料费栏以“×”标示。

②由投标人负责采购设备或对招标人供应的永久设备进行转运时,应在工程量清单的备注栏中进行说明,以明示投标人在永久设备及未计价装置性材料费栏只计入设备费或永久设备的转运费。

③需要投标人填报未计价装置性材料费、加工费及安装费的项目,在分类分项工程量清单计价表的永久设备及未计价装置性材料费栏内填报未计价装置性材料费或半成品材料费,在安装费栏内填报加工费和安装费。

(a)招标人按统供价格供应原材料,投标人在进行加工和安装过程中原材料的操作损耗所发生的费用,应按原材料的统供预算价格计算并摊入有效工程量的工程单价中。

(b)招标人免费提供制作加工后的半成品,如压力钢管,由投标人负责安装,投标人对于半成品在安装过程中的操作损耗所发生的费用,不应摊入有效工程量的工程单价中。

④需要投标人采购较多永久设备或未计价装置性材料的水利安装工程,应将设备和未计价装置性材料采购工程工程量清单与安装工程工程量清单分开进行编制。设备及未计价装置性材料采购工程工程量清单应尽量保持与规定的协调和统一。

(五)措施项目清单

措施项目清单是为保证工程建设质量、工期、进度、环保、安全和社会和谐而必须采取的措施。

措施项目一般是总价承包。凡能列出工程数量并按单价结算的措施项目,应列入分类分项工程量清单。措施项目清单应对照技术标准和要求(合同技术条款)相关章节编制,一般包括:进场费、退场费、保险费、现场施工测量、现场试验、施工交通设施、施工及生活供电设施、施工及生活供水设施、施工供风设施、施工照明设施、施工通信和邮政设施、砂石料生产系统、混凝土生产系统、附属加工厂、仓库和堆存料场、弃渣场、临时生产管理和生活设施、非直接属于具体工程项目的施工安全防护措施、环境保护专项措施费、水土保持专项措施费、文明施工专项措施费、施工期安全防洪度汛措施费、大型施工设备安拆费等。由于水利工程涵盖范围广,建设项目类型、作用、规模、工期差别很大,决定了水利工程措施项目的不确定性,同时除工程本身因素外,还涉及水文、气象、环保、安全等因素。凡属应由施工企业采取的必要措施项目,在"措施项目清单"中没有的项目,可由投标人补充,一般情况下,措施项目清单应编制一个"其他"作为最末项。

措施项目清单编制示例见表 3-79。

表 3-79　措施项目清单(示例)

合同编号:

标段名称:　第　页、共　页

序号	项目名称	单位	金额(元)
1	现场施工测量	项	总价
2	现场试验	项	总价
3	施工交通设施	项	总价
4	施工及生活供电设施	项	总价
5	施工及生活供水设施	项	总价
6	施工供风设施	项	总价
7	施工照明设施	项	总价
8	施工通信和邮政设施	项	总价
9	混凝土拌和及浇筑系统(含废水处理)	项	总价
10	附属加工厂	项	总价
11	仓库和存料场	项	总价
12	弃渣场	项	总价
13	临时生产管理和生活设施	项	总价
14	环境保护专项措施费	项	总价
15	水土保持专项措施费	项	总价
16	非直接属于具体工程项目的施工安全防护措施费	项	总价

续表 3-79

序号	项目名称	单位	金额(元)
17	文明工地专项措施费	项	总价
18	施工企业进场费	项	总价
19	施工企业退场费	项	总价
20	承包人的人身意外险	项	总价
21	施工导流措施	项	总价
22	基坑排水	项	总价
23	施工期安全防洪度汛措施费	项	总价
24	其他临时设施(不包括设备)	项	总价
	合计		

(六)其他项目清单

1. 暂列金额

其他项目清单可列暂列金额和暂估价两项,金额由招标人填写,其数额可视招标设计深度及估计可能引起的变更额度确定,一般可取估算合同价格的5%左右。

暂列金额用于在招标投标阶段直至合同协议书签订时尚未确定或者不可预见变更的施工及其所需材料、工程设备、服务等的金额,包括以计日工方式支付的金额。暂列金额类似于FIDIC合同条款中的Provisional Sum,在实际履约过程中可能发生,也可能不发生。暂列金额在《水利水电工程施工合同文件和招标文件示范文本》(GF—2000—0208)称之为备用金。而计日工则相当于其中的零星工作项目。

暂列金额列入合同价格,但属于发包人所有,并不是属于承包人所有或一定要发生,只能按照监理人的指示使用。按照合同约定暂列金额的使用情形实际发生后,才成为承包人应得金额,纳入合同结算价款中。事实上,即便是总价包干合同,也不是列入合同价格的任何金额都属于承包人的,是否属于承包人应得金额取决于具体的合同约定,暂列金额从定义开始就明确,只有按照合同约定程序实际发生后,才能成为承包人的应得金额,纳入合同结算价款中。扣除实际发生金额后的暂列金额余额仍属于发包人所有。

设立的暂列金额并不能保证合同结算价格就不会再出现超过合同价格的情况,是否超出合同价格完全取决于工程量清单编制人对工程设计变化、地质状态等归属于暂列金额预测、准确性的把握,以及工程建设过程是否按照预测的轨道进展,也即是否出现了其他事先未预测到的事件。

2. 暂估价项目

暂估价是指招标投标阶段直至签订合同协议书时,招标人在招标文件中给定的用于支付必然要发生但暂时不能确定材料、设备以及专业工程价格的项目金额。暂估价类似于 FIDIC 合同条款中的 Prime Cost Items,在招标阶段预见肯定要发生,只是因为标准不明确或者需要由专业承包人完成,暂时无法确定具体价格。暂估价数量和拟用子目应当结合“工程量清单”的“暂估价表”给予补充说明。

如果暂估价表中没有反映拟用子目的说明,可以采取两种处理方式:

一是给一个原则性的说明,原则性说明对招标人编制工程量清单而言,比较简单,能降低招标人出错的概率;但是对投标人而言,就很难准确把握招标人的意图和目的,很难保证投标报价的质量,轻则影响合同的可执行力,极端的情况下,可能导致招标失败,最终受损失的也包括招标人自己。因此,这种处理方式是不可取的。

二是针对每一类暂估价给出相应的拟用子目,对于材料设备的暂估价,也有两种表现形式,第一种是按照材料设备的名称分别给出,这样的材料设备暂估价能够纳入到子目单价中,因此应当一一对应地给出拟用子目。这种方式便于投标人报价和今后合同履行过程中的操作管理。第二种是按照分部分项工程或者系统整体给出材料设备暂估价,这种情况经常出现在招标人将施工安装交该总承包人自行完成,而材料设备则希望避免因过度竞争而影响其质量时出现。这种情况需要说明拟用的分部分项工程或系统,更要着重说明暂估价中是否包括全部的材料设备,如果仅仅是主要材料设备,应当清晰地定义主材和辅材的范围,以方便投标人报价,避免出现重复或者遗漏。这是一个有相当难度的工作,不便于合同的管理。

招标人需要事先给出暂估价的有两类:

(1)材料、工程设备暂估价。仅指此类材料、工程设备本身运至指定地点的价格,不包括这些材料、工程设备的安装、安装所必须的辅助材料、驻厂监造以及发生在现场内的验收、存储、保管、开箱、二次倒运、从存放地点运至安装地点以及其他任何必要的辅助工作所发生的费用,这些费用已经包括在投标价格中并且固定包死。

(2)专业工程暂估价。专业工程暂估价项目及其暂估价清单是指分包人实施专业分包工程的含税金后的完整价(即包含了该分包工程中所有供应、安装、完工、调试、修复缺陷等全部工作),除合同约定的承包人应承担的总包管理、协调、配合和服务责任所对应的费用外,承包人为履行其总包管理、配合、协调和服务等所需发生的费用已经包括在投标价格中并且固定包死。

暂估价一般需要二次竞价。区分是否需要招标,暂估价二次竞价要求如下:

(1)必须招标的暂估价项目。

①若承包人不具备承担暂估价项目的能力或具备承担暂估价项目的能力但明确不参与投标的,由发包人和承包人组织招标。

②若承包人具备承担暂估价项目的能力且明确参与投标的,由发包人组织招标。

③暂估价项目中标金额与工程量清单中所列金额差以及相应的税金等其他费用列入合同价格。

④必须招标的暂估价项目招标组织形式、发包人和承包人组织招标时双方的权利义

务关系在专用合同条款中约定。

(2)不招标的暂估价项目。

①给定暂估价的材料和工程设备不属于依法必须招标的范围或未达到规定的规模标准的,应由承包人提供。经监理人确认的材料、工程设备的价格与工程量清单中所列的暂估价的金额差以及相应的税金等其他费用列入合同价格。

②给定暂估价的专业工程不属于依法必须招标的范围或未达到规定的规模标准的,由监理人按照变更处理原则进行估价,但专用合同条款另有约定的除外。经估价的专业工程与工程量清单中所列的暂估价的金额差以及相应的税金等其他费用列入合同价格。

(七)零星工作项目清单

计日工通常作为一项暂定金额列在工程量清单中,用于无法归于工程量清单任何一项的零星的或者在招标时尚不能确定的工作。其主要用途是当例外的附加工作出现的可能性很大而工作量清单所列各项目均没有包括,并且这种例外的附加工作的工作量很难估计时,则需要以零星工作项目清单方式来处理这种例外。

在工程量清单中,零星工作项目清单包括计日工劳务、计日工材料、计日工施工机械3部分。计日工单价除按基本单价计算外,单价中应包括必要的管理费和利润、税金等附加费用。

零星工作项目清单中,名称及型号规格,人工按工种,材料按名称和型号规格,机械按名称和型号规格,分别填写。计量单位,人工以工日或工时,材料以t、m^3等,机械以台时或台班,分别填写。不进行编码,随工程量清单发至投标人。计日工项目费用由暂列金额支付,不列入合同总价中。

【例3-17】　背景资料:1. 某水利工程的工程量清单编制说明如下:

1)编制范围:射洪县城区王爷庙堤防工程施工图设计文件及其投资预算书中所列内容。

2)编制依据(本工程执行某省水利厅有关文件、规定、办法、定额、费率标准):

(1)某省水利厅颁发的《某省水利水电建筑工程预算定额》《某省水利水电工程设计概(估)算编制规定》。

(2)施工机械台时费定额依据《水利工程施工机械台时费定额》(水总[2002]116号)。

(3)移民投资费属于招标人的费用,该项费用投标人报价时按招标文件给定的数量按实计入投标总价,不得参与竞争。

(4)排洪闸细部结构是指混凝土中止水带等不便计量的细部工程,按混凝土量计量,参考价格为35元/m^3。

(5)“石雕栏杆工程”以青石栏板报价,石材及花型由业主选定,参考价格为450元/m。

2. 其工程量清单如表3-80所示。

表 3-80　××工程工程量清单

合同编号:

工程名称:

序号	工程项目及名称	单位	数量	备注
1	建筑工程			
1.1	堤防工程(1 977 m)			
	土方开挖	m^3	110 155	
	砂卵石开挖	m^3	47 209	
	砂卵石回填(利用)	m^3	13 526	
	砂卵石填筑(4 km 料场)	m^3	726 942	
	钢丝笼装卵石护脚	m^3	3 413	
	C10 混凝土垫层	m^3	1 557	
	C20 混凝土(防浪墙)	m^3	870	
	C20 混凝土(面板)	m^3	11 911	
	C20 混凝土(马道)	m^3	1 827	
	C20 混凝土(路缘石)	m^3	544	
	C20 混凝土(梯步)	m^3	144	
	C20 混凝土(路面)	m^3	3 263	
	钢筋制安	t	107	
	泡沫板	m^2	2 941	
	石雕栏杆	m	3 954	
1.2	排涝闸工程			
	土方开挖	m^3	2 858	
	砂卵石开挖	m^3	993	
	砂卵石回填	m^3	144	
	C10 混凝土垫层	m^3	12	
	C15 混凝土(出口连接段)	m^3	128	
	C20 混凝土(闸室)	m^3	90	
	C20 混凝土(箱涵)	m^3	158	
	C25 混凝土(消力池)	m^3	151	
	C25 混凝土(二期)	m^3	9	
	M7.5 浆砌卵石	m^3	150	
	沥青木板嵌缝(厚 2 cm)	m^2	56	
	橡胶止水条	m	104	
	钢筋制安	t	12	
	细部结构(水闸)	m^3	548	

问题：

1. 指出工程量清单编制说明不合理之处。

2. 根据背景材料，请按清单计价规范模式“先划分工程部位，后划分分类工程”的编制方法编列该工程分类分项工程量清单。

1. 参考答案：

不合理之处有：

(1)移民投资费不应列入工程量清单中。

(2)将止水带列为排洪闸细部结构不合理。

答案解析：

(1)征地移民安置是发包人职责，发包人应委托地方政府进行。

(2)细部结构是指概算编制时限于设计深度编列的，招标设计时应深化设计，计算具体工程量。本题中止水工程属于混凝土工程的分项工程。

2. 参考答案：

按清单计价规范模式编列该工程分类分项工程量清单如下表3-81所示。

表3-81　××工程分类分项工程量清单

合同编号：

工程名称：

序号	项目编码	项目名称	计量单位	工程数量	备注
1		堤防工程(1 977 m)			
1.1		土方开挖工程			
1.1.1	500101001001	土方开挖	m^3	110 155	
1.1.2	500101006001	砂卵石开挖	m^3	47 209	
1.2		土石方填筑工程			
1.2.1	500103001001	砂卵石回填(利用)	m^3	13 526	
1.2.2	500103001002	砂卵石填筑(4 km料场)	m^3	726 942	
1.2.3	500103011001	钢丝笼装卵石护脚	m^3	3 413	
1.3		混凝土工程			
1.3.1	500109001001	C10混凝土垫层	m^3	1 557	
1.3.2	500109001002	C20混凝土(防浪墙)	m^3	870	
1.3.3	500109001003	C20混凝土(面板)	m^3	11 911	
1.3.4	500109001004	C20混凝土(马道)	m^3	1 827	
1.3.5	500109001005	C20混凝土(路缘石)	m^3	544	
1.3.6	500109001006	C20混凝土(梯步)	m^3	144	

续表 3-81

序号	项目编码	项目名称	计量单位	工程数量	备注
1.3.7	500109001007	C20 混凝土(路面)	m^3	3 263	
1.3.8	500109009001	泡沫板伸缩缝	m^2	2 941	
1.4		钢筋加工及安装工程			
1.4.1	500111001001	钢筋制安	t	107	
2		排涝闸工程			
2.1		土方开挖工程			
2.1.1	500101001002	土方开挖	m^3	2 858	
2.1.2	500101006002	砂卵石开挖	m^3	993	
2.2		土石方填筑工程			
2.2.1	500103001003	砂卵石回填	m^3	144	
2.3		混凝土工程			
2.3.1	500109001008	C10 混凝土垫层	m^3	12	
2.3.2	500109001009	C15 混凝土(出口连接段)	m^3	128	
2.3.3	500109001010	C20 混凝土(闸室)	m^3	90	
2.3.4	500109001011	C20 混凝土(箱涵)	m^3	158	
2.3.5	500109001012	C25 混凝土(消力池)	m^3	151	
2.3.6	500109006001	C25 混凝土(二期)	m^3	9	
2.3.7	500109008001	橡胶止水条	m	104	
2.3.8	500109008002	塑料止水带	m		
2.3.9	500109009001	沥青木板嵌缝(厚 2 cm)	m^2	56	
2.4		钢筋加工及安装工程			
2.4.1	500111001002	钢筋制安	t	12	

答案解析：

(1)“先划分工程部位,后划分分类工程”的编制方法是指:一级项目按不同工程部位进行编制,二级项目按分类工程顺序进行编制,三级项目按分类分项工程项目进行编制。

(2)根据编制说明,“石雕栏杆工程”属于暂估价项目,不列入分类分项工程量清单中,应列入其他项目清单。

【例 3-18】　背景资料：某堤防工程的分类分项工程量清单如表 3-82 所示。

表 3-82　××工程分类分项工程量清单

合同编号：

工程（标段）名称：

序号	项目编码	项目名称	计量单位	工程数量	主要技术条款编码	备注
1	500101	土方开挖工程				
1.1	500101001	场地平整				
1.1.1	500101001001	堤身清基	m^3	3 600		平均厚度 0.6 m
1.1.2	500101001002	堤后平台清基	m^3	500		平均厚度 0.4 m
1.2	500101002	一般土方开挖				
1.2.1	500101002001	老堤铲除	m^3	32 000		
1.2.2	500101002002	河道土方开挖（水上）	m^3	91 000		
1.2.3	500101002003	河道砂砾石开挖	m^3	8 500		
1.3	500101003	渠道土方开挖				
1.3.1	500101003001	渠道土方开挖	m^3	10 560		
1.3.2	500101004002	护脚土方开挖	m^3	4 600		底宽 2 m，长度 2 km
2	500103	土石方填筑工程				
2.1	500103001	一般土方填筑				
2.1.1	500103001001	填塘固基	m^3	22 500		
2.1.2	500103001002	堤身填筑	m^3	265 500		
2.2	500103002	粘土料填筑				
2.2.1	500103002001	防渗心墙填筑	m^3	15 600		
2.3	500103007	垫层料填筑				
2.3.1	500103007001	护底碎石垫层填筑	m^3	500		
2.3.2	500103007002	护坡碎石垫层填筑	m^3	750		
2.4	500103009	石渣料填筑				
2.4.1	500103010001	抛石护岸（水上）	m^3	9 500		
2.4.2	500103010002	抛石防冲槽	m^3	5 500		
2.5	500103010	石料抛投				
2.5.1	500103010001	抛石护岸（水下）	m^3	8 500		
2.5.2	500103010002	铅丝石笼	m^3	650		

续表 3-82

序号	项目编码	项目名称	计量单位	工程数量	主要技术条款编码	备注
2.6	500103011	钢筋笼块石抛投				
2.6.1	500103011001	裹头钢筋笼块石抛投	m^3	500		
3	500104	疏浚和吹填工程				
3.1	500104001	船舶疏浚				
3.1.1	500104001001	绞吸式挖泥船疏浚	m^3	55 600		
3.1.2	500104001002	水力冲挖疏浚	m^3	3 800		
4	500109	混凝土工程				
4.1	500109001	普通混凝土				
4.1.1	500109001001	混凝土垫层	m^3	95.60		
4.1.2	500109001002	混凝土护脚	m^3	85		
4.1.3	500109001003	混凝土齿墙	m^3	75.85		
…	…	…	…	…		
4.2	500109007	沥青混凝土				
4.2.1	500109007001	沥青混凝土防渗墙	m^3			
4.2.2	500109007002	沥青混凝土心墙	m^3			
5	500111	钢筋、钢构件加工及安装				
5.1	500111001	钢筋加工及安装				
5.1.1	500111001001	钢筋加工及安装	t	15.575		
6	500114	其他建筑工程				
6.1	500114001	水土保持工程				
6.1.1	500114001001	草皮护坡	m^2	11 500		
6.1.2	500114001002	草种护坡	m^2	25 750		
6.1.3	500114001003	植树	株	956		

问题:

1. 指出该分类分项工程量清单项目归类错误之处。

2. 指出该分类分项工程量清单计量单位和工程数量有效位数不妥之处。

3. 若河道砂砾石开挖含有单个 0.8~1.0 m^3 的孤石 20 m^3,应如何修改工程量清单。

1. 参考答案:

项目归类错误之处有:

(1) 堤身清基。

(2) 河道砂砾石开挖。

(3)护脚土方开挖。

(4)铅丝石笼。

(5)水力冲挖疏浚。

答案解析：

(1)根据《水利工程工程量清单计价规范》(GB 50501—2007)，挖(填)平均厚度超过0.5 m的场地清理、平整工程，开挖可划归为一般土方开挖工程，填筑划归为土石方填筑工程。堤身清基平均厚度0.6 m，应归为一般土方开挖工程。

(2)根据《水利工程工程量清单计价规范》(GB 50501—2007)，含石渣的土方、风化石渣开挖，按砂砾石开挖(500101006XXX)编码，故河道砂砾石开挖应划归为砂砾石开挖。

(3)根据《水利工程工程量清单计价规范》(GB 50501—2007)，沟、槽土方开挖(500101004XXX)适用于底宽≤3 m、长度>3倍底宽的土方明挖。本题护脚底宽2 m，长度2 km，其土方开挖应划归为沟、槽土方开挖。

(4)根据《水利工程工程量清单计价规范》(GB 50501—2007)，铅丝石笼属于砌筑工程。本题编列在土石方填筑工程中是错误的。

(5)根据《水利工程工程量清单计价规范》(GB 50501—2007)，水力冲挖土方按其他疏浚和吹填工程，自(500104005XXX)项目编码。本题编列在船舶疏浚中是错误的。

2. 参考答案：

(1)计量单位不妥之处有：

场地平整的计量单位不妥，应为m^2。

(2)工程数量有效位数不妥之处有：

混凝土垫层95.60 m^3和混凝土齿墙75.85 m^3不妥，应为取整数，即混凝土垫层96 m^3和混凝土齿墙76 m^3；钢筋加工及安装15.575 t不妥，应保留小数点后两位数字，即钢筋加工及安装15.58 t。

答案解析：

(1)根据《水利工程工程量清单计价规范》(GB 50501—2007)，分类分项工程量清单的计量单位按《水利工程工程量清单计价规范》(GB 50501—2007)规定的计量单位确定。按规范附录A，场地平整的计量单位为m^2。

(2)根据《水利工程工程量清单计价规范》(GB 50501—2007)，工程数量的有效位数，以m^3、m^2、m、kg、个、项、根、块、台、套、组、面、只、相、站、孔、束等为单位的，应取整数。以t、km为单位的，应保留小数点后两位数字，第三位数字四舍五入。

3. 参考答案：

土方开挖工程量应扣除20 m^3，并增列一般石方开挖(孤石)，项目编码500102001001。

答案解析：

根据《水利工程工程量清单计价规范》(GB 50501—2007)，夹有孤石的土方开挖中，大于0.7 m^3的孤石按石方开挖工程计量规则计量。故在土方开挖计量时应予以扣除，并另列石方开挖项。

二、分组模式下工程量清单编制

工程量清单计价规范模式下,工程量清单编制复杂,工程量清单编制规则更新较慢,与招标投标及相关定额协调不够,限制了其在招标投标过程中的广泛应用。考虑到水利工程招标投标多年已习惯了原《水利水电工程施工合同和招标文件示范文本》(GF—2000—0208)编排的分组工程量清单模式,《水利水电工程标准施工招标文件》(2009年版)在编排工程量清单计价规范模式的同时,保留了分组工程量清单编排模式,供招标人编制招标文件时选择使用。分组工程量清单编排模式下,工程量清单应与投标人须知、通用合同条款、专用合同条款、合同技术标准和要求及图纸等一起阅读和理解。工程量清单编制及填报说明与工程量清单计价规范模式下相同。

(一)工程量清单分组

工程量清单分为建筑工程工程量清单和安装工程工程量清单。工程量清单按单位工程分组模式编写,也可按合同技术标准和要求各章的专项工程分组。

工程量清单的项目分组按单位工程进行分组,工程量清单中的编号分为四段数字,其分段含意为:

第一段——□第二段——□第三段——□第四段

第一段数字为分组号,代表单位工程序号;第二段数字为专项工程序号,与合同技术标准和要求的章号相一致;第三段数字为该专项工程下属的子项序号;第四段数字为第三段数字所指工程子项的下属子项序号。

工程量清单的项目分组按专项工程进行分组,工程量清单中的编号分为四段数字,其分段含意为:

第一段——□第二段——□第三段——□第四段

第一段数字为分组号,数字为专业工程序号,与《合同技术条款》的章号相一致;第二段代表单位工程序号;第三段数字为该专业工程下属的子项序号;第四段数字为第三段数字所指工程子项的下属子项序号。

合同技术标准和要求第一章至第五章所列费用在两种分组模式是共性的,工程量清单编制时也可合并成一组临时工程。一般包括进场费、退场费、保险费、现场施工测量、现场试验、施工交通设施、施工及生活供电设施、施工及生活供水设施、施工供风设施、施工照明设施、施工通信和邮政设施、砂石料生产系统、混凝土生产系统、附属加工厂、仓库和堆存料场、弃渣场、临时生产管理和生活设施、非直接属于具体工程项目的施工安全防护措施、环境保护专项措施费、水土保持专项措施费、文明施工专项措施费、施工期安全防洪度汛措施费、大型施工设备安拆费等。

暂列金额一项,金额由招标人填写,其数额可视招标设计深度及估计可能引起的变更额度确定,一般可取估算合同价格的5%左右。暂列金额列入合同价格,但属于发包人所有,只能按照监理人的指示使用。按照合同约定暂列金额的使用情形实际发生后,才成为承包人应得金额,纳入合同结算价款中。

分组工程量清单的编制示例见表3-83~表3-86。

表 3-83　单位工程分组

组号	分组名称
1	一般规定
2	施工临时设施
3	施工安全设施
4	环境保护和水土保持
5	施工导流工程
6	混凝土坝
7	溢洪道
8	泄洪洞
9	冲砂洞
10	引水明渠
11	进水口
12	引水隧洞
13	调压井
14	压力钢管
15	地面厂房(或地下厂房)
16	交通洞(井)
17	出线洞(井)
18	通风洞(井)
19	尾水调压室
20	尾水渠
21	变电站

表 3-84　第 6 组工程量清单

(适用于模式一按单位工程分组)

组号:6　　　　分组名称:混凝土坝

项目编号	项目名称	单位	工程量	单价(元)	合价(元)	备注
6.6	土方明挖					
6.6.1	河床冲积层开挖	m^3				
6.6.2	坡积层开挖	m^3				
6.7	石方开挖					

续表 3-84

项目编号	项目名称	单位	工程量	单价(元)	合价(元)	备注
6.7.1	坝基开挖	m^3				
6.7.2	坝顶以上边坡开挖	m^3				
6.9	支护					
6.9.1	锚杆	根				
6.9.2	锚索	束				
6.10	钻孔和灌浆					
6.14	混凝土工程					
6.14.1	溢流坝段混凝土	m^3				
6.14.1.1	基础混凝土	m^3				
6.14.1.2	坝体混凝土	m^3				
6.14.1.3	钢筋	t				
6.14.1.4	预埋冷却水管	t				
6.14.1.5	预制混凝土排水管	m				
	…					
	合计					

表 3-85　专项工程分组

组号	分组名称
1	一般规定
2	施工临时设施
3	施工安全设施
4	环境保护和水土保持
5	施工导流工程
6	土方明挖
7	石方明挖
8	地下洞室开挖
9	支护工程

续表 3-85

组号	分组名称
10	钻孔和灌浆工程
11	基础防渗墙工程
12	地基及基础工程
13	土石方填筑工程
14	混凝土工程
15	沥青混凝土工程
16	砌体工程
17	疏浚和吹填工程
18	屋面和地面建筑工程
19	压力钢管制造和安装
20	钢结构的制作和安装
21	钢闸门及启闭机安装
22	预埋件埋设
23	机电设备安装
24	工程安全监测

表 3-86　第 14 组工程量清单

(适用于模式二按专项工程分组)

组号:14　　　　分组名称:混凝土坝

项目编号	项目名称	单位	工程量	单价(元)	合价(元)	备注
14.3	混凝土坝					
14.3.1	溢流坝段	m^3				
14.3.1.1	基础混凝土	m^3				
14.3.1.2	坝体混凝土	m^3				
14.3.1.3	钢筋	t				
14.3.1.4	预埋冷却水管	t				
14.3.1.5	预制混凝土排水管	m				
14.3.2	非溢流坝段混凝土					
14.3.3	泄洪洞					
14.3.4	进水口					
	…					
	合计					

(二)工程量清单组成

分组模式下,工程量清单由说明、投标报价汇总表、建筑工程工程量清单、安装工程工程量清单等主表组成。除另有约定外,投标人需严格按工程量清单格式填报单价和合价(总价),不得改动工程量清单。投标人填报上述表格时,应结合合同技术标准和要求(合同技术条款)相关计量支付的要求,尤其应注意第一章至第五章总价项目计价和单价项目计价的界限,如承包人完成临时导流泄水建筑物的建设和拆除(或封堵)工作所需的费用,由发包人按《工程量清单》相应项目的工程单价或总价支付;临时导流泄水建筑物的运行维护费用包含在"施工期安全防洪度汛"项目总价中,发包人不另行支付。

除主表外,投标人还应填报工程量清单报价计算分析及附表,主要包括总价承包项目分解表、单价分析表、主要材料预算价格汇总表、施工机械台时费汇总表、施工用电、风、水分析表、投标人生产砂石料预算单价分析表(若生产)、人工单价分析表、混凝土材料预算价格计算表、计日工表、暂估价项目表。招标人还可根据工程具体情况对上述表格调整。上述工程量清单计算分析及附表是主表填报的基础和依据,也是合同执行中处理变更的重要依据。

(三)填报说明

参见工程量清单计价规范模式下工程量清单计价填报说明。

(四)工程量清单格式

工程量清单格式如表 3-87~表 3-101 所示。

表 3-87　投标报价汇总表(格式)

组号	项目分组名称	报价金额(元)	备注
	合计(A)		
暂列金额(B)		(由招标人填入)	
投标总报价(A)+(B)		(填入投标报价书)	

表 3-88　工程量清单(建筑工程格式)

组号:__________　　　　分组名称:__________

序号	编码	项目名称	单位	工程量	单价(元)	合价(元)	备注
⋮							
	合计 (汇入投标报价汇总表)						

表 3-89 工程量清单(安装工程格式)

组号：___________ 分组名称：___________

序号	项目名称	型号及规格	单位	工程量	单价(元)			合价(元)			购买方	备注
					设备价	安装价	小计	设备价	安装价	小计		
⋮												
	合计(汇入投标报价汇总表)											

表 3-90 材料暂估价表(格式)

序号	名称	单位	数量	单价	合价	备注
⋮						

表 3-91 工程设备暂估价表(格式)

序号	名称	单位	数量	单价	合价	备注
⋮						

表 3-92 专业工程暂估价表(格式)

序号	专业工程名称	工程内容	金额
⋮			
小计：			

表 3-93　总价承包项目分解表(格式)

投标人应根据工程量清单的总价承包项目按下表格式编制分解表。每一个总价承包项目一份,项目编号和名称应与工程量清单一致。

项目编号:____________

项目名称:____________

序号	分项名称	单位	工程量	单价(元)	合价(元)	备注
⋮						
	合计(汇入工程量清单)					

表 3-94　单价分析表(格式)

项目编号:____________　　项目名称:____________

工作内容:____________　　单　　价:____________

序号	名称及规格	单位	数量	单价(元)	合价(元)	备注
1	直接费					
1.1	基本直接费					
1.1.1	人工费					
1.1.2	材料费 *					
(1)						
(2)						
1.1.3	施工机械使用费					
(1)						
(2)						
1.2	其他直接费					
2	间接费					
3	利润					
4	税金					
	合计					

表 3-95　主要材料预算价格汇总表(格式)

序号	名称及规格	单位	预算价格	其中		
				原价	运杂费	采购及保管费
⋮						

表 3-96　施工机械台时费汇总表(格式)

序号	名称及规格	单位	台时费	其中			
				一类费用	机上人工费	动力燃料费	三类费用
⋮							

表 3-97　施工用电、水、风分析表(格式)

一、施工用电预算单价分析表

二、施工用水预算单价分析表

三、施工用风预算单价分析表

表 3-98　投标人生产砂石料预算单价分析表(格式)

序号	名称	计量单位	人工费	材料费	施工机械使用费	合计	备注
⋮							

表 3-99　人工单价成果表(格式)

序号	工种	单位	标准
1	工长	元/工时	9.27
2	高级工	元/工时	8.57
3	中级工	元/工时	7.28
4	初级工	元/工时	4.64

表 3-100　混凝土材料单价计算表(格式)

编号	混凝土强度等级	水泥标号	级配	单价(元)	预算量					
					水泥(kg)	掺和料(kg)	砂(m^3)	石子(m^3)	外加剂(kg)	水(kg)

表 3-101　计日工表(格式)

序号	名称	型号规格	计量单位	单价(元)	备注
1	人工				
2	材料				
3	施工机械使用费				

【例 3-19】　背景资料:某渠首闸是以灌溉、防洪、水资源控制为主要作用的中型水闸,闸孔共 3 孔,单孔宽 4.5 m,项目划分为一个单位工程,一个标段,某投标人投标文件有如下内容。

1. 已标价工程量清单(分组工程量清单模式)中投标报价汇总表如表 3-102 所示。

表 3-102　投标报价汇总表(分组工程量清单模式)

工程项目及费用名称	建筑工程	机电设备及安装工程	金属结构及安装工程	A	水土保持和环境保护工程	合计	B	投标总报价
	(1)	(2)	(3)	(4)	(5)	(6)=(1)+(2)+(3)+(4)+(5)	(7)=(6)*5%	
金额(万元)	294	16	56	28	6	400		
备注				总价承包			由发包人掌握	

2. 投标函及投标函附录中承诺若中标,按招标文件规定的时间和提交投标总报价10%的履约保函。

问题:

1. 上表中A、B代表的工程或费用名称。

2. 该投标人投标总报价为多少?若其中标,履约保函额度是多少,并简述其履约保函提交和退还时间?

1. 参考答案:

A代表施工临时工程;B代表备用金或暂列金额。

答案解析:

水利工程概(估)算由工程部分与移民和环境部分构成。工程部分划分为五部分:

第一部分　建筑工程。

第二部分　机电设备及安装工程。

第三部分　金属结构设备及安装工程。

第四部分　施工临时工程。指为辅助永久建筑和安装工程正常施工而修建的临时性工程或采取的临时措施。

第五部分　独立费用。指构成工程总投资,但不宜在前述费用中列入而需要独立列项的费用。

上述第一至第三部分构成永久工程,投入运行后能承担设计所确定的功能并发挥效益。在招标投标阶段,第一至第四部分通常构成投标报价。

暂列金额是合同的预备费用,并不等同于概预算中的基本预备费。列一笔暂列金额可使签约合同金额扩大,以免合同最终结算价超过签约合同价。

2. 参考答案:

建筑安装工程费用为294+16+56+28+6=400(万元),暂列金额B=400*5%=20(万元),投标总报价=400+20=420(万元)。履约保证金=420*10%=42(万元)。

履约保证金在签订合同前提交,在合同工程完工验收后28天退还。

答案解析:

根据《水利水电工程标准施工招标文件》(2009年版),提交履约担保是承包人的义务之一。

承包人应按招标文件的要求,在中标前提交履约担保,金额不超过签约合同价的10%,履约担保在发包人颁发合同工程完工证书前一直有效。发包人应在合同工程完工证书颁发后28天内将履约担保退还给承包人。

第六节　水利工程投标报价编制

投标报价是投标人计算和确定承包该工程的投标总价格。招标人把投标人的报价作为主要标准来选择中标者,同时也是招标人和投标人进行承包合同谈判的基础,直接关系到投标人投标的成败。投标报价是进行工程投标的核心。报价过高会失去承包机会,而报价过低虽然中了标,但会给工程带来亏本的风险。因此,投标报价过高或过低都不可取,如何做出合适的投标报价,是投标人能否中标的关键。

一、投标报价编制原则

投标报价的编制,一要合理,就是要做得到,并留有余地;二要有竞争力,就是要符合市场行情。前者取决于投标人自身的实力和水平,后者则取决于市场的情势,包括竞争对手的实力、水平和市场供求情况。二者有一定差距,但不能不兼顾,当投标人的实力和水平达到市场的高层次时,两者的差距就缩小了。

投标报价是否合理是相对的,同一种投标报价,对于某个投标人是一定要亏的,对于另一个投标人却可以盈利,这就是实力和经验的差异,或者是实力相当而管理水平不同所致。管理是一种资源。向管理要效益,但是,也不能不加分析地单纯以提高管理水平来达到降低成本的目的。当前劳动力资源紧张,机械化程度高,就投标人而言,在总公司、分公司(或驻外办事处)、施工队,这些层次的管理水平都对工程管理有影响,当然影响有利的也有不利的,但有许多不是投标人自己能控制的。在编制投标报价时,要考虑自身的特点和各级管理水平,但应该达到的水平则不能降低要求,也就是说,编制投标报价时所依据的管理水平应当是我国本行业的先进水平,素质不高的投标人没有竞争力。

至于在管理上与其他公司存在的差距,首先要以自己的优势弥补,弥补不了时,只好以降低利润来提高标价的竞争力。在目前承包工程要靠降低利润来提高竞争力余地是很小的,况且这并不是长远之计,因为降低利润本身就会削弱公司的实力。从根本上说,要设法发挥自己的优势,提高经营和管理上的总体水平,采取各种措施降低成本,增加收入,以便获得较好的效益,在没有把握时,宁可放弃,也不要贸然从事。

二、投标报价编制依据

投标报价编制依据的完整、无误与齐备是快速和准确地编制投标报价的前提条件。投标报价的编制依据主要有如下内容。

(一)招标文件

招标文件中的合同条件、工程量清单、技术标准和要求(合同技术条款)、设计图纸、招标文件澄清及修改通知等是编制投标报价的必备资料和主要依据。

(二)施工组织设计

先进合理的施工方案和切实可行的工程进度计划是编制合理报价的重要因素。不同的施工方案具有不同的技术条件和不同的经济效果。先进合理的施工方案具有技术上先进而经济上合理的特点,必然形成合理的报价。针对具体工程,技术先进的施工工艺未必经济合理,比如在地质条件较差的隧洞中开挖时,多臂钻和手风钻都能满足施工需要,但多臂钻方案造价就偏高,因为在地质条件较差的地方,多臂钻并不能充分发挥作用,而且设备折旧费用太高;如果是地质条件较好,隧洞较长,且开挖洞径适宜多臂钻,那么,多臂钻方案就可能是最佳方案。同样道理,不同的进度计划具有不同的工期和不同的工程成本,因而切实可行的工程进度计划也是编制合理报价的重要因素。

(三)人工、材料、机械消耗量水平

预算定额和概算定额是国家或国家授权制定单位,规定消耗在某一单位工程基本构造要素上的工料机数量标准和最高限额,从某种意义上讲是一种法定的编制依据,投标人在编制投标报价时应参考对应工程最新预算定额。但为了提高投标报价竞争力和保证完成工程合同,投标人可结合本施工企业的施工技术管理水平、工程所在地的实际情况和企业自行编制的企业定额,对各项定额作适当调整,确定工料机消耗量水平。

(四)人工、材料、机械价格水平

工料机价格是影响投标报价的关键因素,目前一般采用"指导价或市场价"原则,即人工工日(工时)单价执行地区或行业规定的人工工日(工时)单价的指导价,机械台班(台时)执行地区或行业统一工程机械台班(台时)费用定额的机械台班(台时)分析价或租赁价,材料价格采用招标人规定的供应价或市场调查供应价分析出来的到工地材料预算价格。

(五)综合取费标准

综合取费标准指其他直接费、间接费、计划利润、税金的取费标准,除税金采用国家规定的法定税率外的各项费用可以根据工程特点、企业经营管理水平和市场竞争状况综合取定,即采用"竞争费率"原则。现行水利行业概预算编制办法规定了各工程项目的各项费用的取费标准,投标人在编制投标报价时一般要参考这些取费标准,结合本企业的情况和工程所在地的实际,确定其投标项目报价的综合取费标准。

(六)编制报价的风险考量

建设期内工程造价增长因素、难以预料的工程和费用以及保险费、供电贴费、技术复杂程度、地形地质条件、工期质量要求等都是编制投标报价应当考虑的风险。

(七)对投标工程相关内容的研究与评估

(1)对投标对手的调查与研究:要收集掌握竞争对手参加投标的一些资料,如企业资质、施工能力、是否急于中标、以往报价的价位高低及与招标人的关系。

(2)对有关报价参考资料的研究:要对当地近几年来已完成的同类工程造价进行分析和评估。

(3)对投标工程有关情况的分析:要了解工程所在地的地理、自然条件、周边料场分布及运输道路情况。

(4)对招标人倾向性和投标困难的评估。

(5)了解评标、定标办法。

(八)其他有关规定

各地区的主管部门,结合当地情况和施工企业遇到的问题,不断做出新规定,作为主管部门的文件颁发执行,这些文件也应当作为投标人编制投标报价的依据。

三、报价编制基本流程

(一)踏勘现场、参加投标预备会及了解当地材料价格信息

踏勘现场常安排在购买招标文件之后,招标单位一般会在招标文件中载明踏勘现场的时间及集中出发地点,踏勘现场一般由招标人或招标代理机构主持,设计单位参与解说,邀请全体投标单位参加。因踏勘现场、收集数据对报价编制很重要,投标报价编制人员最好能参与活动。在踏勘现场中,如有疑问,可直接询问招标人或设计代表。现场踏勘完毕后,招标人可能会组织返回召开投标预备会,主要解答投标人在踏勘现场中或在翻阅招标文件中发现的问题及不明事项,会后招标人将以书面形式将投标预备会解答的问题发给每个投标人。投标预备会完毕后,参与踏勘现场的投标报价人员还有一个重要任务,就是了解当地材料价。材料价的来源主要有两种方式:一是从当地造价部门购买造价信息;二是直接询价。建议先购买造价信息,这样可以获得常规材料的价格,再对一些随市场波动较大的材料单独询价,如柴油、钢筋、水泥等。

(二)阅读、理解招标文件

在编制报价之前,首先要认真阅读、理解招标文件,包括商务条款、合同技术标准和要求(合同技术条款)、图纸及招标文件的澄清和修改文件,并对招标文件中有疑问的地方以书面形式向招标人去函要求澄清。对违反招标投标实质性规定损害投标人利益的,还可通过异议和投诉要求招标人纠正。

(三)确定投标报价编制原则

在对招标文件有了比较详细的了解后,就可以开始进行报价的编制工作。首先要确定该工程项目的报价编制原则,即选用何种定额及取费费率等问题。如招标文件对定额及取费费率有要求,就按招标文件要求进行编制。一般情况下对定额的选取及取费费率不作明确要求,可根据企业经验及习惯来确定定额及取费费率的选取。有企业定额的投标人可以依据企业定额进行报价,以便增加报价竞争优势。

(四)基础价格的确定

在确定了报价的编制原则后,需要确定报价的基础价格。基础价格包括人工预算单价和风、水、电及材料预算单价。人工预算单价可由编制原则的具体规定及计算方法来确定,风、水、电预算单价也可有编制原则规定的计算方法结合施工方案计算而得。材料预算单价则需根据材料的来源确定原价(如为招标人供应材料,招标人供应价作为原价),并计入运杂费、采购及保管费等费用。

(五)施工方案交底

当施工方案编制人员在基本方案已初步形成之后,应向投标报价编制人员进行技术交底,提供报价编制人员编制报价所需的施工工艺、施工手段及其他有关必需数据,以便报价编制人员根据该施工方案编制相应报价。

(六)报价的编制及调整

在上述工作全部完成之后,就可以对具体的单价进行编制,由于编制时间一般较短,加上单价的计算工作比较繁复,为提高效率及计算的准确度,一般采用计算机程序进行报价的编制。采用这种方式只需将基础价格及材料价输入程序,选取相应的费率后,直接从

程序中调用定额自动计算，还可根据需要对报价进行调整。

（七）投标报价的形成

上述计算工作全部完成后，可对报价进行汇总，并完成招标文件要求的所有报价附录及表格，经检验校对无误后即可形成投标报价。

（八）投标前修改报价的编制

在递交标书的截止时间前，如投标人认为有必要对投标报价进行调整，可以修改投标报价（招标文件中明确注明不允许调价的除外）。一般要求随投标报价函附上调价后的工程量清单（含单价分析表）。

（九）评标期间计算性算术错误应对

投标报价有算术错误的，评标委员会按以下原则对投标报价进行修正，修正的价格经投标人书面确认后具有约束力。投标人不接受修正价格的，其投标做无效标处理。

（1）投标文件中的大写金额与小写金额不一致的，以大写金额为准；

（2）总价金额与依据单价计算出的结果不一致的，以单价金额为准修正总价，但单价金额小数点有明显错误的除外。

评标过程中，评标委员会以书面形式要求投标人对所提交的投标文件中不明的内容（含计算性算术错误）进行书面澄清或说明，或者对细微偏差进行补正时，投标人澄清和补正投标文件应遵守下述规定：

（1）投标人不得主动提出澄清、说明或补正。

（2）澄清、说明和补正不得改变投标文件的实质性内容（算术性错误修正的除外）。

（3）投标人的书面澄清、说明和补正属于投标文件的组成部分。

（4）评标委员会对投标人提交的澄清、说明或补正有疑问，要求投标人进一步澄清、说明或补正的，投标人应予配合。

四、主要分类工程的工程量清单计量和支付规则

工程量清单计量和支付规则是分析和计算工程单价的前置因素。准确分清“价”和“量”各自包含的内容十分重要。

（一）土方开挖工程

（1）场地平整按施工图纸所示场地平整区域计算的有效面积以平方米为单位计量，由发包人按工程量清单相应项目有效工程量的每平方米工程单价支付。

（2）一般土方开挖、淤泥流沙开挖、沟槽开挖和柱坑开挖按施工图纸所示开挖轮廓尺寸计算的有效自然方体积以立方米为单位计量，由发包人按工程量清单相应项目有效工程量的每立方米工程单价支付。

（3）塌方清理按施工图纸所示开挖轮廓尺寸计算的有效塌方堆方体积以立方米为单位计量，由发包人按工程量清单相应项目有效工程量的每立方米工程单价支付。

（4）承包人完成“植被清理”工作所需的费用，包含在工程量清单相应土方明挖项目有效工程量的每立方米工程单价中，发包人不另行支付。

（5）土方明挖工程单价包括承包人按合同要求完成场地清理，测量放样，临时性排水措施（包括排水设备的安拆、运行和维修），土方开挖、装卸和运输，边坡整治和稳定观测，

基础、边坡面的检查和验收,以及将开挖可利用或废弃的土方运至监理人指定的堆放区并加以保护、处理等工作所需的费用。

(6)土方明挖开始前,承包人应根据监理人指示,测量开挖区的地形和计量剖面,经监理人检查确认后,作为计量支付的原始资料。土方明挖按施工图纸所示的轮廓尺寸计算有效自然方体积以立方米为单位计量,由发包人按工程量清单相应项目有效工程量的每立方米工程单价支付。施工过程中增加的超挖量和施工附加量所需的费用,应包含在工程量清单相应项目有效工程量的每立方米工程单价中,发包人不另行支付。

(7)除合同另有约定外,开采土料或砂砾料(包括取土、含水量调整、弃土处理、土料运输和堆放等工作)所需的费用,包含在工程量清单相应项目有效工程量的工程单价或总价中,发包人不另行支付。

(8)除合同另有约定外,承包人在料场开采结束后完成开采区清理、恢复和绿化等工作所需的费用,包含在工程量清单"环境保护和水土保持"相应项目的工程单价或总价中,发包人不另行支付。

(二)土方填筑工程

(1)坝(堤)体填筑按施工图纸所示尺寸计算的有效压实方体积以立方米为单位计量,由发包人按工程量清单相应项目有效工程量的每立方米工程单价支付。

(2)坝(堤)体全部完成后,最终结算的工程量应是经过施工期间压实并经自然沉陷后按施工图纸所示尺寸计算的有效压实方体积。若分次支付的累计工程量超出最终结算的工程量,发包人应扣除超出部分工程量。

(3)黏土心墙、接触黏土、混凝土防渗墙顶部附近的高塑性黏土、上游铺盖区的土料、反滤料、过渡料和垫层料均按施工图纸所示尺寸计算的有效压实方体积以立方米为单位计量,由发包人按工程量清单相应项目有效工程量的每立方米工程单价支付。

(4)坝体上、下游面块石护坡按施工图纸所示尺寸计算的有效体积以立方米为单位计量,由发包人按工程量清单相应项目有效工程量的每立方米工程单价支付。

(5)除合同另有约定外,承包人对料场(土料场、石料场和存料场)进行复核、复勘、取样试验、地质测绘以及工程完建后的料场整治和清理等工作所需的费用,包含在每立方米(吨)材料单价或工程量清单相应项目工程单价或总价中,发包人不另行支付。

(6)坝体填筑的现场碾压试验费用,由发包人按工程量清单相应项目的总价支付。

(三)混凝土工程

(1)普通混凝土包括冲(凿)毛、冲洗、清仓、铺水泥沙浆,维护并保持仓内模板、钢筋及预埋件的准确位置,混凝土配料、拌和、运输、平仓、振捣、养护,取样检验等工作。施工过程中由于超挖引起的超填量,冲(凿)毛、拌和、运输和浇筑过程中的操作损耗所发生的费用,应摊入有效工程量的工程单价中。混凝土配合比试验费另行计量计价。

(2)二期混凝土包括凿毛、清洗,维护并保持安装件的准确位置,混凝土配料、拌和、运输、振捣、养护等工作。拌和、运输和浇筑过程中的操作损耗所发生的费用,应摊入有效工程量的工程单价中。

(3)止水工程包括制作、安装、维护等工作。止水片的搭接长度、加工及安装过程中操作损耗等所发生的费用,应摊入有效工程量的工程单价中。

(4)伸缩缝包括制作、安装、维护等工作。缝中填料及其在加工和安装过程中的操作损耗所发生的费用,应摊入有效工程量的工程单价中。

(5)混凝土凿除包括混凝土凿除、凿除面的清洗,弃渣运输,周围建筑物保护等工作。

(6)注意事项如下:

①计算混凝土有效工程量时,不扣除设计单体体积小于0.1 m^3的圆角或斜角,单体占用的空间体积小于0.1 m^3的钢筋和金属件,单体横截面积小于0.1 m^2的孔洞、排水管、预埋管和凹槽等所占的体积,按设计要求对上述孔洞回填的混凝土也不重复计量。

②温控混凝土中的温控措施费应摊入相应温控混凝土的工程单价中。预埋冷却水管、通冷水等所发生的费用,应分别摊入相应混凝土有效工程量的工程单价中。

③混凝土冬季施工中对原材料(如砂石料)加温、热水拌和、成品混凝土的保温等措施所发生的冬季施工增加费应包含在相应混凝土的工程单价中。

④混凝土拌和与浇筑分属两个投标人时,价格分界点按招标文件的规定执行。

⑤当开挖与混凝土浇筑分属两个投标人时,混凝土工程按开挖实测断面计算工程量,相应由于超挖引起的超填量所发生的费用,不应摊入混凝土有效工程量的工程单价中。

⑥招标人如要求将模板使用费摊入混凝土工程单价中,各摊入模板使用费的混凝土工程单价应包括模板周转使用摊销费。

⑦洞内混凝土浇筑运输一般情况下应按洞外装运、洞内增运方式计价。

(四)砌体工程

(1)浆砌石、干砌石、混凝土预制块和砖砌体按施工图纸所示尺寸计算的有效砌筑体积以立方米为单位计量,由发包人按工程量清单相应项目有效工程量的每立方米工程单价支付。

(2)砌筑工程的砂浆、拉结筋、垫层、排水管、止水设施、伸缩缝、沉降缝及埋设件等费用,包含在工程量清单相应砌筑项目有效工程量的每立方米工程单价中,发包人不另行支付。

(3)承包人按合同要求完成砌体建筑物的基础清理和施工排水等工作所需的费用,包含在工程量清单相应砌筑项目有效工程量的每立方米工程单价中,发包人不另行支付。

(五)疏浚和吹填工程

(1)疏浚工程按施工图纸所示轮廓尺寸计算的水下有效自然方体积以立方米为单位计量,由发包人按工程量清单相应项目有效工程量的每立方米工程单价支付。

(2)疏浚工程施工过程中疏浚设计断面以外增加的超挖量、施工期自然回淤量、开工展布与收工集合、避险与防干扰措施、排泥管安拆移动以及使用辅助船只等所需的费用,包含在工程量清单相应项目有效工程量的每立方米工程单价中,发包人不另行支付。疏浚工程的辅助措施(如浚前扫床和障碍物的清除、排泥区围堰、隔埂、退水口及排水渠等项目)另行计量支付。

(3)吹填工程按施工图纸所示尺寸计算的有效吹填体积(扣除吹填区围堰、隔埂等的体积)以立方米为单位计量,由发包人按工程量清单相应项目有效工程量的每立方米工程单价支付。

(4)吹填工程施工过程中吹填土体的沉陷量、原地基因上部吹填荷载而产生的沉降量和泥沙流失量、对吹填区平整度要求较高的工程配备的陆上土方机械等所需费用,包含在工程量清单相应项目有效工程量的每立方米工程单价中,发包人不另行支付。吹填工程的辅助措施(如疏浚前扫床和障碍物的清除、排泥区围堰、隔埂、退水口及排水渠等项目)另行计量支付。

(5)利用疏浚排泥进行吹填的工程,疏浚和吹填的计量和支付分界根据合同相关条款的具体约定执行。

(六)基础防渗和地基加固工程

(1)混凝土地下连续墙包括地质复勘,生产性试验,选定施工工艺及参数,槽段造(钻)孔,泥浆固壁、清孔,混凝土配料、拌和、浇筑,钻取芯样检验等工作。施工过程中的操作损耗等所发生的费用,应摊入有效工程量的工程单价中。地下连续墙施工的导向槽、施工平台以及墙体内预埋灌浆管、墙体内观测仪器(观测仪器的埋设、率定、下设和架等)及钢筋笼下设(指保护预埋灌浆管的钢筋笼的加工、运输、垂直下设及孔口对接等),另行计量计价。

(2)高压喷射注浆连续防渗墙包括地质复勘,生产性试验,选定施工工艺及参数,钻孔,配制浆液,高压喷射注浆、固结体连接成墙等工作。施工过程中的操作损耗等所发生的费用应摊入有效工程量的工程单价中。

(3)高压喷射水泥搅拌桩包括地质复勘,生产性试验,选定施工工艺及参数,钻孔,配制浆液,高压喷射注浆等工作。施工过程中的操作损耗等所发生的费用应摊入有效工程量的工程单价中。

(4)混凝土灌注桩包括地质复勘,成孔成桩试验,校验施工参数和工艺,埋设孔口装置、泥浆护壁造孔或跟管钻进造孔,清孔,加工、吊放钢筋笼,混凝土配料、拌和、运输,水下混凝土灌注,成桩承载力检验等工作。检验试验、灌注于桩顶设计高程以上需要挖去的混凝土、钻孔(沉管)灌注混凝土的操作损耗等所发生的费用和周转使用沉管的费用,应摊入有效工程量的工程单价中。钢筋笼按钢筋、钢构件加工及安装工程的计量计价规则另行计量计价。

(5)钢筋混凝土预制桩包括地质复勘,选择停锤标准,购置或预制混凝土桩,起吊运输、存放,打(压)桩、接桩、停锤,桩斜度测量,桩基承载力检验等工作。运桩、打桩和接桩过程中的操作损耗等所发生的费用,应摊入有效工程量的工程单价中。自行预制的预制混凝土桩按预制混凝土工程的计量计价规则另行计量计价后,计入有效工程量的工程单价中。

(6)振冲桩加固地基包括振冲试验,选择施工参数,填料开采、运输、检验,填料振实、逐段加密,桩体密实度和承载力的检验等工作。填料及在振冲造孔填料振密过程中的操作损耗等所发生的费用,应摊入有效工程量的工程单价中。

(七)钢筋加工及安装工程

(1)钢筋加工及安装包括钢筋机械性能试验,除锈、调直、加工、绑扎、丝扣连接(焊接)、安装等工作。施工架立筋、搭接、焊接、套筒连接、加工及安装过程中操作损耗等所发生的费用,应摊入有效工程量的工程单价中。

(2)钢构件加工及安装包括钢筋机械性能试验,除锈、调直、加工、焊接、安装、埋设等工作。施工架立件、搭接、焊接、套筒连接、加工及安装过程中操作损耗等所发生的费用，应摊入有效工程量的工程单价中。

(3)混凝土中的钢筋网可按钢筋加工及安装工程计量计价。

(八)模板工程

(1)普通模板、滑动模板、移置模板，包括模板制作、组装、运输、安装、运行维护，拆卸、修理、周转使用，刷模板保护涂料、脱模剂等工作。模板面板和支撑构件的制作、组装、运输、安装、埋设、拆卸及修理过程中操作损耗等所发生的费用，应摊入有效工程量的工程单价中。模板工程单价中只计入模板的周转使用摊销费，并考虑残值回收。

(2)模板工程中的普通模板包括平面模板、曲面模板、异型模板、预制混凝土模板等；其他模板包括装饰模板等。

(3)立模面积为混凝土与模板的接触面积，坝体纵、横缝键槽模板的立模面积按各立模面在竖直面上的投影面积计算(即与无键槽的纵、横缝立模面积计算相同)。

(4)模板按招标设计的混凝土建筑物(包括碾压混凝土和沥青混凝土)结构体形、浇筑分块和跳块顺序要求所需有效立模面积计量。不与混凝土面接触的模板面积不予计量，其费用应摊入到相应模板有效工程量的工程单价中。

(5)不构成混凝土永久结构、作为模板周转使用的预制混凝土模板，应计入吊运、吊装的费用。构成永久结构的预制混凝土模板，按预制混凝土构件计量计价。

(6)模板制作安装中所用钢筋、小型钢构件，应摊入相应模板有效工程量的工程单价中。

(7)模板工程结算的工程量，按实际完成进行周转使用的有效立模面积计算。

五、投标报价计算

(一)分类分项工程报价

分类分项工程报价中最重要的工作是根据相关规定选择定额、合理选择取费标准，编制基础单价和工程单价。

1. 费用编制规定

根据工程规模及审批层级的不同，安徽省大型及由水利部、流域机构审批的水利水电基本建设项目执行《水利工程设计概(估)算编制规定》(水总〔2014〕429号)和《水利工程营业税改征增值税计价依据调整办法》(办水总〔2016〕132号)；安徽省中小型水利水电基本建设项目执行《安徽省水利水电工程设计概(估)算编制规定》(皖水建函〔2018〕258号)。一般招标文件不强制规定费用编制规定。如果招标文件规定了费用编制规定，投标报价应当遵从；如果招标文件不限定费用编制规定，编制投标报价时，编制人应当收集投标项目审批信息，参考招标人提供的最高投标限价编制依据，选择合理的费用编制规定。

2. 定额选用

定额选用是投标人的自主权。投标人可以选择使用企业定额，也可参考水利部及安徽省现行定额。缺项时，也可借用其他行业现行定额。编制投标报价所需的定额如下：

(1)《水利建筑工程预算定额》和《水利工程施工机械台时费定额》(水总〔2002〕116

号)。

(2)《水利工程概预算补充定额》(水总〔2005〕389 号)。

(3)《水土保持工程概(估)算编制规定和定额》(水总〔2003〕67 号)。

(4)《水利水电设备安装工程预算定额》(水建管〔1999〕523)。

(5)《安徽省水利水电建筑工程概算补充定额》(需要按概算和预算的差异进行调整)。

3. 费用构成

参见本章第四节相关内容。

4. 基础单价的计算

基础单价是计算工程单价的基础,包括人工预算单价,材料预算价格,电、风、水预算价格,施工机械使用费,混凝土材料单价。基础单价的计算参见本章第四节相关内容。

5. 取费标准

取费标准是投标报价计算的核心要素之一。投标人可根据自身实际情况,参考《水利工程设计概(估)算编制规定》(水总〔2014〕429 号)和《安徽省水利水电工程设计概(估)算编制规定》(皖水建函〔2018〕258 号)相关规定,合理调整相关费率标准,但不得低于成本价,也不得高于最高投标限价。费用标准参见本章第四节相关内容。

6. 工程单价分析

工程单价是指以价格形式表示的完成单位工程量(如 1 m^3、1 t、1 套等)所耗用的全部费用,包括建筑工程单价和安装工程单价两部分,是编制投标报价的基础。包括直接费、间接费、利润和税金等 4 部分内容,分为建筑和安装工程单价两类,由“量、价、费”三要素组成。量:指完成单位工程量所需的人工、材料和施工机械台时数量。须根据设计图纸及施工组织设计等资料,正确选用定额相应子目的规定量。价:指人工预算单价、材料预算价格和施工机械台时费等基础单价。费:指按规定计入工程单价的其他直接费、间接费、利润和税金,参照《水利工程设计概(估)算编制规定》(水总〔2014〕429 号)和《安徽省水利水电工程设计概(估)算编制规定》(皖水建函〔2018〕258 号)的取费标准计算。工程单价的计算格式和方法参见本章第四节相关内容。

(二)措施项目报价

措施项目清单中所列的措施项目均以每一项为单位,以“项”列示,这部分项目通常是招标人不提供工程量,而由投标人自行编制方案、自行报价。投标报价时,应根据招标文件的要求详细分析各措施项目所包含的工程内容和施工难度,编制合理的施工方案,据以确定其价格。如果设计工程量偏小而实际工程量偏大,往往由于此部分项目是在开工建设初期进行,从而导致前期资金紧张,项目施工资金周转陷入不良循环;如果设计工程量过大,使这部分报价过高,从而导致施工总体报价偏高,不利于投标竞争。措施项目均属于总价包干结算形式,招标人在施工单位完成此类项目后分批结算或者在施工单位进场时一次或两次付清,无论施工单位实际施工发生的费用多少,均不再补偿。因此,对于投标人来说,如何正确列出总价承包项目中所包含的内容及相应内容的工程量是编制总价承包项目的重点。

1. 进场费、退场费

由投标人在措施项目清单相应项目中以总价形式列报。

2. 现场试验

除合同另有约定外，现场室内试验、现场工艺试验和现场生产性试验由投标人在措施项目清单相应项目中以总价形式列报。

3. 场内施工道路

除合同另有约定外，承包人根据合同要求完成场内施工道路的建设和施工期的管理维护工作所需的费用，超大、超重件的运输费用，均包含在分类分项工程量清单相应项目的工程单价或措施项目清单相应项目的总价中。

4. 场外公共交通

除合同约定由承包人为场外公共交通修建和(或)维护的临时设施外，承包人在施工场地外的一切交通费用，均由承包人自行承担。

5. 施工风、水、电、照明、通信等

除合同另有约定外，承包人根据合同要求完成施工及生活供电设施、施工及生活供水设施、施工供风设施、施工照明设施、施工通信和邮政设施等的建设、移设和拆除工作所需的费用，由投标人在措施项目清单相应项目中以总价形式列报。

6. 生产系统

除合同另有约定外，承包人根据合同要求完成砂石料生产系统、混凝土生产系统的建设和拆除工作所需的费用，由投标人在措施项目清单相应项目中以总价形式列报。

7. 附属设施

除合同另有约定外，承包人根据合同要求完成附属加工厂、仓库和存料场的建设、维护管理和拆除工作所需的费用，由投标人在措施项目清单相应项目中以总价形式列报。

8. 弃渣场

除合同另有约定外，承包人根据合同要求完成弃渣场的建设和维护管理工作所需的费用，由投标人在措施项目清单相应项目中以总价形式列报。

9. 临时生产管理和生活设施

除合同另有约定外，承包人根据合同要求完成临时生产管理和生活设施的建设、移设、维护管理和拆除工作所需的费用，由投标人在措施项目清单相应项目中以总价形式列报。

10. 安全生产设施

承包人按合同技术标准和要求进行的、非直接属于具体工程项目施工安全的各项安全保护措施所需的费用，由投标人在措施项目清单相应项目中以总价形式专项列报，直接属于具体工程项目的安全文明施工措施费，应包含在分类分项工程量清单中各具体工程项目有效工程量的工程单价中。

11. 环境保护和水土保持专项措施

承包人根据合同要求完成施工临时设施(包括混凝土生产系统、砂石料生产加工系统、机修车间、施工现场和生活区临时设施等)的废水、污水(或废油)处理设施的建设、移设和拆除工作所需的费用，由投标人分别在措施项目清单中相关的施工临时设施项目中以总价形式列报。

除合同另有约定外,承包人按合同要求完成废水、污水(或废油)处理设施的运行、维护管理、施工期水质监测等工作所需的费用,均包含在措施项目清单中所列的"环境保护和水土保持专项措施费"中。

除合同另有约定外,施工场地和生活区的其他零星污水、零星废弃物和生活垃圾的处理费用,大气环境保护措施费用和声环境保护措施费用,均包含在措施项目清单中所列的"环境保护和水土保持专项措施费"中。

承包人按合同技术标准和要求(合同技术条款)要求完成的,未在措施清单中列明的其他环境保护和水土保持措施项目的建设、运行、维护管理和施工期监测等工作所需费用,均包含在措施项目清单所列"环境保护和水土保持专项措施费"中。

12. 其他临时设施

承包人根据合同要求完成措施项目清单中未列明的其他临时设施的建设、移设、维护管理和拆除工作所需的费用,均包含在分类分项工程量清单相应项目的工程单价或措施项目清单相应项目的总价中。

(三)暂列金额、暂估价、计日工

1. 暂列金额

暂列金额按招标文件给定的金额和标准填报,列入投标总价中。

2. 计日工

计日工报价时如果是单纯报计日工的报价,可以提高一些,以便在日后招标人用工或使用机械时可以盈利。但如果招标文件中已经假定了计日工的"名义工程量",则需要具体分析是否报高价,以免抬高总报价。总之,要分析招标人在开工后,可能使用的计日工数量确定计日工报价的高低。

计日工金额不列入投标总价中。

3. 暂估价

暂估价项目金额应按照招标文件列明的金额填报。

六、投标报价确定

前面计算出的工程单价,是包含工、料、机单价和除工程量清单中单列项目以外的间接费、利润、税金等工程的工程分项单价,乘以工程量,再加上工程量清单中单列项目费用,即可得出总报价。但是,这样汇总起来的工程总价还不能作为投标价格,按照上述方法算出的工程总价与根据经验预测的可能中标价格或通过某些渠道掌握的"标底"相比,往往有出入,有时还可能相差甚大,组成总价的各部分费用间的比例也可能不尽合理。因此,必须对工程总价做出某些必要的调整。

调整投标总价应当建立在对工程的盈亏预测的基础上,盈亏应当用多种方法从多种角度进行,用类比方法,可以把工程的全部人工费、材料费、机械费、间接费分别汇总,计算出各种费用分别汇总,计算出各种费用占总价的比例。或者和以往类似工程相比,从中发现问题。用分析的方法,可以把工、料、机单价,分项工程单价和间接费互相对照,看是否有漏算、重复的项目,然后分析费用的各个组成部分,看哪些地方还可以通过采取某些措施降低成本、增加盈利。考虑投标报价高低、工程盈亏时,应仔细研究利润这个关键因素。

在研究报价、确定利润时，应当坚持“既能够中标、又有利可图”的原则，同时既考虑本次投标成败的得失，又应着眼于长远的发展目标，来确定最后的投标报价。

七、投标报价策略

在目前激烈的水利水电工程市场竞争中，投标报价显得至关重要，其好坏直接关系到企业能否中标与能否赢利。为了做到两方面兼顾，投标报价专业人员应该掌握如下一些投标报价决策方法与技巧。

（一）报价决策方法

1. 高价赢利策略

这是在报价过程中以较大利润为投标目标的策略。这种策略的使用通常基于以下情况：

（1）施工条件差。

（2）专业要求高、技术密集型工程，而本公司在此方面有专有技术以及良好的声誉。

（3）总价较低的小工程。

（4）特殊工程，如港口海洋工程等，需要特别或专有设备。

（5）业主要求苛刻且工期相当紧的工程。

（6）竞争对手少。

（7）支付条件不理想。

2. 微利保本策略

微利保本策略是指在报价过程中降低甚至不考虑利润。这种策略的使用通常基于以下情况：

（1）工作较为简单，工作量大，但一般公司都可以做，比如大体积的土石方工程。

（2）本公司在此地区干了很多年，现在面临断档，有大量的设备在该地区待处置。

（3）该项目本身前景看好，为本公司创建业绩。

（4）该项目后续项目较多或公司保证能以上乘质量赢得信誉，续签其他项目。

（5）竞争对手多。

（6）有可能在中标后将工程的一部分以更低价格分包给某些专业承包商。

（7）长时间未中标，希望拿下一个项目激励人气，维持日常费用，缓解公司压力。

3. 低价亏损策略

该投标策略应注意：①报价低在评标时得分较高；②这种报价方法属于正当的商业竞争行为。这种报价策略通常只用于以下几种情况：

（1）市场竞争激烈，承包商又急于打入该领域创建业绩。

（2）后续项目多，对前期工程以低价中标，占领阵地，工程完成的好则能获得业主信任，希望后期工程继续承包，补偿前期低价损失。

（3）有信心中标后通过变更索赔弥补损失甚至赢利，但此种报价方式有可能被评标委员会根据招标文件有关条款判为无效标。

（二）报价技巧

1. 不平衡报价法

不平衡报价法是相对通常的平衡报价（正常报价）法而言的，指在总价基本确定以后,通过调整内部清单项目的报价,以期既不提高总价影响中标,又能在结算时得到理想的经济效益。可以提高单价的项目包括:前期结算支付的项目;预计今后工程量会增加的项目;暂定项目中估计要做的项目等。但要注意的是,有些项目评标办法规定对主要单价进行评分,要评分的单价不能采取不平衡报价,以免弄巧成拙。

2. 计日工单价法

计日工单价报价时可稍高,因为计日工不属于承包总价的范围,发生时可根据现场签证的实际工日、材料或机械台班实报实销。但如果招标文件中已经给定了计日工的“名义工程量”,并计入总价,则需要具体分析是否提高总报价。

3. 突然袭击法

由于投标竞争激烈,为迷惑对方,可在整个报价过程中,仍然按照一般情况进行,甚至有意泄露一些虚假情况,如宣扬自己对该工程兴趣不大,不打算参加投标,或准备投标的价格,表现出无利可图等假象,到投标截止前几小时,突然前往投标,并改变投标价,从而使对手措手不及。

八、投标人报价评审规则

根据《中华人民共和国招标投标法》(1999 年 8 月 30 日第九届全国人民代表大会常务委员会第十一次会议通过,1999 年 8 月 30 日中华人民共和国主席令第 21 号公布)第四十一条规定,中标人的投标应当符合下列条件之一:

(1)能够最大限度地满足招标文件中规定的各项综合评价标准;

(2)能够满足招标文件的实质性要求,并且经评审的投标价格最低但是投标价格低于成本的除外。

对投标报价的评定有以投标人投标最高限价为基础的,以及近年来推行的复合评标基准价。招标人的投标最高限价和在招标人投标最高限价一定幅度范围内“入围”的投标人的报价各占一定比例形成复合评标基准价,投标人报价接近评标基准价时为最优,采用复合评标基准价主要有两方面的原因,一是考虑投标人的报价要求,二是避免投标报价偏差过大,竞争过于激烈,而后者一般是主要原因。

投标人只有在了解拟投标工程项目将采用何种办法的基础上,才能进行相应的投标决策。

《安徽省水利水电工程施工招标文件示范文本》(电子招标投标,2020 年版)根据工程规模、复杂程度和标段合同估算价将工程项目划分为如下 3 类:

A 类项目:大型枢纽和水工建筑物工程(包括:大型枢纽、水电站、泵站、水闸工程,Ⅰ~Ⅴ级船闸、大型渡槽等工程),基础处理(含防渗墙)、水工隧洞、挖泥船疏浚 3 类专业技术工程(含专业技术工程投资占标段合同估算价 50%以上或其投资达 800 万元以上的工程),二级以上(含)堤防(含穿堤建筑物)及相应的河道工程,单标段最高投标限价在 5 000 万元以上(含)的其他水利工程。

B 类项目:中型枢纽和水工建筑物工程(包括:中型枢纽、水电站、泵站、水闸工程,Ⅵ级以下(含)船闸、中型渡槽等工程),三级堤防(含穿堤建筑物)及相应的河道工程,大型灌区干渠以上的渠下涵,单标段最高投标限价在 5 000 万元以下、1 000 万元以上(含)的其他水利工程。

C 类项目:除 A、B 类项目外其他水利工程。

原则上 A、B、C 类项目应分别选择 A、B、C 类项目示范文本。A 类项目招标人可以选择 B 类示范文本,B 类项目招标人可以选择 C 类示范文本,但 C 类项目招标人不可以选择 A、B 类示范文本,B 类项目招标人不可以选择 A 类示范文本。A 类项目施工招标可采用资格预审;B、C 类项目施工招标一般采用资格后审。

不同类项目评标办法不同,有关投标报价的评审办法也不同。

(一)A、B 类项目投标人报价评审

1. 评分标准

A、B 类项目投标报价评分标准见表 3-103。

表 3-103 A、B 类项目投标报价评分标准

序号	评分要素	分值	评分标准
一	投标总报价	A 类:58 B 类:66	说明: 1. 招标人应编制最高投标限价;最高投标限价应委托代理机构或其他有资格单位编制,并加盖单位章。 2. 评标基准价复合产生,应有随机性。参与复合的投标人报价不能超过最高投标限价(超过最高投标限价其投标文件将被否决)
二	分项报价合理性	2	
1			按以下原则选择进行评审的分项或子目: 1. 施工阶段调整可能性较大且引起价格调整金额较大的分项或子目。 2. 单价金额较高,工程量在施工阶段有可能调整的分项或子目。 3. 完成时间在施工前期,前期结算占比较高的分项或子目。 4. 完成时间在施工后期,可能导致后期工期拖延的分项或子目。 分项报价评标基准价= 招标人编制的分项报价参考价 对所列分项报价进行响应性评审;招标人只接受投标报价与基准价的偏差率在 M(%)(含)至 N(%)(含)范围内的分项报价,有分项报价在其范围外的其投标文件将被否决。 说明:M(%)和 N(%)由招标人根据项目实际情况在编制招标文件时确定,M(%)为($A_2-1.05$)×100%,N(%)一般为 5%~10%
2			
	…		

续表 3-103

序号	评分要素	分值	评分标准
	临时工程	1	在投标总报价(不含暂列金和暂估价)A(%)(含)至B(%)(含)之间得1分,每低于A(%)或高于B(%)一个百分点扣0.5分,得分内插,保留两位小数。 说明:A(%)和B(%)由招标人根据项目实际情况在编制招标文件时确定
	施工安全措施费		投标人根据施工安全措施编列的施工安全措施费不低于招标人编制的该分项报价参考价,否则其投标文件将被否决。 说明:施工安全措施费由招标人根据项目实际情况在编制最高投标限价时确定,并与最高投标限价一并公布,一般为最高投标限价建安投资的0.6%~1.2%。其中枢纽工程、建筑物取上限,堤防、河湖整治工程取下限,其他工程由招标人根据项目实际情况确定
	拟变更项目单价	0.5	评标委员会酌情赋分
	计日工单价	0.5	评标委员会酌情赋分
	评标委员会认为的其他扣分项(综合考虑基础价格、费率及组价方式等)	扣分项	评标委员会酌情扣分,最多可扣1分

2. 计算方法

1)报价偏差率

报价偏差率=[(投标报价-评标基准价)/评标基准价]×100%

计算结果保留小数点后两位,小数点后第三位"四舍五入",即为×.××%。

2)评标基准价

评标基准价=招标人编制的最高投标限价×K+
现场随机抽取的投标人投标报价算术平均值×(1-K)

(1)现场随机抽取的投标人投标报价算术平均值。

招标人编制的最高投标限价的A_1~A_2范围内的投标人数量(M),去掉n个最高和n个最低投标人投标报价后的其他投标人报价,现场随机抽取一定数量投标人报价进行算术平均。

$M\leqslant5$、$n=0$,现场随机抽取2家投标人报价进行算术平均;

$5<M\leqslant10$、$n=1$,现场随机抽取3家投标人报价进行算术平均;

$10<M\leqslant20$、$n=2$,现场随机抽取4家投标人报价进行算术平均;

$20<M\leqslant30$、$n=3$;$30<M\leqslant40$、$n=4$;$40<M\leqslant50$、$n=5$。以此类推,凡$M>20$,现场随机均抽取6家投标人报价进行算术平均。

(2)参数选择。

K由投标人代表在开标现场从备选范围(0.3、0.4、0.5)中随机抽取;A_1值为招标人编制招标文件从备选范围(0.98、0.99、1.0)中选择；A_2 值为招标人编制招标文件备选范围(A 类项目从 0.86、0.87、0.88、0.89、0.90、0.91、0.92、0.93、0.94、0.95 中选择；B 类项目从 0.80、0.81、0.82、0.83、0.84、0.85 中选择)。

3)投标总报价得分

报价偏差率为 C(%)时投标总报价得满分；报价偏差率为 C(%)以上的，每上升一个百分点扣 1~3 分，扣完为止(不得负分)；报价偏差率为 C(%)以下的，每下降一个百分点扣 0.5~1 分，扣完为止(不得负分)。偏差率扣分由招标人根据项目情况确定并在招标文件中载明。

得分采取内插法，保留小数点后两位数字，小数点后第三位"四舍五入"。

C 值一般为 0、-1、-2，由招标人在编制招标文件时载明，每偏差一个百分点扣减分值由招标人确定。

4)注意事项

(1)投标人不具备招标公告或招标文件中要求的资格，评标时才发现的，其投标报价纳入评标基准价计算；评标委员会在初步评审等环节否决投标人投标文件的其他情况，不再对其进行详细评审，其投标报价纳入评标基准价计算，但不参加报价最终得分计算。

(2)以上投标人报价、招标人编制的最高投标限价、评标基准价在计算投标报价得分时，均不含暂列金和暂估价，均指算术修正前值。

(3)若招标人编制的最高投标限价的 $A_1 \sim A_2$ 范围内的投标人数量(M)去掉 n 个最高和 n 个最低投标人投标报价后其他投标人家数少于或等于需抽取家数时，不需抽取，其他投标人报价均纳入评标基准价复合计算。

(4)若所有投标人报价均不在招标人编制的最高投标限价的 $A_1 \sim A_2$ 范围内，则本次招标失败。若仅一名投标人报价在 $A_1 \sim A_2$ 范围内，则对该投标人进行合格性评审，响应招标文件实质性要求，该投标人为中标候选人。

3.计算性算术错误修正

评标委员会应全面复核投标人投标报价，投标报价有算术错误的，评标委员会按以下原则对投标报价进行修正，修正的价格经投标人书面确认后具有约束力。投标人不得主动修正投标报价。修正原则如下：

(1)投标文件中的大写金额与小写金额不一致的，以大写金额为准(大写金额明显错误的除外)。

(2)总价金额与依据单价计算出的结果不一致的，以单价金额为准修正总价(但单价金额小数点有明显错误的除外)；单价金额小数点有明显错误的，以总价为准，对单价予以修正。

(3)当各子目的合价累计不等于总价时，以各子目合价累计数为准修正总价。

(4)仅该投标人按照不利于自己的原则进行修正并计算投标报价，其余投标人报价得分不变。

(5)完成修正单价和总价后，最后修正投标报价系数。

上述修正原则适用于 A、B、C 所有项目。

(二)C1 类项目投标人报价评审

1. 评标办法

评标采用综合评估法,首先计算所有投标人商务总得分,按得分从高到低顺序依次进行初步评审和技术标符合性评审,从合格投标人中,推荐中标候选人,但投标报价低于其成本的除外,其他投标人的投标文件不再进行评审。商务得分相等的,以投标报价低的优先;投标报价也相同的,以信用分值(安徽省水利建设市场信用信息平台公布的最新信用分值)高的优先;信用分值也相同的,以水利安全标准化级别高的优先;若水利安全标准化级别仍相同,按照评标办法前附表的规定确定中标候选人顺序。

2. 评分标准

C1 类项目投标报价评分标准见表 3-104。

表 3-104　C1 商务标评分标准

<table>
<tr><th>序号</th><th>评分内容</th><th>分值</th><th>评分标准</th></tr>
<tr><td>一</td><td>投标总报价</td><td>54</td><td>说明:
1. 招标人应编制最高投标限价;最高投标限价应委托代理机构或其他有资格单位编制,并加盖单位章。
2. 评标基准价复合产生,应有随机性。参与复合的投标人报价不能超过最高投标限价(超过最高投标限价其投标文件将被否决)</td></tr>
<tr><td>二</td><td>分项报价合理性</td><td></td><td></td></tr>
<tr><td>1</td><td></td><td></td><td rowspan="4">按以下原则选择进行评审的分项或子目:
1. 施工阶段调整可能性较大且引起价格调整金额较大的分项或子目。
2. 单价金额较高,工程量在施工阶段有可能调整的分项或子目。
3. 完成时间在施工前期,前期结算占比较高的分项或子目。
4. 完成时间在施工后期,可能导致后期工期拖延的分项或子目。
分项报价评标基准价 = 招标人编制的分项报价参考价
对所列分项报价进行响应性评审;招标人只接受投标报价与基准价的偏差率在 $M(\%)$(含)至 $N\%$(含)范围内的分项报价,有分项报价在其范围外的其投标文件将被否决。
说明:$M(\%)$ 和 $N(\%)$ 由招标人根据项目实际情况在编制招标文件时确定,$M(\%)$ 为 $(A_2-1.05)\times100\%$,$N(\%)$ 一般为 5%~10%</td></tr>
<tr><td>2</td><td></td><td></td></tr>
<tr><td></td><td>…</td><td></td></tr>
<tr><td></td><td>…</td><td></td></tr>
<tr><td></td><td>临时工程</td><td></td><td>在投标总报价(不含暂列金和暂估价)$A(\%)$(含)至 $B(\%)$(含)之间,否则其投标文件将被否决。
说明:$A(\%)$ 和 $B(\%)$ 由招标人根据项目实际情况在编制招标文件时确定</td></tr>
<tr><td></td><td>施工安全措施费</td><td></td><td>投标人根据施工安全措施编列的施工安全措施费不低于招标人编制的该分项报价参考价,否则其投标文件将被否决。
说明:施工安全措施费由招标人根据项目实际情况在编制最高投标限价时确定,并与最高投标限价一并公布,一般为最高投标限价建安投资的 0.6%~1.2%。其中枢纽工程、建筑物取上限,堤防、河湖整治工程取下限,其他工程由招标人根据项目实际情况确定</td></tr>
</table>

3. 计算方法

1）报价偏差率

报价偏差率=[（投标报价-评标基准价）/评标基准价]×100%

计算结果保留小数点后两位，小数点后第三位“四舍五入”，即为×.××%。

2）评标基准价

评标基准价=招标人编制的最高投标限价×K+
现场随机抽取的投标人投标报价算术平均值×(1-K)

（1）现场随机抽取的投标人投标报价算术平均值。

招标人编制的最高投标限价的A1～A2范围内的投标人数量（M），去掉n个最高和n个最低投标人投标报价后的其他投标人报价现场随机抽取一定数量投标人报价进行算术平均。

$M \leq 5$、$n=0$，现场随机抽取2家投标人报价进行算术平均。

$5<M \leq 10$、$n=1$，现场随机抽取3家投标人报价进行算术平均。

$10<M \leq 20$、$n=2$，现场随机抽取4家投标人报价进行算术平均。

$20<M \leq 30$、$n=3$，$30<M \leq 40$、$n=4$；$40<M \leq 50$、$n=5$。以此类推，凡$M>20$，现场随机均抽取6家投标人报价进行算术平均。

（2）参数选择。

K由投标人代表在开标现场从备选范围（0.1、0.2、0.3）中随机抽取。A_1值为招标人编制招标文件从备选范围（0.98、0.99、1.0）中选择。A_2值为招标人编制招标文件从备选范围（0.76、0.77、0.78、0.79、0.80、0.81）中选择。

3）投标总报价得分

报价偏差率为C（%）时投标总报价得满分；报价偏差率为C（%）以上的，每上升一个百分点扣1～3分，扣完为止（不得负分）；报价偏差率为C（%）以下的，每下降一个百分点扣0.5～1分，扣完为止（不得负分）。偏差率扣分由招标人根据项目情况确定并在招标文件中载明。

得分采取内插法，保留小数点后两位数字，小数点后第三位“四舍五入”。

C值一般为0、-1、-2，由招标人在编制招标文件时载明，每偏差一个百分点扣减分值由招标人确定。

4）注意事项

（1）投标人不具备招标公告或招标文件中要求的资格，评标时才发现的，其投标报价纳入评标基准价计算；评标委员会在初步评审等环节否决投标人投标文件的其他情况，不再对其进行详细评审，其投标报价纳入评标基准价计算，但不参加报价最终得分计算。

（2）以上投标人报价、招标人编制的最高投标限价、评标基准价在计算投标报价得分时，均不含暂列金和暂估价，均指算术修正前值。

（3）若招标人编制的最高投标限价的A_1～A_2范围内的投标人数量（M）去掉n个最高和n个最低投标人投标报价后其他投标人家数少于或等于需抽取家数时，不需抽取，其他投标人报价均纳入评标基准价复合计算。

（4）若所有投标人报价均不在招标人编制的最高投标限价的A_1～A_2范围内，则本次招标失败。若仅一名投标人报价在A_1～A_2范围内，则对该投标人进行合格性评审，响应招标文件实质性要求,该投标人为中标候选人。

(三)C2 类项目投标人报价评审

1. 评标方法

评标采用经评审的最低投标价法。评标委员会按投标总报价从低到高顺序依次进行初步评审和技术标商务标符合性评审,从合格投标人中,推荐中标候选人,但投标报价低于其成本的除外,其他投标人的投标文件不再进行评审。若投标总报价相同,则以信用分值(安徽省水利建设市场信用信息平台公布的最新信用分值)高的优先;信用分值也相同的,以水利安全标准化级别高的优先;若水利安全标准化级别仍相同,按照评标办法前附表的规定确定中标候选人顺序。

2. 评分标准

C2 类项目采用经评审的最低投标价法,投标报价总价不赋分,分项报价合理性采取符合性评审方法,评审标准见表 3-105。

表 3-105　C2 商务标评分标准

<table>
<tr><th>序号</th><th>评分因素</th><th>评审标准</th></tr>
<tr><td></td><td>分项报价合理性</td><td></td></tr>
<tr><td>1</td><td></td><td rowspan="4">按以下原则选择进行评审的分项或子目:
1. 施工阶段调整可能性较大且引起价格调整金额较大的分项或子目。
2. 单价金额较高,工程量在施工阶段有可能调整的分项或子目。
3. 完成时间在施工前期,前期结算占比较高的分项或子目。
4. 完成时间在施工后期,可能导致后期工期拖延的分项或子目。
分项报价评标基准价 = 招标人编制的分项报价参考价
对所列分项报价进行响应性评审;招标人只接受投标报价与基准价的偏差率在 $M(\%)$(含)至 $N(\%)$(含)范围内的分项报价,有分项报价在其范围外的其投标文件将被否决。
说明:$M(\%)$ 和 $N(\%)$ 由招标人根据项目实际情况在编制招标文件时确定,$M(\%)$ 为 $-29\% \sim -24\%$,$N(\%)$ 一般为 $5\% \sim 10\%$</td></tr>
<tr><td>2</td><td></td></tr>
<tr><td></td><td>…</td></tr>
<tr><td></td><td>…</td></tr>
<tr><td></td><td>临时工程</td><td>在投标总报价(不含暂列金和暂估价)$A(\%)$(含)至 $B(\%)$(含)之间,否则其投标文件将被否决。
说明:$A(\%)$ 和 $B(\%)$ 由招标人根据项目实际情况在编制招标文件时确定</td></tr>
<tr><td></td><td>施工安全措施费</td><td>投标人根据施工安全措施编列的施工安全措施费不低于招标人编制的该分项报价参考价,否则其投标文件将被否决。
说明:施工安全措施费由招标人根据项目实际情况在编制最高投标限价时确定,并与最高投标限价一并公布,一般为最高投标限价建安投资的 0.6%~1.2%。其中枢纽工程、建筑物取上限,堤防、河湖整治工程取下限,其他工程由招标人根据项目实际情况确定</td></tr>
</table>

(四)《安徽省水利水电工程施工招标文件示范文本》投标人报价得分计算示例

【例 3-20】　某农村饮水安全巩固提升工程施工项目(B 类)。

某施工项目为农村饮水安全巩固提升工程,招标范围为自来水厂的土建施工、管网安装,主要包括新打深管井及老井清洗,输、配水干支管道及厂区排水管,清水池及生产管理房、二级泵房、辅助用房、井房、低压线路等。

计划施工工期5个月,项目概算约2 100万元。投标总报价66分。招标文件规定得分计算方法如下:

(1)报价偏差率=[(投标报价-评标基准价)/评标基准价]×100%,计算结果保留小数点后两位,小数点后第三位四舍五入,即为×.××%。

(2)评标基准价=招标人编制的最高投标限价×K+现场随机抽取的投标人投标报价算术平均值×(1-K)。

现场随机抽取的投标人投标报价算术平均值:招标人编制的最高投标限价的A_1~A_2范围内的投标报价,去掉n个最高和n个最低投标人投标报价后的其他投标人报价现场随机抽取一定数量投标人报价进行算术平均。

随机抽取投标人办法:在招标人编制的最高投标限价的A_1~A_2范围内的投标人家数$M\leq5$、$n=0$,现场随机抽取2家投标人报价进行算术平均;$5<M\leq10$、$n=1$,现场随机抽取3家投标人报价进行算术平均;$10<M\leq20$、$n=2$,现场随机抽取4家投标人报价进行算术平均;$20<M\leq30$、$n=3$,$30<M\leq40$、$n=4$,$40<M\leq50$、$n=5$,以此类推,凡$M>20$,现场随机均抽取6家投标人报价进行算术平均。若招标人编制的最高投标限价的A_1~A_2范围内的投标人去掉n个最高和n个最低投标人投标报价后,其他投标人家数少于或等于需抽取家数时,不需抽取,其他投标人报价均纳入评标基准价复合计算。

K值由投标人代表在开标现场从备选范围(0.3、0.4、0.5)中随机抽取。

$A_1=1.00$;$A_2=0.85$。

注:若所有投标人报价均不在招标人编制的最高投标限价的A_1~A_2范围内,则本次招标流标。若仅一家投标人报价在A_1~A_2范围内,则对此家投标人进行技术标符合性评审,若响应招标文件要求,则该投标人为中标候选人。

(3)投标总报价得分:报价偏差率为C(%)时投标总报价得满分;报价偏差率为C(%)以上的,每上升一个百分点扣2分,扣完为止(不得负分);报价偏差率为C(%)以下的,每下降一个百分点扣1分,扣完为止(不得负分)。偏差率扣分由招标人根据项目情况确定并在招标文件中载明。得分采取内插法,保留小数点后两位数字,小数点后第三位四舍五入。

$C=0$。

(4)投标人不具备招标公告或招标文件中要求的资格,评标时才发现的,其投标报价纳入评标基准价计算;评委在初步评审、技术评审等环节否决投标人投标文件的其他情况,不再对其进行详细评审,其投标报价纳入评标基准价计算,但不参加报价最终得分计算。

(5)以上投标人报价、招标人编制的最高投标限价、评标基准价在计算投标报价得分时均不含暂列金和暂估价,均指算术修正前值。

共有5家投标人,报价得分计算过程如下:

(1)分别计算A_1值和A_2值,A_1:19 905 187.66[招标控制价(不含暂列金和暂估价),下同]×1=19 905 187.66;A_2:19 905 187.66×0.85=16 919 409.51。

(2)判断各投标人的投标报价(不含暂列金和暂估价,下同)是否在A_1值和A_2值区间内。经判断,上述5家投标人的投标报价均在区间内。

(3)计算现场随机抽取的投标人投标报价算术平均值。因本标段 $A_1 \sim A_2$ 范围内的投标人家数为 5 家,根据约定,$M \leq 5$、$n=0$(即不去最高和最低值),现场随机抽取 2 家投标人报价进行算术平均。本项目随机抽取的 2 家单位为:投标单位 01 和投标单位 02,则投标报价平均值为(19 650 401.26+19 851 443.65)÷2=19 750 922.46。

(4)计算评标基准价。评标基准价=招标人编制的最高投标限价×K+现场随机抽取的投标人投标报价算术平均值×(1−K)。

所以,19 905 187.66×0.3(K 值,开标现场随机抽取)+19 750 922.46×(1−0.3)= 19 797 202.02。

(5)计算报价偏差率=[(投标报价−评标基准价)/评标基准价]×100%,计算结果保留小数点后两位,小数点后第三位四舍五入,即为×.××%。

例如,投标单位 01:(19 650 401.26−19 797 202.02)/ 19 797 202.02×100% = −0.74%。

(6)计算报价得分。

例如,投标单位 01 得分:66%~0.74%(偏差率)×100×1(低一个点扣 1 分)= 65.26。

计算过程见表 3-106。

表 3-106 某农村饮水安全巩固提升工程施工项目报价得分计算表

序号	投标人	投标报价(元)	投标报价(不含暂列金和暂估价)(元)	偏差率(%)	$A_1 \sim A_2$ 范围(是/否)	得分
1	投标单位 01	20 650 401.26	19 650 401.26	−0.74	是	65.26
2	投标单位 02	20 851 443.65	19 851 443.65	+0.27	是	65.46
3	投标单位 03	20 813 623.80	19 813 623.80	+0.08	是	65.84
4	投标单位 04	20 556 846.94	19 556 846.94	−1.21	是	64.79
5	投标单位 05	20 825 577.80	19 825 576.80	+0.14	是	65.72
招标控制价(元)		20 905 187.66				
暂列金		1 000 000.00				
招标控制价(不含暂列金和暂估价)(元)		19 905 187.66				
A_1		1.00				
A_2		0.85				
开标抽取投标报价算术平均值(不含暂列金和暂估价)(元)		19 750 922.46				
K 值		0.3				
评标基准价(元)		19 797 202.02				

【例 3-21】 ××县××北站拆除重建工程施工标。

1. 项目概况

×××县×××北站拆除重建工程施工标,主要建设内容为泵站土建工程,机电设备安装工程、水保环保工程等。其中,设计灌溉流量 0.6 m/s。计划工期 120 日历天。工程总投资约 1 130 万元,施工标最高投标限价为 7 086 611.06 元(含暂列金 20 万元)。

2. 评标方法

本次评标采用综合评估法(C1 类),首先计算所有投标人商务总得分,按得分从高到低顺序依次进行初步评审和技术标符合性评审,最多推荐 3 名中标候选人,其他投标人的投标文件不再进行评审。

A_1 值为 1.0;A_2 值为 0.80。C 值为 0;每上升一个百分比扣 2 分;每下降一个百分比扣 1 分。

3. 开标情况

投标人家数为 41 家。所有投标人投标报价均在招标人编制的最高投标限价的 A_1~A_2 范围内,即范围内的投标人家属 $M=41$,根据评标办法凡 $M>20$,现场随机均抽取 6 家投标人报价进行算术平均,见表 3-107。

表 3-107　开标现场随机抽取的投标人报价算术平均值计算表

序号	投标人名称	投标总报价(元)	投标报价(不含暂列金和暂估价)(元)
1	×××水电建筑安装有限责任公司	6 930 900.00	6 730 900.00
2	×××区水利建筑安装有限责任公司	6 930 704.30	6 730 704.30
3	×××市政工程有限公司	7 081 101.69	6 881 101.69
4	×××水电建设有限公司	7 076 969.80	6 876 969.80
5	×××水利工程有限公司	7 081 790.43	6 881 790.43
6	×××水电建筑安装工程公司	6 868 889.91	6 668 889.91
开标现场抽取投标报价算术平均值(不含暂列金和暂估价)(元)			6 795 059.36

开标现场随机抽取权重系数 K 值为 0.2。

4. 报价得分计算

(1)评标基准价计算。

评标基准价=招标人编制的最高投标限价×K+现场随机抽取的投标人投标报价算术平均值×(1−K)=6 886 611.06×0.2+6 795 059.36×(1−0.2)=6 813 369.70。

(2)报价偏差率计算。

报价偏差率=[(投标报价−评标基准价)/评标基准价]×100%,计算结果保留小数点后两位,小数点后第三位四舍五入,即为×.××%。详见投标总报价得分表(见表 3-112)。

(3)投标总报价得分:报价偏差率为 0%时投标总报价得满分;报价偏差率为 0%以上的,每上升一个百分点扣 2 分,扣完为止(不得负分);报价偏差率为 0%以下的,每下降一个百分点扣 1 分,扣完为止(不得负分)。得分采取内插法,保留小数点后两位数字,小数点后第三位四舍五入。详见投标总报价得分表(见表 3-108)。

(4)清标及计算错误检查。

经检查计算错误,不存在算术修正。

(5)其他。

本项目在初步评审、技术评审等环节无否决投标人投标文件的情况。

表 3-108 ×××县×××北站拆除重建工程施工标投标总报价得分表

序号	投标人名称	投标总报价（元）	暂列金、暂估价（明标价）（元）	去除暂列金、暂估价（明标价）（元）	$A_1 \sim A_2$ 范围（是/否）	评标基准价	报价偏差率	投标总报价得分	备注
1	×××水利建筑安装工程有限公司	6 926 153.66	200 000	6 726 153.66	是	6 813 369.70	−1.28%	62.72	
2	×××五洋水利建筑工程有限公司	6 957 147.22	200 000	6 757 147.22	是	6 813 369.70	−0.83%	63.17	
3	×××水利工程有限公司	7 076 281.14	200 000	6 876 281.14	是	6 813 369.70	0.92%	62.16	
4	×××水利工程有限责任公司	6 880 700.00	200 000	6 680 700.00	是	6 813 369.70	−1.95%	62.05	
5	×××建设工程有限公司	6 904 006.00	200 000	6 704 006.00	是	6 813 369.70	−1.61%	62.39	
6	×××建筑工程有限公司	6 984 689.23	200 000	6 784 689.23	是	6 813 369.70	−0.42%	63.58	
7	×××建筑水电安装工程有限公司	6 991 933.94	200 000	6 791 933.94	是	6 813 369.70	−0.31%	63.69	
8	×××水利电力工程局	6 905 493.19	200 000	6 705 493.19	是	6 813 369.70	−1.58%	62.42	
9	×××建设工程有限公司	7 082 479.09	200 000	6 882 479.09	是	6 813 369.70	1.01%	61.98	
10	×××土木工程有限公司	7 079 724.45	200 000	6 879 724.45	是	6 813 369.70	0.97%	62.06	
11	×××水电建筑安装有限责任公司	6 915 823.11	200 000	6 715 823.11	是	6 813 369.70	−1.43%	62.57	
12	×××河道工程有限责任公司	6 840 070.39	200 000	6 640 070.39	是	6 813 369.70	−2.54%	61.46	

附件

投标总报价得分计算方法：

(1)报价偏差率=[(投标报价-评标基准价)/评标基准价]×100%，计算结果保留小数点后两位，小数点后第三位四舍五入，即为×.××%。

(2)评标基准价=招标人编制的最高投标限价×K+现场随机抽取的投标人投标报价算术平均值×$(1-K)$。

现场随机抽取的投标人投标报价算术平均值：招标人编制的最高投标限价的$A_1 \sim A_2$范围内的投标报价，去掉n个最高和n个最低投标人投标报价后的其他投标人报价现场随机抽取一定数量投标人报价进行算术平均。

随机抽取投标人办法：在招标人编制的最高投标限价的A1～A2范围内的投标人家数$M \leqslant 5$、$n=0$，现场随机抽取2家投标人报价进行算术平均；$5<M \leqslant 10$、$n=1$，现场随机抽取3家投标人报价进行算术平均；$10<M \leqslant 20$、$n=2$，现场随机抽取4家投标人报价进行算术平均；$20<M \leqslant 30$、$n=3$，$30<M \leqslant 40$、$n=4$，$40<M \leqslant 50$、$n=5$，以此类推，凡$M>20$，现场随机均抽取6家投标人报价进行算术平均。若招标人编制的最高投标限价的$A_1 \sim A_2$范围内的投标人去掉n个最高和n个最低投标人投标报价后，其他投标人家数少于或等于需抽取家数时，不需抽取，其他投标人报价均纳入评标基准价复合计算。

K值由投标人代表在开标现场从备选范围(0.1、0.2、0.3)中随机抽取。

A_1值为1.0；A_2值为0.80。

注：投标人报价在$A_1 \sim A_2$范围以外的，其报价偏差率按两倍计算。若所有投标人报价均不在招标人编制的最高投标限价的$A_1 \sim A_2$范围内，则本次招标流标。若仅一家投标人报价在$A_1 \sim A_2$范围内，则对此家投标人进行技术标符合性评审，若响应招标文件要求，则该投标人为中标候选人。

(3)投标总报价得分：报价偏差率为$C(\%)$时投标总报价得满分；报价偏差率为$C(\%)$以上的，每上升一个百分点扣2分，扣完为止(不得负分)；报价偏差率为$C(\%)$以下的，每下降一个百分点扣1分，扣完为止(不得负分)。偏差率扣分由招标人根据项目情况确定并在招标文件中载明。得分采取内插法，保留小数点后两位数字，小数点后第三位四舍五入。

C值为0。

(4)投标人不具备招标公告或招标文件中要求的资格，评标时才发现的，其投标报价纳入评标基准价计算；评委在初步评审、技术评审等环节确定否决投标人投标文件的其他情况，不再对其进行详细评审，其投标报价纳入评标基准价计算，但不参加报价最终得分计算。

(5)以上投标人报价、招标人编制的最高投标限价、评标基准价在计算投标报价得分时均不含暂列金和暂估价(明标价)，均指算术修正前值。

九、工程量清单报价表填报要求

(一)工程量清单报价表组成

工程量清单报价表由以下表格组成：

(1)投标总价及投标报价系数 Y。

(2)工程项目总价表。

(3)分类分项工程量清单计价表。

(4)措施项目清单计价表。

(5)其他项目清单计价表。

(6)计日工项目计价表。

(7)工程单价汇总表。

(8)工程单价费(税)率汇总表。

(9)投标人生产电、风、水、砂石基础单价汇总表。

(10)投标人生产混凝土配合比材料费表。

(11)招标人供应材料价格汇总表。(若招标人提供)

(12)投标人自行采购主要材料预算价格汇总表。

(13)招标人提供施工机械台时(班)费汇总表。(若招标人提供)

(14)投标人自备施工机械台时(班)费汇总表。

(15)总价项目分类分项工程分解表。

(16)工程单价计算表。

投标总价、工程项目总价表、分类分项工程量清单计价表、措施项目清单计价表、其他项目清单计价表和计日工项目计价表是主表,除另有约定外,投标人应严格按工程量清单格式填报单价和合价(总价),不得改动工程量清单。投标人填报上述表格时应结合技术标准和要求(合同技术条款)相关计量支付的要求和《水利工程工程量清单计价规范》(GB 50501—2007)附录 A、B 规定的主要工作内容、工程量计算规则及其他相关问题处理规定。

工程单价汇总表、工程单价费(税)率汇总表、投标人生产电、风、水、砂石基础单价汇总表、投标人生产混凝土配合比材料费表、招标人供应材料价格汇总表、投标人自行采购主要材料预算价格汇总表、招标人提供施工机械台时(班)费汇总表、投标人自备施工机械台时(班)费汇总表、总价项目分类分项工程分解表、工程单价计算表、人工单价汇总表是辅助表格,是主表填报的基础和依据,也是合同执行中处理变更的重要依据。为便于评标和归档,主表和辅助表格应形成一个完整的电子版随投标文件提交。辅助表格填报应按照招标文件规定,填报时应结合《水利工程工程量清单计价规范》(GB 50501—2007)和合同技术条款相关规定。

(二)工程量清单计价表填写规定

(1)除另有规定外,投标人不得随意增加、删除或涂改招标文件工程量清单中的任何内容。工程量清单中列明的所有需要填报的单价和合价,投标人均应填报。若投标人对某些项目未填报单价和合价,则应认为已包括在其他项目的单价和合价以及投标总报价内。工程量清单的工程单价应根据《水利工程工程量清单计价规范》(GB 50501—2007)规定的工程单价组成内容,按招标文件和该规范附录 A 和附录 B 中的“主要工作内容”确定。除另有规定外,对有效工程量以外的超挖、超填工程量,施工附加量,加工、运输损耗量等,所消耗的人工、材料和机械费用,均应摊入相应有效工程量的工程单价内。

(2)投标金额(价格)均应以人民币表示。

(3)投标总价应按工程项目总价表合计金额填写。

(4)工程项目总价表中一、二级项目名称按招标文件工程量清单中的相应名称填写,并按分类分项工程量清单计价表中相应项目合计金额填写。

(5)分类分项工程量清单计价表填写。

表中的序号、项目编码、项目名称、计量单位、工程数量,按招标文件分类分项工程量清单中的相应内容填写。

(6)措施项目清单计价表中的序号、项目名称按招标文件措施项目清单中的相应内容填写,并填写相应措施项目的金额和合计金额。

(7)其他项目清单计价表中的序号、项目名称、金额,按招标文件其他项目清单中的相应内容填写。

(8)计日工项目计价表的序号、人工、材料、机械的名称、规格型号以及计量单位,按招标文件计日工项目清单中的相应内容填写,并填写相应项目单价。

(9)辅助表格填写:

①工程单价汇总表,按工程单价计算表中的相应内容、价格(费率)填写。工程单价汇总表不仅是工程单价计算表的结果汇总,还包括以工程单价计算表的结果为基础分析的综合单价。除约定不分析单价的工程项目外,分类分项工程量清单填报的单价均应当在工程单价汇总表中反映。

②工程单价费(税)率汇总表,按工程单价计算表中的相应内容、费(税)率填写。

③投标人生产电、风、水、砂石基础单价汇总表,按基础单价分析计算成果的相应内容、价格填写,并附相应基础单价的分析计算书。

④投标人生产混凝土配合比材料费表,按表中工程部位、混凝土和水泥强度等级、级配、水胶比、坍落度、相应材料用量和单价填写,填写的单价必须与工程单价计算表中采用的相应混凝土材料单价一致。

⑤招标人供应材料价格汇总表,按招标人供应的材料名称、规格型号、计量单位和供应价填写,并填写经分析计算后的相应材料预算价格,填写的预算价格必须与工程单价计算表中采用的相应材料预算价格一致(若招标人提供)。招标人供应材料价格汇总表中,招标人供应材料的材料预算价格由招标人在工程量清单中说明,投标人考虑材料二次运输、仓储后分析的材料预算价格进入单价分析表,按照约定的扣除方式计算合同单价(包含材料款)或合同执行单价(不包含材料款)。

⑥投标人自行采购主要材料预算价格汇总表,按表中的序号、材料名称、规格型号、计量单位和预算价填写,填写的预算价必须与工程单价计算表中采用的相应材料预算价格一致。

⑦招标人提供施工机械台时(班)费汇总表,按招标人提供的机械名称、规格型号和招标人收取的台时(班)折旧费填写;投标人填写的台时(班)费用合计金额必须与工程单价计算表中相应的施工机械台时(班)费单价一致(若招标人提供)。

⑧投标人自备施工机械台时(班)费汇总表,按表中的序号、机械名称、规格型号、一类费用和二类费用填写,填写的台时(班)费合计金额必须与工程单价计算表中相应的施

工机械台时(班)费单价一致。

⑨工程单价计算表,按表中的施工方法、序号、名称、规格型号、计量单位、数量、单价、合价填写,填写的人工、材料和机械等基础价格,必须与基础材料单价汇总表、主要材料预算价格汇总表及施工机械台时(班)费汇总表中的单价相一致,填写的施工管理费、企业利润和税金等费(税)率必须与工程单价费(税)率汇总表中的费(税)率相一致。

⑩总价项目分类分项工程分解表适用于对分类分项工程工程量清单中标注“总价”的项目进行分解,暂估价项目不属于必须分解的项目。措施项目可按照招标文件规定分解,措施项目的分解主要是支付进度的分解。总价项目分类分项工程除按照分类分项工程格式进行分解外,还应按照招标文件规定进行支付进度分解。

(10)单价计算。

投标人应按照招标文件规定定额选用及编规计算并填报已标价工程量清单。若招标文件不对定额选用及编规进行规定,投标人可自行选用定额及单价编制规定计算。《安徽省水利水电工程施工招标文件示范文本》(2018 年版)对定额选用及编规未进行具体规定。根据招标文件的具体要求,投标人编制已标价工程量清单可参考的定额及编规包括(但不限于):

①《关于发布〈水利建筑工程预算定额〉、〈水利建筑工程概算定额〉、〈水利工程施工机械台时费定额〉及〈水利工程设计概(估)算编制规定〉的通知》(水总〔2002〕116 号);

②《关于发布〈水利工程概预算补充定额〉的通知》(水总〔2005〕389 号);

③《关于颁发〈水土保持工程概(估)算编制规定和定额〉的通知》(水总〔2003〕67 号);

④《关于发布〈水利水电设备安装工程预算定额〉和〈水利水电设备安装工程概算定额〉的通知》(水建管〔1999〕523);

⑤《水利工程设计概(估)算编制规定》(水总〔2014〕429 号);

⑥《安徽省水利水电工程设计概(估)算编制规定》(皖水建函〔2018〕258 号);

⑦《安徽省水利水电建筑工程概算补充定额》(皖水建〔2008〕139 号)。

需注意的是,投标人编制已标价工程量清单时,工程单价费(税)率应调整后采用。前述有关定额不足的,可借用其他行业或地方定额补充。单价计算应与投标文件施工组织设计方案相一致。

(11)其他要求。

①广域网考勤设备和信息管理等费用[购置及第一年使用费 2 400 元/台,一年后使用费 80 元/(月・台)]由中标人承担,含在投标总报价中,不单独计列。(说明:仅针对纳入广域网考勤的项目)

②招标代理服务费、工程量清单和控制价编制费由中标人支付,包含在投标报价的单价、合价与总价中,以中标价为计算基数,分标段计取,不单独报价。

招标代理服务费标准见表 3-109,工程量清单和控制价编制费标准见表 3-110。(说明:若招标人与代理机构另有约定的,从其约定)

表 3-109 招标代理服务费收费标准和计算方法表

中标金额(万元)	工程招标收费率	计算方法
100 以下	1.0%	招标代理服务费按差额定率累进法计算。 例如:某工程招标代理业务中标金额为 6000 万元,计算招标代理服务收费额如下: 100×1.0%=1(万元) (500-100)×0.7%=2.8(万元) (1 000-500)×0.55%=2.75(万元) (5 000-1 000)×0.35%=14(万元) (6 000-5 000)×0.2%=2(万元) 合计收费=1+2.8+2.75+14+2=22.55(万元)
100~500	0.7%	
500~1 000	0.55%	
1 000~5 000	0.35%	
5 000~10 000	0.2%	
10 000~50 000	0.05%	
50 000~100 000	0.035%	
100 000~500 000	0.008%	
500 000~1000 000	0.006%	
1 000 000 以上	0.004%	
	代理服务费最高限额 450 万元	

表 3-110 工程量清单和控制价编制费收费标准和计算方法表 (‰)

			100 万以内	200 万以内	500 万以内	1 000 万以内	2 000 万以内	5 000 万以内	10 000 万以内	10 000 万以上
工程量清单编制	中标价	建筑工程	4.8	4.3	3.8	3.4	3	2.8	2.5	2.3
		安装工程	5	4.6	4	3.6	3.1	2.9	2.6	2.4
控制价(标底价)	中标价	建筑工程	2	1.8	1.6	1.4	1.3	1.2	1.1	1
		安装工程	2.1	1.9	1.7	1.6	1.4	1.3	1.2	1.1

注:基本收费标准不足 1 000 元的,按 1 000 元计费。

③参照安徽省物价局、省建设厅《关于重新制定建设工程交易中心交易服务收费项目和收费标准的通知》(皖价服〔2007〕226 号)规定,本工程交易服务费由中标人支付,并包含在投标报价的单价、合价与总价中,不单独报价。

④投标报价系数 Y,作为施工承包单价变更管理的重要依据。投标报价系数 Y 计算方法如下:

Y=投标总报价/招标人编制的最高投标限价×100%

Y 值以百分数表示,保留小数点后两位,即××.××%,投标总报价和招标人编制的最高投标限价均不含暂列金和暂估价。

(三)投标报价格式

投标报价格式中所附表格参考了《水利水电工程标准施工招标文件》(2009 年版)和《安徽省水利水电工程施工招标文件示范文本》(2018 年版)。为避免前后不一,节约投标人编制投标报价工作量,招标文件编制时通常将原第八章投标文件格式中的“投标人填报的工程量清单计价格式"融入到第五章工程量清单中。这种情况下,第五章工程量清单对招标人来说是工程量清单,对投标人来说是投标报价的规范格式,均应得到遵守。招标人可以根据招标项目实际情况对格式中相关表格进行调整。下述格式仅附工程量清单计价相关表格,而表格填报的相关要求见前述内容。

投　标　总　价(格式)

________(项目名称) ____________(标段名称)

合同编号:______________________________

投标总价(小写):________________________

(大写):________________________

投标报价系数(Y):××.××%(保留小数点后两位)

表 3-111　工程项目总价表(格式)

合同编号:(投标项目合同号)

________(项目名称)　__________(标段名称)　　　第　页、共　页

序号	工程项目名称	金额(元)
1	一级××项目	
1.1	二级××项目	
1.2		
2	一级××项目	
2.1	二级××项目	
2.2		
××	措施项目	
××.1	××项目	
××.2		
××	其他项目	
××.1	暂定金额	
××.2	暂估价项目	
	合计	

表 3-112　分项报价合理性评审汇总表(格式)

序号	分项工程名称	单位	分项总金额(元)	分项工程项目编码	备注
1		元			
2		元			
$n-1$	施工安全措施费	元			
n	临时工程	%			占投标总报价(不含暂列金、暂估价)的比例

注:此表是《安徽省水利水电工程施工招标文件示范文本》(2018 年版)所要求表格,仅做评标时参考,若此表与对应清单不一致的,以清单为准。表中仅填写纳入分项报价合理性评审的分项报价和子目单价。

表 3-113　分类分项工程量清单计价表(格式)

合同编号:(投标项目合同号)

__________(项目名称)　____________(标段名称)　第　页、共　页

序号	项目编码	项目名称	计量单位	工程数量	单价(元)	合价(元)	对应的合同技术标准和要求条款号
1		一级××项目					
1.1		二级××项目					
1.1.1		三级××项目					
	12××××××××××	最末一级项目					
2		一级××项目					
2.1		二级××项目					
2.1.1		三级××项目					
	12××××××××××	最末一级项目					
		合计					

表 3-114　措施项目清单计价表(格式)

合同编号:(投标项目合同号)

________(项目名称)　________(标段名称)　第　页、共　页

序号	项目名称	金额(元)

表 3-115　其他项目清单计价表(格式)

合同编号:(投标项目合同号)

________(项目名称)　________(标段名称)　第　页、共　页

序号	项目名称	金额(元)	备注
	暂列金额		
	材料暂估价		如果有
	工程设备暂估价		如果有
	专业工程暂估价		如果有

表 3-116　材料暂估价表

序号	名称	单位	数量	单价	合价	备注

表 3-117　工程设备暂估价表

序号	名称	单位	数量	单价	合价	备注

表 3-118　专业工程暂估价表

序号	专业工程名称	工程内容	金额
小计:			

表 3-119　零星工作项目(计日工项目)计价表(格式)

合同编号:(投标项目合同号)

________(项目名称)　________(标段名称)　第　页、共　页

序号	名称	规格型号	计量单位	单价(元)	备注
1	人工				
2	材料				
3	机械				

表 3-120　工程单价汇总表(格式)

合同编号:(投标项目合同号)

________(项目名称)　________　(标段名称)　　　　第　页、共　页

序号	项目编码	项目名称	计量单位	人工费	材料费	机械使用费	间接费	利润	税金	合计
1		建筑工程								
1.1		土方开挖工程								
1.1.1	120101××××××									
2		安装工程								
2.1		机电设备安装工程								
2.1.1	120201××××××									
2.1.2										

表 3-121　工程单价费(税)率汇总表(格式)

合同编号:(投标项目合同号)

________(项目名称)　________　(标段名称)　　　　第　页、共　页

序号	工程类别	工程单价费(税)率(%)				备注
		其他直接费	间接费	利润	税金	
一	建筑工程					
二	安装工程					

表 3-122 投标人生产电、风、水、砂石基础单价汇总表(格式)

合同编号:(投标项目合同号)

________(项目名称) ________(标段名称) 第 页、共 页

序号	名称	规格型号	计量单位	人工费	材料费	机械使用费	合计	备注

表 3-123 招标人供应材料价格汇总表(格式)

合同编号:(投标项目合同号)

________(项目名称) ________(标段名称) 第 页、共 页

序号	材料名称	规格型号	计量单位	供应价(元)	预算价(元)

表 3-124 投标人自行采购主要材料预算价格汇总表(格式)

合同编号:(投标项目合同号)

________(项目名称) ________(标段名称) 第 页、共 页

序号	材料名称	规格型号	计量单位	预算价(元)	备注

表 3-125　投标人生产混凝土配合比材料费表（格式）

合同编号：（投标项目合同号）

________（项目名称）　________　（标段名称）　　　　第　页、共　页

序号	工程部位	混凝土强度等级	水泥强度等级	级配	水灰比	坍落度	预算材料量（kg/m^3）						单价（元/m^3）	备注
							水泥	砂	石					

表 3-126　招标人提供施工机械台时（班）费汇总表（格式）

合同编号：（投标项目合同号）

________（项目名称）　________　（标段名称）　　　　第　页、共　页　　　　单位：元/台时（班）

序号	机械名称	规格型号	招标人收取的折旧费	投标人应计算的费用									合计
				维修费	安拆费	人工	柴油	电				小计	

表 3-127　投标人自备施工机械台时（班）费汇总表（格式）

合同编号：（投标项目合同号）

________（项目名称）　________　（标段名称）　　　　第　页、共　页　　　　单位：元/台时（班）

序号	机械名称	规格型号	一类费用				二类费用						合计
			折旧费	维修费	安拆费	小计	人工	柴油	电			小计	

表 3-128 工程单价计算表(格式)

________工程

单价编号：

定额单位：

施工方法：

序号	名称	规格型号	计量单位	数量	单价(元)	合价(元)
1	直接费					
1.1	人工费					
1.2	材料费					
1.3	机械使用费					
2	间接费					
3	利润					
4	材料价差					
5	未计价装置性材料					
6	税金					
	合计					

表 3-129 预计变更项目单价汇总表(若有)(格式)

工程名称：________(项目名称) ________(标段名称)

序号	项目名称	施工内容及施工条件	定额单位	单价(元)	备注

注：1. 除“单价(元)”栏由投标人填写外，其余栏均由招标人根据项目具体情况填写；
2. 此表后应附单价分析表。

十、案例

【例 3-22】 背景资料：某水闸工程施工标招标文件依据《水利水电工程标准施工招标文件(2009 年版)》编制招标文件规定，仅对水泥部分进行价格调整，价格调整按公式 $\Delta P=P_0(A+B\times F_t/F_0-1)$ 计算(相关数据依据中标人投标函附录价格指数和权重表)；工程质量保证金总额为签约合同价的 5%，按 5%的比例从月工程进度款中扣留。施工招标投标及合同管理过程中，发生如下事件。

事件 1：其中投标人 B 填报的施工临时工程分组工程量清单如表 3-130 所示。

表 3-130　分组工程量清单　　组号名称:施工临时工程

序号	工程项目或费用名称	金额(万元)
1	围堰填筑	100
2	围堰拆除	50
3	围堰土工试验费	1
4	施工场内交通	100
5	施工临时房屋	200
6	施工降排水	100
7	施工生产用电费用	80
8	计日工费用	20
9	其他临时工程	100

事件 2:发包人与 C 签订了施工承包合同,投标函附录价格指数和权重如表 3-131 所示。

表 3-131　投标函附录价格指数和权重表

可调因子	权重		价格指数	
	定值权重	变值权重	基本价格指数	现行价格指数
水泥	90%	10%	100	103

工程实施中,三月份经监理审核的结算数据如下:已完成原合同工程量清单金额 300 万元,扣回预付款 10 万元,变更金额 6 万元(未按现行价格计价)。

问题:

1. 事件 1 中,A 填报的施工临时工程分组工程量清单中,哪些工程项目或费用不妥?说明理由。

2. 事件 2 中,指出背景材料价格调整公式中 A、B、F_t、F_0、ΔP、P_0 所代表的含义。分别说明工程质量保证金扣留、预付款扣回及变更费用在价格调整计算时,是否应计入 P_0?计算 3 月需调整的水泥价格差额 ΔP。

1. 参考答案:

(1) 围堰土工试验费列入施工临时工程不妥,因为该项费用包含在施工围堰填筑单价中;

(2) 施工生产用电费用列入施工临时工程不妥 ,因为该项费用从构成上属于工程直接费或该项费用包含在相应工程单价中;

(3) 计日工费用列入施工临时工程不妥,因为该项费用不计入投标报价。

答案解析：

明确于招标文件合同技术条款中的工程量计量和支付规则构成合同文件的组成部分，是施工实施阶段成本控制的重要依据之一。

2. 参考答案：

A 代表定值权重或不调部分权重；B 代表可调因子的变值权重或可调部分的权重；F_t 代表可调因子的现行价格指数，或付款证书相关周期最后一天的前 42 天的可调因子的价格指数；F_0 代表可调因子的基本价格指数，或基准日期的可调因子的价格指数；ΔP 代表需调整的价格差额；P_0 代表付款证书中承包人应得到的已完成工程量的金额。

在价格调整计算时，预付款扣回不计入 P_0；工程质量保证金扣留不计入 P_0；变更(未按现行价格计价)计入 P_0。

需调整的水泥价格差额 $\Delta P=306\times(90\%+10\%\times103/100-1)=0.92$(万元)。

答案解析：

人工、材料和设备等价格波动影响合同价格时价格调整公式为

$$\Delta P = P_0\left[A + \left(B_1 \times \frac{F_{t1}}{F_{01}} + B_2 \times \frac{F_{t2}}{F_{02}} + B_3 \times \frac{F_{t3}}{F_{03}} + \cdots + B_n \times \frac{F_{tn}}{F_{0n}}\right) - 1\right]$$

式中，ΔP 为需调整的价格差额；P_0 为付款证书中承包人应得到的已完成工程量的金额，此项金额应不包括价格调整、不计质量保证金的扣留和支付、预付款的支付和扣回，变更及其他金额已按现行价格计价的，也不计在内；A 为定值权重(即不调部分的权重)；B_1，B_2，B_3，…，B_n 为各可调因子的变值权重(即可调部分的权重)，为各可调因子在投标函投标总报价中所占的比例；F_{t1}，F_{t2}，F_{t3}，…，F_{tn} 各可调因子的现行价格指数，指付款证书相关周期最后一天的前 42 天的各可调因子的价格指数；F_{01}，F_{02}，F_{03}，…，F_{0n} 为各可调因子的基本价格指数，指基准日期的各可调因子的价格指数。

【例 3-23】 背景资料：向阳闸土建及设备安装工程招标文件依据《水利水电工程标准施工招标文件(2009 年版)》编制。

依据水利部现行定额及编制规定，某投标人编制了消力池 C25 混凝土单价分析表见表 3-132。

问题：

1. 指出排架 C25 混凝土单价分析表中，A、B、C、D、E 所代表的名称。

2. 若排架立模系数为 0.8 m^2/m^3，模板制作、安装、拆除综合单价的直接费为 40 元/m^2。计算每 m^3 排架 C25 混凝土相应模板直接费和摊入模板费用后排架 C25 混凝土单价直接费。(计算结果保留小数点后两位)

1. 参考答案：

A 代表高级工；B 代表 C25 混凝土；C 代表(平板)振捣器；D 代表混凝土拌制；E 代表混凝土运输。

答案解析：

本题涉及人工预算单价、混凝土半成品及混凝土单价分析知识。

人工预算单价、混凝土半成品材料单价均是单价分析中的基础单价。根据水利工程造价管理要求，人工预算单价是指生产工人在单位时间(工时)的费用。根据工程性质的

表 3-132　消力池 C25 混凝土单价分析表　（单位：100 m^3）

序号	项目或费用名称	型号规格	计量单位	数量	单价(元)	合价(元)
1	直接费					34 099.68
1.1	人工费					1 259.34
(1)	高级工		工时	11.70	4.91	57.45
(2)	*A*		工时	15.50	4.56	70.68
(3)	中级工		工时	209.70	3.87	811.54
(4)	初级工		工时	151.50	2.11	319.67
1.2	材料费					28 926.14
(1)	*B*		m^3	103.00	274.82	28 306.46
(2)	水		m^3	70.00	0.75	52.50
(3)	其他材料费		%	2	28 358.96	567.18
1.3	机械使用费					2 253.84
(1)	*C*	1.1 kW	台时	20.00	22.60	452.00
(2)	变频机组	8.5 kW · h	台时	10.00	17.20	172.00
(3)	风水枪		台时	50.04	25.70	1 286.03
(4)	其他机械费		%	18	1 910.03	343.81
1.4	*D*		m^3	103		1 361.66
1.5	*E*		m^3	103		298.70
2	间接费		%	5	34 099.68	1 704.98
3	计划利润		%	7	35 804.66	2 506.33
4	税金		%	9%	38 310.99	3 447.99
	合计					41 758.98

不同，人工预算单价有枢纽工程、引水及河道工程两种计算方法和标准。每种计算方法将人工均划分为工长、高级工、中级工、初级工四个档次。人工预算单价通常以元/工时为单位。

混凝土材料单价中，混凝土配合比的各项材料用量已考虑了材料的场内运输及操作损耗（至拌和楼进料仓止），混凝土拌制后的熟料运输、操作损耗，已反映在不同浇筑部位定额的“混凝土”材料量中。混凝土配合比的各项材料用量应根据工程试验提供的资料计算，若无试验资料时也可按有关定额规定计算。

混凝土拌制和混凝土运输可单独分析，进而组合综合混凝土成品单价，也可对混凝土拌制和混凝土运输只计算直接费，并入混凝土浇筑单价。题目即是将混凝土拌制和混凝土运输只计算直接费，并入混凝土浇筑单价。

需要指出的是,水利工程造价管理中,关于混凝土拌制和混凝土运输还有如下规定:

(1)关于混凝土拌制的规定。

①浇筑定额中单独列出"混凝土及砂浆拌制"项目,编制混凝土浇注单价时,应先根据施工组织设计选定的搅拌机或搅拌楼的容量,选用拌制定额编制拌制单价(只计直接费)。

②混凝土拌制定额按拌制常态混凝土拟定,若拌制加冰、加掺和料等其他混凝土以及碾压混凝土等,则按定额调整系数对拌制定额进行调整。

③混凝土拌制定额均以半成品方为单位计算,不含施工损耗和运输损耗所消耗的人工、材料、机械的数量和费用。混凝土拌制及浇筑定额中,不包括加冰、骨料预冷、通水等温控所需的费用。

(2)关于混凝土运输的规定。

混凝土运输是指混凝土自搅拌楼(机)出料口至浇筑现场工作面的全部水平运输和垂直运输。运输方式与运输机械由施工组织设计确定。

①混凝土水平运输,指混凝土从搅拌楼(机)出料口至浇筑仓面(或至垂直吊运起吊点)水平距离的运输;混凝土垂直运输,指混凝土从垂直吊运起点至浇筑仓面垂直距离的运输。

②混凝土运输定额均以半成品方为单位计算,不含施工损耗和运输损耗所消耗的人工、材料、机械的数量和费用。

③编制混凝土综合单价时,一般应将运输定额中的工、料、机用量分类合并到浇筑混凝土定额中统一计算综合单价,也可按混凝土运输数量乘以每 m^3 混凝土运输单价(只计直接费)计入混凝土浇筑综合单价。

④预算定额各节现浇混凝土定额中的"混凝土运输"数量,已包括完成每一定额单位(通常为 100 m^3)有效实体混凝土所需增加的超填量及施工附加量等的数量。

2. 参考答案:

每 m^3 消力池 C25 混凝土相应模板直接费 $=1\times0.8\times40=32.00$(元)。

摊入模板费用后的每立方米消力池 C25 混凝土单价直接费 $=34\ 099.68\div100+32.00=373.00$(元)。

答案解析:

根据《水利水电工程标准施工招标文件(2009 年版)》,水利工程合同管理通常对于混凝土工程中的模板费用有如下规定:

(1)除合同另有约定外,现浇混凝土的模板费用,包含在工程量清单相应混凝土或钢筋混凝土项目有效工程量的每立方米工程单价中,不另行计量和支付。

(2)混凝土预制构件模板所需费用,包含在工程量清单相应预制混凝土构件项目有效工程量的工程单价中,不另行支付。

需要指出的是,模板费用并不一定必须摊入相应混凝土单价中。《水利工程工程量清单编制规范》(GB 50501—2007)将模板单独作为一个分类分项工程,单独计量和支付,此时需要区分模板部位、形式,编制模板单价。

【例 3-24】 背景资料:某三级堤防工程招标文件依据《水利水电工程标准施工招标

文件》(2009 年版)编制。招标及合同管理过程中发生如下事件。

事件 1:本工程前期勘察水下测量工作不细,近年河底淤积较厚,同时需填塘固基的水塘也被淤积,此外近年河道堤防管理不到位,堤后堆弃杂物较多。设计采用了 10 年前的河道地形图,并据此计算了工程量,编制工程量清单。

其分类分项工程量清单如下表 3-133 所示。

表 3-133　分类分项工程量清单

合同编号:

工程(标段)名称:

序号	项目编码	项目名称	计量单位	工程数量	主要技术条款编码	备注
1	500101	土方开挖工程				
1.1	500101001	场地平整				
1.1.1	500101001001	堤身清基	m^2	300 000		平均厚度 0.4 m
1.1.2	500101001002	堤后平台清基	m^2	100 000		平均厚度 0.4 m
1.2	500101002	一般土方开挖				
1.2.1	500101002001	老堤铲除	m^3	95 000		
1.2.2	500101002002	河道土方开挖(水上)	m^3	200 000		
2	500103	土石方填筑工程				
2.1	500103001	一般土方填筑				
2.1.1	500103001001	填塘固基	m^3	30 000		
2.1.2	500103001002	堤身填筑	m^3	300 000		
2.2	500103002	粘土料填筑				
2.2.1	500103002001	防渗心墙填筑	m^3	30 000		
3	500104	疏浚和吹填工程				
3.1	500104001	船舶疏浚				
3.1.1	500104001001	绞吸式挖泥船疏浚	m^3	50 000		
…	…	…	…	…		

事件 2:施工期某月完成的绞吸式挖泥船疏浚工程量(或费用)如下:

(1)80 m^3/h 绞吸式挖泥船疏浚,河道疏浚(5 km,断面积 48 m^2)。

(2)施工期自然回淤清除(断面积 2 m^2)。

(3)河道疏浚超挖断面积(4 m^2)。

(4)排泥管安装拆除,费用 10 万元。

(5)开工展布,费用 4 万元。

(6)施工辅助工程,包括浚前扫床和障碍物清除及其他辅助工程,费用 50 万元。

问题:

1. 请根据背景资料选择投标报价策略(报价决策方法),简述理由。

2. 根据背景资料,施工期该月绞吸式挖泥船疏浚不可以计量和支付的项目有哪些。

3. 请根据背景资料选择不平衡报价项目,简述理由。

1. 参考答案:

根据背景资料,投标报价策略(报价决策方法)选择微利保本策略,因为本工程为大体积土石方工程,工作较为简单,工作量大,一般公司都可以做。

2. 参考答案:

(1)施工期自然回淤清除(断面积 2 m^2) 。

(2)河道疏浚超挖断面积(4 m^2)。

(3)排泥管安装拆除,费用 10 万元。

(4)开工展布,费用 4 万元。

答案解析:

根据《水利水电工程标准施工招标文件》(2009 年版),疏浚工程计量和支付规定,在江河、水库、港湾、湖泊等处的疏浚工程(包括排泥于水中或陆地),应按招标设计图示轮廓尺寸计算的水下有效自然方体积计量。施工过程中疏浚设计断面以外增加的超挖量、施工期自然回淤量、开工展布与收工集合、避险与防干扰措施、排泥管安拆移动以及使用辅助船只等所发生的费用,应摊入有效工程量的工程单价中,辅助工程(如浚前扫床和障碍物清除、排泥区围堰、隔埂、退水口及排水渠等项目)另行计量。因此,本题中,自然回淤量、超挖量,开工展布,排泥管安拆移动均不能计量,相关费用应包含在疏浚工程单价中,几何断面尺寸范围内的河道疏浚工程,施工辅助工程可以计量。

3. 参考答案:

(1)可以提高单价的项目为:堤后平台清基和绞吸式挖泥船疏浚。因为近年河底淤积较厚,绞吸式挖泥船疏浚工程量会增加;近年堤后堆弃杂物较多,堤后清基工程量会增加。

(2)可以适当降低单价的项目为:填塘固基。因为需填塘固基的水塘也被淤积,填塘固基工程量会减少。

答案解析:

根据背景资料,前期勘察水下测量工作不细,采用的是 10 年前的河道地形图,近年河底淤积较厚,可判断绞吸式挖泥船疏浚工程量会增加;近年河道堤防管理不到位,堤后堆弃杂物较多,可判断堤后清基工程量会增加。故可选择提高堤后平台清基和绞吸式挖泥船疏浚这 2 个项目的单价。

因为根据背景资料,需填塘固基的水塘也被淤积,可判断填塘固基工程量会减少。故填塘固基这一项目的单价可以适当降低。

【例 3-25】 背景资料：某水闸工程招标文件依据《水利水电工程标准招标文件》(2009 年版)编制。投标报价评分标准如表 3-134 所示。

表 3-134　评分标准表

序号	评分要素	分值	评分标准
一	投标总报价	58	见附件(略)。
二	分项报价合理性		
1	基坑土方开挖		分项报价评标基准价=招标人编制的分项报价参考价对所列分项报价进行响应性评审；招标人只接收投标报价与基准价的偏差率在-20%(含)至 5%(含)范围内的分项报价，有分项报价在其范围外的其投标文件将被否决
2	墙后土方回填		
3	C25 闸底板		分项报价评标基准价=招标人编制的分项报价参考价对所列分项报价进行响应性评审；招标人只接收投标报价与基准价的偏差率在-10%(含)至 5%(含)范围内的分项报价，有分项报价在其范围外的其投标文件将被否决
4	C25 闸墩、排架		
5	C25 消力池、护坦		
6	钢筋加工与安装		
	临时工程	1	在投标总报价(不含暂列金和暂估价)6%(含)至 7%(含)之间得 1 分，每低于 5%或高于 7%一个百分点扣 0.5 分，得分内插，保留二位小数
	施工安全措施费		投标人根据施工安全措施编列的施工安全措施费不低于招标人编制的该分项报价参考价，否则其投标文件将被否决

1. 招标人在招标文件中公布的相关价格信息如下：

(1)最高投标限价 8 000 万元(其中暂列金额 400 万元)。

(2)分项报价参考价如表 3-135 所示。

表 3-135　分项报价参考价表

序号	分项工程名称	分项报价参考价	备注
1	基坑土方开挖	18.00 元/m^3	
2	墙后土方回填	16.00 元/m^3	
3	C25 闸底板	720.00 元/m^3	
4	C25 闸墩、排架	780.00 元/m^3	

续表 3-135

序号	分项工程名称	分项报价参考价	备注
5	C25 消力池、护坦	700.00 元/m^3	
6	钢筋加工与安装	6 800.00 元/t	
7	施工安全措施费	80.00 万元	

2. 某投标人投标报价初步计算结果为 7 300 万元(含暂列金额),需评审的分项报价如表 3-36 所示。

表 3-136　分项报价摘要表

序号	分项工程名称	工程数量	分项报价	备注
1	闸塘土方开挖	700 000	19.00 元/m^3	
2	墙后土方回填	200 000	16.00 元/m^3	
3	C25 闸底板	3000	715.00 元/m^3	
4	C25 闸墩、排架	8 500	820.00 元/m^3	
5	C25 消力池、护坦	10 000	660.00 元/m^3	
6	钢筋加工与安装	1 200	6 500.00 元/t	
7	施工安全措施费		80.00 万元	
8	临时工程		410.00 万元	

问题:

1. 分析投标人临时工程初步报价合理性。

2. 分析投标人的初步分项报价合理性,用表 3-137 计算,计算结果小数点后保留 2 位。

表 3-137　分项报价分析表

序号	分项工程名称	分项报价	分项报价参考价	上限	下限	符合或不符合
1	闸塘土方开挖					
2	墙后土方回填					
3	C25 闸底板					
4	C25 闸墩、排架					
5	C25 消力池、护坦					
6	钢筋加工与安装					
7	施工安全措施费					

3. 对不符合的分项报价按上限进行报价，计算调整后的总报价。

4. 经分析，本工程最优报价为 7 350 万元，闸塘土方开挖和墙后土方回填工程量均可能增加，且临时工程支付在前有利于工程进展。考虑钢筋材料价格有下降趋势，决定调整钢筋加工与安装的投标单价，使投标总报价为最优报价，请根据问题 3 的计算结果，计算钢筋加工与安装的投标单价。

1. 参考答案：

不合理，因为该投标人扣除暂列金后的投标报价=7 300-400=6 900(万元)，6 900 * 6%=414(万元)，6 900 * 7%=483(万元)，临时工程报价应在 414~483 万元之间，该投标人的临时工程报价不在范围内。

答案解析：

根据背景资料，临时工程报价在投标总报价(不含暂列金和暂估价)5%(含)至 7%(含)之间得 1 分，每低于 5%或高于 7%一个百分点扣 0.5 分，得分内插，保留二位小数。

该投标人扣除暂列金后的投标报价=7 300-400=6 900(万元)，6 900 * 6%=414(万元)，6 900 * 7%=483(万元)，临时工程报价在 414~483 万元之间本评分项才能得满分(1分)，其临时工程报价 410 万元不在该范围内，故不合理。

2. 参考答案：

分析结果见表 3-138。

表 3-138　分项报价分析表

序号	分项工程名称	分项报价	分项报价参考价	上限	下限	符合或不符合
1	闸塘土方开挖	19.00	18.00	18.90	14.40	不符合
2	墙后土方回填	16.00	16.00	16.80	12.80	符合
3	C25 闸底板	715.00	720.00	756.00	648.00	符合
4	C25 闸墩、排架	820.00	780.00	819.00	702.00	不符合
5	C25 消力池、护坦	660.00	700.00	735.00	630.00	符合
6	钢筋加工与安装	6 500.0	6 800.0	7 140.00	6 120.00	符合
7	施工安全措施费	80.0	80.0		80.00	符合

根据上表，闸塘土方开挖和 C25 闸墩、排架两个分项报价不符合要求。

答案解析：

根据背景资料，基坑土方开挖和墙后土方回填的上限为分项参考价的 1.05，下限为分项参考价的 0.8；C25 闸底板、C25 闸墩、排架、C25 消力池、护坦和钢筋加工与安装的上限为分项参考价的 1.05，下限为分项参考价的 0.9，由此进行计算分析。

3. 参考答案:

临时工程影响报价=4 830 000−4 100 000=730 000(元)。

闸塘土方开挖影响报价=(18.90−19.00)×700 000=−70 000(元);

C25 闸墩、排架影响报价=(819.00−820.00)×8 500=−8 500(元)。

因此,调整后的总报价=73 000 000+730 000−70 000−8 500=73 651 500(元)。

答案解析:

临时工程、闸塘土方开挖和 C25 闸墩、排架三个分项报价不符合,应调整。

4. 参考答案:

根据问题 3,需要调整的是墙后土方回填影响报价。

墙后土方回填影响报价=(16.80−16.00)×200 000=160 000(元);

报价差额=73 651 500−73 500 000+160 000=311 500(元);

钢筋加工与安装下调单价=311 500/1 200=259.58(元/t);

则钢筋加工与安装投标单价=6 500−259.58=6 240.42(元/t)。

答案解析:

根据背景资料,经分析,本工程最优报价为 7 200 万元,闸塘土方开挖和墙后土方回填工程量均可能增加,且临时工程支付在前有利于工程进展,故上述报价取上限。

第一步,先确定临时工程、闸塘土方开挖和墙后土方回填和临时工程上限分别为:

临时工程上限价=483 万元;闸塘土方开挖上限报价=18.90 元/m^3;墙后土方回填上限报价=16.80 元/m^3。

第二步,根据问题 3 计算结果,问题 3 已涵盖闸塘土方开挖和临时工程上限价,因此只需计算墙后土方回填的影响报价:

墙后土方回填影响报价=(16.80−16.00)×200 000=160 000(元)。

第三步,根据报价差额计算钢筋加工与安装投标单价。

【例 3-26】　背景资料:某引水工程主体土建部分包括进水渠工程、清污机桥工程、主泵房工程、防洪闸工程及出水渠工程等。

经有关主管部门批准后,该工程于 2006 年 11 月正式开工。在进行Ⅰ—Ⅰ段直立式挡土墙施工时,施工图设计的土方开挖边坡为 1:0.8,承包人基于施工方便及安全等因素的考虑,实际施工过程中自行按 1:1 的边坡进行开挖,如图 3-2 所示。

考虑到其他部位施工的方便,经监理人批准,该引水工程土方填筑土料场有所改变。经承包人、监理人及发包人三方计算,由此引起的土料运距、机械费的变化使得Ⅰ—Ⅰ段挡土墙墙后每 m^3 土方填筑费用中直接工程费增加了 2 元,已知Ⅰ—Ⅰ段挡土墙墙后回填土体积为 λ (单位:m^3),且土方填筑合同单价为 10.6 元/m^3。

该引水工程某次月进度结算项目包括基坑降水、土方开挖等项目,详见表 3-139。根据合同文件,每次月进度结算中,应扣预付款及工程质量保证金分别为核定结算价款的 20%和 3%。

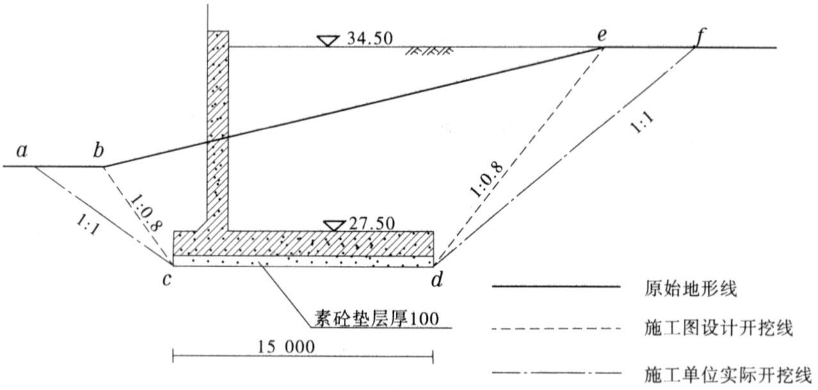

注：1. 图中除高程单位为 m，其余都是 mm。

2. 图中水流方向为垂直于纸面，直立式挡土墙顺水流方向长度为 10 m。

图 3-2　Ⅰ—Ⅰ段挡土墙

表 3-139　某引水工程某次月进度结算表

编号	工程或费用名称	单位	合同工程量	单价（元）	申报工程量（m^3）	申报结算金额（万元）	核定工程量（m^3）	核定结算金额（万元）
1	基坑经常性降水	项	1	300 000	0.5	15.00	0.3	9.00
2	进水渠土方开挖	m^3	50 000	9	26 000	23.40	22 000	19.80
3	进水渠 C20 混凝土护坡	m^3	2 000	350	1 600	56.00	1 200	42.00
4	防洪闸 M10 浆砌石海漫	m^3	1 500	200	1 200	24.00	1 200	24.00
应扣预付款（万元）			应扣保留金（万元）			实际付款（万元）		

注：1. 申报工程量为承包人本月申报完成的量。

2. 核定工程量为监理人审核并经发包人确认的量。

问题：

1. 根据图 3-3，若多边形 *abc*、*bcde*、*def* 的面积分别为 α、β、γ（单位：m^2），且Ⅰ—Ⅰ段挡土墙土方开挖合同单价为 8 元/m^3，试计算Ⅰ—Ⅰ段挡土墙土方开挖的费用。

2. 若假定Ⅰ—Ⅰ段挡土墙墙后土方填筑单价中间接费、利润及税金为直接费的 20%，试计算该部位土方填筑的费用。

3. 试根据表 3-139 计算在该引水工程的本次月进度结算中，发包人实际应支付给承包人的价款。

1. 参考答案：

根据《水利水电工程施工合同和招标文件示范文本》（GF 2000—0208），“土方明挖开始前，承包人应按监理人指示测量开挖区的地形和计量剖面，报监理人复核，并应按施工图纸或监理人批准的开挖线进行工程量的计量”。

本案例中,基于安全及施工方便等因素,在未经监理人批准的情况下,承包人自行将土方开挖边坡改为1:1,故结算时应以施工图纸为准,即土方开挖量应按1:0.8边坡来计算。

所以,Ⅰ—Ⅰ段挡土墙土方开挖的费用=多边形 *bcde* 面积×10×8=80β(元)。

2. 参考答案:

根据《水利水电工程施工合同和招标文件示范文本》(GF 2000—0208),经监理人批准改变料场引起坝料单价的调整,应按变更办理。

根据变更原则,料场改变后Ⅰ—Ⅰ段挡土墙土方填筑单价=10.6+2+2×20%=13(元/m^3)

故Ⅰ—Ⅰ段挡土墙墙后土方填筑费用=13×λ=13λ(元)。

3. 参考答案:

根据表3-139,本次核定结算金额=9+19.8+42+24=94.8(万元)

应扣预付款=94.8×20%=18.96(万元)

应扣工程质量保证金=94.8×3%=2.844(万元)

实际付款=94.8-18.96-2.844=72.996(万元)

所以,该引水工程的本次月进度结算中,发包人实际应支付给承包人的价款72.996万元。

第四章　水利工程合同价款管理

第一节　合同价类型及适用条件

一、合同的基本概念

合同是指平等主体的自然人、法人、其他组织之间设立、变更、终止民事权利义务关系的协议。按设立合同的目的和事项，通常分为：买卖合同，供用电、水、气、热力合同，赠与合同，借款合同，租赁合同，融资租赁合同，承揽合同，建设工程合同，运输合同，技术合同，保管合同，仓储合同，委托合同，行纪合同，居间合同。

（一）合同的订立

当事人订立合同，应当具有相应的民事权利能力和民事行为能力。当事人依法可以委托代理人订立合同。

1.合同法律关系

订立合同就是在当事人之间建立经济法律关系。经济法律关系由当事人（主体）、标的（客体）及权利和义务（内容）3个要素组成，缺少任何一个要素不构成法律关系，改变其中的任何一个要素，就改变了原来确定的法律关系。

1）当事人

合同法规定的自然人、法人和其他组织都可以作为合同的当事人。

（1）自然人。

自然人指具有公民权利的个人。在作为合同的合法当事人时，必须具有合同所要求的相应民事权利能力和民事行为能力，并非所有自然人都可以随意签订合同。

（2）法人。

法人指按照一定的法律程序成立，能以自己的名义在社会经济活动中独立享有民事权利和承担民事责任的社会组织。法人是相对于自然人而言在法律上将其人格化，法人和法人的法定代表人不是同一概念，在法人注册登记中的法定代表人是自然人，法人则是依法成立的组织。虽然法定代表人经常是合同的签字人，但法人是合同的当事人，即如果在合同履行期间法定代表人易人，对合同的法律效力没有任何影响。

2）标的

合同标的即合同客体，是指法律关系主体的权利和义务所指向的对象。在法律关系中，主体之间的权利和义务约定是围绕着一定的标的约定的，没有一定的对象，也就没有权利和义务之分，当然也就不会存在法律关系了。合同标的一般分为以下几类：

①行为。这里是指人们在主观意志支配下所实施的具体活动，包括作为和不作为。设计合同和施工承包合同承包人要完成一定的工作，施工分包合同可能要求提供一定的

劳务等,还包括权利人对其所有物的支配行为。

②财。是指货币资金,也包括有价证券,它是生产和流通过程中停留在货币形态上的那部分资金,如借款合同的信贷资金。

③物。是指可为人们控制,具有使用价值的生产资料或消费资料。如建筑物资采购合同的标的是建筑材料或设备。

④智力成果。亦称非物资财富,它是指脑力劳动的成果。如技术合同要求义务人提出技术改造方案、编制程序软件等。

3)权利和义务

权利和义务是合同法律关系的内容部分,即围绕标的在合同条款内约定当事人应当做什么和不允许做什么。主要表现为合同履行过程中责任的界定和约定双方必须遵循的管理程序。

2. 订立合同的原则

(1)平等原则:合同当事人的法律地位平等,一方不得将自己的意志强加给另一方。

(2)合同自由原则:当事人依法享有自愿订立合同的权利,任何单位和个人不得非法干预。

(3)公平原则:当事人应当遵循公平原则确定各方的权利和义务。

(4)诚实信用原则:当事人行使权利、履行义务应当遵循诚实信用原则。

(5)遵纪守法原则:当事人订立、履行合同,应当遵守法律、行政法规,尊重社会公德,不得扰乱社会经济秩序,损害社会公共利益。

(6)依合同履行义务原则:依法成立的合同,对当事人具有法律约束力。当事人应当按照约定履行自己的义务,不得擅自变更或者解除合同。

3. 合同的形式

当事人订立合同,有书面形式、口头形式和其他形式。法律法规规定采用书面形式的,或当事人约定采用书面形式的,应当采用书面形式。

(1)书面形式。是指合同书、信件和数据电文(包括电报、电传、传真、电子数据交换和电子邮件)等可以有形地表现所载内容的形式。书面合同的优点在于有据可查、权利义务记载清楚、便于履行,发生纠纷时容易举证和分清责任。书面合同是实践中广泛采用的一种合同形式。建设工程合同应当采用书面形式。

其中:合同书有标准合同书与非标准合同书之分。标准合同书是指合同条款由当事人一方预先拟定,对方只能表示同意或者不同意的合同书,即格式条款合同;非标准合同书是指合同条款完全由当事人双方协商一致所签订的合同书。

(2)口头形式。是指当事人用谈话的方式订立的合同,如当面交谈、电话联系等。口头合同形式一般运用于标的数额较小和即时结清的合同。以口头形式订立合同,其优点是建立合同关系简便、迅速,缔约成本低。但发生纠纷时难以取证、举证,不易分清当事人责任。

(3)其他形式。是指除书面形式、口头形式外的方式来表现合同内容的形式。主要包括默示形式和推定形式。默示形式是指当事人既不用书面形式和口头形式,也不用实施任何行为,而是以消极的不作为的方式进行的意思表示;默示形式只有在法律有特别规定的情况下才能运用。推定形式是指当事人不用语言、文字,而是通过某种有目的的行为表达自己意思的一种形式,从当事人的积极行为中,可以推定当事人已进行意思表示。

4. 合同的内容

合同内容由当事人约定,一般包括:当事人的名称或姓名和住所,标的,数量,质量,价款或者报酬,履行的期限、地点和方式,违约责任,解决争议的方法等。

建设工程施工合同的内容主要包括:工程范围、建设工期、中间交工工程的开工和竣工时间、工程质量、工程造价、技术资料交付时间、材料和设备供应责任、拨款和结算、竣工验收、质量保修范围和质量保证期、双方相互协作等条款。

5. 合同订立的程序

当事人订立合同,需要经过要约和承诺两个阶段。

1)要约

要约是希望与他人订立合同的意思表示。

(1)要约及其有效的条件。要约的内容应当具体确定。应当表明经受要约人承诺,要约人即受该意思表示约束;即要约必须是特定人的意思表示,必须是以缔结合同为目的,必须具备合同的主要条款。

有些合同在要约之前还会有要约邀请。所谓要约邀请,是希望他人向自己发出要约的意思表示。要约邀请并不是合同成立过程中的必经过程,它是当事人订立合同的预备行为,这种意思表示的内容往往不确定,不含有合同得以成立的主要内容和相对人同意后受其约束的表示,在法律上无需承担责任。有关价目表、拍卖公告、招标公告、招股说明书、商业广告等均为要约邀请;其中商业广告的内容符合要约规定的,视为要约。

(2)要约的生效。要约到达受要约人时即生效。当采用数据电文形式订立合同时,收件人指定特定系统接收数据电文的,该数据电文进入该特定系统的时间,即视为要约到达时间;未指定特定系统的,该数据电文进入收件人的任何系统的首次时间,即视为要约到达时间。

(3)要约的撤回。要约可以撤回。要约撤回时,撤回要约的通知应当在要约到达受要约人之前或者与要约同时到达受要约人。

(4)要约的撤销。要约可以撤销。要约撤销时,撤销要约的通知应当在受要约人发出承诺通知之前到达受要约人。但是当要约人确定了承诺期限或者以其他形式明示要约不可撤销时、受要约人有理由认为要约是不可撤销并已为履行合同作了准备工作时,要约不得撤销。

(5)要约的失效。当拒绝要约的通知到达要约人,或者要约人依法撤销要约,或者承诺期限届满时受要约人未做出承诺,或者受要约人对要约的内容做出实质性变更时,即视为要约失效。

2)承诺

承诺是受要约人同意要约的意思表示。除根据交易习惯或者要约表明可以通过行为做出承诺外,承诺应当以通知的方式做出。

(1)承诺的期限。承诺应当在要约确定的期限内到达要约人。当要约没有确定承诺期限时,除非当事人另有约定,以对话方式做出的要约,应当即时做出承诺;以非对话方式做出的要约,承诺应当在合理期限内到达。

以信件或者电报做出的要约,承诺期限自信件载明的日期或者电报交发之日开始计算。信件未载明日期的,自投寄该信件的邮戳日期开始计算。以电话、传真等快速通信方式做出的要约,承诺期限自要约到达受要约人时开始计算。

(2)承诺的生效。承诺通知到达要约人时生效。承诺不需要通知的,根据交易习惯或者要约的要求做出承诺的行为时生效。采用数据电文形式订立合同的,承诺到达的时间适用于要约到达受要约人时间的规定。

受要约人在承诺期限内发出承诺,按照通常情形能够及时到达要约人,但因其他原因承诺到达要约人时超过承诺期限的,除要约人及时通知受要约人因承诺超过期限不接受该承诺的以外,该承诺有效。

(3)承诺的撤回。承诺可以撤回,撤回承诺的通知应当在承诺通知到达要约人之前或者与承诺通知同时到达要约人。

(4)逾期承诺。受要约人超过承诺期限发出承诺的,除要约人及时通知受要约人该承诺有效的以外,为新要约。

(5)承诺中对要约内容的变更。承诺的内容应当与要约的内容一致。承诺中有关合同标的、数量、质量、价款或者报酬、履行期限、履行地点和方式、违约责任和解决争议方法等的变更,是对要约内容的实质性变更。受要约人对要约的内容做出实质性变更的,为新要约。

承诺对要约的内容做出非实质性变更的,除要约人及时表示反对或者要约表明承诺不得对要约的内容做出任何变更的外,该承诺有效,合同的内容以承诺的内容为准。

6. 合同的成立

承诺生效时合同成立。

(1)合同成立的时间。当事人采用合同书形式订立合同的,自双方当事人签字或者盖章时合同成立。当事人采用信件、数据电文等形式订立合同的,可以在合同成立之前要求签订确认书。签订确认书时合同成立。

(2)合同成立的地点。承诺生效的地点为合同成立的地点。采用数据电文形式订立合同的,收件人的主营业地为合同成立的地点;没有主营业地的,其经常居住地为合同成立的地点。当事人另有约定的,按照其约定。当事人采用合同书形式订立合同的,双方当事人签字或者盖章的地点为合同成立的地点。

(3)合同成立的其他情形。

①法律、行政法规规定或者当事人约定采用书面形式订立合同,当事人未采用书面形式但一方已经履行主要义务,对方接受的。

②采用合同书形式订立合同,在签字或者盖章之前,当事人一方已经履行主要义务,对方接受的。

7. 格式条款

格式条款是当事人为了重复使用而预先拟定,并在订立合同时未与对方协商的条款。

(1)格式条款提供者的义务。采用格式条款订立合同,有利于提高当事人双方合同订立过程的效率、减少交易成本、避免合同订立过程中因当事人双方一事一议而可能造成的合同内容的不确定性。但由于格式条款的提供者往往在经济地位方面具有明显的优势,在行业中居于垄断地位,因而导致其在拟定格式条款时会更多地考虑自己的利益,而较少考虑另一方当事人的权利或者附加种种限制条件。因此,提供格式条款的一方应当遵循公平的原则确定当事人之间的权利义务关系,并采取合理的方式提醒对方注意免除或限制其责任的条款,按照对方的要求,对该条款予以说明。

(2)格式条款无效。提供格式条款一方免除自己责任、加重对方责任、排除对方主要权利的,该条款无效。《中华人民共和国合同法》规定的合同无效的情形,同样适用于格式条款。

(3)格式条款的解释。对格式条款的理解发生争议的,应当按照通常理解予以解释。对格式条款有两种以上解释的,应当做出不利于提供格式条款一方的解释。格式条款和非格式条款不一致的,应当采用非格式条款。

8.缔约过失责任

缔约过失责任发生于合同不成立或者合同无效的缔约过程。其构成条件:一是当事人有过错。若无过错,则不承担责任。二是有损害后果的发生。若无损失,也不承担责任。三是当事人的过错行为与造成的损失有因果关系。

当事人在订立合同过程中有下列情形之一,给对方造成损失的,应当承担损害赔偿责任:

(1)假借订立合同,恶意进行磋商;

(2)故意隐瞒与订立合同有关的重要事实或者提供虚假情况;

(3)有其他违背诚实信用原则的行为。

当事人在订立合同过程中知悉的商业秘密,无论合同是否成立,不得泄露或者不正当地使用。泄露或者不正当地使用该商业秘密给对方造成损失的,应当承担损害赔偿责任。

(二)合同的效力

1.合同生效

合同生效与合同成立是两个不同的概念。合同的成立,是指双方当事人依照有关法律对合同的内容进行协商并达成一致的意见。合同成立的判断依据是承诺是否生效。合同生效,是指合同产生法律上的效力,具有法律约束力。在通常情况下,合同依法成立之时,就是合同生效之日,二者在时间上是同步的。但有些合同在成立后,并非立即产生法律效力,而是需要其他条件成就之后,才开始生效。

(1)合同生效的时间。依法成立的合同,自成立时生效。依照法律、行政法规规定应当办理批准、登记等手续的,待手续完成时合同生效。

(2)附条件和附期限的合同。

①附条件的合同。当事人对合同的效力可以约定附条件。附生效条件的合同,自条件成就时生效。附解除条件的合同,自条件成就时失效。当事人为自己的利益不正当地阻止条件成就的,视为条件已成就;不正当地促成条件成就的,视为条件不成就。

②附期限的合同。当事人对合同的效力可以约定附期限。附生效期限的合同,自期限届至时生效。附终止期限的合同,自期限届满时失效。

2. 效力待定合同

效力待定合同是指合同已经成立,但合同效力能否产生尚不能确定的合同。效力待定合同主要是由于当事人缺乏缔约能力,财产处分能力或代理人的代理资格和代理权限存在缺陷所造成的。效力待定合同包括:限制民事行为能力人订立的合同和无权代理人代订的合同。

(1)限制民事行为能力人订立的合同。根据《中华人民共和国民法通则》,限制民事行为能力人是指10周岁以上不满18周岁的未成年人,以及不能完全辨认自己行为的精神病人。限制民事行为能力人订立的合同,经法定代理人追认后,该合同生效,但纯获利益的合同或者与其年龄、智力、精神健康状况相适应而订立的合同,不必经法定代理人追认。

(2)无权代理人代订的合同。主要包括行为人没有代理权、超越代理权限范围或者代理权终止后仍以被代理人的名义订立的合同。

①无权代理人代订的合同对被代理人不发生效力的情形。行为人没有代理权、超越代理权或者代理权终止后以被代理人名义订立的合同,未经被代理人追认,对被代理人不发生效力,由行为人承担责任。

与无权代理人签订合同的相对人可以催告被代理人在1个月内予以追认。被代理人未作表示的,视为拒绝追认。合同被追认之前,善意相对人有撤销的权利。撤销应当以通知的方式做出。

无权代理人代订的合同是否对被代理人发生法律效力,取决于被代理人的态度。与无权代理人签订合同的相对人催告被代理人在1个月内予以追认时,被代理人未作表示或表示拒绝的,视为拒绝追认,该合同不生效。被代理人表示予以追认的,该合同对被代理人发生法律效力。在催告开始至被代理人追认之前,该合同对于被代理人的法律效力处于待定状态。

②无权代理人代订的合同对被代理人具有法律效力的情形。行为人没有代理权、超越代理权或者代理权终止后以被代理人名义订立合同,相对人有理由相信行为人有代理权的,该代理行为有效。这是《中华人民共和国合同法》针对表见代理情形所做出的规定。所谓表见代理,是善意相对人通过被代理人的行为足以相信无权代理人具有代理权的情形。

在通过表见代理订立合同的过程中,如果相对人无过错,即相对人不知道或者不应当知道(无义务知道)无权代理人没有代理权时,使相对人相信无权代理人具有代理权的理由是否正当、充分,就成为是否构成表见代理的关键。如果确实存在充分、正当的理由并足以使相对人相信无权代理人具有代理权,则无权代理人的代理行为有效,即无权代理人通过其表见代理行为与相对人订立的合同具有法律效力。

③法人或者其他组织的法定代表人、负责人超越权限订立的合同的效力。法人或者其他组织的法定代表人、负责人超越权限订立的合同,除相对人知道或者应当知道其超越权限的以外,该代表行为有效。这是因为法人或者其他组织的法定代表人、负责人的身份应当被视为法人或者其他组织的全权代理人,他们有资格代表法人或者其他组织行使民事行为而不需要获得法人或者其他组织的专门授权,其代理行为的法律后果由法人或者

其他组织承担。但是，如果相对人知道或者应当知道法人或者其他组织的法定代表人、负责人在代表法人或者其他组织与自己订立合同时超越其代表（代理）权限，仍然订立合同的，该合同将不具有法律效力。

④无处分权的人处分他人财产合同的效力。在现实经济活动中，通过合同处分财产（如赠与、转让、抵押、留置等）是常见的财产处分方式。当事人对财产享有处分权是通过合同处分财产的必要条件。无处分权的人处分他人财产的合同一般为无效合同。但是，无处分权的人处分他人财产，经权利人追认或者无处分权的人订立合同后取得处分权的，该合同有效。

3. 无效合同

无效合同是指其内容和形式违反了法律、行政法规的强制性规定，或者损害了国家利益、集体利益、第三人利益及社会公共利益，因而不为法律所承认和保护、不具有法律效力的合同。无效合同自始没有法律约束力。在现实经济活动中，无效合同通常有两种情形，即整个合同无效（无效合同）和合同的部分条款无效。

（1）无效合同的情形。有下列情形之一的，合同无效：

①一方以欺诈、胁迫的手段订立的合同，损害国家利益；

②恶意串通，损害国家、集体或第三人利益；

③以合法形式掩盖非法目的；

④损害社会公共利益；

⑤违反法律、行政法规的强制性规定。

（2）合同部分条款无效的情形。合同中的下列免责条款无效：

①造成对方人身伤害的；

②因故意或者重大过失造成对方财产损失的。

免责条款是指当事人在合同中规定的某些情况下免除或者限制当事人所负未来合同责任的条款。在一般情况下，合同中的免责条款都是有效的。但是，如果免责条款所产生的后果具有社会危害性和侵权性，侵害了对方当事人的人身权利和财产权利，则该免责条款将不具有法律效力。

4. 可变更或者撤销的合同

可变更、可撤销合同是指欠缺一定的合同生效条件，但当事人一方可依照自己的意思使合同的内容得以变更或者使合同的效力归于消灭的合同。可变更、可撤销合同的效力取决于当事人的意思，属于相对无效的合同。当事人根据其意思，若主张合同有效，则合同有效；若主张合同无效，则合同无效；若主张合同变更，则合同可以变更。

（1）合同可以变更或者撤销的情形。当事人一方有权请求人民法院或者仲裁机构变更或者撤销的合同有：

①因重大误解订立的；

②在订立合同时显失公平的。

一方以欺诈、胁迫的手段或者乘人之危，使对方在违背真实意思的情况下订立的合同，受损害方有权请求人民法院或者仲裁机构变更或者撤销。

（2）撤销权的消灭。撤销权是指受损害的一方当事人对可撤销的合同依法享有的、可请求人民法院或仲裁机构撤销该合同的权利。享有撤销权的一方当事人称为撤销权人。撤销权应由撤销权人行使,并应向人民法院或者仲裁机构主张该项权利。而撤销权的消灭是指撤销权人依照法律享有的撤销权由于一定法律事由的出现而归于消灭的情形。

有下列情形之一的,撤销权消灭:

①具有撤销权的当事人自知道或者应当知道撤销事由之日起1年内没有行使撤销权;

②具有撤销权的当事人知道撤销事由后明确表示或者以自己的行为放弃撤销权。

由此可见,当具有法律规定的可以撤销合同的情形时,当事人应当在规定的期限内行使其撤销权,否则,超过法律规定的期限时,撤销权归于消灭。此外,若当事人放弃撤销权,则撤销权也归于消灭。

(3)无效合同或者被撤销合同的法律后果。无效合同或者被撤销的合同自始没有法律约束力。合同部分无效,不影响其他部分法律效力的,其他部分仍然有效。合同无效、被撤销或者终止的,不影响合同中独立存在的有关解决争议方法的条款的法律效力。

合同无效或者被撤销后,履行中的合同应当终止履行;尚未履行的,不得履行。对当事人依据无效合同或者被撤销的合同而取得的财产应当依法进行如下处理:

①返还财产或折价补偿。当事人依据无效合同或者被撤销的合同所取得的财产,应当予以返还;不能返还或者没有必要返还的,应当折价补偿。

②赔偿损失。合同被确认无效或者被撤销后,有过错的一方应赔偿对方因此所受到的损失。双方都有过错的,应当各自承担相应的责任。

③收归国家所有或者返还集体、第三人。当事人恶意串通,损害国家、集体或者第三人利益的,因此取得的财产收归国家所有或者返还集体、第三人。

(三)合同的履行

1. 合同履行的原则

合同履行的原则主要包括全面适当履行原则和诚实信用原则。

(1)全面适当履行。全面履行是指合同订立后,当事人应当按照合同约定,全面履行自己的义务,包括履行义务的主体、标的、数量、质量、价款或者报酬以及履行的期限、地点、方式等。适当履行是指当事人应按照合同规定的标的及其质量、数量,由适当的主体、在适当的时间、适当的地点,以适当的履行方式履行合同义务,以保证当事人的合法权益。

(2)诚实信用。是指当事人讲诚实、守信用,遵守商业道德,以善意的心理履行合同。当事人不仅要保证自己全面履行合同约定的义务,并应顾及对方的经济利益,为对方履行创造条件,发现问题及时协商解决。以较小的履约成本,取得最佳的合同效益。还应根据合同的性质、目的和交易习惯履行通知、协助、保密等义务。

2. 合同履行的一般规则

合同生效后,当事人就质量、价款或者报酬、履行地点等内容没有约定或者约定不明确的,可以协议补充;不能达成补充协议的,按照合同有关条款或者交易习惯确定。依照上述规定仍不能确定的,适用下列规定:

(1)质量要求不明确的,按照国家标准、行业标准履行;没有国家标准、行业标准的,按照通常标准或者符合合同目的的特定标准履行。

(2)价款或者报酬不明确的，按照订立合同时履行地的市场价格履行；依法应当执行政府定价或者政府指导价的，按照规定履行。

(3)履行地点不明确，给付货币的，在接受货币一方所在地履行；交付不动产的，在不动产所在地履行；其他标的，在履行义务一方所在地履行。

(4)履行期限不明确的，债务人可以随时履行，债权人也可以随时要求履行，但应当给对方必要的准备时间。

(5)履行方式不明确的，按照有利于实现合同目的的方式履行。

(6)履行费用的负担不明确的，由履行义务一方负担。

3. 合同履行的特殊规则

(1)价格调整。《中华人民共和国合同法》规定，执行政府定价或政府指导价的，在合同约定的交付期限内政府价格调整时，按照交付时的价格计价。逾期交付标的物的，遇价格上涨时，按照原价格执行；价格下降时，按照新价格执行；逾期提取标的物或者逾期付款的，遇价格上涨时，按照新价格执行；价格下降时，按照原价格执行。

(2)代为履行。是指由合同以外的第三人代替合同当事人履行合同。与合同转让不同，代为履行并未变更合同的权利和义务主体，只是改变了履行主体。《中华人民共和国合同法》规定：

①当事人约定由债务人向第三人履行债务的，债务人未向第三人履行债务或者履行债务不符合约定的，应当向债权人承担违约责任。

②当事人约定由第三人向债权人履行债务的，第三人不履行债务或者履行债务不符合约定，债务人应当向债权人承担违约责任。

(3)提前履行。合同通常应按照约定的期限履行，提前或迟延履行属违约行为，因此债权人可以拒绝债务人提前履行债务，但提前履行不损害债权人利益的除外，此时，因债务人提前履行债务给债权人增加的费用，由债务人负担。

(4)部分履行。合同通常应全部履行，债权人可以拒绝债务人部分履行债务，但部分履行不损害债权人利益的除外，此时，因债务人部分履行债务给债权人增加的费用，由债务人负担。

4. 合同履行中的抗辩权

抗辩权是指在双务合同中，当事人一方有依法对抗对方要求或否认对方权利主张的权利。所谓双务合同，是指双方当事人互相享有权利，同时又互相负有义务的合同。

当事人互负债务，没有先后履行顺序的，应当同时履行。一方在对方履行之前有权拒绝其履行要求。当一方在对方履行债务不符合约定时，有权拒绝其相应的履行要求。当事人互负债务，有先后履行顺序的，先履行一方未履行的，后履行一方有权拒绝其履行要求。先履行一方履行债务不符合约定的，后履行一方有权拒绝其相应的履行要求。

应当先履行债务的当事人，有确切证据证明对方有下列情形之一的，可以中止履行：

(1)经营状况严重恶化；

(2)转移财产、抽逃资金，及逃避债务；

(3)丧失商业信誉；

(4)有丧失或者可能丧失履行债务能力的其他情形。

但当事人没有确切证据中止履行的,应当承担违约责任。当事人依照上述规定中止履行的,应当及时通知对方。当对方提供适当担保时,应当恢复履行。中止履行后,对方在合理期限内未恢复履行能力并且未提供适当担保的,中止履行的一方可以解除合同。

5. 合同履行中债权人的代位权和撤销权

合同当事人的财产是当事人履行合同最根本的担保。当事人的财产增减可能会影响对方当事人债权的实现。如果当事人财产增减不当并且实际构成对对方债权实现的威胁时,债权人可以依法行使代位权与撤销权,以维护债务人的财务状况并确保债务得到清偿。

(1)债权人代位权。是指债权人为了保障其债权不受损害,而以自己的名义代替债务人行使债权的权利。

因债务人怠于行使其到期债权,对债权人造成了损害,债权人可以向人民法院请求以自己的名义代位行使债务人的债权。代位权的行使范围以债权人的债权为限。债权人行使代位权的必要费用,由债务人负担。

(2)债权人撤销权。是指债权人对债务人所作的危害其债权的民事行为,有请求法院予以撤销的权利。

因债务人放弃其到期债权或者无偿转让财产,对债权人造成了损害,债权人可以请求人民法院撤销债务人的行为。债务人以明显不合理的低价转让财产,对债权人造成损害,并且受让人知道该情形,债权人也可以请求人民法院撤销债务人的行为。

撤销权的行使范围以债权人的债权为限。债权人行使撤销权的必要费用,由债务人负担。撤销权自债权人知道或者应当知道撤销事由之日起 1 年内行使,5 年内没有行使撤销权的,该撤销权消灭。

(四)合同的变更、转让

1. 合同的变更

合同的变更是指对已经依法成立的合同,在承认其法律效力的前提下,对其进行修改或补充。当事人协商一致,可以变更合同。当事人对合同变更的内容约定不明确,令人难以判断约定的新内容与原合同内容的本质区别,则推定为未变更。

2. 合同的转让

合同转让是当事人一方取得另一方同意后将合同的权利和义务转让给第三方的法律行为。合同转让是合同变更的一种特殊形式,它不是变更合同中规定的权利和义务内容,而是变更合同主体。

(1)债权转让。债权人可以将合同的权利全部或者部分转让给第三人。但下列三种债权不得转让:

①根据合同性质不得转让;

②按照当事人约定不得转让;

③依照法律规定不得转让。

若债权人转让权利,债权人应当通知债务人。未经通知,该转让对债务人不发生效力。除非经受让人同意,债权人转让权利的通知不得撤销。

债权让与后，该债权由原债权人转移给受让人，受让人取代让与人（原债权人）成为新债权人，依附于主债权的从债权也一并转移给受让人，例如抵押权、留置权等。为保护债务人利益，不至于因债权转让而蒙受损失，凡债务人对让与人的抗辩权（例如同时履行的抗辩权等），可以向受让人主张。

（2）债务转让。应当经债权人同意，债务人才能将合同的义务全部或者部分转移给第三人。

债务人转移义务后，原债务人可享有的对债权人的抗辩权也随债务转移而由新债务人享有，新债务人可以主张原债务人对债权人的抗辩权。与主债务有关的从债务，例如附随于主债务的利息债务，也随债务转移而由新债务人承担。

（3）债权债务一并转让。当事人一方经对方同意，可以将自己在合同中的权利和义务一并转让给第三人。权利和义务一并转让的处理，适用上述有关债权人和债务人转让的有关规定。

当事人订立合同后合并的，由合并后的法人或其他组织行使合同权利，履行合同义务。当事人订立合同后分立的，除另有约定外，由分立的法人或其他组织对合同的权利和义务享有连带债权，承担连带债务。

（五）合同的终止

1. 合同终止的条件

合同终止是指合同当事人双方依法使相互间的权利和义务关系终止，即合同关系消灭。

合同终止的情形包括：

（1）债务已经按照约定履行；

（2）合同解除；

（3）债务相互抵销；

（4）债务人依法将标的物提存；

（5）债权人免除债务；

（6）债权债务同归于一人；

（7）法律规定或者当事人约定终止的其他情形。

债权人免除债务人部分或者全部债务的，合同的权利和义务部分或者全部终止；债权和债务同归于一人的，合同的权利义务终止，但涉及第三人利益的除外。

合同权利和义务的终止，不影响合同中结算和清理条款的效力以及通知、协助、保密等义务的履行。

2. 合同的解除

合同的解除是指当事人一方在合同规定的期限内未履行、未完全履行或者不能履行合同时，另一方当事人或者发生不能履行情况的当事人可以根据法律规定的或者合同约定的条件，通知对方解除双方合同关系的法律行为。

1）合同解除的条件

合同解除的条件可分为约定解除条件和法定解除条件。

（1）约定解除条件。包括：

①当事人协商一致,可以解除合同;

②当事人还可以约定一方解除合同的条件。

解除合同的条件成熟时,解除权人可以解除合同。

(2)法定解除条件。包括:

①因不可抗力致使不能实现合同目的;

②履行期限届满之前,当事人一方明确表示或者以自己的行为表明不履行主要债务;

③当事人一方迟延履行主要债务,经催告后在合理期限内仍未履行;

④当事人一方迟延履行债务或者有其他违约行为致使不能实现合同目的;

⑤法律规定的其他情形。

2)合同解除权的行使

合同解除权应在法律规定或者当事人约定的解除权期限内行使,期限届满当事人不行使的,该权利消灭。如法律没有规定或者当事人没有约定期限,应当在合理期限内行使,经对方催告后在合理期限内不行使的,该权利消灭。

当事人解除合同时,应当通知对方,并且自通知到达对方时合同解除。若对方对解除合同持有异议,可以请求人民法院或者仲裁机构确认解除合同的效力。法律、行政法规规定解除合同应当办理批准、登记等手续的,在解除时应依照其规定办理手续。

3. 合同债务的抵销

抵销是当事人互有债权债务,在到期后,各以其债权抵偿所付债务的民事法律行为,是合同权利义务终止的方法之一。

除依照法律规定或者按照合同性质不得抵销的之外,当事人应互负到期债务,该债务的标的物种类、品质相同的,任何一方可以将自己的债务与对方的债务抵销。当事人主张抵销的,应当通知对方。通知自到达对方时生效。当事人互负债务,标的物种类、品质不相同的,经双方协商一致,也可以抵销。

4. 标的物的提存

提存是指由于债权人的原因致使债务人难以履行债务时,债务人可以将标的物交给有关机关保存,以此消灭合同的制度。

债务的履行往往要有债权人的协助,如果由于债权人的原因致使债务人无法向其交付标的物,不能履行债务,使债务人总是处于随时准备履行债务的局面,这对债务人来讲是不公平的。因此,法律规定了提存制度,并作为合同权利和义务关系终止的情况之一。

有下列情形之一,难以履行债务的,债务人可以将标的物提存:

(1)债权人无正当理由拒绝受领;

(2)债权人下落不明;

(3)债权人死亡未确定,继承人或者丧失民事行为能力未确定监护人;

(4)法律规定的其他情形。

如果标的物不适于提存或者提存费用过高,债务人可以依法拍卖或者变卖标的物,提存所得的价款。

标的物提存后,除债权人下落不明的外,债务人应当及时通知债权人或债权人的继承人、监护人。标的物提存后、毁损、灭失的风险和提存费用由债权人负担。提存期间,标的物的孳息归债权人所有。

债权人可以随时领取提存物,但债权人对债务人负有到期债务的,在债权人未履行债务或提供担保之前,提存部门根据债务人的要求应当拒绝其领取提存物。

债权人领取提存物的权利期限为5年,超过该期限,提存物扣除提存费用后归国家所有。

(六)违约责任

1. 违约责任及其特点

违约责任是指合同当事人不履行或不适当履行合同,应依法承担的责任。与其他责任制度相比,违约责任有以下主要特点:

(1)违约责任以有效合同为前提。与侵权责任和缔约过失责任不同,违约责任必须以当事人双方事先存在的有效合同关系为前提。如果双方不存在合同关系,或者虽订立过合同,但合同无效或已被撤销,那么,当事人不可能承担违约责任。

(2)违约责任以违反合同义务为要件。违约责任是当事人违反合同义务的法律后果。因此,只有当事人违反合同义务,不履行或者不适当履行合同时,才应承担违约责任。

(3)违约责任可由当事人在法定范围内约定。违约责任主要是一种赔偿责任,因此可由当事人在法律规定的范围内自行约定。只要约定不违反法律,就具有法律约束力。

违约责任是一种民事赔偿责任。首先,它是由违约方向守约方承担的民事责任,无论是违约金还是赔偿金,均是平等主体之间的支付关系;其次,违约责任的确定,通常应以补偿守约方的损失为标准,贯彻损益相当的原则。

2. 违约责任的承担

1)违约责任的承担方式

当事人一方不履行合同义务或者履行合同义务不符合约定的,应当承担继续履行、采取补救措施或者赔偿损失等违约责任。

(1)继续履行。是指在合同当事人一方不履行合同义务或者履行合同义务不符合合同约定时,另一方合同当事人有权要求其在合同履行期限届满后继续按照原合同约定的主要条件履行合同义务的行为。继续履行是合同当事人一方违约时,其承担违约责任的首选方式。

①违反金钱债务时的继续履行。当事人一方未支付价款或者报酬的,对方可以要求其支付价款或者报酬。

②违反非金钱债务时的继续履行。当事人一方不履行非金钱债务或者履行非金钱债务不符合约定的,对方可以要求履行,但有下列情形之一的除外:

(1)法律上或者事实上不能履行;或者债务的标的不适于强制履行或者履行费用过高;或者债权人在合理期限内未要求履行。

(2)采取补救措施。如果合同标的物的质量不符合约定,应当按照当事人的约定承担违约责任。对违约责任没有约定或者约定不明确的,可以协议补充;不能达成补充协议的,按照合同有关条款或者交易习惯确定。依照上述办法仍不能确定的,受损害方根据标的的性质以及损失的大小,可以合理选择要求对方承担修理、更换、重作、退货、减少价款或者报酬等违约责任。

(3)赔偿损失。当事人一方不履行合同义务或者履行合同义务不符合约定的,在履行义务或者采取补救措施后,对方还有其他损失的,应当赔偿损失。损失赔偿额应当相当于因违约所造成的损失,包括合同履行后可以获得的利益,但不得超过违反合同一方订立合同时预见到或者应当预见到的因违反合同可能造成的损失。

当事人一方违约后,对方应当采取适当措施防止损失的扩大;没有采取适当措施致使损失扩大的,不得就扩大的损失要求赔偿。当事人因防止损失扩大而支出的合理费用,由违约方承担。

经营者对消费者提供商品或者服务有欺诈行为的,依照《中华人民共和国消费者权益保护法》的规定承担损害赔偿责任。

(4)违约金。当事人可以约定一方违约时应当根据违约情况向对方支付一定数额的违约金,也可以约定因违约产生的损失赔偿额的计算方法。约定的违约金低于造成的损失的,当事人可以请求人民法院或者仲裁机构予以增加;约定的违约金过分高于造成的损失的,当事人可以请求人民法院或者仲裁机构予以适当减少。

当事人就迟延履行约定违约金的,违约方支付违约金后,还应当履行债务。

(5)定金。当事人可以依照《中华人民共和国担保法》约定一方向对方给付定金作为债权的担保。债务人履行债务后,定金应当抵作价款或者收回。给付定金的一方不履行约定的债务的,无权要求返还定金;收受定金的一方不履行约定的债务的,应当双倍返还定金。

当事人既约定违约金,又约定定金的,一方违约时,对方可以选择适用违约金或者定金条款。

2)违约责任的承担主体

(1)合同当事人双方违约时违约责任的承担。当事人双方都违反合同的,应当各自承担相应的责任。

(2)因第三人原因造成违约时违约责任的承担。当事人一方因第三人的原因造成违约的,应当向对方承担违约责任。当事人一方和第三人之间的纠纷,依照法律规定或者依照约定解决。

(七)合同争议的解决

合同争议是指合同当事人之间对合同履行状况和合同违约责任承担等问题所产生的意见分歧。合同争议的解决方式有和解、调解、仲裁及诉讼。

1. 合同争议的和解与调解

和解与调解是解决合同争议的常用有效方式。当事人可以通过和解或者调解解决合同争议。

(1)和解。是合同当事人之间发生争议后,在没有第三人介入的情况下,合同当事人双方在自愿、互谅的基础上,就已经发生的争议进行商谈并达成协议,自行解决争议的一种方式。和解方式简便易行,有利于加强合同当事人之间的协作,使合同能更好地得到履行。

(2)调解。是指合同当事人于争议发生后,在第三者的主持下,根据事实、法律和合同,经过第三者的说服与劝解,使发生争议的合同当事人双方互谅、互让,自愿达成协议,从而公平、合理地解决争议的一种方式。

与和解相同，调解也具有方法灵活、程序简便、节省时间和费用、不伤害发生争议的合同当事人双方的感情等特征，而且由于有第三者的介入，可以缓解发生争议的合同双方当事人之间的对立情绪，便于双方较为冷静、理智地考虑问题。同时，由于第三者常常能够站在较为公正的立场上，较为客观、全面地看待、分析争议的有关问题并提出解决方案，从而有利于争议的公正解决。

参与调解的第三者不同，调解的性质也就不同。调解有民间调解、仲裁机构调解和法庭调解三种。

2. 合同争议的仲裁

仲裁是指发生争议的合同当事人双方根据合同中约定的仲裁条款或者争议发生后由其达成的书面仲裁协议，将合同争议提交给仲裁机构并由仲裁机构按照仲裁法律规范的规定居中裁决，从而解决合同争议的法律制度。当事人不愿协商、调解或协商、调解不成的，可以根据合同中的仲裁条款或者事后达成的书面仲裁协议，提交仲裁机构仲裁。

根据《中华人民共和国仲裁法》规定，对于合同争议的解决，实行“或裁或审制”。即发生争议的合同当事人双方只能在“仲裁”或者“诉讼”两种方式中选择一种方式解决其合同争议。

仲裁裁决具有法律约束力。合同当事人应当自觉执行裁决。不执行的，另一方当事人可以申请有管辖权的人民法院强制执行。裁决做出后，当事人就同一争议再申请仲裁或者向人民法院起诉的，仲裁机构或者人民法院不予受理。但当事人对仲裁协议的效力有异议的，可以请求仲裁机构做出决定或者请求人民法院做出裁定。

3. 合同争议的诉讼

诉讼是指合同当事人依法将合同争议提交人民法院受理，由人民法院依司法程序通过调查、做出判决、采取强制措施等来处理争议的法律制度。有下列情形之一的，合同当事人可以选择诉讼方式解决合同争议：

(1)合同争议的当事人不愿和解、调解的。

(2)经过和解、调解未能解决合同争议的。

(3)当事人没有订立仲裁协议或者仲裁协议无效的。

(4)仲裁裁决被人民法院依法裁定撤销或者不予执行的。

合同当事人双方可以在签订合同时约定选择诉讼方式解决合同争议，并依法选择有管辖权的人民法院，但不得违反《中华人民共和国民事诉讼法》关于级别管辖和专属管辖的规定。对于一般的合同争议，由被告住所地或者合同履行地人民法院管辖。建设工程施工合同纠纷以施工行为地为合同履行地。

二、建设工程合同的基本概念

建设工程合同，又称建设工程承包合同，其合同的标的是基本建设工程。由于基本建设工程具有建设周期长、质量要求高的特点，这就要求承包人必须具有相当高的建设能力，要求发包人与参与建设方之间的权利、义务和责任明确，相互密切配合。而建设工程合同又是明确各方当事人的权利、义务和责任，以保证完成基本建设任务的法律形式。因此,建设工程合同在我国的经济建设和社会发展中有着十分重要的地位和作用。

(1)定义:建设工程合同是承包人进行工程建设,发包人支付价款的合同。

建设工程合同包括工程勘察、设计及施工合同。

(2)合同形式:建设工程合同应当采用书面形式。

(3)招标投标:建设工程的招标投标活动,应当依照有关法律的规定公开、公平、公正进行。

(4)总包与分包:发包人可以与总承包人订立建设工程合同,也可以分别与勘察人、设计人、施工人订立勘察、设计、施工承包合同。发包人不得将应当由一个承包人完成的建设工程肢解成若干部分发包给几个承包人。

总承包人或者勘察、设计、施工承包人经发包人同意,可以将自己承包的部分工作交由第三人完成。第三人就其完成的工作成果与总承包人或者勘察、设计、施工承包人向发包人承担连带责任。承包人不得将其承包的全部建设工程转包给第三人或者将其承包的全部建设工程肢解以后以分包的名义分别转包给第三人。

禁止承包人将工程分包给不具备相应资质条件的单位。禁止分包单位将其承包的工程再分包。建设工程主体结构的施工必须由承包人自行完成。

(5)勘察、设计合同主要内容:提交有关基础资料和文件(包括概预算)的期限、质量要求、费用以及其他协作条件等条款。

(6)施工合同主要条款:施工合同的内容包括工程范围、建设工期、中间交工工程的开工和竣工时间、工程质量、工程造价、技术资料交付时间、材料和设备供应责任、拨款和结算、竣工验收、质量保修范围和质量保证期、双方相互协作等条款。

(7)建设工程监理:建设工程实行监理的,发包人应当与监理人采用书面形式订立委托监理合同。发包人与监理人的权利和义务以及法律责任,应当依照合同法委托监理合同以及其他有关法律、行政法规的规定。

(8)发包人检查权:发包人在不妨碍承包人正常作业的情况下,可以随时对作业进度、质量进行检查。

(9)隐蔽工程的验收:隐蔽工程在隐蔽以前,承包人应当通知发包人检查。发包人没有及时检查的,承包人可以顺延工程日期,并有权要求赔偿停工、窝工等损失。

(10)竣工验收:建设工程竣工后,发包人应当根据施工图纸及说明书、国家颁发的施工验收规范和质量检验标准及时进行验收。验收合格的,发包人应当按照约定支付价款,并接收该建设工程。

建设工程竣工经验收合格后,方可交付使用;未经验收或者验收不合格的,不得交付使用。

(11)勘察、设计人质量责任:勘察、设计的质量不符合要求或者未按照期限提交勘察、设计文件拖延工期,造成发包人损失的,勘察人、设计人应当继续完善勘察、设计,减收或者免收勘察、设计费并赔偿损失。

(12)施工人的质量责任:因施工人的原因致使建设工程质量不符合约定的,发包人有权要求施工人在合理期限内无偿修理或者返工、改建。经过修理或者返工、改建后,造成逾期交付的,施工人应当承担违约责任。

(13)质量保证责任:因承包人的原因致使建设工程在合理使用期限内造成人身和财产损害的,承包人应当承担损害赔偿责任。

(14)发包人违约责任:发包人未按照约定的时间和要求提供原材料、设备、场地、资金、技术资料的,承包人可以顺延工程日期,并有权要求赔偿停工、窝工等损失。

(15)发包人原因致工程停建、缓建的责任:因发包人的原因致使工程中途停建、缓建的,发包人应当采取措施弥补或者减少损失,赔偿承包人因此造成的停工、窝工、倒运、机械设备调迁、材料和构件积压等损失和实际费用。

(16)发包人的原因致勘察、设计、返工、停工或修改设计的责任:因发包人变更计划,提供的资料不准确,或者未按照期限提供必需的勘察、设计工作条件而造成勘察、设计的返工、停工或者修改设计,发包人应当按照勘察人、设计人实际消耗的工作量增付费用。

(17)工程价款的支付:发包人未按照约定支付价款的,承包人可以催告发包人在合理期限内支付价款。发包人逾期不支付的,除按照建设工程的性质不宜折价、拍卖的以外,承包人可以与发包人协议将该工程折价,也可以申请人民法院将该工程依法拍卖。建设工程的价款就该工程折价或者拍卖的价款优先受偿。

三、建设工程合同的分类

按照工程建设阶段分类,建设工程的建设过程大体上经过勘察、设计、施工3个阶段,通常需要围绕不同阶段订立相应合同;按照承发包方式分类,分为勘察设计或施工总承包合同、单位工程施工承包合同、工程项目总承包合同、BOT合同;按照承包工程计价方式分类,分为总价合同、单价合同、成本加酬金合同;以及与建设工程相关的其他合同。

(一)建设工程勘察设计合同

建设工程勘察,是指根据建设工程的要求,查明、分析、评价建设场地的地质地理环境特征和岩土工程条件,编制建设工程勘察文件的活动。建设工程设计,是指根据建设工程的要求,对建设工程所需的技术、经济、资源、环境等条件进行综合分析、论证,编制建设工程设计文件的活动。建设工程勘察、设计应当与社会、经济发展水平相适应,做到经济效益、社会效益和环境效益相统一。从事建设工程勘察、设计活动,应当坚持先勘察、后设计、再施工的原则。

建设工程勘察设计合同是委托人与承包人为完成一定的勘察、设计任务,明确相互权利和义务而签订的合同。勘察设计的委托人,是建设单位或其他有关单位;承包人是持有勘察设计证书的勘察设计单位。建设工程勘察设计合同,包括初步设计合同和施工设计合同。初步勘察设计合同,是为项目立项进行初步的勘察、设计,为主管部门进行项目决策而成立的合同;施工设计合同是指在项目决策确立之后,为进行具体的施工而成立的设计合同。

1.建设工程勘察设计合同的主要特点

(1)勘察设计合同的当事人双方必须具有法人地位,同时要具有签订合同的主体资格。委托人是建设单位或有关单位,承包人是持有勘察设计证书的勘察设计单位。

(2)勘察设计合同的签订,必须有国家下达的基本建设计划和编制的计划任务书,除委托人提供的资料、技术要求、收费标准和期限外,还应遵循《中华人民共和国合同法》和

《建设工程勘察设计合同条例》等有关法律、法规的规定。

(3)建设工程勘察设计任务在由两个以上的设计单位配合设计时,如委托其中一个单位承包,可以签订总包合同,总包单位再与各分包单位签订分包合同。总包单位对委托人负责,分包单位对总包单位负责。

(4)勘察设计合同生效后,委托人应向承包人给付一定的定金。勘察设计合同履行后,定金抵作勘察设计费。委托人不履行合同的,无权请求返还定金,承包人不履行合同的,应当双倍返还定金。

2. 建设工程勘察设计合同的主要条款

(1)建设工程名称、规模、投资额、建设地点。建设工程名称是指合同双方当事人要进行建设的工程的名称。建设工程规模是指建设工程项目的设计任务书和初步文件中规定的全部生产能力或效益,如工程项目中的产品生产能力。建设工程投资额一般是指设计任务书估算的投资中的建筑工程费、安装工程费和设备购置费等。

(2)委托人提交勘察或者设计基础资料、设计文件(包括概预算)的内容、技术要求及期限。由委托人提供勘察或者设计基础的内容,大致为:向设计单位提供勘察报告及有关资料;工程外部建设条件资料;需要经过科研取得的技术资料;工程所在地的气象、地震资料;有关环境保护和"三废"治理方面的资料,如工程设计属于技术改造或扩建项目的设计时,委托人还应提供企业生产现状的资料。委托人提供设计所需的基础资料的期限关系和工程的进度,因此也应在建设工程承包合同中明确规定。

(3)承包人勘察的范围、进度和质量;设计的阶段、进度、质量和设计文件(包括概预算)份数。

(4)勘察、设计取费的依据、取费标准及拨付办法。

(5)其他协作条款。

(6)违约责任。

(二)施工合同

施工合同是发包人与承包人就完成具体工程建设项目的土建施工、设备安装、设备调试、工程保修等工作内容,明确合同双方权利和义务关系的协议。施工合同是建设工程合同的一种,它与其他建设工程施工合同一样是双务有偿合同。施工合同的主体是发包人和承包人。发包人主要是建设单位、发包人,承包人是具有法人资格的施工单位、承建单位,如各类建筑工程公司、建筑安装公司等。

1. 施工合同的特点

(1)施工合同应当采取书面形式。双方协商同意的有关修改承包合同的设计变更文件、洽谈记录、会议纪要以及资料、图表等,也是承包合同的组成部分。

(2)列入国家计划内的重点建筑安装工程,必须按照国家规定的基本建设程序和国家批准的投资计划签订合同,如果双方不能达成一致意见,由双方上级主管部门处理。

(3)签订施工合同必须遵守国家法律、法规,并具备以下基本条件:承包工程的初步设计和总概算已经批准;承包工程的投资已列入国家计划;当事人双方均具有法人资格;当事人双方均有履行合同的能力。

2. 施工合同的内容

施工合同的主要条款就是合同的主要内容,即合同双方当事人在合同中予以明确的各项要求、条件和规定,它是合同当事人全面履行合同的依据。施工合同的主要条款,是施工合同的核心部分,它是明确施工合同当事人基本权利和义务,使施工合同得以成立的不可缺少的内容,因此,施工合同的主要条款对施工合同的成立起决定性作用。《中华人民共和国合同法》第二百七十五条规定,施工合同的内容包括工程范围、建设工期、中间交工工程的开工和竣工时间、工程质量、工程造价、技术资料交付时间、材料和设备供应责任、拨款和结算、竣工验收、质量保修范围和质量保证期、双方相互协作等条款。

(1)工程范围。是指施工合同数量方面的要求。数量是指标的计量,是以数字和计量单位来衡量标的的尺度。没有数量就无法确定双方当事人的权利和义务的大小,而使双方权利和义务处于不确定的状态,因此,必须在施工合同中明确规定标的的数量。一项工程,只有明确其建筑范围、规模、安装的内容,才可能使工人有的放矢,进行建筑安装。施工合同中要明确规定建筑安装范围的多少,不仅要明确数字,还要明确计量单位。

(2)建设工期、中间交工工程的开工和竣工时间。是对工程进度和期限的要求。建设工期是承包人完成工程项目的时间界限,是确定施工合同是否按时履行或迟延履行的客观标准,承包人必须按合同规定的工程履行期限,按时按质按量完成任务,期限届满而不能履行合同,除依法可以免责外,要承担由此产生的违约责任。工程进度是施工工程的进展情况,是反映固定资产投资活动进度和检查计划完成情况的重要指标。一般以形象进度来表示单位工程的进度;用文字或实物量完成的百分比说明、表示或综合反映单项工程进度。从开工期到竣工期,实际上也就是施工合同的履行期限。每项工程都有严格的时间要求,这关系到国家的计划和总体规划布局,因此施工合同中务必明确建设工期,双方当事人应严格遵守。

(3)质量、质量保修范围以及质量保证期。建筑安装工程对质量的要求特别严格,不仅是因为工程造价高,对国民经济发展影响大,更重要的是它关系到人民群众的生命和财产的安全,因此,承包人不仅在建筑安装过程中要把工程质量关,还要在工程交付后,在一定的期限内负责保修。工程质量是指建筑安装工程满足社会生产和生活一定需要的自然属性或技术特征。一般说,有坚固耐久、经济适用、美观等特性,工程质量就是这些属性的综合反映,它是表明施工企业管理水平的重要标志。在工程交付后,承包人要在一定的期限内负责保修。承包人的保修责任是有条件的,这些条件有:a. 在一定的期限内保修,对于超过保修期限,工程出现的质量问题,承包人不负责修理;b. 只有在规定的条件下出现的特定的质量问题,承包人才负责保修,由于发包人或使用工程者的过错造成的损坏,承包人不负责保修。在符合条件的保修期期间,承包人对工程的修缮应是无偿的。

(4)工程造价。是指建筑安装某项工程所花费的全部投资。按基本建设预算价格计算的工程造价称为工程预算造价;按实际支出计算的工程造价称为实际工程造价。在施工合同中,必须明确建筑安装工程的造价。

(5)技术资料交付时间。是针对发包人履行的义务而言的。设计文件指发包人向承包人提供建筑安装工作所需的有关基础资料。为了保证承包人如期开工、保证工程按期按质按量完成,发包人应在施工合同规定的日期之前将有关文件、资料交给承包人。如果由于发包人拖延提供有关文件、资料致使工程未能保质保量按期完工,承包人不承担责任,并可以追究发包人的违约责任。当然,发包人除对提供的文件、资料要迅速及时外,还要对提供的设计文件和有关资料的数量和可靠性负责。

(6)材料和设备的供应责任。材料和有关设备是进行建筑安装工程的物质条件,及时提供材料和设备是建筑安装工程顺利进行所必不可少的条件,因此施工合同应对材料、设备的供应和进场期限做出明确规定。强调材料和设备的供应期限,是在保证材料和设备的数量和质量的前提下而言的,只有及时地提供材料和设备,又保证这些材料和设备的数量和质量,才是根本的宗旨。

(7)拨款与结算。包括支付工程预付款、材料预付款,以及在施工合同履行过程中按时拨付月进度款、完工付款和最终付款(结算)。在施工合同中均应明确这些款项如何支付及何时支付,以确保当事人的权利义务的实现。

(8)竣工验收。验收的程序一般由承包人在规定的时间内向发包人提交交工验收通知书,发包人在规定的期限内进行验收,经检验合格,双方签订交工验收证书。竣工验收应由包括合同当事人及主管部门组成的验收委员会进行。验收的依据是国家颁发的施工验收规范和质量检验标准及合同的规定。

(9)双方相互协作的事项。一项建筑安装工程的进程和质量十分重要,施工合同当事人权利和义务又较复杂,所以要保证建筑安装工作的顺利进行,须发包人和承包人在履行合同的过程中始终密切配合,通力协作。只有双方全面履行合同的义务,才能实现订立合同的根本目的。因此,在施工合同的履行过程中,当事人相互协作是必不可少的,双方可就其他需要协作的事项在施工合同中做出规定。

3. 施工合同承包人的资质

为保证工程建设的顺利进行,要严格审查施工队伍的资质证明。作为承包人的施工队伍必须具有以下证件:

(1)企业法人营业执照。是一个施工单位有无资格施工的证明。企业法人营业执照可以反映出施工队伍的基本概况,如资金是否雄厚、人员多少、施工技术及施工设施、开业年限的长短等。没有企业法人营业执照决不能签订合同。

(2)安全生产合格证。安全生产是保证建筑工程顺利施工的一个重要因素,每个施工单位都应设一个专门机构或派专人负责安全问题。

(3)企业资质等级证书。住房和城乡建设部与国务院各有关主管部门,分别制定了通用工业与民用建筑、冶金建设、有色金属工业建设等各类施工企业的资质等级标准。这些施工企业资质等级标准,都是按施工企业完成工程任务的能力和经历、主要管理人员素质、有职称的业务技术人员占企业平均人数的比率和资金等方面的不同情况确定的,并依此确定各等级施工企业的营业范围,即承包工程范围。承包人不得越级承包,如果越级承包工程,所签合同无效。

(三)勘察、设计或施工总承包合同

勘察、设计或施工总承包,是指发包人将全部勘察、设计或施工的任务分别发包给一个勘察、设计单位或一个施工单位作为总承包人,经发包人同意,总承包人可以将勘察、设计或施工任务的一部分分包给其他符合资质的分包人。据此明确各方权利和义务的协议

即为勘察设计或施工总承包合同。在这种模式中,发包人与总承包人订立总承包合同,总承包人与分包人订立分包合同,总承包人与分包人就工作成果对发包人承担连带责任。

(四)单位工程施工承包合同

单位工程施工承包,是指在一些大型、复杂的建设工程中,发包人可以将专业性很强的单位工程发包给不同的承包人,与承包人分别签订土木工程施工合同、电气与机械工程承包合同,这些承包人之间为平行关系。单位工程施工承包合同常见于大型工业建筑安装工程。据此明确各方权利和义务的协议即为单位工程施工承包合同。

(五)工程项目总承包合同

工程项目总承包合同,是指建设单位将包括工程设计、施工、材料和设备采购等一系列工作全部发包给一家承包单位,由其进行实质性设计、施工和采购工作,最后向建设单位交付具有使用功能的工程项目。工程项目总承包实施过程可依法将部分工程分包。据此明确各方权利和义务的协议即为工程项目总承包合同。

(六)总价合同

总价合同一般要求投标人按照投标文件要求报一个总价,在这个价格下完成合同规定的全部项目。总价合同还可以分为固定总价合同、调价总价合同等。

(七)单价合同

这种合同指根据发包人提供的资料,双方在合同中确定每单项工程单价,结算则按实际完成工程量乘以每项工程单价计算。

单价合同还可以分为:估计工程量单价合同、纯单价合同、单价与包干混合式合同等。

(八)成本加酬金合同

这种合同是指成本费按承包人的实际支出由发包人支付,发包人同时另外向承包人支付一定数额或百分比的管理费和商定的利润。

(九)与建设工程有关的其他合同

1. 建设工程委托监理合同

建设工程监理合同是指委托人与监理人签订,为了委托监理人承担监理业务而明确双方权利和义务关系的协议。

2. 建设工程物资采购合同

建设工程物资采购合同是指出卖人转移建设工程物资所有权于买受人,买受人支付价款的明确双方权利义务关系的协议。

3. 建设工程保险合同

建设工程保险合同是指发包人或承包人为防范特定风险而与保险公司明确权利和义务关系的协议。

4. 建设工程担保合同

建设工程担保合同是指义务人(发包人或承包人)或第三人与权利人(承包人或发包人)签订为保证建设工程合同全面、正确履行而明确双方权利义务关系的协议。

四、建设工程合同的法律特征

建设工程合同除具有一般合同的共同特征外,还具有其自身的法律特征。

(一)建设工程合同的主体必须是法人或其他组织

建设工程合同在主体上有不同于承揽合同主体的特点。承揽合同对主体没有限制，可以是公民个人，也可以是法人或其他组织。而建设工程合同的主体是有限制的，建设工程合同的承包人必须是法人或其他经济组织，公民个人不得作为合同的承包人。

发包人只能是经过批准建设工程的法人，承包人也只能是具有从事勘察、设计、施工任务资格的法人。作为发包人，必须持有已经批准的基建项目工程计划、工程设计文件、技术资料，已落实资金及做好基建项目工程应有的场地、交通、水电等准备工作。作为承包人必须持有效的相应资质证书和营业执照。建筑工程承包合同的标的是工程项目，当事人之间权利和义务关系复杂，工程进度和质量又十分重要。因此，合同主体双方在履行合同过程中必须密切配合、通力协作。

(二)合同的标的仅限于基本建设工程

建设工程合同的标的只能是属于基本建设的工程而不能是其他的事物，这也是建设工程合同与承揽合同不同的主要所在。为完成不能构成基本建设的一般工程的建设项目而订立的合同，不属于工程建设合同，而应属于承揽合同。例如，个人为建造个人住房而与其他公民或建筑队订立的合同，就为承揽合同，而不属于工程建设合同。

(三)具有一定的计划性和程序性

在市场经济条件下，建设工程合同已有相当一部分不再是计划合同。但是，基本建设项目的投资渠道多样化，并不能完全改变基本建设的计划性，国家仍然需要对基建项目实行计划控制。所以，建设工程合同仍应受国家计划的约束。对于计划外的工程项目，当事人不得签订工程建设合同；对于国家的重大项目工程建设合同，更应当根据国家规定的程序和国家批准的投资计划和计划任务书签订。

由于基本建设工程建设周期长、质量要求高、涉及的方面广，以及各阶段的工作之间有一定的严密程序，因此，建设工程合同也就具有程序性的特点。国家对建设工程计划任务、建设地点的选择、设计文件、建设准备、计划安排、施工生产准备、竣工验收、交付生产方面都有具体规定，双方当事人必须按规定的程序办事。例如，未经立项，没有计划任务书，则不能进行签订勘察设计合同的工作；没有完成勘察设计工作，也不能签订建筑施工合同。

(四)在签订和履行合同中接受国家多种形式的监督管理

建设工程合同因涉及基本建设规划，其标的物为不动产的工程，承包人所完成的工作成果不仅具有不可移动性，而且须长期存在和发挥效用，事关同计民生，因此，国家要实行严格的监督和管理。对于承揽合同，国家一般不予以特殊的监督和管理，而建设工程合同则是在国家多种形式的监督管理下实施的。国家除通过有关审批机构按照基本建设程序的规定监督建设工程承包合同的签订外，在合同开始履行到终止的过程中，国家通过银行信贷和结算的方式进行监督，主管部门通过参与竣工验收进行监督，通过这些监督促进建设工程承包合同的履行。

(五)建设工程合同应当采用书面形式

在《中华人民共和国合同法》第二百七十条规定：建设工程合同应当采用书面形式。这是国家对基本建设工程进行监督管理的需要，也是由建设工程合同履行的特点所决定的。不采用书面形式的建设工程合同不能有效成立。书面形式一般由双方当事人就合同经过协商一致而写成的书面协议,就主要条款协商一致后,由法定代表人或其授权的经办人签名,再加盖单位公章或合同专用章。由于建设工程合同对国家或局部地区或部门的基本建设影响重大,涉及的资金巨大,因此《中华人民共和国合同法》规定建设工程合同应当采用书面形式。

五、国际常用的几种建设工程合同简介

(一)FIDIC 系列合同条件的适用范围和特点

1. FIDIC 简介

FIDIC 即国际咨询工程师联合会的缩写。它于 1913 年在欧洲成立。FIDIC 是世界上多数独立的咨询工程师的代表,是最权威的咨询工程师组织。FIDIC 专业委员会编制了一系列规范性合同条件,构成了 FIDIC 合同条件体系。

2. FIDIC 系列合同条件适用范围

1999 年,FIDIC 在原合同条件基础上又出版了 4 份新的合同条件。这是迄今为止 FIDIC 合同条件的最新版本。

(1)施工合同条件(Condition of Contract for Construction,简称"新红皮书")。新红皮书与原红皮书相对应,但其名称改变后合同的适用范围更大。该合同主要用于由发包人设计的或由咨询工程师设计的房屋建筑工程和土木工程。施工合同条件的主要特点表现为,以竞争性招标投标方式选择承包商,合同履行过程中采用以工程师为核心的工程项目管理模式。

(2)永久设备和设计—建造合同条件(Condition of Contract for Plant and Design-Build,简称"新黄皮书")。新黄皮书与原黄皮书相对应,其名称的改变便于与新红皮书相区别。在新黄皮书条件下,承包人的基本义务是完成永久设备的设计、制造和安装。

(3)EPC 交钥匙项目合同条件(Condition of Contract for EPC Turnkey Projects,简称"银皮书")。银皮书又可译为"设计-采购-施工交钥匙项目合同条件",它与橘皮书相似但不完全相同。它适用于工厂建设之类的开发项目,是包含了项目策划、可行性研究、具体设计、采购、建造、安装、试运行等在内的全过程承包方式。承包人"交钥匙"时,提供的是一套配套完整的可以运行的设施。

(4)合同的简短格式(Short Form of Contract)。该合同条件主要适于价值较低的或形式简单、或重复性的、或工期短的房屋建筑和土木工程。

3. FIDIC 系列合同条件特点

FIDIC 系列合同条件具有国际性、通用性和权威性。其合同条款公正合理,职责分明,程序严谨,易于操作。考虑到工程项目的一次性、唯一性等特点,FIDIC 合同条件分成了"通用条件"和"专用条件"两部分。通用条件适用于某一类工程。如红皮书适于整个土木工程(包括工业厂房、公路、桥梁、水利、港口、铁路、房屋建筑等)。专用条件则针对一个具体的工程项目,是在考虑项目所在国法律法规不同、项目特点和发包人要求不同的基础上,对通用条件进行的具体化的修改和补充。

FIDIC 合同条件的应用方式通常有如下几种:

(1)国际金融组织贷款和一些国际项目直接采用;

(2)合同管理中对比分析使用;

(3)在合同谈判中使用;

(4)部分选择使用。

(二)英国 NEC 系列合同条件的特点

NEC 合同条件是由英国土木工程师协会编制的工程合同体系。包括 6 种主要选项条款(合同形式);9 项核心条件;15 项次要选项条款;发包人可以从中选择适合自己项目的条款。

1. NEC 合同条件体系

1)6 种主要选项条款

合同形式如下:

(1)总价合同;

(2)单价合同;

(3)目标总价合同;

(4)目标单价合同;

(5)成本加酬金合同

(6)工程管理合同。

发包人可以从中做出选择。

2)9 项核心条款

NEC 的核心条款包括如下九部分:

(1)总则;

(2)承包人的主要职责;

(3)工期;

(4)检验与缺陷;

(5)支付;

(6)补偿;

(7)权利;

(8)风险与保险;

(9)争端与终止。

关于支付,发包人可根据自己的需求,从上述 6 种合同形式中选择一种。NEC 可以提供总价合同、单价合同、成本加酬金合同、目标成本合同和工程管理合同。因此。NEC 不是某种标准的合同条件,而是内涵广泛的系列合同条件。

3)次要选择

NEC 含有 15 项次要选择,它们包括:

(1)完工保证;

(2)总公司担保;

(3)工程预付款;

(4)结算币种(多币种结算);

(5)部分完工;

(6)设计责任;

(7)价格波动;

(8)保留(留置);

(9)提前完工奖励;

(10)工期延误赔偿;

(11)工程质量;

(12)法律变更;

(13)特殊条件;

(14)责任赔偿;

(15)附加条款。

发包人可根据工程的特点、工程要求和计价方式做出选择。

2. NEC 的主要特征

与现有的其他标准合同条件相比,NEC 合同条件具有如下特性:

1)适用范围广

NEC 合同立足于工程实践,主要条款都用非技术语言编写,避免特殊的专业术语和法律术语;设计责任不是固定地由发包人或者承包人承担,可根据项目的具体情况由发包人或承包人按一定的比例承担责任;6 种工程款支付方式和 15 种次要条款可以根据需要自行选择。在这个意义上讲,NEC 的灵活性体现了自助餐式的合同条件,适用范围广泛,并且可以减少争端。

2)为项目管理提供动力

随着新的项目采购方式的应用和项目管理模式的发展和变化,现有的合同条件不能为项目的参与各方提供令人满意的内容。NEC 强调沟通、合作与协调,通过对合同条款和各种信息清晰的定义,旨在促进对项目目标进行有效的控制。

3)简明清晰

NEC 的合同语言简明清晰,避免使用法律和专业的技术语言,合同语句言简意赅。

(三)美国 AIA 系列合同条件的特点

1. AIA 系列合同条件

美国建筑师学会(AIA)成立于 1857 年,100 多年来,AIA 一直在出版标准的项目设计和施工方面的合约文件,用于机关业务和项目管理。

AIA 文件分为 A、B、C、D、F、G 系列。其中,A 系列,是关于发包人和承包人之间的合约文件;B 系列,是关于发包人与提供专业服务的建筑师之间的合约文件;C 系列,是关于建筑师与提供专业服务的顾问之间的合约文件;D 系列,是建筑师行业所用的文件;F 系列,是财务管理表格;G 系列,是合同和办公管理的表格。

A 系列文件包括:发包人-承包人合约、该合约的通用条款和附加条款、发包人-设计/建筑商合约、总承包商-分包商合约、投标程序说明、其他文件(如投标和洽商文件、承包人资格预审文件等)。其中,工程承包合同通用条款,分别是一般条款、发包人、承包人、合同的管理、分包商、发包人或独立承包人负责的施工、工程变更、期限、付款与完工、人员与财产的保护、保险与保函、剥露工程及其返修、混合条款、合同终止或停止。

2. AIA 系列合同的特点

(1)AIA 合同条件主要用于私营的房屋建筑工程,并专门编制用于小型项目的合同条件。

(2)美国建筑师学会作为建筑师的专业社团已经有近 140 年的历史,成员总数达 56 000 名,遍布美国及全世界。AIA 出版的系列合同文件在美国建筑业界及国际工程承包界,特别是美洲地区具有较高的权威性,应用广泛。

(3)AIA 系列合同条件的核心是"通用条件"。采用不同的工程项目管理、不同的计价方式时,只需选用不同的"协议书格式"与"通用条件"结合。AIA 合同文件的计价方式主要有总价、成本补偿合同及最高限定价格法。

六、水利工程施工合同示范文本简介

(一)示范文本的作用

工程项目建设由于工期长、技术复杂、一次性建设等特点,决定了合同的内容广泛,条款数目庞杂。合同履行过程中可能涉及事件的责任,以及合同履行中的规范化管理的程序均应用条款予以约定。为避免当事人订立合同时,对分担风险和义务的责任划分不够合理、条款涵盖的内容不够全面或某些条款约定违反相关法律法规的规定,因此政府部门或有关权威机构总结国内外的过程经验和教训组织编制了适用于各类承包方式或工程的标准化合同示范文本(简称范本)。水利工程施工示范文本借鉴了 FIDIC 编制的《土木工程施工合同条件》的文本格式和责任规定,结合我国的实际情况,由"通用合同条款"和"专用合同条款"两部分组成,并提供了合同文本的规范化格式和编写内容要求。

(二)示范文本的结构组成

示范文本具有较强的通用性,适用于各类工程项目的建设。

1. 通用合同条款

所谓"通用"的含义是不区分建设项目的承包工作内容、外部环境条件和地域特点,只要属于大、中型水利工程施工合同均可适用。水利工程施工合同示范文本通用合同条款的内容涉及技术、经济、法律、管理等方面的约定,包括从合同签订之日起到合同终止之日止正常履行过程中的各个阶段可预见事件的责任划分和规范化的管理程序(如双方的义务、过程质量的检查和检验、支付结算程序等),以及非正常情况下的各方责任(如过程变更、不可抗力、违约终止合同等)。通用条款编制的非常详细,起草和签订合同时直接采用即可,且不允许修改其中的条款内容。

2. 专用合同条款

虽然通用条款已是一份内容全面且完备的独立合同文件,但是条款内容没有包括具体实施工程项目的特点、地域特点,因此还需在专用条款内补充相关的内容。水利工程施工合同示范文本的专用条款通常都针对通用条款的相关要求做出一些选择和使用说明。通用条款与专用条款两部分共同构成决定合同各方权利和义务的约定。

3. 施工合同技术条款

水利工程施工合同示范文本的通用条款和专用条款划分了发包人和承包人在合同中

的责任、权利和义务,技术条款则是具体的工作内容。

水利工程施工合同示范文本中的技术条款包括:施工导流和水流控制、土方明挖、石方明挖、地下洞室开挖、支护、钻孔和灌浆、基础防渗工程、地基加固工程、土石方填筑工程、混凝土工程、沥青混凝土工程、砌体工程、疏浚工程、压力钢管的制造和安装、钢结构的制造和安装、闸门及启闭机的安装、预埋件埋设、原型观测、建筑与装修等方面内容,具体工程可根据实际情况选用。

技术条款既是合同的重要组成部分,也是发包人和监理人在工程施工过程中施工进度、质量和费用控制的操作程序和方法。

七、合同价的定义

在工程招标过程中,经过投标和评标,根据各个投标人报送的投标文件,就标价、工期、工程质量承诺等条件综合评价分析,最后选中承包人,此时合同双方认可的工程承包价格,即为合同价格。

合同价格是合同双方充分运用价值规律,反复进行比较,实现个别劳动耗费和社会必要劳动耗费的统一,也是双方根据合同条款及有关规定,并通过签订工程承包合同所计算和确定的拟建工程费用总额。

经过招标投标,在合同价的问题上,发包人与中标投标人在对合同条款达成充分一致的基础上,签订合同协议书。至此,双方即建立了具有法律效力的合作关系和在工程施工中具有真正控制作用的工程项目签约合同价。

签约合同价是指合同双方签订合同时在协议书中列明的合同价格,对于以单价合同形式招标的项目,工程量清单中各种价格的总计即为合同价。签约合同价就是中标价,因为中标价是指评标时经过算术修正的、并在中标通知书中申明招标人接受的投标价格。招标结果公示后,招标人向中标投标人所发出的中标通知书经中标投标人确认收到时,中标的中标价就受到法律保护,招标人不得以任何理由反悔。

八、合同价类型及适用条件

合同的形式和类别非常多,可以分别按合同支付方式、合同管理及合同内容来分类。

(一)按照合同支付方式分类

根据合同支付方式的不同,合同价的形式一般分为总价合同、单价合同和成本加酬金合同。

1. 总价合同

所谓总价合同是指支付给承包人的款项在合同中是一个“规定的金额”,即总价。它是以图纸、工程量清单和说明书为依据,由承包人与发包人经过商定或承包人依据招标文件进行报价确定。

1)总价合同的特点

(1)它的价格是根据事先确定的由承包人实施的全部任务,按承包人在投标报价中提出的总价或合同双方协商的价格确定。

(2)需要实施的工程性质和工程量在事先已明确商定。

(3)总价合同对承包人来说具有一定的风险,如物价波动、气候条件恶劣、水文地质条件恶劣以及其他意外的情况等,因此作为承包人在投标报价时要仔细分析各类风险因素,在报价中考虑并计入一定的风险费;此外,发包人也必须考虑到使承包人承担的风险是可以承受的,而不应该把一个有经验的承包人所不可能预见的风险也转移给承包人,只有这样才能招到有竞争力且合格的投标人。

(4)在固定工程量总价合同中,承包人不需测算工程量,只需计算在实际施工中工程量的变更。因此,只要实际工程量变动不大,这种形式的合同较易管理。

(5)总价合同在招标前要计算各分部分项工程量,因此,要求设计要达到一定的深度;对大型复杂的综合性水利项目要达到总价合同的设计深度需要较长的设计周期,会增加一定的施工准备时间。

2)总价合同的种类

总价合同一般有以下三种:

(1)固定总价合同。价格计算是以图纸规定及规范为基础,承发包双方就承包项目协商一个固定的总结,由承包人一笔包死,不能变化。

采用这种合同,合同总价只在设计和工程范围有所变更,且变更超过了合同规定的情况下才能随之作相应的变更,除此之外,合同总价是不能变动的。因此,作为合同价格计算依据的图纸、规定及规范,应对工程做出详尽的描述。这就意味着承包人要承担实物工程量、工程单价、地质条件、气候和其他一切客观因素造成亏损的风险。在合同执行过程中,承发包双方均不能因为工程量、设备、材料价格、工资等变动和地质条件恶劣、气候恶劣等理由,提出对合同总价调值的要求,因此承包人要在投标时对一切费用的上升因素做出估计并包含在投标报价之中。因为承包人将要为许多不可预见的因素付出代价,所以承包人往往加大不可预见费用,致使这种合同一般报价都较高,不利于降低工程造价。

这种形式的合同适用于工期较短(一般不超过一年),对最终产品的要求又非常明确的建设项目,这就要求项目的内涵清楚,项目设计图纸完整齐全,项目工作范围及工程量计算依据确切。

(2)可调值总价合同。总价一般也是以图纸及规定、规范为计算基础,但它是按"时价"进行计算的。这是一种相对固定的价格。在合同执行过程中,由于物价上涨而使所用的工料成本增加,因而要对合同总价进行相应的调值。

可调值总价合同均明确列出有关调值的特定条款,往往是在合同特别说明书(亦称特别条款)中列明;调值工作必须按照这些特定的调值条款进行。

这种合同与固定总价合同不同之处在于,它对合同实施中出现的风险做了分摊,发包人承担了物价上涨这一不可预测费用因素的风险,而承包人只承担了实施中实物工程量、管理成本和工期等因素的风险。

可调值总价合同适用于工程内容和技术经济指标规定很明确的项目,由于合同中列明调值条款,所以工期在一年以上的项目较适于采用这种合同形式。

(3)固定工程量总价合同。发包人要求投标人在投标时按单价合同办法分别填报分项工程单价,从而计算出工程总价,据之签订合同。原定工程项目全部完成后,根据合同总价付款给承包人。

如果改变设计或增加类似项目，则用合同中已确定的单价来计算新的工程量和调整总价，这种方式适用于工程量变化不大的项目。

这种方式对发包人有利，一是可以了解承包人招标时的总价是如何计算得来的，便于发包人审查标价，特别是对投标人过度的不平衡报价，可以在评标时发现，避免实施过程中不必要的变更给发包人造成费用增加；二是在物价上涨情况下，增加的类似项目可利用合同中已确定的单价，由承包人承担物价上涨的风险。

总之，总价合同可以使发包人对工程总开支做到大体上心中有数，评标时易于确定报价合适的投标人，在施工过程中可以更集中精力控制施工进度和工程质量。

2. 单价合同

单价合同是指工程量变化幅度在合同规定范围之内，合同双方按认可的工程单价和实际完成且经质量认证合格的工程量，进行工程价款结算的承包合同。

在施工图不完整或当准备发包的建设项目内容、技术经济指标不能明确、具体地予以规定时，往往要采用单价合同形式。单价合同是以工程量清单为基础，以工程项目单价表为依据来计算合同项目价格。在支付时则以实际完成的且符合合同规定的工程量为准结算工程款，这样在不能比较精确地计算工程量的情况下，可以避免凭运气而使发包人或承包人任何一方承担过大的风险。这种合同形式在国际大型工程中使用最普遍。水利工程通常规模大、工期长、涉及面广，施工招标时工程的具体内容还不够详尽，故多采用单价合同。这种合同，合同双方依据合同中关于风险的分担，承担合同规定的风险，诸如实际工程量的改变，物价的波动等。为明确工程量改变对合同价款结算的影响，一般在合同中规定当实际工程量与合同工程量相差较大（达到±15%～±25%）时，可以根据合同中规定的或者双方协商的调价方式来调整单价和总价。对发包人而言，这种合同形式的优点是，可以减少招标准备工作；能鼓励承包人节约成本；发包人按工程量清单规定和合同变更的规定支付工程款，减少了意外开支，在合同执行中，只需对少量的工程量清单和计日工项目中未预见到的项目再协商价格，结算较简单。但对于某些不易计算工程量的项目或工程费应分摊在许多工程的复杂工程项目，这种合同易引起争议。

单价合同又分为以下三种形式。

1）估算工程量单价合同

估算工程量单价合同是以工程量表和工程单价表为基础和依据来计算合同价格的，亦可称为计量估价合同。通常是由发包人委托设计单位或专业机构提出总工程量估算表，即“工程量概算表”或“暂估工程量清单”，列出分部分项工程量，由承包人以此为基础填报单价。最后，工程的总价应按照实际完成且符合合同规定的工程量计算支付工程量，再由合同中分部分项工程单价乘以支付工程量得出该项工程结算的总价。

采用这种合同时，要求实际完成的工程量与原估计的工程量不能有实质性的变更。因为承包人给出的单价是以相应的工程量为基础的，如果工程量大幅度增减可能影响工程成本。不过在实践中往往很难确定工程量究竟在多大范围内的变更才算是实质性变更，这就使这种合同形式在实际管理中对工程量变化后的单价确定容易产生分歧，增加了协调的难度。为方便管理，有些估计工程量的单价合同规定，如果实际工程量与工程量清单中的工程量相差超过±20%时，允许合同双方依据合同中关于价格变更的规定，协商确定调整合同变更项目的单价。此外,当材料价格变动较大时允许承包人调整相应单价。

采用估计工程量单价合同可以使承包人对其投标的工程范围有一个明确的估计。这种合同一般适用于工程性质比较清楚,但任务、范围及其要求标准不能完全确定的情况。

采用这种合同时,工程量是按统一的标准计算出来的,承包人只需经过复核并填上适当的单价即可,承担风险较小;发包人也只需审核单价是否合理即可。对双方都方便,目前国际上采用这种合同形式比较多。

实施这种合同时要求建立施工日志,施工过程中要及时测量并建立各个分部分项工程项目的计量明细账目,对合同规定的计量方式必须严格遵守,对变更工程量要按合同规定或合同双方协商的方式计量,以利顺利结算支付。

2)纯单价合同

采用这种形式的合同时,发包人只向承包人给出发包工程的有关分部分项工程以及工程范围,不需对工程量作具体的规定和准确的计算。承包人在投标时只需对这种给定范围的分部分项工程做出报价即可,而工程量则按实际完成且符合合同规定的数量结算。这种合同形式主要适用于没有施工图或者图纸不详悉、工程量不明、却急需开工的紧迫工程。对于纯单价合同来说,发包人必须对工程的计量方式做出明确的规定,以使承包人能够合理地确定工程量,继而确定单价。

对于项目的工作内容极其复杂,工程费分摊在许多工种中的复杂工程,或有一些不易计算工程量的项目,采用纯单价合同时,每一个项目的工作范围一定要描述清楚,否则容易引起一些合同理解上的分歧。

3)单价与总价包干混合式合同

这种合同亦称单价与总价项目混合合同,主要项目以单价合同为基础,但对其中某些不易计算工程量的分项工程(如施工导流、小型设备购置与安装调试等)采用总价包干的办法,而对可以相对精确的计算工程量的项目,均采用单价方式承包,按实际完成且符合合同规定的工程量及合同工程量清单上的单价结算。

对于采用总价包干报价的项目,一般在合同条件中规定,在开工后数周内,由承包人向监理人递交一份包干项目分析表,在分析表中将总价包干项目分解为若干子项,列出每个子项的合理价格。该分析表经监理人批准后即可作为总价包干项目实施时支付的依据。

总之,单价合同的优点是可以减少招标准备工作,缩短招标准备时间,能鼓励承包人通过提高工效等手段从成本节约中提高利润,发包人只按工程量表的项目开支,可减少意外开支,只需对少量遗漏的项目在执行合同过程中依据合同规定确定其单价,结算程序比较清晰。

3.成本加酬金合同

成本加酬金合同亦称成本补偿合同,即发包人向承包人支付实际工程成本中的直接费,按事先协议好的某一种方式支付管理费以及利润的一种合同方式,这种合同形式主要适用于工程内容及其技术经济指标尚未全面确定,投标报价的依据尚不充分的情况下,或发包人因工期要求紧迫,诸如应急抢险项目,在没有完成设计的情况下,必须发包的工程;或者发包人与承包人之间具有高度信任,承包人在某些方面具有独特的技术、特长和经验的工程。

以这种形式签订的承包合同,有两个明显缺点:一是发包人对工程总价不能实施实际的控制;二是承包人对降低成本的主动性和积极性不足。因此。采用这种合同形式,其条款必须非常严格。

成本加酬金合同有多种类型,常见的有以下四种。

1)成本加固定百分比酬金合同

这种合同,发包人对承包人支付的人工、材料和施工机械使用费、其他直接费、施工管理费等按实际直接成本全部据实补偿,同时按照实际直接成本的固定百分比支付给承包人一笔酬金,作为承包的利润。

这种合同形式,建筑安装工程总造价及付给承包人的酬金随工程成本而水涨船高,不利于鼓励承包人降低成本,这也是此种合同形式的弊端所在,因而很少被采用。

2)成本加固定酬金合同

这种合同与成本加固定百分比酬金相似。其不同之处仅在于所增加费用是一笔固定金额的酬金。酬金一般是按估算的工程成本的一定百分比确定,数额是固定不变的。

如果设计变更或增加新项目,即直接费用超过原定估算成本的10%左右时,固定的酬金也要增加。

在工程总成本一开始估算不准,可能变化较大的情况下,可采用此合同形式,有时可分几个费用阶段,通过谈判,确定支付的规定酬金。

这种方式虽不能鼓励承包人关心降低成本,但为了尽快得到酬金,承包人会关心缩短工期。有时也可在固定费用之外根据工程质量、工期和节约成本等因素,给承包人另加奖金,以鼓励承包人节约资金,降低成本。

3)成本加奖罚合同

采用这种形式的合同,首先要确定一个目标成本,这个目标成本是根据粗略估算的工程量和单价表编制出来的。在此基础上,根据目标成本来确定酬金的数额,可以是百分数的形式,也可以是一笔固定酬金。然后,根据工程实际成本支出情况,另外确定一笔奖金,当实际成本低于目标成本时,承包人除从发包人处获得实际成本、酬金补偿外,还可根据成本降低额得到一笔奖金。当实际成本高于目标成本时,承包人仅能从发包人处得到成本和酬金的补偿,此外,视实际成本高出目标成本情况,若超过合同规定的限额,还要处以一笔罚金,最大罚款限额不超过原先议定的最高酬金值。除此之外,还可设工期奖罚。

这种合同形式可以促使承包人关心降低成本,缩短工期,而且目标成本是随着设计的进展而加以调整的,故合同双方都不会承担太大风险,故这种合同形式在成本加酬金类型合同中的应用较多。

4)最高限额成本加固定最大酬金合同

在这种形式的合同中,首先要确定最高限额成本、报价成本和最低成本。当实际成本没有超过最低成本时,承包人花费的成本费用及应得酬金等都可得到发包人的支付,并与发包人分享节约额;如果实际工程成本在最低成本和报价成本之间,承包人实际成本和合同规定的酬金都可以得到支付;如果实际工程成本在报价成本与最高限额成本之间,则只有全部成本可以得到支付,但酬金部分不能得到支付;实际工程成本超过最高限额成本,则超过部分的成本,发包人不予支付,且没有酬金。

这种合同形式有利于控制工程造价,并能鼓励承包人最大限度地降低工程成本,但最高限额成本、报价成本和最低成本的确定对内容和技术成熟的项目可以预测,然而对内容和技术复杂的项目较难预测,实际应用不易控制。

对于以上各种合同形式,从承担风险的角度考虑,总价合同主要是由承包人承担风险,报价总体水平比较高;单价合同是由发包人和承包人分别承担风险;成本加酬金合同则主要是发包人承担风险。

大中型水利工程一般采用单价合同,可以降低报价的总体水平,也便于进行监督和管理。但对于设计很成熟,能预知将来风险的工程,可采用总价合同。如果项目的设计深度不够,风险也难以估计,以及工程的特殊性等,则可采用成本加酬金的合同形式。

(二)按合同计价阶段分类

按合同的计价阶段分类有招标投标时形成的合同签约价、结算时的合同结算价。合同签约价是指在招标投标时合同双方按有关规定形成的合同项目造价的预测,一般在合同协议书中予以明确,是合同双方认可的预测费用。合同结算价是指在合同工作完成结算时合同双方依据合同规定对完成各项工作进行清算所需的费用,这时的费用应是按合同规定已经发生或承包人应该得到的金额。

对固定总价合同,合同签约价与合同结算价一般一致。对可调值总价和固定工程量的总价合同,因其结算价有可能由于物价因素或工程量改变而改变,合同结算价不一定是合同签约价。对单价合同、单价总价混合合同,合同结算价与合同签约价一般是不一致的。对成本加酬金合同,一般无合同签约价,合同结算价按完成工作来确定。

(三)合同类型选择

合同类型的选择主要是依据项目的设计深度、难易程度、风险分担等因素,选择是采用总价合同、单价合同还是成本加酬金合同。合同类型的选择在编制招标文件时由发包人在工程量清单和相应的技术条款中明确,实际的合同价并非单一的总价或单价合同,往往是混合型合同,水利工程通常是采用以单价为主、总价为辅的混合型合同。

合同类型的选择,应考虑下列因素:

(1)发包人的意愿。

(2)工程设计深度。

(3)项目的规模及其复杂程度。

(4)工程项目的技术先进性。

(5)承包人的意愿和能力。

(6)工程进度的紧迫程度。

(7)市场情况。

(8)发包人的管理能力。

(9)外部因素或风险,如政治局势、物价、恶劣气候等。

采用何种类型合同不是固定不变的,有时一个项目中的各不同工程部分,或不同阶段,可能采取不同类型的合同,必须根据实际情况,全面、反复地权衡利弊,选定有利于项目顺利实施又方便管理的合同类型。

九、案例分析

【例 4-1】 订立合同的当事人依照有关法律对合同内容进行协商并达成一致意见时的合同状态称为(　　)

A. 合同订立　　B. 合同成立　　C. 合同生效　　D. 合同有效

分析要点:合同的成立是指双方当事人依照有关法律对合同的内容进行协商并达成一致的意见。合同成立的判断依据是承诺是否生效,承诺生效时合同成立。

解:应选择 B. 合同成立。

【例 4-2】 根据《中华人民共和国合同法》,下列合同中,属于效力待定合同的有(　　)。

A. 因重大误解订立的合同　　B. 恶意串通损害第三人利益的合同

C. 在订立合同时显失公平的合同　　D. 超越代理权限范围订立的合同

E. 限制民事行为能力人订立的合同

分析要点:《中华人民共和国合同法》第四十七条规定,限制民事行为能力人订立的合同,经法定代理人追认后,该合同有效,但纯获利益的合同或者与其年龄、智力、精神健康状况相适应而订立的合同,不必经法定代理人追认,合同有效。第四十八条规定,行为人没有代理权、超越代理权或者代理权终止后以被代理人名义订立的合同,相对人有理由相信行为有代理权,该代理行为有效。未经被代理人追认,对被代理人不发生效力,由行为人承担责任。选项 A、C 属于可变更或撤销合同;选项 B 属于无效合同;故选项 D、E 属于效力待定合同。

解:D、E 属于效力待定合同。

【例 4-3】 判断合同是否成立的依据是(　　)

A. 合同是否生效　　B. 合同是否产生法律约束力

C. 要约是否生效　　D. 承诺是否有效

分析要点:合同的成立,是指双方当事人依照有关法律对合同的内容进行协商并达成一致的意见。合同成立的判断依据是承诺是否生效。合同生效,是指合同产生法律上的效力,具有法律约束力。在通常情况下,合同依法成立之时,就是合同生效之日,二者在时间上是同步的。但有些合同在成立后,并非立即产生法律效力,而是需要其他条件成就之后,才开始生效。

解:应选择 D. 承诺是否有效。

【例 4-4】 关于合同争议仲裁的说法,正确的是(　　)。

A. 仲裁是诉讼的前置程序

B. 仲裁裁决在当事人认可后具有法律约束力

C. 仲裁裁决的强制执行须向人民法院申请

D. 仲裁协议的效力须由人民法院裁定

分析要点:根据《中华人民共和国仲裁法》,对于合同争议的解决,实行"或裁或审制"。即发生争议的合同当事人双方只能在"仲裁"或者"诉讼"两种方式中选择一种方式解决其合同争议,故选项 A 错误。仲裁裁决具有法律约束力,合同当事人应当自觉执行裁决。不执行的,另一方当事人可以申请有管辖权的人民法院强制执行,故选项 B 错误。裁决做出后,当事人就同一争议再申请仲裁或者向人民法院起诉的,仲裁委员会或者人民法院不予受理。但当事人对仲裁协议的效力有异议的,可以请求仲裁委员会做出决定或者请求人民法院做出裁定,故选项 D 错误。

解:应选择 C. 仲裁裁决的强制执行须向人民法院申请。

【例 4-5】 根据 FIDIC《土木工程施工合同条件》,关于争端裁决委员会(DAB)及其裁决的说法,正确的有(　　)。

A. DAB 须由 3 人组成

B. 合同双方共同确定 DAB 主席

C. DAB 成员的酬金由合同双方各付一半

D. 合同当事人有权不接受 DAB 的裁决

分析要点:根据 FIDIC《土木工程施工合同条件》,争端应提交争端裁决委员会(DAB)裁决。DAB 是根据投标书附录中的规定由合同双方共同设立的。DAB 由 1 人或 3 人组成,如果投标书附录中没有注明成员的数目,且合同双方没有其他协议,则 DAB 应包含 3 名成员,故选项 A 错误。DAB 在收到合同当事人提交的有关争端事宜的书面报告后 84 天内对争议做出裁决,并说明理由。如果合同一方对 DAB 的裁决不满,则应在收到裁决后的 28 天内向合同对方发出不满的通知,并说明理由,表明准备提请仲裁,故选项 E 错误。

解:应选择 B、C、D。

【例 4-6】 建设工程合同价格是指(　　)。

A. 合同协议书中写明的合同总金额

B. 合同协议书中写明的不含暂估价的合同总金额

C. 合同协议书中写明的不含暂列金额的合同总金额

D. 承包人完成全部承包工作后的工程估算价格

分析要点:建设工程合同价格是指承包人按合同约定完成了包括缺陷责任期内的全部承包工作后,发包人应付给承包人的金额(工程结算价格),包括在履行合同过程中按合同约定进行的变更和调整。

解:应选择 D. 承包人完成全部承包工作后的工程估算价格。

【例 4-7】 实际工程量与预计工程量可能有较大出入时,建设单位应优先选择的合同计价方式是(　　)。

A. 单价合同　　　　B. 成本加固定酬金合同

C. 总价合同　　　　D. 成本加浮动酬金合同

分析要点:合同类型的选择,应考虑下列因素:

(1)发包人的意愿。

(2)工程设计深度。

(3)项目的规模及其复杂程度。

(4)工程项目的技术先进性。

(5)承包人的意愿和能力。

(6)工程进度的紧迫程度。

(7)市场情况。

(8)发包人的管理能力。

(9)外部因素或风险。

通常情况下,在建设内容清晰、设计已达到施工图深度、工程量比较准确、能预知将来风险时,较多选择总价合同形式。在施工图不完整或当准备发包的建设项目内容、技术经济指标一时尚不能明确、具体地予以规定时,往往要采用单价合同形式。在工程内容及其技术经济指标尚未全面确定,投标报价的依据尚不充分的情况下,或发包人因工期要求紧迫,诸如应急抢险项目,在没有完成设计的情况下,必须发包的工程,可采用成本加酬金合同形式。

从承担风险的角度考虑,总价合同主要是由承包人承担风险,报价总体水平比较高;单价合同是由发包人和承包人分别承担风险;成本加酬金合同则主要是发包人承担风险。

解:应选择 A. 单价合同。

【例 4-8】　请简述合同标的主要分类。

解:合同标的即合同法律关系的客体,是当事人权利和义务所指向的对象。在法律关系中,主体之间的权利和义务约定是围绕着一定的标的约定的,没有一定的对象,也就没有权利和义务之分,当然也就不会存在法律关系了。合同标的一般分为以下几类:

(1)行为。是指人们在主观意志支配下所实施的具体活动,包括作为和不作为。设计合同和施工承包合同承包人要完成一定的工作,施工分包合同可能要求提供一定的劳务等,还包括权利人对其所有物的支配行为。

(2)财。是指货币资金,也包括有价证券,它是生产和流通过程中停留在货币形态上的那部分资金,如借款合同的信贷资金。

(3)物。是指可为人们控制,具有使用价值和价值的生产资料和消费资料。如建筑物资采购合同的标的是建筑材料或设备。

(4)智力成果。亦称非物资财富,它是指脑力劳动的成果。如技术合同要求义务人提出技术改造方案、编制程序软件等。

【例 4-9】　请简述订立合同的原则。

解:(1)平等原则:合同当事人的法律地位平等,一方不得将自己的意志强加给另一方。

(2)合同自由原则:当事人依法享有自愿订立合同的权利,任何单位和个人不得非法干预。

(3)公平原则:当事人应当遵循公平原则,确定各方的权利和义务。

(4)诚实信用原则:当事人行使权利、履行义务应当遵循诚实信用原则。

(5)遵纪守法原则:当事人订立、履行合同,应当遵守法律、行政法规,尊重社会公德,不得扰乱社会经济秩序,损害社会公共利益。

(6)依合同履行义务原则:依法成立的合同,对当事人具有法律约束力。当事人应当按照约定履行自己的义务,不得擅自变更或者解除合同。

【例 4-10】　请简述无效合同的条件。

解:无效合同是指其内容和形式违反了法律、行政法规的强制性规定,或者损害了国家利益、集体利益、第三人利益和社会公共利益,因此不为法律所承认和保护、不具有法律效力的合同。

无效合同自始没有法律约束力。

有下列情形之一的,视为合同无效:

(1)一方以欺诈、胁迫的手段订立合同,损害国家利益。

(2)当事人双方恶意串通,损害国家、集体或第三人利益。

(3)以合法形式掩盖非法目的。

(4)损害社会公共利益。

(5)违反法律、行政法规的强制性规定。

【例4-11】 请简述单价合同的基本概念和主要适用条件。

解:单价合同是指工程量变化幅度在合同规定范围之内,合同双方按认可的工程单价和实际完成且经质量认证合格的工程量,进行工程价款结算的承包合同。

在施工图不完整或当准备发包的工程建设项目内容、技术经济指标一时尚不能明确、具体地予以规定时,往往要采用单价合同形式。单价合同是以工程量清单为基础,以工程项目单价表为依据来计算合同项目价格。在支付时则以实际完成的且符合合同规定的工程量为准结算工程款,这样在不能比较精确地计算工程量的情况下,可以避免凭运气而使发包人或承包人任何一方承担过大的风险。这种合同形式在国际大型工程中使用最为普遍。水利工程通常规模大、工期长、涉及面广,施工招标时工程的具体内容还不够详尽,故多采用单价合同。这种合同,合同双方依据合同中关于风险的分担,承担合同规定的风险,诸如实际工程量的改变,物价的波动等。为明确工程量改变对合同价款结算的影响,一般在合同中规定当实际工程量与合同工程量相差较大(达到±15%~±25%)时,可以根据合同中规定的或者双方协商的调价方式来调整单价和总价。对发包人而言,这种合同形式的优点是,可以减少招标准备工作;能鼓励承包人节约成本;发包人按工程量清单规定和合同变更的规定支付工程款,减少了意外开支,在合同执行中,只需对少量的工程量清单和计日工项目中未预见到的项目再协商价格,结算较简单。但对于某些不易计算工程量的项目或工程费应分摊在许多工程的复杂工程项目,这种合同易引起争议。

【例4-12】 请简述总价合同的特点。

解:(1)它的价格是根据事先确定的由承包人实施的全部任务,按承包人在投标报价中提出的总价或合同双方协商的价格确定。

(2)需要实施的工程性质和工程量在事先已明确商定。

(3)总价合同对承包人来说具有一定的风险,如物价波动、气候条件恶劣、水文地质条件恶劣以及其他意外的情况等,因此作为承包人在投标报价时要仔细分析各类风险因素,在报价中考虑并计入一定的风险费;此外,发包人也必须考虑到使承包人承担的风险是可以承受的,而不应该把一个有经验的承包人所不可能预见的风险也转移给承包人,只有这样才能招到有竞争力且合格的投标人。

(4)在固定工程量总价合同中,承包人不需测算工程量,只需计算在实际施工中工程量的变更。因此,只要实际工程量变动不大,这种形式的合同较易管理。

(5)总价合同在招标前要计算各分部分项的工程量,因此要求设计要达到一定的深度;对大型复杂的综合性水利项目要达到总价合同的设计深度需要较长的设计周期,会增加一定的施工准备时间。

第二节　计量与支付

一、工程计量的概念

所谓工程计量,就是发包人承包人双方根据合同约定,对承包人完成合同工程的数量进行的计算和确认。即在施工过程中,对承包人已完成的工程量的测量和计算,称为工程计量,简称计量。具体地说,就是双方根据设计图纸、技术规范以及施工合同约定的计量方式、计算方法,对承包人已经完成的质量合格的工程实体数量进行测量与计算,并以物理计量单位或自然计量单位进行表示、确认的过程。

招标文件工程量清单中所列的工程量数量,通常是根据招标设计图纸计算的数量,是对合同工程的估计工程量。工程施工过程中,常常会由于一些原因导致承包人实际完成工程量与工程量清单中所列工程量的不一致,需要在工程合同价格结算前,对承包人履行合同义务所完成的实际工程进行准确的计量,以满足价款支付的要求。

符合合同目标且已完成的工程量应当给予计量;承包人完成的工程量不一定等同结算工程量,给承包人进行付款的工程量应是经过计量且符合合同规定的结算工程量。《水利水电工程标准文件》通用合同条款规定:已标价工程量清单中的单价子目工程量为估算工程量。结算工程量是承包人实际完成的工程量,并按合同约定的计量方法进行计量的工程量。

工程计量的范围主要包括:建设项目施工承包合同工程量清单及工程变更所修订的工程量清单的内容;合同文件中规定的各种费用支付项目,如费用索赔、各种预付款、价格调整、违约金等所涉及到的计量。

工程计量的主要依据包括:建设项目施工承包合同工程量清单及说明、合同图纸、工程变更令及其修订的工程量清单、合同条件、技术规范、有关计量的补充协议、质量合格证书等。

计量是控制建筑工程投资支出的关键环节,是项目施工阶段投资控制的重要工作,控制计量是实现合同目标的重要手段和有效方式。

二、工程计量的原则

计量工作关乎合同双方切身利益,应当遵循如下原则:

(一)计量的项目必须是合同中规定的项目

在进行计量时,只计量合同中规定的项目。对合同工程量清单规定以外的项目不予计量;这些规定以外项目的费用视为承包人在报价中已考虑,已分摊到合同规定的相应项目中。因此,应计量的项目只包括以下内容。

(1)工程量清单中的全部项目。

(2)已由监理人发出变更指令的工程变更项目。

(3)合同文件中规定应由监理人现场确认的,并已获得监理人批准同意的项目。

(二)计量项目应确属完工或正在施工项目的已完成部分

凡确属完工项目和正在施工项目的已完成部分,方能进行计量,并应注意以下几方面:

(1)计量方式、标准应严格按照合同文件的技术条款中有关计量与支付的相关规定进行。

(2)申报的已完工工程量,其项目和工程部位应与设计图纸要求相符,其计量成果经校核确属准确无误。

(3)申报完成的总价合同项目,其完整数量应与经过现场检查的施工形象面貌相一致。

(4)附加项目的工程量,应该是经监理人现场认可同意,且手续齐备、数量核实无误的项目的工程量。

(三)计量项目的质量应达到合同规定的技术标准

所计量项目的质量合格是工程计量最重要的前提。对于质量不合格的项目,无论承包人以何种理由要求计量,均不予计量。

质量检验和计量支付是监理人在监理过程中的两个重要阶段。质量检验和计量支付两个阶段以中间交工证书或质量合格证书为界线。经监理人检验,工程质量达到合同规定的技术标准后,由监理人签发中间交工证书或质量合格证书,监理工作即由质量检验阶段进入计量支付阶段。在签发中间交工证书或质量合格证书之前,监理人不得对任何项目进行计量。

(四)计量项目的申报资料和验收手续应该齐全

承包人在通知监理人请求计量时,应说明有关资料已准备齐全。在申请中间计量的同时,承包人应将有关资料提交监理人。有关资料一般应包括以下内容:

(1)监理人批准的开工申请单,并应附有相关的施工准备、实施性施工组织设计等材料。

(2)承包人自检的各种符合合同要求的试验材料。

(3)监理人的各种检验材料和签发的中间交工证书或质量合格证书。

(4)测量控制基线、桩位布置图,计量申请的计算资料、质量评定自检表、监理抽检记录。

(5)计量申请表中的工程项目编号、项目名称,与合同文件中工程量清单相一致的工程量计量单位。

(6)承包人申请中间计量的申请表。

(五)计量结果必须得到监理人和承包人双方确认

承包人提出中间计量交验申请,并附有相应的试验结果(自检合格、监理抽检合格、全部试验资料、监理签署的质量检验认可单),请求监理人予以计量,监理人应派人与承包人一起测量和计算工程量,双方确认。监理人要对工程任何部位进行计量时都应事先通知承包人,承包人则应准备好与该部位有关的一切资料,选派合格人员与监理人在现场计量,计量结果由双方确认。

(六)计量方法的一致性

在建筑工程的设计和施工中,对工程量的计算原则和方法都有统一规定。计量方法的一致性主要是指:在工程量清单中和技术条款中规定采用的是什么计算方法,在测量实际完成的工程量时必须采用同一种方法。所采用测量和计算的原则应在工程量清单序言、总说明里或技术条款中予以明确。无论所采用的是哪一种方法,首先是作为计算工程量清单的统一依据,在项目实施中,该方法既用于在建工程的计量,又用于竣工工程的计量。

三、工程计量的内容

在施工阶段所做的计量工作,以合同中的工程量清单为基础,主要计量以下内容。

(一)永久工程的计量(包括中间计量和竣工计量)

永久工程的计量采用中间计量方式对承包人进行阶段支付,竣工计量则用于竣工支付。

永久工程的计量中,大多是中间计量,包括工程变更的计量。对于图纸中有固定几何尺寸的永久工程计量是把构造物从基础到上部划分为若干部分,每一部分完成后按约定的费用比例进行支付,因此计量也包含了对该部分工程几何尺寸、形状是否符合设计要求的验收性质;竣工计量的总工程量必须按合同规定的方式进行,当合同规定按设计的几何尺寸计量时,总的工程量在没有合同变更的情况下,不应超出工程量清单中按设计几何尺寸已经预先正确计算的工程量。如混凝土构造物所有中间计量结果的总和,应符合该构造物混凝土总体积。

对于永久工程中虽有几何尺寸要求,但材料性质本身原因决定了其体积会有变化的,如土方填筑的建筑物,则应考虑沉降因素和安全超填的余量,或由设计中规定,或根据实际沉降观测结果计量;这类计量往往会发生中间计量的总和与规定的总量不符的情况,这种情况仍应在最后以规定的总量控制。对于虽有几何尺寸要求,但实际条件会发生变化,如基坑开挖及回填量的增加,则只有据实计量,按合同规定的计价方式计算支付工程量。因此,在合同文件中,应按不同情况规定相应的计算方法。

(二)进场材料和工程永久设备的计量

对于承包人为永久工程使用而运进现场的材料,如果合同规定在该项材料被用于永久工程之前发包人以材料预付款的形式预先支付一定百分比的材料购入款时,则监理人除了需要对该项材料检验,确认是否符合用于永久工程标准要求外,还应对进入现场材料的数量随时计量。为了支付的需要,还需要对材料的使用量、进场数量的差值随时计算,以确定材料的实际消耗量,复核承包人的工作质量和所完成的项目的工程质量,防止承包人偷工减料。

(三)对承包人进行额外工作的计量(包括工程量计量和工程量形成因素的计量)

对于承包人所做的额外工作,如用暂定金额支付的项目以及应付意外事件所完成的工作,出于不同的支付计算需要,有的按完成的工程量计算,有的则要考虑计量工程量形成因素,如计日工计量等。

四、工程计量的方式

(一)由承包人在监理人的监督下进行计量

计量具体工作完全由承包人进行,但监理人应对承包人的计量提出具体要求,包括计量的格式、计量记录以及有关资料的规定,承包人用于计量设备的精确程度、计量人员的素质等。计量工作在监理人的完全监督下进行。承包人计量完成后,需将计量的结果及有关记录和资料报送监理人审核,以监理人审核确认的结果作为支付的凭据。

采用这种计量方式,唯一的优点是占用的监理人员较少。但由于计量工作全部由承包人进行,监理人只是通过抽测、监督承包人的测量工作、或者免测以确认结果,容易使计量失控。因此,采用这种方式的计量,监理人应加强对中间计量的管理,克服由于中间计量不严格对工程最终支付工程量的不利影响。

(二)监理人与承包人联合计量

由监理人与承包人分别委派专人组成联合计量小组,共同负责计量工作。当需要对某项工程项目进行计量时,由这个小组商定计量的时间,并做好有关方面的准备,而后到现场共同进行计量,计量后双方签字认可,最后由发包人或监理人的总监审批。有些建筑物的原始地形、水下地形、疏浚工程量等特殊项目的计算在合同中也可以约定发包人代表、设计代表、监理人、承包人联合进行测量和计算,以确保工程量的程序及计算计量准确。

采用这种计量方式,由于双方在现场共同确认计量结果,与其他计量方式相比,减少了计量与计量结果确认的时间,同时也保证了工程项目计量的质量,是目前提倡的计量方式。

五、工程计量的方法

工程计量是发包人向承包人支付工程价款的主要依据。各个项目的计量方法一般在合同技术条款、工程量清单前言中规定,实际计量方法必须与合同文件所规定的计量方法相一致。通常,工程计量主要有以下几种方法。

(一)现场测量

现场测量就是根据现场实际完成的工程情况,按规定的方法进行丈量、测算,最终确定支付工程量。

(二)按设计图纸计量

按设计图纸计量是指根据施工图对完成的工程量进行计算,以确定支付工程量的计量方法。一般对混凝土、砌石砌体、钢木结构等建筑物或构筑物按设计图纸的轮廓线计算工程量。

(三)仪表测量

仪表测量是指通过使用仪表对所完成的工程量进行计量。主要用于项目所使用的风、水、电、油等,以及特殊项目的混凝土灌浆、泥土灌浆等计量。

(四)按单据计算

按单据计算是指根据工程实际发生的进货或进场材料、设备的发票、收据等,对所完成工程进行的计量。这些材料和设备须符合合同规定或有关规范的要求,且已应用到项目中。

(五)按工程师批准计量

按工程师批准计量是指在工程实施中,工程师批准确认的工程量直接作为支付工程量,承包人据此进行支付申请工作。这类计量主要是在变更项目中以具体的数量作为计量单位,主要用于隧洞支护的锚杆,基础处理的换填,基础的桩基水泥搅拌桩、灌注桩、预应力混凝土桩等项目。

(六)合同中个别采用包干计价项目的计量

在建筑工程施工固定单价合同中,个别项目因种种原因不宜采用单价计量,而采用包干计价,如临建工程、临时房屋工程、个别导流工程、临时支护工程、观测仪器埋设、机电安装工程等。包干计价项目一般以总价控制、检查项目完成的形象面貌,按均摊法逐月或逐季支付价款。当具备计量控制条件时,可按中间计量方式统计支付。具体情况视合同规定执行。

六、工程计量的计算

所有工程项目的工程量的计量的计算方法均应符合合同技术条款的规定,依照《水利水电工程标准文件》合同技术条款规定的水利工程工程量的计量计算方法主要有以下几种。

(一)重量计量的计算

在水利工程中使用的钢材主要包括钢板、钢管、钢筋、钢丝等,一般按施工图纸所示计算的有效重量以 t 或 kg 为单位计量。凡以重量计量并需称量的材料,应在监理人指定的地点进行称量。

《水利水电工程标准文件》合同技术条款规定:

(1)钢筋按施工图纸所示钢筋强度、等级、直径和长度计算的有效重量以 t 为单位计量。不计架立筋、搭接、加工及安装过程中损耗附加钢筋量。

(2)压力钢管(含岔管和伸缩节)及其附件的制造、运输和安装,按施工图纸所示尺寸计算的有效重量以 t 为单位计量。

(3)钢结构按施工图纸所示尺寸计算的有效重量以 t 为单位计量。

(4)钢闸门安装工程按施工图纸所示尺寸计算的闸门本体有效重量以 t 为单位计量。门槽(楣)安装工程按施工图纸所示尺寸计算的有效重量以 t 为单位计量。启闭机安装工程按施工图纸所示启闭机数量以台计算为单位计量。

(5)预埋管道(除合同另有约定外)按施工图纸所示尺寸计算有效长度(重量),以 m(或 t)为单位计量。

(6)钢筋网(或钢丝网)按施工图纸所示尺寸计算的钢筋(或钢丝)有效重量以 t 为单位计量。

(7)钢支撑及其附件按施工图纸所示尺寸计算的有效重量以 t 为单位计量。

(8)帷幕灌浆、固结灌浆的灌浆量按设计净干灰耗量计算有效干灰重量以 t 为单位计量。

(二)面积计量的计算

按施工图纸所示施工轮廓尺寸或结构物尺寸计算的有效面积以 m^2 为单位计量。

(1)场地平整按施工图纸所示场地平整区域计算的有效面积以 m^2 为单位计量。

(2)回填灌浆、接缝灌浆和接触灌浆按施工图纸所示灌浆区域计算的有效灌浆面积以 m^2 为单位计量。

(3)劈裂灌浆按施工图纸所示灌浆区域计算的有效灌浆面积以 m^2 为单位计量。

(4)钢筋混凝土防渗墙、塑性混凝土防渗墙按施工图纸所示尺寸计算的有效截水面积以 m^2 为单位计量。

(5)高压喷射灌浆防渗墙按施工图纸所示尺寸计算的有效截水面积以 m^2 为单位计量。

(三)体积计量的计算

按施工图纸所示施工轮廓尺寸或结构物尺寸计算的有效体积以 m^3 为单位计量。

(1)普通混凝土按施工图纸所示尺寸计算的有效体积以 m^3 为单位计量。混凝土有效工程量不扣除设计单位体积小于 0.1 m^3 的圆角或斜角,单体占用的空间体积小于 0.1 m^3 的钢筋和金属件,单体横截面积小于 0.1 m^3 的孔洞、排水管、预埋件和凹槽等所占的体积,按设计要求对上述孔洞回填的混凝土也不予计量。

(2)预制混凝土构件的预制和安装,按施工图纸所示尺寸计算的有效体积以 m^3 为单位计量。

(3)预应力混凝土按施工图纸所示尺寸计算的有效体积以 m^3 为单位计量。

(4)水下混凝土按施工图纸所示浇筑范围内混凝土灌注前后的水下或地下地形平、剖面图计算水下混凝土的有效体积以 m^3 为单位计量。

(5)碾压混凝土按施工图纸所示尺寸计算的有效体积以 m^3 为单位计量。

(6)沥青混凝土面板和沥青混凝土心墙按施工图纸所示尺寸计算的有效体积以 m^3 为单位计量。

(7)浆砌石、干砌石、混凝土预制块和砖砌体按施工图纸所示尺寸计算的有效砌体体积以 m^3 为单位计量。

(8)一般土方开挖、淤泥流沙开挖、沟槽开挖和柱坑开挖按施工图纸所示开挖轮廓尺寸计算的有效自然方体积以 m^3 为单位计量。

(9)塌方清理按施工图纸所示开挖轮廓尺寸计算有效的塌方体积以 m^3 为单位计量。

(10)石方明挖和石方槽挖按施工图纸所示轮廓尺寸计算的自然方体积以 m^3 为单位计量。

(11)地下洞室开挖按施工图纸所示轮廓尺寸计算的有效自然方体积以 m^3 为单位计量。

(四)长度计量的计算

按施工图纸所示施工轮廓尺寸或结构物尺寸计算的有效长度以 m 为单位计量。

(1)钻孔按施工图纸所示尺寸计算有效钻孔长度以 m 为单位计量。

(2)振冲加密或振冲置换按施工图纸所示尺寸计算的有效长度以 m 为单位计量。

所有以延长米计量的结构物,除施工图纸另有规定,应按平行于结构物位置的纵向轴线或基础方向的长度计算。

七、标准施工合同规定的计量

《水利水电工程标准文件》通用合同条款有关计量的规定。

(一)计量周期

除专用合同条款另有约定外,单价子目已完成工程量按月计量,总价子目的计量周期按批准的支付分解报告确定。

(二)单价子目的计量

(1)已标价工程量清单中的单价子目工程量为估算工程量,结算工程量是承包人实际完成的,并按合同约定的计量方法进行计量的工程量。

(2)承包人对已完成的工程进行计量,向监理人提交进度付款申请单、已完成工程量报表和有关计量资料。

(3)监理人对承包人提交的工程量报表进行复核,以确定实际完成的工程量。对数量有异议的,可要求承包人按合同约定的方法进行共同复核和抽样复测。承包人应协助监理人进行复核和抽样复测并按监理人要求提供补充计量资料。承包人未按监理人要求参加复核和抽样复测,监理人复核或修正的工程量视为承包人实际完成的工程量。

(4)监理人认为有必要时,可通知承包人共同进行联合测量、计量,承包人应遵照执行。

(5)承包人完成工程量清单中每个子目的工程量后,监理人应要求承包人派员共同对每个子目的历次计量报表进行汇总,以核实最终结算工程量。监理人可要求承包人提供补充计量资料,以确定最后一次进度付款时的准确工程量。承包人未按监理人要求派员参加的,监理人最终核实的工程量视为承包人完成该子目的准确工程量。

(6)监理人应在收到承包人提交的工程量报表后的 7 天内进行复核,监理人未在约定时间内复核的,承包人提交的工程量报表中的工程量视为承包人实际完成的工程量,据此结算工程价款。

(三)总价子目的计量

总价子目的分解和计量按照如下约定进行。

(1)总价子目的计量和支付应以总价为基础,不因其他因素而进行调整。承包人实际完成的工程量,是控制进度支付的依据。

(2)承包人应按工程量清单的要求对总价子目进行分解,并在签订协议书后的 28 天内将各子目的总价支付分解表提交监理人审批。分解表应标明其所属子目和分阶段需支付的金额。承包人应按批准的各总价子目支付周期,对已完成的总价子目进行计量,确定分项的应付金额列入进度付款申请单中。

(3)监理人对承包人提交的上述资料进行复核,以确定分阶段实际完成的工程量和工程形象目标。对其有异议时,可要求承包人按合同约定的方法进行共同复核和抽样复测。

(4)除合同约定允许的变更外,总价子目的工程量是承包人用于结算的最终工程量。

八、特殊情况下的计量

(一)按工程价值形成过程或因素计量

工程量的测量和计算,一般指工程量清单中列明的永久工程实物量的计量。但造价控制实施过程中,有时需要对工程价值的形成过程或因素进行计量以决定支付。如承包人针对应付意外事件所进行的工作,以及按监理人指令进行的计日工作等。

工程价值形成因素主要有以下方面:

(1)人工消耗(工日数)。

(2)机械台(时)班消耗。

(3)材料消耗。

(4)时间消耗。

(5)其他有关消耗。

根据现场实际且符合合同要求的消耗量,据实进行价款的结算。这类计量监理人一定要做好周期的记录,并且要及时进行认证形成书面文件资料,并存档备查。

(二)赔(补)偿计量

造价控制中遇到较多的赔(补)偿计量是对发包人提出的索赔的计量。

赔(补)偿计量中主要是价值因素的计量,包括有形资源(人工、机械、材料)损失计量和无形资源(时间、效率,空间)损失计量。

其中有形资源损失较易计量,监理人可根据对专项工作连续监测和记录(如监理人的日志、承包人的同期记录等)来计量;时间、空间损失情况较为复杂;承包人的效率损失则可以用双方同意的“效率降低系数”(意外情况下使正常效率降低的程度)来计量。

赔(补)偿计量中直接损失较易计算,而间接损失则需要协商,就损失项目内容及其数量协商达成一致的计量结果。

发包人认定承包人违约而要求向承包人反索赔的赔偿的计量方法与上相仿。

(三)以区分责任为前提的计量

有些情况的计量是先区分责任,然后对非承包人原因造成的损失部分需要进行计量,而对承包人自身原因造成的费用增加不予计量。

总之,特殊情况下的计量,与对永久工程的实物量计量不同,常常需要将某些难以量化的因素加以分析、论证,适当反映为某种可量化的计量结果(货币金额、工期日数),通过支付方式给予损失方某种补偿或赔偿。

九、工程价款的基本概念

工程价款是指承包人因承包工程项目,按合同规定和工程结算办法的规定,将已完工程或竣工工程向发包人办理结算而取得的价款。也即工程价款是发包人按合同规定的方式、方法,对承包人完成相应工作所支付的款项。

水利工程建设项目主体工程施工合同多为单价合同,对单价合同而言,工程价款是发包人依据承包人实际完成并经监理人计量确认的工程量,按照合同规定的相应工程单价进行计价后计算所得用于支付给承包人的款项,即工程价款=支付工程量×合同单价。

工程价款结算与支付是合同双方实现各自目的的最后一个环节,也是造价管理的关键环节,严格控制工程价款的支付是建设工程实施阶段造价控制的最重要手段之一。水利工程中工程价款支付主要包括预付款支付(工程预付款、材料预付款)和工程进度付款(月进度付款、完工结算、最终付款)等,工程价款必须而且只能按照合同的规定进行支付。

十、工程款支付条件

按照施工合同条件的规定,工程款支付必须符合以下条件。

(一)质量合格的工程项目

工程质量达到合同规定的标准,工程项目才予以计量,这是工程款支付的必备条件,监理人只对质量合格的工程项目签证安排支付,对不合格的项目则要求承包人修复、返工,直到达到合同规定标准后,方予以计量支付,且对承包人原因造成的修复、返工费用由承包人自己承担。

(二)变更项目各项手续完善

根据施工合同条件规定,承包人没有得到监理人的变更指示,不得对工程进行任何变更。因此,未经发包人或发包人授权的监理人批准实施的任何工程变更,不管其必要性和合理性如何,在必要的合同手续没有完善前一律不予支付。

(三)符合合同文件的规定

建设工程的任何一项支付都必须符合合同文件的规定,凡不符合合同规定条件的任何款项均不得支付。

(四)月支付款应大于合同规定的最低支付限额

为鼓励承包人加快施工进度,通常在施工合同条件中规定,承包人每月(或每次)应得到的支付款额(已扣除了保留金和其他应扣款后的款额)等于或大于合同规定的监理人阶段签证证书的最低限额时才予以支付。当月不予支付的金额将按月结转,直到批准的付款金额达到或超过最低支付限额时,才予以支付。

十一、工程款支付内容

(一)工程预付款的支付与扣还

在发包人与承包人签订施工合同后,为做好施工准备,承包人需要大量的资金投入。由于水利工程项目一般投资较大,承包人往往难以承受先期筹资的压力,发包人为了使工程顺利开展,除做好施工现场相关准备外,需以预付款的形式借给承包人一部分启动资金,主要供承包人做好施工准备并用于工程施工初期各项费用的支出。《水利水电工程标准文件》通用合同条款规定:预付款用于承包人为合同工程施工购置材料、工程设备、购置或租赁施工设备、修建临时设施以及组织施工队伍进场等所需的款项。分为工程预付款和工程材料预付款。预付款必须专用于合同工程。预付款的额度和预付方法在专用合同条款中约定。

工程预付款是在项目施工合同签订后由发包人按照合同约定,在正式开工前预先支付给承包人的一笔款项。预付款的这种支付性质决定了预付款借给承包人是无息的,但发包人是要扣还的。

1. 工程预付款数额的确定

工程预付款的额度一般为合同价的 15%左右。具体事宜由发包人与承包人在项目施工合同的专用合同条款中约定。工程预付款的总金额一般应不低于合同价的 10%。发包人提供的预付款数额越大,对承包人的前期资金压力越小。

2. 工程预付款的支付条件

(1)发包人与承包人之间的协议书已签订并生效。

(2)承包人根据合同条款,在收到中标通知书后 28 天内已向发包人提供了履约担保。

(3)承包人根据合同的格式与要求已提交了预付款保函(数额等同于工程预付款)。《水利水电工程标准文件》通用合同条款规定:预付款保函(担保):①承包人应在收到第一次工程预付款的同时向发包人提交工程预付款担保,担保金额应与第一次工程预付款金额相同,工程预付款担保在第一次工程预付款被发包人扣回前一直有效;②工程材料预付款的担保在专用合同条款中约定;③预付款担保的担保金额可根据预付款扣回的金额相应递减。

3. 工程预付款的支付

当满足工程预付款支付条件后,承包人向监理人提出预付款申请,监理人按合同规定进行审核,确认满足合同规定的预付款支付条件的,监理人应向发包人发出工程预付款支付证书;发包人应在收到工程预付款支付证书后向承包人支付工程预付款。

工程预付款一般分两次支付,也可分多次支付,具体分几次支付应在专用合同条款中约定。第一次支付款金额应不低于预付款总金额的 40%,一般取 50%;付款时间应在合同协议书签订后,由承包人向发包人提交了发包人认可的工程预付款担保,并经监理人出具付款证书报送发包人批准后 14 天内予以支付。第二次支付需待承包人主要设备进场后,其估算价值已达到本次预付款金额时,由承包人提出书面申请,经监理人核实后出具付款证书报送发包人批准后 14 天内予以支付。

4. 工程预付款的扣还

建设工程开工后,发包人对已支付的工程预付款要从承包人取得的工程进度款中陆续扣还。《水利水电工程标准文件》通用合同条款规定:预付款在进度付款中扣回,扣回与还清办法在专用合同条款中约定。扣还时间为:从已发生的支付总额超出合同价的某一百分比之后的下一个监理人签发的临时支付证书开始扣还。扣还方式为:按阶段付款累计支付额或月支付额(不包括保留金)的一定比例随月支付陆续扣还,并保证到合同期满前的某一时间(一般为合同期满前 3 个月)之前全部扣完。

工程预付款在合同累计完成金额达到签约合同价的百分比时开始扣款(一般为 20%),直至合同累计完成金额达到签约合同价的百分比时全部扣清(一般为 80%~90%)。

工程预付款扣回按下式计算:

$$R = \frac{A}{(F_2 - F_1)S}(C - F_1 S)$$

式中,R 为每次进度付款中累计扣回的金额;A 为工程预付款总金额;S 为签约合同价格;C 为合同累计完成金额;F_1 为开始扣款时合同累计完成金额达到签约合同价格的比例;F_2 为全部扣清时合同累计完成金额达到签约合同价格的比例。

上述合同累计完成金额均指价格调整前未扣质量保证金的金额。

预付款的支付与扣还方式应在合同条款中具体明确。《水利水电工程标准文件》通用合同条款规定:在颁发合同工程完工证书前,由于不可抗力或其他原因解除合同时,预付款尚未扣清的,尚未扣清的预付款余额应作为承包人的到期应付款。

(二)工程材料预付款的支付与扣还

工程材料预付款是用于帮助承包人在施工初期购进成为永久工程组成部分的主要工程材料或设备的款项。工程材料预付款的额度应由发包人与承包人在专用合同条款中具体约定。工程材料预付款金额一般以承包人所购材料发票上费用的75%~90%为限,以计入进度付款凭证的方式支付,也可预先一次支付。通常工程材料预付款不需承包人提供工程材料预付款保函,但需要求承包人的进场工程材料必须报监理人检验且符合合同规定,已在施工现场的工程材料,其所有权属于发包人,不经监理人同意,不得擅自运出施工现场。同时,支付了工程材料预付款,并不意味对此工程材料和设备的最后批准,如果验收后或在使用过程中发现工程材料或设备不符合规范和合同规定,监理人仍然有权否决这些不合格的工程材料和设备。

1. 工程材料预付款的支付条件

(1)材料的质量和储存条件均符合有关规范和合同要求。

(2)材料已到达工地,并经承包人和监理人共同验点入库。

(3)承包人按监理人的要求提交了材料的订货单、收据或价格证明文件,材料质量合格的证明文件或检验报告。

2. 工程材料预付款的支付和扣回

材料预付款也是发包人以无息贷款形式,在月支付工程款的同时,专供给承包人的一笔用以购置材料与设备的价款。工程材料预付款的预付办法应由发包人与承包人在专用合同条款中具体约定。

发包人与承包人可约定工程材料到达工地并满足上述支付条件后,承包人可向监理人提交材料预付款支付申请单而要求支付。监理人审核后,按合同规定的支付比例(一般按实际材料价格的75%~90%)在月支付款中支付。

工程材料预付款的扣回与还清也应在专用合同条款中约定。发包人在支付工程材料预付款后应按合同规定的时间(一般为3个月)内以平均的方式在月支付中陆续扣回。

(三)质量保证金的扣留与退还

质量保证金又称保留金、滞留金或滞付金,按国际惯例,为了确保在施工过程中工程的一些质量缺陷能得到及时的修补,承包人违约造成的发包人的损失能获得及时赔偿,发包人有权在工程进度付款中按工程款的某一百分数扣留一笔款项,即质量保证金。质量保证金是承包人持有的一种对施工合同的担保。它是为了促使承包人抓紧工程收尾工作,尽快完成合同任务,确保在工程竣工移交后,在缺陷责任期(工程质量保修期)内承包人仍能履行修补缺陷的义务,且不会因承包人的轻微违约而动用履约担保,对承包人的资信是一种保护。

《水利水电工程标准文件》通用合同条款规定:监理人应从第一个工程进度付款周期开始,在发包人的进度付款中,按专用合同条款的约定扣留质量保证金,直至扣留的质量保证金总额达到专用合同条款约定的金额或比例为止。质量保证金的计算额度不包括预付款的支付与扣回金额。

随着工程项目的竣工和工程质量保修期满,发包人应退还依据合同约定扣留的质量保证金,一般分两次退还。按《水利水电工程标准文件》通用合同条款的规定,具体退还方式如下。

(1)合同工程完工证书颁发后 14 天内,发包人将质量保证金总额的一半支付给承包人。在合同约定的缺陷责任期(工程质量保修期)满时,发包人将在 30 个工作日内会同承包人按照合同约定的内容核实承包人是否完成保修责任。如无异议,发包人应当在核实后将剩余的质量保证金支付给承包人。

(2)在合同约定的缺陷责任期(工程质量保修期)满时,承包人没有完成缺陷责任的,发包人有权扣留与未履行责任剩余工作所需金额相应的质量保证金余额,并有权根据合同约定要求延长缺陷责任期(工程质量保修期),直至承包人完成剩余工作为止。

一个合同项目只有一个质量保修责任的终止期,无论有几次完工验收,以最后一个完工验收的单位工程满足合同规定的保修期限的时间,作为合同的工程质量保修期限。

监理人在颁发了缺陷责任证书后,若仍发现有工程缺陷,应由承包人维修,剩余的质量保证金仍可暂不退还。

(四)工程进度付款

工程进度付款是按照工程施工进度分阶段地对承包人支付的一种付款方式,如月支付(结算)、分阶段支付(结算)、发包人与承包人在合同中约定的其他方式。在施工合同中应明确约定付款周期,《水利水电工程标准文件》通用合同条款规定:付款周期同计量周期付款。在施工合同中,一般规定按月支付。按月支付是在上月支付的基础上,根据当月的合同履行情况进行支付。这种支付方式公平合理、风险小、便于操作和控制。

1. 工程进度付款程序

工程进度付款主要按如下程序进行。

1)承包人向监理人提交工程进度付款申请单

《水利水电工程标准文件》通用合同条款的规定:承包人应在每个付款周期末,按监理人批准的格式和专用合同条款约定的份数,向监理人提交进度付款申请单,并附相应的支持性证明文件。除专用合同条款另有约定外,进度付款申请单应包括下列内容:

(1)截止本次付款周期末已实施工程的价款。

(2)根据合同规定应增加和扣减的变更金额。

(3)根据合同规定应增加和扣减的索赔金额。

(4)根据合同规定应支付的预付款和扣减的返还预付款。

(5)根据合同规定应扣减的质量保证金。

(6)根据合同规定应增加和扣减的其他金额。

2）监理人对承包人提交的工程进度付款申请单进行核查

监理人在收到承包人进度付款申请单以及相应的支持性证明文件后的14天内完成核查，提出发包人到期应付给承包人的金额以及相应的支持性材料，经发包人审查同意后，由监理人向承包人出具经发包人签认的进度付款证书。监理人有权扣发承包人未能按照合同要求履行任何工作或义务的相应金额。

3）发包人按合同约定的时间向承包人进行工程进度付款

发包人应在监理人收到进度付款申请单后28天内，将进度应付款支付给承包人。发包人不按期支付的，需按专用合同条款的约定向承包人支付逾期付款违约金。

2. 工程进度付款的修正

《水利水电工程标准文件》通用合同条款的规定：在对以往历次签发的进度付款证书进行汇总和复核中发现错、漏或重复的，监理人有权予以修正，承包人也有权提出修正申请。经双方复核同意的修正，应在本次进度付款中支付或扣除。

3. 工程进度付款的控制

（1）对进度付款申请单中所开列的各工程项目的款项，必须以质量检验的结果和计量结果为依据，签证确认的应该是经监理人认可的合格工程及其计量数量。

（2）工程进度付款必须以预定的进度要求为依据。一般以扣除工程质量保证金的金额及其他本期应扣款额后的总额大于合同中规定的最小支付金额为依据，小于这个金额时监理人不开具本期支付证书。

（3）未经监理人事先批准的计日工，不给予承包人支付。

（五）完工（竣工）结算

完工验收是对某一个合同内容进行的复核、检查，由发包人或发包人委托监理人组织进行，包括规范所规定的单元工程完工验收、分部工程完工验收、单位工程完工验收、合同项目完工验收。完工验收是竣工验收的基础。

竣工验收是对一个建设项目全面进行的复核、检查，由有权的验收主持机构组织进行，包括各阶段验收、单位工程投入使用验收、项目竣工验收。竣工验收是项目投入运行的标志，没有经过竣工验收或竣工验收不合格的项目不准投入运行、交付使用。

完工验收后，监理人应开具完工支付证书，在发包人与承包人之间进行完工结算。完工支付证书是对发包人以前支付过的所有款额以及承包人按合同有权得到的款额的确认，明确发包人还应支付给承包人或承包人还应支付给发包人的余额，据此进行结算。完工支付也叫合同项目的竣工结算。当一个建设项目只有一个合同时，完工结算与竣工结算是等同的；而一个建设项目有多个合同时，各个合同的完工结算就是建设项目竣工结算的基础。

完工支付证书与施工过程中的付款证书是不同的，施工过程中的付款证书是以监理人审核结果为准，监理人可以将承包人申请的不合理款项删除，可以对前一个阶段付款进行修正，也可以将质量修复满意后的项目加在下一个阶段付款证书中。而完工结算的性质决定了结算完成后无法进行修正，必须在支付前以所有阶段付款证书为基础，全面清理已发生的实际费用，妥善处理完成各种有争议的款项，使合同双方达成一致意见，顺利实现完工结算。

1. 完工(竣工)结算的编制依据

完工(竣工)结算由承包人编制,由发包人核对、审查。主要编制依据如下:

(1)工程量清单计价规范。

(2)建设项目施工承包合同。

(3)发承包双方实施过程中已确认的工程量及其结算的合同价款。

(4)发承包双方实施过程中已确认调整后追加(减)的合同价款。

(5)建设项目设计文件及相关资料。

(6)投标文件。

(7)其他依据。

2. 完工(竣工)计价原则

在采用工程量清单计价的方式下,完工(竣工)结算的编制应遵循以下原则:

(1)分部分项工程和措施项目中的单价项目应依据双方确认的工程量与已标价工程量清单的综合单价计算;如发生调整的,以发承包双方确认调整的综合单价计算。

(2)措施项目中的总价项目应依据合同约定的项目和金额计算;如发生调整的,以发承包双方确认调整的金额计算,其中安全生产相关费用必须按照国家或省级、行业主管部门的规定计算。

(3)计日工应按发包人实际签证确认的事项计算。

(4)暂估价应按发承包双方约定的相关规定计算。

(5)施工索赔费用应依据发承包双方确认的索赔事项和金额计算。

(6)现场签证费用应依据发承包双方签证确认的金额计算。

(7)暂列金额应减去工程价款调整(包括索赔、现场签证)金额计算,如有余额归发包人所有。

(8)规费和税金应按照国家、省级、行业主管部门的规定计算。

(9)发承包双方在合同工程实施过程中已经确认的工程计量结果和合同价款,在完工(竣工)结算办理中应直接进入结算。

3. 完工(竣工)支付的内容

完工支付的内容主要包括以下方面。

(1)确认按照合同规定应支付给承包人的款额。

(2)确认发包人以前支付的所有款额。

(3)确认发包人还应支付给承包人或者承包人还应支付给发包人的余额,双方以此余额相互结清。

4. 完工(竣工)支付的程序

1)承包人提交完工(竣工)付款申请单

在合同工程完工证书颁发后的规定时间内,承包人应提交完工付款申请单,申请办理完工结算。

《水利水电工程标准文件》通用合同条款规定:①承包人应在合同工程完工证书颁发后28天内,按专用合同条款约定的份数向监理人提交完工付款申请单,并提供相关证明材料。完工付款申请单应包括下列内容:完工结算合同总价、发包人已支付承包人的工程价款、应扣留的质量保证金、应支付的完工付款金额。②监理人对完工付款申请单有异议的，有权要求承包人进行修正和提供补充材料。经监理人和承包人协商后，由承包人向监理人提交修正后的完工付款申请单。

竣工报表是完工支付申请的必要支持性材料，承包人必须按有关满足审计要求的格式提交，各项工程量的计算应附有计算简图和计算公式，支付工程量和支付的价款应附有合同依据。

承包人按合同约定接受了监理人出具的完工付款证书后，即视为已无权再提出在合同工程完工付款证书颁发前所发生的任何索赔。

2）监理人核查付款申请并出具完工付款证书

监理人在收到承包人提交的完工付款申请单后的规定时间内完成核查。监理人应对全部支付项目进行核查，防止漏项和重复；对所有工程量与费用进行核查，对所有存在争议的项目与计算结果进一步检验与取证，并与合同双方进一步协商，确定最终处理办法。在此工作基础上，监理人在完工付款申请单上签字并出具完工付款证书报送发包人审核。

《水利水电工程标准文件》通用合同条款规定：监理人在收到承包人提交的完工付款申请单后的 14 天内完成核查，提出发包人到期应支付给承包人的价款送发包人审核并抄送承包人。发包人应在收到后 14 天内审核完毕，由监理人向承包人出具经发包人签认的完工付款证书。监理人未在约定时间内核查，又未提出具体意见的，视为承包人提交的完工付款申请单已经监理人核查同意；发包人未在约定时间内审核又未提出具体意见的，监理人提出发包人到期应支付给承包人的价款视为已经发包人同意。

3）发包人支付

《水利水电工程标准文件》通用合同条款规定：发包人应在监理人出具完工付款证书后的 14 天内，将应支付款支付给承包人。发包人若不按期支付，应按合同的约定，将逾期付款违约金支付给承包人。承包人对发包人签认的完工付款证书有异议的，发包人可出具完工付款申请单中承包人已同意部分的临时付款证书。存在争议的部分，按合同约定的争议解决条款办理。

（六）最终结清（最终支付）

所谓最终结清，是指在工程质量保修期（缺陷责任期）终止后，承包人已按合同规定完成全部剩余工作，并且发包人或监理人颁发了工程质量保修责任终止证书，施工合同双方可进行工程的最终结算，以结清全部剩余款项。其程序如下。

1. 承包人提交最终结清申请单

工程质量保修责任期终止证书签发后，承包人应按监理人批准的格式提交最终结清申请单，并提供相关证明材料，详细说明承包人根据合同规定已经完成的全部工程价款金额以及承包人认为根据合同规定应进一步支付给承包人的其他款项。

发包人（或监理人）对最终结清申请单内容有异议的，有权要求承包人进行修正和提供补充材料，由承包人向监理人提交修正后的最终结清申请单。

承包人按合同约定提交的最终结清申请单中，只限于提出合同工程完工证书颁发后发生的索赔。

2. 最终结清证书和支付时间

监理人收到承包人提交的最终结清申请单后的 14 天内,提出发包人应支付给承包人的价款送发包人审核并抄送承包人。发包人应在收到后 14 天内审核完毕,由监理人向承包人出具经发包人签认的最终结清证书。监理人未在约定时间内核查,又未提出具体意见的,视为承包人提交的最终结清申请已经监理人核查同意;发包人未在约定时间内进行审核又未提出具体意见的监理人提出应支付给承包人的价款视为发包人已经同意。

发包人应在监理人出具最终结清证书后的 14 天内,将应支付款支付给承包人。发包人不按期支付的,按合同约定,将逾期付款违约金支付给承包人。

承包人对发包人签认的最终结清证书有异议的,按合同约定的争议解决办法处理。

(七)暂列金额(备用金)

1. 暂列金额(备用金)的使用

在招标投标期间,对于没有足够资料可以准确估价的项目和意外事件,往往采用暂列金额的形式在工程量清单中列出,可分列为计日工和意外事件两项,也可以合二为一。

暂列金额可由发包人在合同项目招标的工程量清单中明列数额,也可在工程量清单中列出所占投标报价的比例值,让投标人自行填报,以便在发生合同工作之外的事件时,使发包人有相应的资金对承包人所做的工作给予适当的补偿。

一般情况下,暂列金额由监理人按照合同规定,并经发包人或发包人委托监理人审批,在指定的项目或工作中动用。在实际工程中,可能全部或部分被使用,或根本不予动用。

暂列金额的动用,应遵循以下两点:

(1)暂列金额的使用,必须依据合同规定得到发包人或监理人的事先许可,并应按照监理人的指示,进行暂列金额项目的工作。没有发包人或监理人的事先批准,承包人不能进行暂列金额项目的任何工作。对承包人未经批准而进行的任何暂列金额项目的工作,发包人不予支付工程款项。

(2)经发包人或监理人批准后,按照监理人的意见,承包人所完成的暂列金额项目工作的费用,一般按照实际发生的费用,加上合同中规定的费率支付。结算时,承包人应按监理人的要求,提交用于暂列金额项目的各类开支的全部报价单、发票、凭单、账目以及有关实际施工的原始数据资料,经监理人审核并按合同规定确认支付金额。

2. 计日工支付

计日工也称“点工”或“散工”,是指在合同实施过程中,某些零星的工作在工程量清单中没有包括,监理人认为这些工作对工程的某些变动有必要,或认为按计日工工作制更适宜于承包人开展工作,从而以数量或时间的消耗为基础进行计量与支付工作。

选用计日工作制的工程项目,常常是在合同规定项目之外的、随时可能发生的、不可预见的工作,并大多属于合同工程中的辅助性工作,或是零星工作。计日工实质上也属于暂列金额的性质,作为一笔备用金,其总价的支付也包含在暂列金额之内。

对计日工的支付,一般应符合以下规定:

(1)以计日工的形式进行的任何工作,必须有监理人的指令,没有监理人的批准,承包人不能以计日工的形式进行任何工作,发包人不能支付任何款项。

（2）经监理人批准以计日工的形式进行的工作，承包人在施工过程中，每天应向监理人提交参加该项计日工工作的人员名单、职业、级别、工作时间和有关材料、设备清单和使用的消耗量及耗时，同时每月向监理人提交一份关于记载计日工工作所用的劳力、材料、设备价格和数量以及时间消耗的报表。否则承包人无权要求计日工的付款。

（3）发包人认为有必要时，由监理人通知承包人以计日工方式实施变更的零星工作，其价款按列入标价工程量清单中的计日工计价子目及其单价计算，该价款从暂列金额中支付。

（4）按合同约定，经监理人同意所发生的计日工相关费用由承包人汇总后依合同要求列入进度付款申请单，由监理人复核并经发包人同意后列入进度付款，由发包人在工程进度付款中一并支付。

八、合同项目结算

合同项目结算是对合同文件所确定的工作内容依据合同文件的规定进行清算，从合同文件所规定的工作内容是否按约定完全履行，可分为完全履行的合同结算和不完全履行的合同结算。

（一）完全履行的合同结算

完全履行的合同结算主要是对工程量清单项目的结算、变更项目的结算、索赔项目的结算。

1. 工程量清单项目的结算

工程量清单项目的结算要依据工程量清单各个项目的合同规定，包括工作范围、合同方式（单价或是总价）和计量计价原则、方法、具体的计价工作内容等，分项分部进行计算。单价项目价款用支付工作量乘单价；总价项目按合同规定结算。在单价项目的计算中要附有必要的支持性材料，包括每个部位的计算简图、计算公式、计算式，以及合同规定的支付工程量的相关内容。总价项目一般按已计价合同工程量清单的价款支付。

2. 变更项目的结算

合同变更项目的结算与工程量清单项目的结算类似，但变更项目的单价必须经合同双方签字认可后方可进行结算，施工过程中的临时单价是不能作为结算单价的。所有变更项目的结算必须附支持性材料，包括变更批复文件、变更指令、变更单价、变更工程量的计量规则、设计签章的图纸和文件、合同双方关于变更项目的补偿协议等。对变更项目的结算文件可单独装订成册。

3. 索赔项目的结算

索赔项目的结算按合同双方对索赔事件的最终一致性意见进行汇总计算。对索赔项目要准确区分与工程量清单项目和变更项目计量范围的界定。如索赔是变更项目引起的，且在变更项目中支付工程量已确定，则索赔单价应按合同规定的单价计列；当承包人对该变更项目的单价提出索赔，并经协商按双方确定的单价进行调整，在计算索赔费用时，如变更项目已按支付工程量和合同规定的单价结算，索赔计算时只计算增加或减少的那部分单价所引起的费用即可。也可将变更和索赔统一考虑在索赔项目中结算或在变更项目中结算。

（二）不完全履行的合同结算

不完全履行的合同结算是指合同因非正常方式结束进行的结算，包括合同一方违约引起的合同解除后结算、不可抗力发生引起的合同解除后结算。

1. 合同解除后的结算

解除合同是指在理想合同过程中，由于某些原因而使履行合同成为不合适或不可能，从而终止合同的履行。对施工承包合同，有承包人违约、发包人违约、不可抗力引起的解除合同三种情况下的解除合同。

1）承包人违约引起解除合同后的估价、付款、结清

在施工合同履行过程中，承包人发生合同约定的违约情况时，发包人可通知承包人立即解除合同，并按有关法律处理。如果承包人发生除合同约定外的其他违约情况时，监理人可向承包人发出整改通知，要求其在指定的期限内改正。在此情况下，承包人应承担其违约所引起的费用增加或工期延误。经检查证明承包人已采取了有效措施纠正违约行为，具备复工条件的，可由监理人签发复工通知予以复工。

因承包人违约造成施工合同解除的，监理人应就合同解除前承包人应得到但未支付的工程价款和费用签发付款证书，但应扣除根据施工合同约定由承包人承担的违约费用。

《水利水电工程标准文件》通用合同条款中规定：

（1）合同解除后，监理人应按合同约定，商定或确定承包人实际完成工作的价值，以及承包人已提供的材料、施工设备、工程设备和临时工程等的价值。

（2）合同解除后，发包人应暂停对承包人的一切付款，查清各项付款和已扣款金额，包括承包人应支付的违约金。

（3）合同解除后，发包人应按合同约定向承包人索赔由于解除合同给发包人造成的损失。

（4）合同双方确认上述往来款项后，出具最终结清付款证书，结清全部合同款项。

（5）发包人和承包人未能就解除合同后的结清达成一致而形成争议的，按合同的约定办理。

2）发包人违约解除合同后的付款

发包人发生合同约定的违约情况时，承包人可书面通知发包人解除合同。当发包人违约，承包人按合同约定暂停施工 28 天后，发包人仍不纠正违约行为的，承包人可向发包人发出解除合同通知。但承包人的这一行动不免除发包人承担的违约责任，也不影响承包人根据合同约定享有的索赔权利。

因发包人违约解除合同的，监理人应就合同解除前承包人所应得到但未支付的工程价款和费用签发付款证书。

《水利水电工程标准文件》通用合同条款中规定：发包人应在解除合同后 28 天内向承包人支付下列金额，承包人应在此期限内及时向发包人提交要求支付下列金额的有关资料和凭证：

（1）合同解除日以前所完成工作的价款。

（2）承包人为该工程施工订购并已付款的材料、工程设备和其他物品的金额。发包人付还后，该材料、工程设备和其他物品归发包人所有。

(3)承包人为完成工程所发生的,而发包人未支付的金额。

(4)承包人撤离施工场地以及遣散承包人人员的金额。

(5)解除合同应赔偿的承包人损失。

(6)按合同约定在合同解除日前应支付给承包人的其他金额。

发包人应按该规定支付上述金额并退还质量保证金,但有权要求承包人支付应偿还给发包人的各项金额。

2.不可抗力引起解除合同后的结算

在履行合同过程中,发生不可抗力事件使一方或双方无法继续履行合同时,可解除合同。因不可抗力致使施工合同解除的,监理人应根据施工合同约定,就承包人应得到但未支付的工程价款和费用签发付款证书,发包人应将有关款项支付给承包人。

1)不可抗力的确认

不可抗力是指承包人和发包人在订立合同时不可预见,在工程施工过程中不可避免发生并不能克服的自然灾害和社会性突发事件,如地震、海啸、瘟疫、水灾、骚乱、暴动、战争和专用合同条款约定的其他情形。

不可抗力发生后,发包人和承包人应及时认真统计所造成的损失,收集不可抗力造成损失的证据。合同双方对是否属于不可抗力或其损失的意见不一致的,由监理人按合同约定进行商定或确定。发生争议时,按合同的约定办理。

2)不可抗力的通知

合同一方当事人遇到不可抗力事件,使其履行合同义务受到阻碍时,应立即通知合同另一方当事人和监理人,书面说明不可抗力和受阻碍的详细情况,并提供必要的证明。如不可抗力持续发生,合同一方当事人应及时向合同另一方当事人和监理人提交中间报告,说明不可抗力和履行合同受阻的情况,并于不可抗力事件结束后28天内提交最终报告及有关资料。

3)不可抗力后果及其处理

不可抗力造成损害的责任,按《水利水电工程标准文件》通用合同条款的规定:除专用合同条款另有约定外,不可抗力导致的人员伤亡、财产损失、费用增加或工期延误等后果,由合同双方按以下原则承担:

(1)永久工程,包括已运至施工场地的材料和工程设备的损害,以及因工程损害造成的第三者人员伤亡和财产损失由发包人承担。

(2)承包人设备的损坏由承包人承担。

(3)发包人和承包人各自承担其人员伤亡和其他财产损失及其相关费用。

(4)承包人的停工损失由承包人承担,但停工期间应监理人要求照管工程和清理、修复工程的金额由发包人承担。

(5)不能按期竣工的,应合理延长工期,承包人不需支付逾期竣工违约金。发包人要求赶工的,承包人应采取赶工措施,赶工费用由发包人承担。

合同一方当事人延迟履行,在延迟履行期间发生不可抗力的,不免除其责任。不可抗力发生后,发包人和承包人均应采取措施尽量避免和减少损失的扩大,任何一方没有采取有效措施导致损失扩大的,应对扩大的损失承担责任。

合同一方当事人因不可抗力不能履行合同的,应当及时通知对方解除合同。合同解除后,承包人应按照合同约定撤离施工场地。已经订货的材料、设备由订货方负责退货或解除订货合同,不能退还的货款和因退货、解除订货合同发生的费用,由发包人承担,因未及时退货造成的损失由责任方承担。合同解除后的付款,由监理人按照合同的约定,与发包人和承包人商定或确定。

九、工程总承包合同价款的结算

依据《建设项目工程总承包合同示范文本(试行)》订立的工程总承包合同,一般采用的是固定总价合同形式,除发包人确认的工程变更、价格调整和索赔款项外,合同价格不做调整。工程总承包合同价款的结算,主要有预付款的支付、进度款的支付和竣工结算等方面。

合同双方约定由承包人提交的履约保函的,履约保函的提交是发包人支付各项款项的前提条件。

(一)预付款支付

1.预付款的支付时间及额度

发包人按合同价格的一定比例支付预付款金额,具体金额由双方在专用合同条款中约定。合同约定了预付款保函的,在合同生效后,发包人收到承包人提交的预付款保函后10日内向承包人支付预付款金额;未约定预付款保函的,发包人在合同生效后10日内向承包人支付预付款金额。

2.预付款的抵扣

预付款的抵扣方式、抵扣比例和抵扣时间的安排,由合同双方在专用合同条款中约定。预付款抵扣完后,发包人应及时向承包人退还预付款保函。

发包人签发工程接收证书或合同解除时,预付款尚未抵扣完时,发包人有权要求承包人支付尚未抵扣完的预付款。承包人未能支付的,发包人有权按如下程序扣回预付款的余额:

(1)从应付给承包人的款项中或属于承包人的款项中一次或多次扣除。

(2)应付给承包人的款项或属于承包人的款项中不足以抵扣的,发包人有权从预付款保函中扣除尚未抵扣完的预付款。

(3)应付给承包人或属于承包人的款项不足以抵扣,且合同未约定承包人提交预付款保函的,承包人应与发包人签订支付尚未扣完的预付款支付时间安排协议书。

(4)承包人未能按上述协议书执行,发包人有权从承包人提交的履约保函中抵扣尚未扣完的预付款。

(二)工程进度款的支付

1.进度款的支付方式

工程总承包合同中进度款支付主要有按月申请付款和按付款计划表申请付款两种方式支付,由合同双方选择使用。

1)按月申请付款

按月申请付款,承包人应以合同协议书约定的合同价格为基础,按每月实际完成的工程量(含设计、采购、施工等)的合同金额,向发包人或监理人提交付款申请。承包人提交付款申请报告的格式、内容、份数和时间,在专用合同条款中约定。

按月付款申请报告中的款项主要包括:

(1)工程进度款的款项类别。

(2)合同价格调整的增减款项。

(3)预付款的支付及扣减的款项。

(4)缺陷责任保修金约定的暂扣及支付的款项。

(5)索赔结果所增减的款项。

(6)另行签订的补充协议增减的款项。

2)按付款计划表申请付款

按付款计划表申请付款的,承包人应以合同协议书约定的合同价格为基础,按照在专用合同条款约定的付款期数、计划每期达到的主要形象进度和(或)完成的主要计划工程量(含设计、采购、施工等)目标任务,以及每期付款金额,并依据专用合同条款约定的格式、内容、份数和提交时间,向发包人或监理人提交当期付款申请报告。

每期付款申请报告中的款项主要包括:

(1)当期计划申请付款的金额。

(2)合同价款调整的增减款项。

(3)预付款的支付及扣减的款项。

(4)质量保修金额的暂扣及支付的款项。

(5)索赔结果所增减的款项。

(6)另行签订的补充协议增减的款项。

发包人按付款计划表付款时,承包人的实际工作和(或)实际进度比付款计划表约定的关键路径的目标任务落后 30 日及以上时,发包人有权与承包人商定减少当期付款金额,并有权与承包人共同调整付款计划表。承包人以后各期的付款申请及发包人的付款,以调整后的付款计划表为依据。

2. 进度款的支付程序

(1)按月工程进度申请与付款。合同约定按月工程进度申请付款和支付时,发包人在收到承包人提交的每月付款申请报告之日起的 25 天内审查并支付。

(2)按付款计划表申请与支付。合同约定按付款计划表申请贷款和支付时,发包人在收到承包人提交的每期付款申请报告之日起的 25 天内审查并支付。

3. 付款时间延误的处理

(1)发包人的违约责任。因发包人的原因未能按合同约定的时间向承包人支付工程进度款的,应从发包人收到付款申请报告后的第 26 日开始,以中国人民银行颁布的同期同类贷款利率向承包人支付延期的利息,作为延期付款的违约金额。

(2)暂停施工。发包人延误付款 15 天以上,承包人有权向发包人发出要求付款的通知,发包人收到通知后仍不能付款的,承包人可暂停部分工作,视为发包人导致的暂停,并按合同中关于发包人暂停的约定执行。

(3)协议延期付款。双方协商签订延期付款协议书的,发包人按延期付款协议书中约定的期数、时间、金额和利息付款;当双方未能达成延期付款协议,导致工程无法实施,承包人可停止部分或全部工程,发包人承担违约责任,导致工程关键路径延误时,竣工日期顺延。

(4)合同解除。发包人的延误付款达 60 天以上,并影响到整个工程实施的,承包人有权根据合同的约定向发包人发出解除合同的通知,并有权就因此增加的相关费用向发包人提出索赔。

(三)缺陷责任保修金扣减与支付

(1)缺陷责任保修金的暂时扣减。发包人可根据专用合同条款中约定的缺陷责任保修金金额以及暂扣的方式,暂时扣减缺陷责任保修金。

(2)缺陷责任保修金的支付。发包人应在办理工程竣工验收和竣工结算时,将暂时扣减的全部缺陷责任保修金金额的一半支付给承包人,专用合同条款另有约定的除外。此后,承包人未能按发包人通知修复缺陷责任期内出现的缺陷或委托发包人修复该缺陷的,修复缺陷的费用从剩余的缺陷责任保修金金额中扣除。发包人应在缺陷责任期届满后 15 日内,将暂扣的缺陷责任保修金余额支付给承包人。

(3)缺陷责任期保修金保函的处理。在办理工程竣工验收和竣工结算时,如承包人请求提供用于替代剩余的缺陷责任保修金的保函,发包人应在接到承包人按合同约定提交的缺陷责任保修金保函后,向承包人支付缺陷责任保修金的剩余金额。此后,承包人未能自费修复缺陷责任期内出现的缺陷或委托发包人修复该缺陷的,修复缺陷的费用从该保函中扣除。发包人应在缺陷责任期届满后 15 日内,退还该保函。

(四)索赔款项的支付

(1)发包人的索赔款项。经双方协商确定的、经调解确定的或仲裁裁定(或法院判决)的发包人应得的索赔款项,发包人可从支付给承包人的当月工程进度款或当期付款计划表的付款中扣减该索赔款项。当支付给承包人的各期工程进度款中不足以抵扣发包人的索赔款项时,承包人应当另行支付。承包人未能支付,可协商支付协议,仍未支付时,发包人可从履约保函中抵扣。如未约定履约保函或履约保函不足以抵扣时,承包人须另行支付该索赔款项,或以双方协商一致的支付协议的期限支付。

(2)承包人的索赔款项。经双方协商确定的、经调解确定的或仲裁裁定(或法院判决)的承包人应得的索赔款项,承包人可在当月工程进度款或当期付款计划表的付款申请中单列该索赔款项,发包人应在当期付款中支付该索赔款项。当发包人未能支付该索赔款项时,承包人有权从发包人提交的支付保函中抵扣。如未约定支付保函时,发包人须另行支付该索赔款项。

(五)竣工结算

1. 竣工结算的程序

(1)提交竣工结算资料。承包人提交的竣工验收报告和完整的竣工资料被发包人认可后 30 日内,向发包人递交竣工结算报告和完整的竣工结算资料。承包人未能向发包人提交竣工结算报告及完整的结算资料,造成工程竣工结算不能正常进行或工程竣工结算不能按时结清,发包人要求承包人交付工程的,承包人应当交付;发包人未要求交付工程的,承包人应当承担工程的保管、维护和保养的费用和责任,但不包括已被发包人使用、接收的单项工程和工程的任何部分。

(2)最终竣工结算资料。发包人应在收到承包人提交的竣工结算报告和完整的竣工结算资料后30日内,经审查并提出修改意见,双方就竣工结算报告和最终的结算资料的修改达成一致意见后,由承包人自费进行修正,并提交最终的竣工结算报告和最终的结算资料。发包人在30日内未能提出修改意见,也未予答复的,视为发包人认可该竣工结算资料作为最终竣工结算资料。

(3)结清竣工结算的款项。发包人应在收到承包人提交的最终竣工结算资料后30日内,结清竣工结算的款项。竣工结算结清5日内,发包人应将承包人提交的履约保函返还给承包人;发包人如果提交了支付保函的,承包人应将发包人提交的支付保函返还给发包人。

2. 竣工结算的违约责任

(1)发包人违约。发包人未能按照合同的约定结清应付给承包人的竣工结算的款项余额的,承包人有权从发包人提交的支付保函中扣减该款项的余额。合同未约定支付保函或支付保函不足以抵偿应向承包人支付的竣工结算款项时,发包人应从承包人提交最终结算资料后的第31日起,支付拖欠的竣工结算款项的余额,并按中国人民银行同期同类的贷款利率支付相应利息。

在收到承包人提交的竣工结算报告和完整的竣工结算资料后30日内,发包人未能对竣工结算资料提出修改意见和答复,也未能向承包人支付竣工结算款项的余额的,应从承包人提交该报告后的第31日起,支付拖欠的竣工结算款项的余额,并按中国人民银行同期同类的贷款利率支付相应利息。

发包人在承包人提交最终竣工结算资料的90日内仍未支付的,承包人可依据合同中有关争议和裁决条款的约定解决。

(2)承包人违约。承包人未能结清应付给发包人的竣工结算中的款项余额时,发包人有权从承包人提交的履约保函中扣减该款项的余额。合同未约定履约保函或履约保函的金额不足以抵偿时,承包人应从最终竣工结算资料提交之后的31日起,支付拖欠的竣工结算款项的余额,并按中国人民银行同期同类的贷款利率支付相应利息。承包人在最终竣工结算资料提交后的90日内仍未支付的,发包人有权根据合同中有关争议和裁决条款的约定解决。

(3)竣工结算的争议。在发包人收到承包人递交的竣工结算报告和完整的结算资料后的30日内,双方对工程竣工结算的价款发生争议的,应共同委托一家具有相应资质等级的工程造价咨询单位进行竣工结算审核,按审核结果结清竣工结算的款项。审核周期由合同双方与工程造价审核单位约定。对审核结果仍有争议时,依据合同中有关争议和裁决条款的约定解决。

十、合同价款纠纷的处理

建设工程合同价款纠纷,是指发承包双方在建设工程合同价款的确定、调整以及结算等过程中所发生的争议。按照争议合同的类型不同,可以把工程合同价款纠纷分为总结合同价款纠纷、单价合同价款纠纷以及成本加酬金合同价款纠纷;按照纠纷发生的阶段不同,可分为合同价款确定纠纷、合同价款调整纠纷和合同价款结算纠纷;按照纠纷的成因不同,可分为合同无效的价款纠纷、工期延误的价款纠纷、质量争议的价款纠纷以及工程索赔的价款纠纷。

(一)合同价款纠纷的解决途径

建设工程合同价款纠纷的解决途径主要有四种:和解、调解、仲裁、诉讼。建设工程合同发生纠纷后,当事人可以通过和解或者调解解决合同争议。当事人不愿和解、调解或者和解、调解不成的,可以根据仲裁协议向仲裁机构申请仲裁。当事人没有订立仲裁协议或者仲裁协议无效的,可以向人民法院起诉。当事人应当履行发生法律效力的法院判决或裁定、仲裁裁决、法院或仲裁调解书;拒不履行的,对方当事人可以请求人民法院执行。

1. 和解

和解是指当事人在自愿互谅的基础上,就已经发生的争议进行协商并达成协议,自行解决争议的一种方式。发生合同争议时,当事人应首先考虑通过和解解决争议。合同争议和解解决方式简便易行,能经济、及时地解决纠纷,同时有利于维护合同双方的友好合作关系,使合同能更好地得到履行。合同双方可通过以下方式进行和解:

1)协商和解

合同价款争议发生后,发承包双方任何时候都可以进行协商。协商达成一致的,双方应签订书面和解协议,和解协议对发承包双方均有约束力。如果协商不能达成一致协议,发包人或承包人都可以按合同约定的其他方式解决争议。

2)监理或造价工程师暂定

若发包人和承包人之间就工程质量、进度、价款支付与扣除、工期延期、索赔、价款调整等发生任何法律上、经济上或技术上的争议,首先应根据已签约合同的规定,提交合同约定职责范围内的总监理工程师或造价工程师解决,并抄送另一方。总监理工程师或造价工程师在收到此提交件后14天内应将暂定结果通知发包人和承包人。发承包双方对暂定结果认可的,应以书面形式予以确认,暂定结果成为最终决定。

发承包双方在收到总监理工程师或造价工程师的暂定结果通知之后的14天内,未对暂定结果予以确认也未提出不同意见的,视为发承包双方已认可该暂定结果。

发承包双方或一方不同意暂定结果的,应以书面形式向总监理工程师或造价工程师提出,说明自己认为正确的结果,同时抄送另一方,此时该暂定结果成为争议。在暂定结果不实质影响发承包双方当事人履约的前提下,发承包双方应实施该结果,直到其按照发承包双方认可的争议解决办法被改变为止。

2. 调解

调解是指双方当事人以外的第三人应纠纷当事人的请求,依据法律规定或合同约定,对双方当事人进行疏导、劝说,促使他们互相谅解、自愿达成协议解决纠纷的一种途径。调解的方式主要有:

1)管理机构的解释或认定

合同价款争议发生后,发承包双方可就工程计价依据的争议以书面形式提请工程造价管理机构对争议以书面文件进行解释或认定。工程造价管理机构应在收到申请的10个工作日内就发承包双方提请的争议问题进行解释或认定。

发承包双方或一方在收到工程造价管理机构书面解释或认定后,仍可按照合同约定的争议解决方式提请仲裁或诉讼。除工程造价管理机构的上级管理部门做出了不同的解释或认定,或在仲裁裁决或法院判决中不予采信的外,工程造价管理机构做出的书面解释或认定是最终结果,对发承包双方均有约束力。

2)双方约定争议调解人进行调解

(1)约定调解人。发承包双方应在合同中约定或在合同签订后共同约定争议调解人,负责双方在合同履行过程中发生争议的调解。合同履行期间,发承包双方可以协议调换或终止任何调解人,但发包人或承包人都不能单独采取行动。除非双方另有协议,在最终结清支付证书生效后,调解人的任期即终止。

(2)争议的提交。如果发承包双方发生了争议,任何一方可以将该争议以书面形式提交调解人,并将副本抄送另一方,委托调解人调解。发承包双方应按照调解人提出的要求,给调解人提供所需要的资料、现场进入权及相应设施。调解人应被视为不是在进行仲裁人的工作。

(3)进行调解。调解人应在收到调解委托后28天内,或由调解人建议并经发承包双方认可的其他期限内,提出调解书,发承包双方接受调解书的,经双方签字后作为合同的补充文件,对发承包双方具有约束力,双方都应立即遵照执行。

(4)异议通知。如果发承包任一方对调解人的调解书有异议,应在收到调解书后28天内向另一方发出异议通知,并说明争议的事项和理由。调解书在协商和解或仲裁裁决、诉讼判决中做出修改,或合同已经解除,承包人应继续按照合同实施工程。

如果调解人已就争议事项向发承包双方提交了调解书,而任一方在收到调解书后28天内,均未发出表示异议的通知,则调解书对发承包双方均具有约束力。

3.仲裁或诉讼

仲裁是当事人根据在纠纷发生前或纠纷发生后达成的仲裁协议,自愿将纠纷提交仲裁机构做出裁决的一种纠纷解决方式。民事诉讼是指人民法院在当事人和其他诉讼参与人的参加下,以审理、判决、执行等方式解决民事纠纷的活动。

用何种方式解决争端,关键在于合同中是否约定了仲裁协议。

(1)仲裁方式的选择。如果发承包双方的协商和解或调解均未达成一致意见,其中的一方已就此争议事项根据合同约定的仲裁协议申请仲裁,应同时通知另一方。

仲裁可在竣工之前或之后进行,但发包人、承包人、调解人各自的义务不得因在工程实施期间进行仲裁而有所改变。如果仲裁是在仲裁机构要求停止施工的情况下进行,承包人应对合同工程采取保护措施,由此增加的费用由败诉方承担。

若双方通过和解或调解形成的有关的暂定或和解协议或调解书已经有约束力的情况下,如果发承包中一方未能遵守暂定或和解协议或调解书,则另一方可在不损害他可能具有的任何其他权利的情况下,将未能遵守暂定或不执行和解协议或调解书达成的事项提交仲裁。

(2)诉讼方式的选择。发包人、承包人在履行合同时发生争议,双方不愿和解、调解或者和解、调解不成,又没有达成仲裁协议的,可依法向人民法院提起诉讼。

(二)合同价款纠纷的处理原则

建设工程合同履行过程中会产生大量的纠纷,有些纠纷并不容易直接适用常见的法律条款予以解决。针对这些纠纷,可以通过相关司法解释的规定进行处理。司法解释中关于施工合同价款纠纷的处理原则和方法,更是可以为发承包双方在工程合同履行过程中出现的类似纠纷的处理,提供参考性极强的借鉴。

1. 施工合同无效的价款纠纷处理

建设工程施工合同无效,但建设工程经竣工验收合格,承包人请求参照合同约定支付工程价款的,应予支持。建设工程施工合同无效,且建设工程经竣工验收不合格的,按照以下情形分别处理:

(1)修复后的建设工程经竣工验收合格,发包人请求承包人承担修复费用的,应予支持。

(2)修复后的建设工程经竣工验收不合格,承包人请求支付工程价款的,不予支持。

因建设工程不合格造成的损失,发包人有过错的,也应承担相应的民事责任。

承包人非法转包、违法分包建设工程或者没有相应资质的实际施工人借用有相应资质的建筑施工企业名义与他人签订建设工程施工合同的行为无效。人民法院可以根据相关法律的规定,收缴当事人已经取得的非法所得。

2. 垫资施工合同的价款纠纷处理

对于发包人要求承包人垫资施工的项目,对于垫资施工部分的工程价款结算,最高人民法院《关于审理建设工程施工合同纠纷案件适用法律问题的解释》提出了处理意见:

(1)当事人对垫资和垫资利息有约定,承包人请求按照约定返还垫资及其利息的,应予支持,但是约定的利息计算标准高于中国人民银行发布的同期同类贷款利率的部分除外。

(2)当事人对垫资没有约定的,按照工程欠款处理。

(3)当事人对垫资利息没有约定,承包人请求支付利息的,不予支持。

3. 施工合同解除后的价款纠纷处理

(1)建设工程施工合同解除后,已经完成的建设工程质量合格的,发包人应当按照约定支付相应的工程价款。

(2)已经完成的建设工程质量不合格的:

①修复后的建设工程经验收合格,发包人请求承包人承担修复费用的,应予支持。

②修复后的建设工程经验收不合格,承包人请求支付工程价款的,不予支持。

4. 工程设计变更的合同价款纠纷处理

当事人对建设工程的计价标准或者计价方法有约定的,按照约定结算工程价款。因设计变更导致建设工程的工程量或者质量标准发生变化,当事人对该部分工程价款不能协商一致的,可以参照签订建设工程施工合同时当地建设行政主管部门发布的计价方法或者计价标准结算工程价款。

5. 工程结算价款纠纷的处理

(1)阴阳合同的结算依据。当事人就同一建设工程另行订立的建设工程施工合同与经过备案的中标合同实质性内容不一致的,应当以备案的中标合同作为结算工程价款的根据。

(2)对承包人竣工结算文件的认可。当事人约定,发包人收到竣工结算文件后,在约定期限内不予答复,视为认可竣工结算文件的,按照约定处理。承包人请求按照竣工结算文件结算工程价款的,应予支持。

(3)工程欠款的利息支付。

①利率标准。当事人对欠付工程价款利息计付标准有约定的,按照约定处理;没有约定的,按照中国人民银行发布的同期同类贷款利率计息。

②计息日。利息从应付工程价款之日计付。当事人对付款时间没有约定或者约定不明的,下列时间视为应付款时间:

建设工程已实际交付的,为交付之日。

建设工程没有交付的,为提交竣工结算文件之日。

建设工程未交付,工程价款也未结算的,为当事人起诉之日。

(三)工程造价鉴定

在工程合同价款纠纷案件处理中,需做工程造价司法鉴定的,应委托具有相应资质的工程造价咨询人进行。

1. 工程造价咨询人所需遵守的一般性规定

(1)程序合法。工程造价咨询人接受委托,提供工程造价司法鉴定服务,除应符合本规范的规定外,应按仲裁、诉讼程序和要求进行,并符合国家关于司法鉴定的规定。

(2)人员合格。工程造价咨询人进行工程造价司法鉴定,应指派专业对口、经验丰富的注册造价工程师承担鉴定工作。

(3)按期完成。工程造价咨询人应在收到工程造价司法鉴定资料后10天内,根据自身专业能力和证据资料,判断能否胜任该项委托,如不能,应辞去该项委托。禁止工程造价咨询人在鉴定期满后以上述理由不做出鉴定结论,影响案件处理。

(4)适当回避。接受工程造价司法鉴定委托的工程造价咨询人或造价工程师如是鉴定项目一方当事人的近亲属或代理人、咨询人以及其他关系可能影响鉴定公正的,应当自行回避;未自行回避,鉴定项目委托人以该理由要求其回避的,必须回避。

(5)接受质询。工程造价咨询人应当依法出庭接受鉴定项目当事人对工程造价司法鉴定意见书的质询。如因特殊原因无法出庭的,经审理该鉴定项目的仲裁机关或人民法院准许,可以书面答复当事人的质询。

2. 工程造价鉴定的取证

(1)所需收集的鉴定材料。工程造价咨询人进行工程造价鉴定工作,应自行收集以下(但不限于)鉴定资料:

①适用于鉴定项目的法律、法规、规章、规范性文件以及规范、标准、定额。

②鉴定项目同时期、同类型工程的技术经济指标及其各类要素价格等。

③工程造价咨询人收集鉴定项目的鉴定依据时,应向鉴定项目委托人提出具体书面要求,其内容包括:与鉴定项目相关的合同、协议及其附件;相应的施工图纸等技术经济文件;施工过程中施工组织、质量、工期和造价等工程资料;存在争议的事实及各方当事人的理由;其他有关资料。

工程造价咨询人在鉴定过程中要求鉴定项目当事人对缺陷资料进行补充的,应征得鉴定项目委托人同意,或者协调鉴定项目各方当事人共同签认。

(2)现场勘验。根据鉴定工作需要现场勘验的,工程造价咨询人应提请鉴定项目委托人组织各方当事人对被鉴定项目所涉及的实物标的进行现场勘验。

勘验现场应制作勘验记录、笔录或勘验图表,记录勘验的时间、地点、勘验人、在场人、勘验经过、结果,由勘验人、在场人签名或者盖章确认。对于绘制的现场图应注明绘制的时间、测绘人姓名、身份等内容。必要时应采取拍照或摄像取证,留下影像资料。

鉴定项目当事人未对现场勘验图表或勘验笔录等签字确认的,工程造价咨询人应提请鉴定项目委托人决定处理意见,并在鉴定意见书中做出表述。

3. 鉴定结论

(1)鉴定依据的选择。工程造价咨询人在鉴定项目合同有效的情况下应根据合同约定进行鉴定,不得任意改变双方合法的权益。工程造价咨询人在鉴定项目合同无效或合同条款约定不明确的情况下应根据法律法规、相关国家标准和清单计价规范的规定,选择相应专业工程的计价依据和方法进行鉴定。

(2)鉴定意见。工程造价咨询人出具正式鉴定意见书之前,可报请鉴定项目委托人向鉴定项目各方当事人发出鉴定意见书征求意见稿,并指明应书面答复的期限及其不答复的相应法律责任。工程造价咨询人收到鉴定项目各方当事人对鉴定意见书征求意见稿的书面复函后,应对不同意见认真复核,修改完善后再出具正式鉴定意见书。

工程造价咨询人出具的工程造价鉴定书应包括以下内容:

①鉴定项目委托人名称、委托鉴定的内容;

②委托鉴定的证据材料;

③鉴定的依据及使用的专业技术手段;

④对鉴定过程的说明;

⑤明确的鉴定结论;

⑥其他需说明的事宜;

⑦工程造价咨询人(监定人)盖章及注册造价工程师签名盖执业专用章。

4. 鉴定期限的延长

工程造价咨询人应在委托鉴定项目的鉴定期限内完成鉴定工作,如确因特殊原因不能在原定期限内完成鉴定工作时,应按照相应法规提前向鉴定项目委托人申请延长鉴定期限,并在此期限内完成鉴定工作。

经鉴定项目委托人同意等待鉴定项目当事人提交、补充证据,质证所用的时间不应计入鉴定期限。

十一、案例分析

【例 4-13】 背景资料:某水利工程项目,发包人与承包人就重力坝第Ⅱ标段混凝土浇筑工程签订施工合同,合同有如下约定:

(1)合同中混凝土工程量为 20 万 m^3,单价为 300 元/m^3,合同工期 10 个月。

(2)工程开工前,按合同价的 10%支付工程预付款,自开工后的第 1 个月起按当月工程进度款的20%逐月扣回，扣完为止。

(3)工程质量保证金以履约保证金代替。

(4)当实际完成工程量超过合同工程量的15%时，对超过部分进行调价，调价系数为0.9。施工期各月计划工程量和实际完成工程量见表4-1。

表4-1　合同工程量及实际完成工程量

时间(月)	1	2	3	4	5	6	7	8	9	10
合同工程量(万 m^3)	1.5	1.5	2.0	2.0	2.0	3.0	3.0	2.0	2.0	1.0
实际完成工程量(万 m^3)	1.5	1.5	2.5	2.5	3.0	3.5	3.5	3.0	2.0	1.0

问题：1. 计算第5个月的工程进度款、工程预付款扣回额、发包人当月应支付的工程款。

2. 计算第10个月的工程进度款、工程预付款扣回额、发包人当月应支付的工程款。

分析要点：

该案例主要涉及如何分月计算工程进度款和预付款扣回额等问题。

解：

问题1：(1)工程进度款额：3.0×300=900(万元)。

(2)工程预付款扣回额：

①本月以前已扣回工程预付款额为：(1.5+1.5+2.5+2.5)×300×20%=480(万元)。

②工程预付款总额为：20×300×10%=600(万元)。

到本月预付款余额为：600−480=120(万元)。

而本月进度款的20%为900×0.2=180(万元)，已超过需扣回的工程预付款余额。

所以，本月实际应扣120万元的工程预付款。

(3)发包人当月应支付的工程款为：900−120=780(万元)。

问题2：

(1)工程进度款额：

到第10个月月末，累计实际完成工程量为24万 m^3，合同工程量的1.15倍为20×1.15=23(万 m^3)，超过合同工程量15%的部分1万 m^3。所以，本月工程进度款为：1×300×0.9=270(万元)。

(2)工程预付款扣回额：0万元

(3)发包人当月应支付的工程款额：270万元。

【例4-14】　背景资料：某水利工程项目发包人与承包人签订了工程施工承包合同。合同中估算工程量为5 300 m^3，单价为180元/m^3。合同工期为6个月。合同有关内容如下：

(1)开工前发包人应向承包人支付签约合同价20%的工程预付款。

(2)承包人提交签约合同价10%的履约保函，同时承担工程预付款、合同签约、工程质量保证金担保的工程。

(3)当累计实际完成工程量超过合同工程量的10%时,对超过10%的部分可进行调价,调价系数为0.9;当累计实际完成工程量低于合同工程量的10%时,对所有工程量调价,调价系数为1.1。

(4)每月签发付款最低金额为15万元。

(5)工程预付款从乙方获得累计工程款超过签约合同价的30%以后的下一个月起,至第5个月平均扣除。

承包人每月实际完成并经签证确认的工程量见表4-2。

表4-2 每月实际完成工程量

月份	1	2	3	4	5	6
完成工程量(m^3)	800	1 000	1 200	1 200	1 200	1 500
累计完成工程量(m^3)	800	1 800	3 000	4 200	5 400	6 900

问题:1. 签约合同价为多少?

2. 工程预付款为多少?工程预付款从哪个月起扣留?每月应扣工程预付款为多少?

3. 每月工程量价款为多少?应签证的工程款为多少?应签发的付款凭证金额为多少?

解:

问题1:签约合同价为:5 300×180=95.4(万元)。

问题2:

(1)工程预付款金额为:95.4×20%=19.08(万元)。

(2)工程预付款应从第3个月起扣留,因为第1、2两个月,累计工程款为:1 800×180=32.4万元>95.4×30%=28.62(万元)。

(3)每月应扣工程预付款为:19.08÷3=6.36(万元)。

问题3:

(1)第1个月工程量价款为:800×180=14.40(万元)。

应签证的工程款为:14.40万元<15万元。

第1个月不需付款。

(2)第2个月工程量价款为:1 000×180=18.00(万元)。

应签证的工程款为18.00万元。

应签发的付款凭证金额为:18+14.4=32.4(万元)。

(3)第3个月工程量价款为:1 200×180=21.60(万元)。

应签证的工程款为21.60万元。

应扣工程预付款为6.36万元。

由于21.6-6.36=15.24(万元)>15万元。

应签发的付款凭证金额为15.24万元。

(4)第4个月工程量价款为:1 200×180=21.60(万元)。

应签证的工程款为21.60万元。

应扣工程预付款为6.36万元。

由于21.6-6.36=15.24(万元)>15万元。

应签发的付款支付凭证金额为15.24万元。

(5)第5个月累计完成工程量为5 400 m^3,比原合同工程量超出100 m^3,但未超出合同工程量的10%,所以仍按原单价计算。

第5个月工程量价款为:1 200×180=21.60(万元)。

应签证的工程款为21.6万元。

应扣工程预付款为6.36万元。

21.6-6.36=15.24(万元)>15万元。

第5个月签发付款凭证金额为15.24万元。

(6)第6个月累计完成工程量为6 900 m^3,比原估算工程量超出1 600 m^3,已超出合同工程量的10%,对超出的部分应调整单价。

应按调整后的单价结算的工程量为:6 900-5 300×(1+10%)=1 070(m^3)。

第6个月工程量价款为:1 070×180×0.9+(1 500-1 070)×180=25.07(万元)

应签证的工程款为25.07万元。

应签发的付款凭证金额为25.07万元。

【例4-15】 根据《中华人民共和国合同法》,合同生效后,当事人就价款约定不明确又未能补充协议的,合同价款应按(　　)执行。

A.订立合同时履行地市场价格

B.订立合同时付款方所在地市场价格

C.标的物交付时市场价格

D.标的物交付时政府指导价

分析要点:《中华人民共和国合同法》第六十一条规定,合同生效后,当事人就质量、价款或者报酬、履行地点等内容没有约定或者约定不明确的,可以协议补充;不能达成补充协议的,按照合同有关条款或者交易习惯确定。第六十二条规定,当事人就有关合同内容约定不明确,依照本法第六十一条的规定仍不能确定的,适用下列规定:①质量要求不明确的,按照国家标准、行业标准履行;没有国家标准、行业标准的,按照通常标准或者符合合同目的的特定标准履行。②价款或者报酬不明确的,按照订立合同时履行地的市场价格履行;依法应当执行政府定价或者政府指导价的,按照规定履行。③履行地点不明确,给付货币的,在接受货币一方所在地履行;交付不动产的,在不动产所在地履行;其他标的,在履行义务一方所在地履行。④履行期限不明确的,债务人可以随时履行,债权人也可以随时要求履行,但必须给对方必要的准备时间。⑤履行方式不明确的,按照有利于实现合同目的的方式履行。⑥履行费用的负担不明确的,由履行义务一方负担。

解:应选择A.订立合同时履行地市场价格。

【例4-16】 根据《水利水电工程标准文件》通用合同条款有关计量的规定,请简述对单价子目的计量要求。

解:(1)已标价工程量清单中的单价子目工程量为估算工程量,结算工程量是承包人实际完成的,并按合同约定的计量方法进行计量的工程量。

(2)承包人对已完成的工程进行计量,向监理人提交进度付款申请单、已完成工程量报表和有关计量资料。

(3)监理人对承包人提交的工程量报表进行复核,以确定实际完成的工程量。对数量有异议的,可要求承包人按合同约定的方法进行共同复核和抽样复测。承包人应协助监理人进行复核并按监理人要求提供补充计量资料。承包人未按监理人要求参加复核,监理人复核或修正的工程量视为承包人实际完成的工程量。

(4)监理人认为有必要时,可通知承包人共同进行联合测量、计量,承包人应遵照执行。

(5)承包人完成工程量清单中每个子目的工程量后,监理人应要求承包人派员共同对每个子目的历次计量报表进行汇总,以核实最终结算工程量。监理人可要求承包人提供补充计量资料,以确定最后一次进度付款的准确工程量。承包人未按监理人要求派员参加的,监理人最终核实的工程量视为承包人完成该子目的准确工程量。

(6)监理人应在收到承包人提交的工程量报表后的7天内进行复核,监理人未在约定时间内复核的,承包人提交的工程量报表中的工程量视为承包人实际完成的工程量,据此结算工程价款。

【例4-17】 请简述工程计量的原则。

解:(1)计量的项目必须是合同中规定的项目。

(2)计量项目应确属完工或正在施工项目的已完成部分。

(3)计量项目的质量应达到合同规定的技术标准。

(4)计量项目的申报资料和验收手续应该齐全。

(5)计量结果必须得到监理人和承包人双方确认。

(6)计量方法的一致性。

【例4-18】 请简述工程计量的范围和工程计量的主要依据。

解:工程计量的范围主要包括:建设项目施工承包合同工程量清单及工程变更所修订的工程量清单的内容;合同文件中规定的各种费用支付项目,如费用索赔、各种预付款、价格调整、违约金等所涉及的计量。

工程计量的主要依据包括:建设项目施工承包合同工程量清单及说明;合同图纸;工程变更指令及其修订的工程量清单;合同条件;技术规范;有关计量的补充协议;质量合格证书等。

【例4-19】 请论述工程款支付的条件。

解:按照施工合同条件的规定,工程款支付必须符合以下条件:

(1)质量合格的工程项目。

工程质量达到合同规定的标准,工程项目才予以计量,这是工程款支付的必备条件,监理人只对质量合格的工程项目签证安排支付,对不合格的项目则要求承包人修复、返工,直到达到合同规定标准后,方予以计量支付,且对承包人原因造成的修复、返工费用由承包人自己承担。

(2)变更项目各项手续完善。

根据施工合同条件规定,承包人没有得到监理人的变更指示,不得对工程进行任何变更。因此,未经发包人或发包人授权的监理人批准实施的任何工程变更,不管其必要性和合理性如何,在必要的合同手续没有完善前一律不予支付。

(3)符合合同文件的规定。

建设工程的任何一项支付都必须符合合同文件的规定,凡不符合合同规定条件的任何款项均不得支付。

(4)月支付款应大于合同规定的最低支付限额。

为鼓励承包人加快施工进度,通常在施工合同条件中规定,承包人每月(或每次)应得到的支付款额(已扣除了保留金和其他应扣款后的款额)等于或大于合同规定的监理人阶段签证证书的最低限额时才予以支付。当月不予支付的金额将按月结转,直到批准的付款金额达到或超过最低支付限额时,才予以支付。

【例4-20】 请简述工程计量的主要方法。

解:工程计量是发包人向承包人支付工程价款的主要依据。各个项目的计量方法一般在合同技术条款、工程量清单前言中规定,实际计量方法必须与合同文件所规定的计量方法相一致。通常,工程计量主要有以下几种方法:

(1)现场测量。就是根据现场实际完成的工程情况,按规定的方法进行丈量、测算,最终确定支付工程量。

(2)按设计图纸计量。是指根据施工图对完成的工程量进行计算后确定支付工程量的计量方法。一般对混凝土、砌石体、钢木结构等建筑物或构筑物按设计图纸的轮廓线计算工程量。

(3)仪表测量。是指通过使用仪表对所完成的工程量进行计量。主要用于项目所使用的风、水、电、油等,以及特殊项目的混凝土灌浆、泥土灌浆等计量。

(4)按单据计算。是指根据工程实际发生的进货或进场材料、设备的发票、收据等,对所完成工程进行的计量。这些材料和设备须符合合同规定或有关规范的要求,且已应用到项目中。

(5)按监理人批准计量。是指在工程实施中,监理人批准确认的工程量直接作为支付工程量,承包人据此进行支付申请工作。这类计量主要是在变更项目中以具体的数量作为计量单位,主要用于隧洞支护的锚杆,基础处理的换填,基础的桩基水泥搅拌桩、灌注桩、预应力混凝土桩等项目。

【例4-21】 请简述在工程总承包合同形式下,承包人按月付款申请报告中包括哪些主要款项。

解:按月申请付款,承包人应以合同协议书约定的合同价格为基础,按每月实际完成的工程量(含设计、采购、施工等)的合同金额,向发包人或监理人提交付款申请。承包人提交付款申请报告的格式、内容、份数和时间,在专用合同条款中约定。其付款申请报告中包括的主要款项有:

(1)工程进度款的款项类别。

(2)合同价格调整的增减款项。

(3)预付款的支付及扣减的款项。

(4)缺陷责任保修金约定的暂扣及支付的款项。

(5)索赔结果所增减的款项。

(6)另行签订的补充协议增减的款项。

【例 4-22】 请简述对计日工的支付应遵循的主要规定。

解:对计日工的支付,一般应符合以下规定:

(1)以计日工的形式进行的任何工作,必须有监理人的指令,没有监理人的批准,承包人不能以计日工的形式进行任何工作,发包人不能支付任何款项。

(2)经监理人批准以计日工的形式进行的工作,承包人在施工过程中,每天应向监理人提交参加该项计日工工作的人员名单、职业、级别、工作时间和有关材料、设备清单和使用的消耗量及耗时,同时每月向监理人提交一份关于记载计日工工作所用的劳力、材料、设备价格和数量以及时间消耗的报表;否则,承包人无权要求计日工的付款。

(3)发包人认为有必要时,由监理人通知承包人以计日工方式实施变更的零星工作,其价款按列入标价工程量清单中的计日工计价子目及其单价计算,该价款从暂列金额中支付。

(4)按合同约定,经监理人同意所发生的计日工相关费用由承包人汇总后依合同要求列入进度付款申请单,由监理人复核并经发包人同意后列入进度付款,由发包人在工程进度付款中一并支付。

【例 4-23】 请简述在国际工程承包中承包商申请当月工程进度款支付报告的主要内容。

解:在每个月的月末,承包商应按工程师规定的格式向工程师提交本月支付报表,详细说明承包商认为自己应得到的款额,并附具各项证明文件,包括当月工程进度报告。申请支付报表的主要内容包括:

(1)本月实际完成的永久工程以及其他项目的应付款额(包括变更,但不包括以下所列各项款额)。

(2)法规变化和物价波动引起的价格调整而应增加和减扣的任何款额。

(3)作为保留金减扣的任何款额。

(4)预付款的支付和偿还应增加和减扣的任何款额。

(5)承包商采购用于为永久工程的设备和材料应预付和减扣的款额。

(6)根据合同规定应付的任何其他的增加和减扣的款额(如索赔款)。

(7)对所有以前的支付证书中修正的款额的扣除。

【例 4-24】 请简述在工程总承包形式下对付款时间延误应如何处理?

解:(1)发包人的违约责任。因发包人的原因未能按合同约定的时间向承包人支付工程进度款的,应从发包人收到付款申请报告后的第 26 日开始,以中国人民银行颁布的同期同类贷款利率向承包人支付延期的利息，作为延期付款的违约金额。

(2)暂停施工。发包人延误付款15天以上，承包人有权向发包人发出要求付款的通知，发包人收到通知后仍不能付款的，承包人可暂停部分工作，视为发包人导致的暂停，并按合同中关于发包人暂停的约定执行。

(3)协议延期付款。双方协商签订延期付款协议书的，发包人按延期付款协议书中约定的期数、时间、金额和利息付款；当双方未能达成延期付款协议，导致工程无法实施，承包人可停止部分或全部工程，发包人承担违约责任，导致工程关键路径延误时，竣工日期顺延。

(4)合同解除。发包人的延误付款达60天以上，并影响到整个工程实施的，承包人有权根据合同的约定向发包人发出解除合同的通知，并有权就因此增加的相关费用向发包人提出索赔。

第三节　合同价格调整

一、合同价格调整的缘由

在工程施工阶段，由于建设项目实际情况发生变化，合同双方在施工承包合同中约定的合同价格可能会出现变动。为合理分配合同双方的合同价格变动风险，发承包双方须在施工承包合同中明确约定合同价格的调整事件、调整方法及调整程序。合同价格的调整涉及合同双方的经济利益，直接影响建设项目的顺利实施，是合同管理的重要内容。

合同价格的变化是工程变更、工期调整、物价波动等一系列变化的反映，引起合同价格变化的主要原因可分为工程变更、法规变化、物价变化、工程索赔等四类，主要表现为以下几个方面。

(一)工程变更

1. 工程量变化

在水利工程施工承包合同中，工程量的变化引起合同价格的调整，是最为普遍的现象。每一项大中型水利工程的施工期少则几年，多则十几年，在较长的施工期中，不可避免的会发生工程量的增加或减少，当增加或减少的数额超过合同约定限额时，必然引起合同价格的调整。

工程量的变化一般是由工程变更引起的。此外，由于招标文件中工程量清单所列的工程量是依据设计的深度按图纸计算的，相对实际工程量是一个近似值，在施工过程中经过实测，实际工程量会发生相当大的变化，即使按照工程量清单所列的单价结算，实际合同价格与投标合同价格之间也会有相当大的变化。

2. 新增项目

水利工程施工条件复杂、项目繁多，加之工期长，自然条件复杂，随着施工的进展，做切合实际的工程变更是经常发生的。这样就出现了招标文件规定的工作范围以外的工作项目,这类项目称为新增项目。这些新增项目的实施经常会引起合同价格的调整。

(二)不利的自然条件

施工过程中发现不利的自然条件或外界障碍时,使现场施工条件较招标文件中所描述的更为困难和恶劣,往往引起工期调整和工程量变化,在多数情况下引起施工单价调整,都会使原合同价格发生变化。

(三)工期调整

工期调整改变了原定的施工进度计划,无论是工期延长,还是工期缩短,或者是加速施工(抢工),都会带来施工费用的变化。通常工期调整大多是施工期的延长,而工期延长不仅导致施工费用增加,而且经常需调整单价或总价,从而导致合同价格的变化。

在非承包人原因引起工期延长且发包人又要求按期完工时,承包人只有加速施工,加速施工势必造成费用增加,承包人就会提出加速施工的费用补偿报告,多会引起合同价格的变化。

(四)物价波动

在施工期内,物价的波动是经济社会发展的一种普遍的现象。物价上涨引起设备物资、建筑材料、人工劳务价格的增长,往往使工程建设成本大量增加。

(五)政策调整

在施工承包合同履行过程中,如果国家法律、法规或国务院有关部门的规章和工程所在省(自治区、直辖市)的地方法规和规章发生变更,导致承包人在实施合同期间所需的工程费用增加时,承包人有权得到补偿,即承包人可以免除在合同约定的基准日之后由于法律、法规变化带来的经济损失,合同价格需按合同规定予以调整。

(六)发包人风险及特殊风险

在发生发包人风险或特殊风险时,由此给承包人造成的经济损失应予补偿,应按合同规定的风险分配原则,对非承包人的风险造成的施工成本的增加,需对合同外的额外成本通过追加合同价格来给承包人进行合理补偿。

二、物价变化类合同价格调整

建设项目的建设周期一般都比较长,在此期间,根据市场经济的特点,在项目招标时应该认真考虑物价上涨风险的承担问题,并且将物价上涨的风险写入合同条款中。

通常引起物价变化的因素主要有以下几方面:一是由于人工费、材料费、设备费的变化,引起价格的变化。二是由于动力、燃料费用等价格变化,引起价格的变化。三是由于国家或省(自治区、直辖市)政策、法令的改变,引起工程费用的变化。四是由于外币汇率的变化引起价格的变化。五是由于运输费的价格变化引起施工费用变化。

一般情况下,施工期限在一年左右的建设项目,以及实行总价合同的建设项目,通常都不考虑合同价格调整的问题,即劳务、设备及材料等价格以签订施工承包合同时的单价和总价为准,物价上涨的风险全部由承包人来承担。因此,承包人在投标报价时,应根据现实情况和自身经验,把物价上涨因素考虑进去。施工期限超过一年的建设项目,在施工承包合同中要明确物价波动后合同价格调整的方式和方法,使投标人知道因物价波动不会使其承担大的风险,从而合理地规避物价波动的风险,降低投标报价。

物价波动对合同价格调整主要采用调价公式法、造价信息调整法、文件凭据法等。调价公式法适用于社会经济信息健全,物价波动时有专业的机构发布物价波动的信息记录,包括材料、劳务、设备等价格信息,多在建筑材料品种少、用量大的建设项目中使用。造价信息调整法主要适用于使用的材料品种较多,且每种材料使用量较小的建设项目。文件凭据法适用于没有物价信息记录或一些突发事件(如法律或政策调整)造成的物价波动情况下的合同价格调整。

(一)调价公式法

1. 调价公式的基本形式

调价公式法的基础是采用物价指数来调整合同价格,其最简单的原理就是使合同价格的增加比例与施工成本指数的比例相同。通常在调价公式中选用一些主要变化因素,来代替合同价格的各个部分,用完成工作时的指数值除以招标时的指数值而得的比例,代表合同价格超过投标价格的比例。

1)世界银行推荐的调价公式

世界银行推荐的调价基本公式为

$$P = P_0 \frac{I}{I_0}$$

式中,P 为调整的价格;P_0 为按接受投标时的价格标准要求付给承包人的标价(合同支付价格);I 为成本或价格的现行物价指数;I_0 为编标(或投标)时的物价指数。

为了反映出建设项目的合同价格中,有些费用是相对比较稳定、变化不大的,也就是说不存在太大的风险,如合同价格中承包人的利润和后方总部管理费等,这些费用不应参加调价。为此,世界银行项目在调价公式中,引入非调整因子,以保持这一部分合同价格不变,通常这部分比例为10%~20%。具体方法是在调价公式中增加一个只有加权系数而没有调价指数的子项来表示。

另外,为了反映出建设项目中,各项费用分别占合同价格的比例,需要确定各项相应工程内容的权重系数,以及这些工程内容各自的物价指数,世界银行项目给出非调整因子—多指数调价公式。公式中以 MLE 分别代表所使用的材料、劳动力和设备的物价指数,其公式为

$$P = P_0\left(a + \sum_{i=1}^{n} b_i \frac{MLE_i}{MLE_{i0}}\right)$$

式中,P 为调整后的价格;P_0 为按接受投标时的价格标准要付给承包人的标价(合同支付价格);MLE_i 为建设项目的材料或劳动力或设备现行物价指数;MLE_{i0} 为建设项目投标时的材料或劳动力或设备物价指数;n 为合同中需要进行调整材料、劳动力、设备的个数,也称可变因子的个数;b 为合同中第 i 个调整因子(可变因子)的权重系数;a 为合同中不需要调整(非调整因子)的权重系数,为10%~20%。

$a + \sum_{i=1}^{n} b_i = 1$。该公式中各项因素的加权系数常常在招标文件中固定下来,无论谁中

标均不再变化,且恒成立。

2)《水利水电工程标准文件》通用合同条款规定的调价公式

《水利水电工程标准文件》通用合同条款的规定:由于物价波动原因引起合同价格需要调整的,其价格调整方式在专用合同条款中约定。

(1)价格调整公式。因人工、材料和设备等价格波动影响合同价格时,按照《水利水电工程标准文件》通用合同条款的规定,根据投标函附录中的价格指数和权重表约定的数据,按以下价格调整公式计算差额并调整合同价格。

$$\Delta P = P_0\left[A + \left(B_1 \times \frac{F_{t1}}{F_{01}} + B_2 \times \frac{F_{t2}}{F_{02}} + B_3 \times \frac{F_{t3}}{F_{03}} + \cdots + B_n \times \frac{F_{tn}}{F_{0n}}\right) - 1\right]$$

式中,ΔP 为调整的价格差额;P_0为合同条款约定的付款证书中承包人应得到的已完成工程量的金额。此项金额应不包括价格调整、不计质量保证金的扣留和支付、预付款的支付和扣回。已约定的变更及其他金额已按现行价格计价的,也不计在内;A 为定值权重(不调部分的权重);B_1, B_2,B_3,…,B_n 为各可调因子的变值权重(可调部分的权重)为各可调因子在投标函投标总报价中所占的比例;F_{t1},F_{t2},;F_{t3},…,F_{tn} 为各可调因子的现行价格指数,指合同条款约定的付款证书相关周期最后一天的前 42 天的各可调因子的价格指数;F_{01},F_{02},F_{03},…,F_{0n}为各可调因子的基本价格指数,指基准日期的各可调因子的价格指数。

以上价格调整公式中的各可调因子、定值和变值权重,以及基本价格指数及其来源在投标函附录价格指数和权重表中约定。价格指数应首先采用有关部门提供的价格指数,缺乏上述价格指数时,可采用有关部门提供的价格代替。

(2)暂时确定调整差额。在计算调整差额时得不到现行价格指数的,《水利水电工程标准文件》通用合同条款规定:可暂用上一次价格指数计算,并在以后的付款在再按实际价格指数进行调整。

(3)权重的调整。针对权重问题,《水利水电工程标准文件》通用合同条款规定:按合同约定的变更导致原定合同中的权重不合理时,由监理人与承包人和发包人协商后进行调整。

(4)承包人工期延误后的价格调整。针对承包人工期延误后的价格调整,《水利水电工程标准文件》通用合同条款规定:由于承包人原因未在约定的工期内竣工的,则对原约定竣工日期后继续施工的工程,使用价格调整公式时,应采用原约定竣工日期与实际竣工日期的两个价格指数中较低的一个作为现行价格指数。

2. 调价公式法调价的基本工作程序

调价公式法进行合同价格调整的计算工作主要程序如下。

1)确定计算物价指数的品种

一般情况下所选品种不宜太多,只确立那些对建设项目投资影响较大的因素,如水泥、钢材、木材、人工和主要设备等,这样便于计算和重点控制。

2)明确两个关键问题

一是合同价格条款中,应写明经合同双方商定的调价因素,在签订合同时要写明考核几种物价波动到何种程度才进行合同价格调整。一般都在±10%左右。也有的合同规定,在应调金额不超过合同原始价的5%时,由承包人自己承担;在5%~20%时承包人负担增加金额的10%,发包人负担增加金额的90%;超过20%时,则必须另签附加条款。

二是要明确考虑的地点和时点。地点一般指工程所在地,或指定的某地市场价格;时点是指某月某日的市场价格。调价时要确定两个时点价格,即签订合同时某个时点的市场价格(调价的基础价格)和每次支付前的一定时间(通常是支付前十天或合同双方约定的若干天)的时点价格。

3)确定每个可调品种的系数和固定系数

可调品种的系数要根据该品种价格对建设项目总造价的影响程度而定。各品种系数之和加上固定系数必须等于1。

3.国际性招标大型工程合同价格调整工作步骤

(1)分析施工中必需的投入,并决定选用一个调价公式,还是选用多个调价公式。

(2)估计各项投入占工程总成本的相对比重,以及国内投入和国外投入的分配,并决定对国内成本与国外成本是否分别采用单独的调价公式。

(3)选择能代表主要投入的物价指数。

(4)确定合同价格中固定部分和不同投入因素的物价指数的变化范围。

(5)确定调价公式的应用范围和使用方法。

(6)如有必要,规定外汇汇率的调整办法。

(二)造价信息调整法

采用造价信息调整合同价格差额的方法,主要适用于使用的建筑材料品种较多,相对而言每种材料使用量较小的建设工程项目。

《水利水电工程标准文件》通用合同条款规定:施工期内,因人工、材料、设备和机械台班价格波动影响合同价格时,人工、机械使用费按照国家或省(自治区、直辖市)建设行政管理部门、行业建设管理部门或其授权的工程造价管理机构发布的人工成本信息、机械台班单价或机械使用费系数进行调整;需要进行价格调整的材料,其单价和采购数应由监理人复核,监理人确认需调整的材料单价及数量,作为调整工程合同价格差额的依据。

工程造价信息的来源以及价格调整的项目和系数在专用合同条款中约定。

1.人工单价的调整

人工单价发生变化时,发承包双方应按省级或行业建设主管部门或其授权的工程造价管理机构发布的人工成本文件信息调整合同价格。

2.材料和工程设备价格的调整

材料、工程设备价格变化的合同价格调整,按照承包人提供主要材料和工程设备一览表,根据发承包双方约定的风险范围,按以下规定进行合同价格调整:

(1)如果承包人投标报价中材料单价低于基准单价,工程施工期间材料单价涨幅以基准单价为基础超过合同约定的风险幅度值时,或材料单价跌幅以投标报价为基础超过合同约定的风险幅度值时,其超过部分按实调整。

(2)如果承包人投标报价中材料单价高于基准单价,工程施工期间材料单价跌幅以基准单价为基础超过合同约定的风险幅度值时,或材料单价涨幅以投标报价为基础超过合同约定的风险幅度值时,其超过部分按实调整。

(3)如果承包人投标报价中材料单价等于基准单价,工程施工期间材料单价涨、跌幅以基准单价为基础超过合同约定的风险幅度值时,其超过部分按实调整。

(4)承包人应当在采购材料前将采购数量和新的材料单价报发包人核对,确认用于本合同工程时,发包人应当确认采购材料的数量和单价。发包人在收到承包人报送的确认资料后3个工作日不予答复的,视为已经认可,作为调整合同价格的依据。如果承包人未报经发包人核对即自行采购材料,再报发包人确认调整合同价格的,如发包人不同意,则不作调整。

3. 施工机械台班单价的调整

施工机械台班单价或施工机具使用费发生变化超过省级或行业建设主管部门或其授权的工程造价管理机构规定的范围时,按照其规定调整合同价格。

(三)文件凭据法

当难以得到官方及时可靠的物价指数和工程造价信息时,则无法利用调价公式进行合同价格的调整,此时,合同价格可以根据实际的证明文件来进行调价,如根据材料、设备等的发票收据来调价。

在使用文件凭据法调价时应注意以下问题。

1. 价格调整的范围和基准

采用文件凭据法调价首先要认真研究和明确合同文件中规定的价格调整的范围,确定哪些项可调、哪些项不可调、用什么方法调。在水利工程实施中,价格调整涉及的范围较广,主要包括以下方面:

(1)材料。水利工程建设中使用的材料除钢材、木材、水泥、油料、水工材料、粉煤灰等大宗材料以外,还有更多种类的建筑材料、电工器材。每种材料又有不同的品种和规格,其种类可多达千种。

(2)劳务。包括不同工种、不同等级的劳务费用。

(3)税及费。需要交纳的税款包括关税、营业税、地方附加税、企业所得税、个人所得税、车辆牌照税、印花税等。费用则有海关检验费、进口手续费、口岸管理费、车辆购置附加费、注册登记费、养路费等。

(4)运输费。包括海运、空运、公路、铁路、内河航运的运费及各种附加费用。

(5)通信和邮政费。包括国内外邮政及电信费用,如电话、电报、传真、函件、包裹、网络通信等。

(6)施工用电。

(7)其他。如医疗费、零配件、杂项开支等。

以上涉及的各方面费用在施工期间价格都可能发生变化,在市场经济的条件下,对合同价格采用固定价格,涨价风险都由承包人承担显然是不合理的,也是不可行的。但是如果采用文件凭据法,对施工过程中所有发生的费用都允许调价,也是不合理不可行的。因为价格涉及范围太广,仅上千种不同品种和规格的材料要一笔一笔核实价差和数量,就会让发包人不堪重负。所以,一般在招标文件中都限定调价范围,医疗费、零配件、杂项开支等都明确不予调价,对材料价格的调整也明确限定一定的种类,而其他材料涨价的风险由承包人承担,或在投标时计入投标报价中。

对于可调的项目，必须明确调价的基准点，即补差的基本价格或原始价格，以及用以计算税费的文件公布日期，材料价格一般均在招标文件或投标文件中列明基本价格，同时招标文件还规定以开标前 28 天的立法状况或价格水平作为投标报价的依据，以此作为进行合同价格调整的基准。

2. 价差及补差数量的审核和计算方法

文件凭据法调价的基本公式为：

$$\Delta M = (M - M_0)Q$$

式中，ΔM 为补偿差价；M 为现行价格；M_0 为合同文件中规定的投标基本价格；Q 为合同文件中规定允许补差的数额。

M_0 可以在招标文件中规定，投标人以此为基本价格报价，投标人也可以在投标文件中列出，经发包人认可作为调价的基本价格。M 为现行价格，由于市场条件复杂，采购的地点和厂家不一，所以同一种产品可能现行价格差别很大，因此对承包人提交的发票应认真审核，通常只对经物价部门认可的发票才予承认。发包人要加强对承包人的采购进行有效的监督，防止承包人串通供货商抬高采购价格，从发包人处多得到补偿。

对于应补差价的最终计算结果来说，对补差材料、物资数量的审核同样极为重要。不能认为承包人采购的所有材料或物资都要补差。因为用于工程不同部位的材料和物资数量难以精确计算，同时承包人采购数量中还包含着损耗和浪费。此外，由于市场现行价格和合同基本价格之间的差价有时很大，这个差价是由发包人承担的，这就必须防止有的承包人从中牟利。通常要在合同文件中规定只对用于主体工程、并以图纸或其他容易核实的方法计量的材料或物资才予以价格补差。

三、法规变化类合同价格调整

因国家法律、法规或国务院有关部门的规章和工程所在省（自治区、直辖市）的地方法规和规章发生变更而影响合同价格的风险，发承包双方应在合同中约定由发包人承担。

（一）基准日的确定

为了合理划分发承包双方的合同风险，施工承包合同中应当约定一个基准日，对于基准日之后发生的、作为一个有经验的承包人在招投标阶段不可能合理预见的风险，应当由发包人承担。建设工程一般以施工招标文件中规定的提交投标文件的截止时间前的第 28 天作为基准日。

（二）合同价格的调整方法

施工承包合同履行期间，国家法律、法规或国务院有关部门的规章和工程所在省（自治区、直辖市）的地方法规和规章在合同规定的基准日之后发生变更，且因执行相应的法律、法规、规章和政策引起工程造价发生增减变化的，合同双方当事人应当依据法律、法规、规章和有关政策的规定调整合同价格。

如果人工、材料和工程设备等价格的变化已经包含在物价波动事件的调价范畴中，则在法规变化类的调价中不再予以考虑。

（三）工期延误期间的特殊处理

如果由于承包人的原因导致工期延误，在工期延误期间国家法律、法规和相关政策发生变化引起工程造价变化,造成合同价格增加的,合同价格不予调整;造成合同价格减少的,合同价格予以调整。

四、工程变更类合同价格调整

(一)工程变更的定义

工程变更的定义包括广义和狭义两种,广义的工程变更包含合同变更的全部内容,如设计方案和施工方案的变更,工程量清单数量的增或减,工程质量和工期要求的变动,建设规模和建设标准的调整,政府行政法规的调整,合同条款的修改以及合同主体的变更等;而狭义的工程变更只包括以工程监理变更令形式变更的内容。也可以说工程变更是建设项目在签订施工承包合同后的实施过程中由发包人提出或由承包人提出并经发包人批准的合同工程的任何改变。

在建设项目施工中,工程变更是最普遍的问题。每一项建设工程或多或少地会出现一些工程变更问题,如设计变更、施工进度计划或施工顺序变更、施工技术标准变更、实际工程量同招标文件中工程量清单所列工程量的增减以及由于施工现场条件变化而使施工的工作项目超出了合同指明的工程范围等。由于工程变更所引起的工程量的变化、承包人的索赔等,都会造成合同价格的调整。

工程变更是合同价格变化的主要根源,变更对工程造价的影响是复杂和多方面的,必须对工程变更加以严格、有效的控制,应防止或减少其发生,以达控制造价目的。

(二)引起工程变更的主要因素

(1)发包人原因:工程规模、使用功能、工艺流程、质量标准的变化,以及工期改变等合同内容的调整。

(2)设计原因:设计错漏、设计调整,或因自然因素及其他因素而进行的设计改变等。

(3)施工原因:因施工质量或安全需要变更施工方法、作业顺序和施工工艺等。

(4)监理原因:监理工程师出于工程协调和对工程目标控制有利的考虑,而提出的施工工艺、施工顺序的变更。

(5)合同原因:原订合同部分条款因客观条件变化,需要结合实际修正和补充。

(6)环境原因:不可预见自然因素和工程外部环境变化导致工程变更。

(三)工程变更的处理原则

发生变更必须找出原因,划清责任;对必要的变更,尤其是涉及费用增减的工程变更,必须经设计单位代表、监理和发包人代表共同签字,做到先算账、后审批、再实施。

必须要发生的工程变更一般是越早处理越好,即使有损失也很有限,但要坚决避免施工后再变更。这不仅对已施工的工程会造成较大的损失和浪费,而且工期和质量也得不到保证。

要求设计单位在变更设计中尽可能使用招标文件中已有单价的项目。

对涉及新增单价的变更应严格审查其必要性、合理性,把新增的单价数量降到最低。

(四)工程变更费用的处理原则

无论何种原因引起的工程变更,都可能导致工程费用或施工进度的变化。工程变更指令发出后,就意味着对工程设计和原承包合同内容进行变更。如果导致这种变更是由承包人自身原因引起的，则因变更引起的工程费用变化由承包人负责；如果工程变更是由发包人提出或其他原因造成工程费用变化、承包人的损失，则应由发包人负责，由此延误的工期应相应顺延。

《水利水电工程标准文件》通用合同条款规定了工程变更的估价原则，即除专用合同条款另有约定外，因工程变更引起的价格调整按以下约定处理。

(1)已标价工程量清单中有适用于变更工作的子目的，采用该子目的单价。

(2)已标价工程量清单中无适用于变更工作的子目的，但有类似子目的，可在合理范围内参照类似子目的单价，由合同双方商定或确定变更工作的单价。

(3)已标价工程量清单中无适用或类似子目的单价，可按照成本加利润的原则，由合同双方商定或确定变更工作的单价。

工程变更是施工承包合同的变更，处理如何变更项目的调价问题，都应当严格依据合同规定办理。

确定变更项目的单价要把握与施工承包合同中的单价水平相协调，在没有具备针对性的具体施工方案为依据的情况下，不应过分高于或低于施工承包合同中的单价水平。

(五)工程变更的调价方法

1. 分部分项工程调价方法

(1)采用合同中工程量清单的单价和价格的。合同中工程量清单的单价和价格由承包人投标时提供，用于变更项目，容易被发包人、承包人及监理人接受，从合同意义上讲也是比较公平。

采用合同中工程量清单的单价和价格有几种方法：一是直接套用，即从工程量清单上直接拿来使用；二是间接套用，即依据工程量清单，通过换算后采用；三是部分套用，即依据工程量清单，取其价格的某一部分使用。

(2)协商单价和价格。是基于合同中没有或者有但不合适的情况而采取的一种方法。

2. 措施项目费调价方法

工程变更引起措施项目发生变化的，承包人提出调整措施项目费的，应由承包人事先将拟实施的方案提交发包人确认，并详细说明与原方案措施项目相比的变化情况。

拟实施的方案经发承包双方确认后执行。并应按照下列规定调整措施项目费。

(1)采用单价计算的措施项目费，按照实际发生变化的措施项目按前述分部分项工程调价方法确定单价。

(2)按总价(或系数)计算的措施项目费，按照实际发生变化的措施项目调整。

当承包人未事先将拟实施的方案提交给发包人确认，则视为工程变更不引起措施项目费的调整或承包人放弃调整措施项目费的权利。

3. 删减施工承包合同中工程或工作的补偿

如果发包人提出的工程变更，非因承包人原因删减了施工承包合同中的某项原定工程或工作，致使承包人发生的费用和得到的收益不能被包括在其他已支付或应支付的项目中，也未被包含在任何替代的工程或工作中，则承包人有权提出并得到合理的费用及利润补偿。

（六）新增项目的调价方法

1. 新增项目产生的原因

新增项目从性质上讲也属于工程变更。一个建设项目的实施，需要完成的工程内容是十分广泛的，要完成的工程量也是巨大的，特别是水利工程自然条件、地形、地质条件的多样性，且具有施工工期较长、工程涉及面广、施工条件复杂的特点，随着施工进程的进展，逐步被揭露的地质情况和其他情况的变化，将会与原招标设计的依据发生差异，必须修改或调整原设计以适应变化，则将产生合同外新增项目，这是在工程实践中难以避免的。产生新增项目的原因主要有以下几种：

（1）由于水利工程地质条件复杂，随着施工进展，当不断被揭露的地质情况与原设计文件中的地质条件有较大差异时，必须进行修改，否则将造成工程量过度增加，引起建设费用加大、施工工期延长。在此情况下，发包人根据工程建设整体利益的需要，往往提出设计修改，从而产生新增项目。

（2）水利工程建设项目的施工条件都是比较复杂的，工程施工往往受许多外界客观条件限制，如工程范围内涉及新出现的公路、铁路交通线和地下历史文物、古迹等；施工过程中将可能遇到一些事先难以预料的因素，如塌方、超标准洪水等；这些复杂的施工条件和施工中各种难以预料的因素出现，都可能造成对原设计的局部修改，从而产生新增项目。

（3）水利工程建设项目的施工部位和分项都相当繁多，而招标文件是根据招标设计，在施工详图设计之前编制的，很容易出现招标时合同文件中工程量清单不够准确或者出现工程项目遗漏现象。随着施工详图的不断提供和施工的不断深入进行，将会发现存在的问题，从而导致新增项目的产生。

（4）在水利工程建设项目施工过程中，随着工程建设的推进和项目实施需求变化，设计单位会不断地发现原设计方案或内容的不合理性，从而将推出设计优化问题，造成设计变更，导致产生新增项目。

（5）发包人或监理人为保证工程进度目标的如期实现，使工程按期完工投产而调整合同内容，导致产生新增项目。

（6）由于国家或地方的政策、法规等的变化，而导致出现新增项目。

2. 新增项目的价格调整

在工程变更的各种形式中，新增项目的现象最为普遍。这些新增项目，可能包括各种不同的规模和范围，其工程量也可能相差悬殊。因此，应该对新增项目有严格的、在合同概念上的区分，并采取不同的处理办法，以避免对新增项目了解不够、认识不清，导致合同管理上的模糊或混乱，形成合同纠纷。

从合同含义上分析，新增项目应按其工程范围划分为附加工程和额外工程两种；属于工程项目合同范围的新增工程，称为附加工程；超出工程项目合同范围以外但仍对项目功能有利的新增工程，称为额外工程。

1）附加工程

所谓附加工程，是指完成合同项目所必不可少的工程。如果缺少了这些工程，该合同项目便不能发挥合同预期的作用。因此，只要是该合同项目必需的工程，都属于附加工程,无论该合同项目合同文件中的工程量清单上是否列出该项工作,只要监理人发出工程变更指令,承包人应遵照执行。因为这些附加工程在合同意义上属于合同范围以内的工作。

对附加工程,其价格调整原则和上述工程变更的调价原则及方法是一致的。

2)额外工程

所谓额外工程,是指合同项目的合同文件中"工程范围"未包括的工作。缺少这些额外工程,原订合同的工程项目仍可运行并发挥效益。所以,针对合同项目而言,额外工程实属"新增的工程项目",而不是原合同项目的一个新的"工作项目"。因此,对于一项额外工程,应签订新的承包合同,单独议定合同价格。

额外工程在价格确定上,通常有以下两种方式:

(1)签订新合同协议书,议定新的合同价格。合同文件的主要内容可沿用原合同项目的合同条件。

(2)将额外工程作为原合同项目工程范围内的一项新增工程,合同双方协商确定施工单价或合同总价,由承包人按照原合同项目的合同条件完成施工。

(七)计日工费用的确认

水利工程建设项目很多规模不大的工程变更是按计日工方式实施的。发包人通知承包人以计日工方式实施的零星工作,承包人应予执行。

采用计日工计价的任何一项变更工作,承包人应在该项变更的实施过程中,按合同约定提交以下报表和有关凭证送发包人复核:

(1)工作名称、内容和数量。

(2)投入该工作所有人员的姓名、工种、级别和耗用工时。

(3)投入该工作的材料名称、类别和数量。

(4)投入该工作的施工设备型号、台数和耗用台时。

(5)发包人要求提交的其他资料和凭证。

任一计日工项目实施结束,承包人应按照确认的计日工现场签证报告核实该类项目的工程数量,并根据核实的工程数量和承包人已标价工程量清单中的计日工单价进行计算,提出应得价款;已标价工程量清单中没有该类计日工单价的,由发承包双方按工程变更的有关规定商定计日工单价计算。

每个支付期末,承包人应与进度款同期向发包人提交本期间所有计日工记录的签证汇总表,以说明本期间承包人认为有权得到的计日工金额,以调整合同价格,列入进度款支付。

五、工程索赔类合同价格调整

工程类索赔一般包括工程索赔、不可抗力索赔、赶工补偿与误期赔偿等。

(一)工程索赔的调价方法

1. 工程索赔的概念

工程索赔是指在建设项目施工承包合同履行过程中,合同一方当事人因对方不履行或未能正确履行合同义务或者由于其他非自身原因而遭受经济损失或权利损害,通过合同约定的程序向对方提出经济或时间补偿要求的行为。即工程索赔是合同一方依据合同或法律、法规,向另一方提出合理要求,弥补自己不应有的损失,维护自身合法权益的活动。工程索赔是工程承包中的正常业务和必要机制。其性质属于经济补偿,不等于发生争议。

通常而言,工程索赔可以分为施工索赔和反索赔两大类。施工索赔:是指承包人向发包人提出的,为了取得费用补偿或工期延长的要求。反索赔:是指由于承包人不履行或不完全履行合同约定的义务,或由于承包人的责任使发包人受到损失时,发包人向承包人提出的赔偿要求;另外,反索赔还包括发包人对于承包人提出的索赔要求进行评审、反驳和修正,以及为防止承包人索赔而预先采取相应的防范措施。

处理工程索赔是施工价段工程造价管理的重要方面,发包人应注意采取各种预防措施,防止或减少工程索赔的发生。控制工程索赔的关键是要细化设计,切实加强现场管理,减少工程变更等诱发因素出现,将工程索赔事件降低到最小。

2. 工程索赔的分类

1)按索赔的当事人分类

根据索赔的合同当事人不同,可将工程索赔分为:

(1)承包人与发包人之间的索赔。该类索赔发生在建设项目施工承包合同的双方当事人之间,既包括承包人向发包人的索赔,也包括发包人向承包人的索赔。通常发生的索赔事件大多是承包人向发包人提出的工程索赔。

(2)总承包人和分包人之间的索赔。在建设项目分包合同履行过程中,索赔事件发生后,无论是发包人的原因还是总承包人的原因所致,分包人都只能向总承包人提出索赔要求。而不能直接向发包人提出。

2)按索赔的目的和要求分类

根据索赔的目的和要求不同,可将工程索赔分为工期索赔和费用索赔。

(1)工期索赔。一般是指承包人依据合同约定,对于非自身原因导致的工期延误向发包人提出工期顺延的要求。工期顺延的要求获得批准后,不仅可以免除承包人承担拖期违约赔偿金的责任,而且承包人还有可能因工期提前获得赶工补偿或奖励。

(2)费用索赔。目的是要求补偿承包人(或发包人)的经济损失,费用索赔的要求如果获得批准,必然会引起合同价格的调整。

3)按索赔事件的性质分类

根据索赔事件的性质不同,可将工程索赔分为:

(1)工程延误索赔。因发包人未按合同要求提供施工条件,或因发包人指令工程暂停或不可抗力事件等原因造成工期拖延的,承包人可以向发包人提出索赔;如果由于承包人的应用导致工期拖延,发包人可以向承包人提出索赔。

(2)加速施工索赔。由于发包人指令承包人加快施工速度,缩短工期,引起承包人的人力、物力、财力的额外开支,承包人据此提出的索赔。

(3)工程变更索赔。由于发包人指令增加或减少工程量或增加附加工程、修改设计、变更施工顺序等,造成工期延长或费用增加,承包人就此提出的索赔。

(4)合同终止的索赔。由于发包人违约或发生不可抗力事件等原因造成合同非正常终止,承包人因其遭受经济损失而提出索赔。如果由于承包人的原因导致合同非正常终止,或者合同无法继续履行,发包人可以就此提出索赔。

(5)不可预见的不利条件索赔。承包人在工程施工期间,施工现场遇到一个有经验的承包人通常不能合理预见的不利施工条件或外界障碍,如地质条件与发包人提供的资料不符,出现不可预见的地下水、地质断层、溶洞、地下障碍物等,承包人可以就因此遭受的损失提出索赔。

(6)不可抗力事件的索赔。工程施工期间,因不可抗力事件的发生而遭受损失的一方,可以根据施工承包合同中对不可抗力风险分担的约定,向对方当事人提出索赔。

(7)其他索赔。如货币贬值、汇率变化、物价上涨、政策法令变化的原因引起的索赔。

3. 工程索赔的依据和条件

1)工程索赔的依据

提出工程索赔和处理工程索赔都要依据下列文件和凭证:

(1)建设项目施工承包合同文件。合同文件是工程索赔中最关键和最主要的依据,工程施工期间,发承包双方关于工程的洽商、变更的书面协议或文件,也是索赔事项的重要依据。

(2)国家法律、法规。国家制定的相关法律、行政法规,是工程索赔的法律依据。工程项目所在地的地方性法规或地方政府规章,也可以作为工程索赔的依据,但应当在施工承包合同专用条款中约定为该合同的适用法律。

(3)国家、部门和地方有关标准、规范和定额。对于工程建设的强制性标准,是合同双方必须严格执行的;对于非强制性标准,必须在合同中有明确规定的情况下,才能作为工程索赔的依据。

(4)建设项目施工承包合同履行过程中与索赔事件有关的各种凭证。这是承包人因索赔事件所遭受费用或工期损失的事实依据,它反映了工程的计划情况和实际情况的差别。

2)工程索赔成立的条件

承包人工程索赔成立的基本条件包括:

(1)索赔事件已造成了承包人直接经济损失或工期延误。

(2)造成费用增加或工期延误的索赔事件不是承包人的原因发生的。

(3)承包人已经按照建设项目施工承包合同规定的期限和程序提交了索赔意向通知、索赔报告及相关证明材料。

4. 承包人向发包人的索赔

1)可以索赔的费用

确定承包人可以索赔什么费用及索赔多少,有两条主要原则:一是所发生的费用应该是承包人履行合同所必需的,即如果没有该费用支出,就无法正常履行合同,无法使工程达到合同要求。二是给予补偿后,应该使承包人处于与假定未发生索赔事项情况下的同等有利或不利地位(承包人自己在投标中所确立的地位),即承包人不因索赔事项的发生而额外受益或额外受损。

从索赔发生的原因看,承包人索赔可简单分为损失索赔和额外工程索赔。损失索赔主要是由发包人违约所引起的;额外工程索赔主要是由合同变更、第三方违约、非承包人承担的风险事件引起的。按照法律原则,发包人对损失索赔应给予赔偿损失,包括实际损失和可得利益(或称所失利益)。实际损失是指承包人多支出的额外成本。可得利益是指如果发包人不违约,承包人本应得到的,却因发包人违约而丧失了的利益。对额外工程索赔,发包人应以原建设项目施工承包合同中的适用价格为基础,经合同双方协商确定的合理价格给予付款。

计算损失索赔和额外工程索赔的主要区别是:损失索赔的计算基础是成本,额外工程索赔的计算基础是价格(包括直接成本、管理费、利润)。计算损失索赔按无违约与实际有违约成本(不一定是承包人投标报价成本或实际发生成本,应是合理成本)相比较,对两者之差给予补偿,与各工程项目的价格无关,原则上不得包括相应利润。计算额外工程索赔则允许包括额外工作的相应利润。

索赔仅仅是承包人要求对实际损失或额外费用给予补偿。承包人究竟可以就哪些损失提出索赔,这取决于合同规定和有关适用法律。以下列举常见的可索赔的损失项目或费用:

(1)人工费。额外劳动力雇佣、劳动效率降低、人员闲置、加班工作、人员人身保险和各种社会保险支出。

(2)材料费。额外材料使用、材料破损估价、材料涨价、材料保管和运输费用。

(3)设备费用。额外设备使用、设备使用时间延长、设备闲置、设备折旧和修理费分摊、设备租赁实际费用增加、设备保险增加。

(4)低值易耗品。额外低值易耗品使用、小型工具、仓库保管成本。

(5)现场管理费。工期延长期的现场管理费、办公设施、办公用品、临时供热、供水和照明、人员保险、额外管理人员雇佣、管理人员工作时间延长、工资和有关福利待遇的提高。

(6)总部管理费。合同期间的总部管理费超支、延长期中的总部管理费。

(7)融资成本。贷款利息、自有资金利息。

(8)额外担保费用。

(9)利润损失。

2)不允许索赔的费用

一般情况下,下列费用是不允许索赔的:

(1)承包人的索赔准备费。索赔准备工作包括预测索赔机会、保持原始记录、提交索赔意向通知、提交索赔账单、进行成本和时间分析、提交正式索赔报告、进行索赔谈判和索赔处理协议的签署等工作。索赔的准备和处理过程可能比较长,且发包人还可能提出许多各种问题,承包人可能需要聘请专门的索赔专家来进行索赔的咨询工作,相关索赔准备费可能是承包人的一项不小的开支。但是,除非建设项目施工承包合同另有规定,通常都不允许承包人对这种费用进行索赔。一般情况认为,索赔准备费用是作为现场管理费的一个组成部分已得到补偿。

(2)工程保险费。计取方式分两种,一种是按照工程(合同)的最终价值计算和收取的,如果合同变更和索赔的金额较大,就会造成保险费的增加,其保险费作为现场管理费的一个组成部分得到补偿,不允许单独索赔。另一种是将工程保险费作为一个单独的工作项目在工程量表中列出,不包括在现场管理费中,可以单独索赔。

(3)因合同变更或索赔事项引起的工程计划调整、分包合同修改等费用。已包括在现场管理费中得到补偿,不允许单独索赔。

(4)因承包人的不适当行为而扩大的损失。当发生了有关索赔事项,承包人应及时采取适当措施防止损失的扩大,如果没有及时采取有效措施而导致损失扩大的,承包人无权就扩大的损失要求赔偿。这种措施主要包括保护未完工程、合理及时地重新采购器材、及时取消订货单、重新分配施工力量等。如果承包人能够做到而没有做,则其就不能对因此而闲置的人员和设备的费用进行索赔。但承包人可以要求发包人对其"采取这种减少损失措施"本身产生的费用给予补偿。

(5)索赔金额在索赔处理期间的利息。除有证据证明发包人或监理人有恶意拖延对索赔的处理外,一般在合理的索赔处理时间内,不允许对索赔处理期计算索赔金额利息。

5. 承包人提出索赔的程序

根据合同约定,承包人认为有权得到追加付款和(或)延长工期的,应按以下程序向发包人提出索赔:

(1)承包人应在知道或应当知道索赔事件发生后 28 天内,向发包人递交索赔意向通知书,并说明发生索赔事件的事由。承包人未在前述 28 天内发出索赔意向通知书的,视为丧失要求追加付款和(或)延长工期的权利。

(2)承包人应在发出索赔意向通知书后 28 天内,向发包人正式递交索赔通知书。索赔通知书应详细说明索赔理由以及要求追加的付款金额和(或)延长的工期,并附必要的记录和证明材料。

(3)索赔事件具有连续性影响的,承包人应按合理时间间隔继续递交延续索赔通知书,说明连续影响的实际情况和记录,列出累计的追加付款金额和(或)工期延长天数。

(4)在索赔事件影响结束后 28 天内,承包人应向发包人递交最终索赔通知书,说明最终要求索赔的追加付款金额和延长的工期天数,并附必要的记录和证明材料。

6. 承包人提出索赔的期限

(1)承包人按合同约定接受了完工付款证书后,应被认为已无权再提出在合同工程完工证书颁发前所发生的任何索赔。

(2)承包人按合同约定提交的最终结清申请单中,只限于提出合同工程完工证书颁发后发生的索赔。提出索赔的期限自接受最终结清证书时终止。

7. 承包人索赔的处理程序

(1)发包人收到承包人提交的索赔通知书后,应及时组织审查索赔通知书的内容、查验承包人的记录和证明材料,必要时可要求承包人提交全部原始记录副本。

(2)发包人应按合同规定确定追加的付款额和(或)工期延长数,并在收到上述索赔通知书或有关索赔的进一步证明材料后的 42 天内,将索赔处理结果答复承包人。

(3)承包人接受索赔处理结果的,发包人应在做出索赔处理结果答复后 28 天内完成赔付。承包人不接受索赔处理结果的,按合同争议的约定办理。

8. 发包人向承包人的索赔

1)工程拖期索赔

如果工程拖期是由于承包人的原因造成的,则发包人有权向承包人提出索赔,工程拖期损失费的计价方法,在各个工程项目的合同文件中均有具体规定。一般规定,每拖延完工一天,应赔偿一定款额的损失赔偿费;拖延损失赔偿费的总额,一般不能超过该工程项目合同价格的一定比例(通常为10%)。

2)施工缺陷索赔

施工合同一般规定,如果承包人施工质量不符合施工技术条款的规定,或使用的设备和材料不符合合同规定,或者在保修期满以前未完成应进行修补的工程时,发包人有权向承包人追究责任,要求补偿发包人所受的经济损失。如果承包人在规定的期限内仍未完成修补缺陷工作,发包人有权雇佣他人来完成工作,发生的费用由承包人承担。

3)承包人不履行的保险费用索赔

如果承包人未能按照合同条款指定的项目投保,发包人可以投保并保证保险有效,发包人所支付的必要的保险费可在应付给承包人的款项中扣回。

4)对指定分包人的付款索赔

在工程承包人未能提供已向指定分包人付款的合理证明时,发包人可以直接按照监理人的证明书,将承包人未付给指定分包人的所有款项(扣除保留金)付给这个分包人,并从应付给承包人的任何款项中如数扣回。

5)发包人合理终止合同或承包人不正当地放弃工程的索赔

如果发包人合理终止承包人的承包,或者承包人不合理地放弃工程,则发包人有权从承包人手中收回由新的承包人完成工程所需的工程款与原合同未付部分的差额。

6)其他损失索赔

(1)承包人运送自己的施工设备和材料时,损坏了沿途公共的公路或桥梁。

(2)承包人的建筑材料或设备不符合合同要求而要重复检验时,所带来的检测费用开支。

(3)由于承包人的原因造成工程拖期时,在超出计划工期的拖期时段内的监理人服务费用,发包人有权要求由承包人承担。

9. 索赔费用的计算

索赔费用计算的方法较多,每个水利工程的索赔费用计算方法往往视具体情况而有所不同。通常计算方法按以下几种方法进行计算。

1)总费用法

总费用法即总成本法,它是在发生多次索赔事件后,重新计算该工程的实际总费用,实际费用减去投标报价时的估算总费用,即为索赔金额。计算公式为

$$索赔金额 = 实际总费用 - 投标报价估算费用$$

对于某些特定的索赔事项,要精确地计算出索赔款项是有难度的,有时甚至是不可能的,在此情况下,采用总费用法逐项核实已开支的实际总费用,取消其不合理部分,再减去投标报价时的估算费用,仍可以比较合理地进行索赔支付。

采用总费用法时,一般要有以下的条件:

(1)由于该项索赔在施工时的特殊性质,难于或不可能精确地计算出损失金额。

(2)承包人的该项报价估算费用是比较合理的。

(3)已开支的实际总费用经过逐项审核,认为是比较合理的。

(4)承包人对已发生的费用增加没有责任。

2)修正费用法

修正费用法是对总费用法进行了相应的修改和调整,使其更合理。其主要修正内容为:

(1)计算索赔费用的时段仅限于受到外界影响的时期,而不是整个施工时期。

(2)只计算受影响时段内某项工作所受影响的损失,而不是计算该时段内所有施工工作所受损失。

(3)在所影响时段内的受影响的某项施工中,使用的人工、材料、机械等资源均有可靠的记录资料,如监理人的监理日志、发包人或承包人的施工日志等现场施工记录。

(4)与该项工作无关的费用,不列入总费用中。

(5)对投标报价估算费用重新进行核算,按受影响时段期间该项工作的实际单价进行计算,乘以实际完成的该项工作的工程量,得出调整后的报价费用。

根据上述调整、修正后的总费用基本上准确地反映出实际增加的费用,作为给承包人补偿的金额。其索赔金额为该项工作调整后的实际总费用减去该项工作调整后报价费用的差值。

3)实际费用法

实际费用法亦称实际成本法或分项法。

实际费用法是承包人以索赔事项的施工引起的附加开支为基础,加上间接费、利润和税金,向发包人提出索赔费用,其特点如下:

(1)它比总费用法复杂,处理起来困难。

(2)它反映实际情况,比较合理、科学。

(3)它为索赔报告的进一步分析评价、审核,双方责任的划分,双方谈判和最终解决提供方便。

(4)应用面广,人员在逻辑上容易接受。

实际费用法能客观地反映承包人的费用损失,为取得经济补偿提供可靠的依据,被国际工程界广泛采用。实际费用法计算索赔的依据是实际的成本记录或单据,包括工资单、工时记录、设备运转记录、材料消耗记录、工程进展表、工程量表、开支发票等一系列实际支出证据,系统地反映某项工作在施工过程中受非承包人责任的外界原因所引起的附加开支。

10. 工期索赔的计算

工期索赔通常是指承包人依据合同对由于非因自身原因导致的工期延误向发包人提出的工期顺延要求。

1)工期索赔中应当注意的问题

(1)划清施工进度拖延的责任。因承包人的原因造成施工进度滞后,属于不可原谅的延期;只有承包人不应承担任何责任的延误,才是可原谅的延期。有时工程延期的原因中可能包含有合同双方责任,对此应进行详细分析,分清责任比例,只有可原谅延期部分才能批准顺延合同工期。可原谅延期,又可细分为可原谅并给予补偿费用的延期和可原谅但不给予补偿费用的延期;后者是指非承包人责任事件的影响并未导致施工成本的额外支出,大多属于发包人应承担风险责任事件的影响,如异常恶劣的气候条件影响的停工等。

(2)被延误的工作应是处于施工进度计划关键线路上的施工内容。只有位于关键线路上工作内容的滞后,才会影响到竣工日期。同时也应注意,既要看被延误的工作是否在批准进度计划的关键线路上,又要详细分析这一延误对后续工作的可能影响。因为若对非关键线路工作的影响时间较长,超过了该工作可用于自由支配的时间,也会导致进度计划中非关键线路转化为关键线路,其滞后将影响总工期的拖延。此时,应充分考虑该工作的自由时间,给予相应的工期顺延,并要求承包人修改施工进度计划。

2)工期索赔的具体依据

承包人向发包人提出工期索赔的具体依据主要包括:

(1)合同约定或双方认可的施工总进度计划。

(2)合同双方认可的详细进度计划。

(3)合同双方认可的对工期的修改文件。

(4)施工日志、气象资料。

(5)业主或工程师的变更指令。

(6)影响工期的干扰事件。

(7)受干扰后的实际工程进度等。

3)工期索赔的计算方法

(1)直接法。如果某干扰事件直接发生在关键线路上,造成总工期的延误,可以直接将该干扰事件的实际干扰时间(延误时间)作为工期索赔值。

(2)比例计算法。如果某干扰事件仅仅影响某单项工程、单位工程或分部分项工程的工期,要分析其对总工期的影响,可以采用比例计算法。

当已知受干扰部分工程的延期时间时,其工期索赔值的计算公式为:

$$\text{工期索赔值} = \text{受干扰部分工期拖延时间} \times \frac{\text{受干扰部分工程的合同价格}}{\text{原合同价格}}$$

当已知额外增加工程量的价格时,其工期索赔值的计算公式为:

$$\text{工期索赔值} = \text{原合同总工期} \times \frac{\text{额外增加的工程量价格}}{\text{原合同总价}}$$

比例计算法虽然简单方便,但有时不符合实际情况,而且比例计算法不适用于变更施工顺序、加速施工、删减工程量等事件的索赔。

(3)网络图分析法。网络图分析法是利用进度计划的网络图,分析其关键线路。如果延误的工作为关键工作,则延误的时间为索赔的工期;如果延误的工作为非关键工作,当该工作由于延误超过时差而成为关键工作时,可以索赔延误时间与时差的差值;若该工作延误后仍为非关键工作,则不存在工期索赔问题。

该方法通过分析干扰事件发生前和发生后网络计划的计算工期之差来计算工期索赔

值，可以用于各种干扰事件和多种干扰事件共同作用所引起的工期索赔。

4）共同延误的处理

在实际施工过程中，工期拖期很少是只有一方造成的，往往是两、三种原因同时发生（或相互作用）而形成的，故称为“共同延误”。在这种情况下，要具体分析哪一种情况延误是有效的，应依据以下原则：

（1）首先判断造成拖期的哪一种原因是最先发生的，即确定“初始延误”者，它应对工程拖期负责。在初始延误发生作用期间，其他并发的延误者不承担拖期责任。

（2）如果初始延误者是发包人原因，则在发包人原因造成的延误期内，承包人既可得到工期延长，又可得到经济补偿。

（3）如果初始延误者是客观原因，则在客观因素发生影响的延误期内，承包人可以得到工期延长，但很难得到费用补偿。

（4）如果初始延误者是承包人原因，则在承包人原因造成的延误期内，承包人既不能得到工期补偿，也不能得到费用补偿。

（二）不可抗力的索赔处理

1. 不可抗力的范围

不可抗力是指合同双方在合同履行中出现的不能预见、不能避免并不能克服的客观情况。不可抗力的范围一般包括因战争、敌对行动（无论是否宣战）、入侵、外敌行为、军事政变、恐怖主义、骚动、暴动、空中飞行物坠落或其他非合同双方当事人责任或原因造成的罢工、停工、爆炸、火灾等，以及当地气象、地震、卫生等部门规定的情形。双方当事人应当在合同专用条款中明确约定不可抗力的范围以及具体的判断标准。

2. 不可抗力造成损失的处理

1）费用损失的承担原则

因不可抗力事件导致的人员伤亡、财产损失及其费用增加，发承包双方应按以下原则分别承担并调整合同价格和工期：

（1）合同工程本身的损害、因工程损害导致第三方人员伤亡和财产损失以及运至施工场地用于施工材料和待安装的设备的损害，由发包人承担。

（2）发包人、承包人人员伤亡由其所在单位负责，并承担相应费用。

（3）承包人的施工机械设备损坏及停工损失，由承包人承担。

（4）停工期间，承包人应发包人要求留在施工场地的必要的管理人员及保卫人员的费用由发包人承担。

（5）工程所需清理、修复费用，由发包人承担。

2）工期的处理

因发生不可抗力事件导致工期延误的，工期相应顺延。发包人要求赶工的，承包人应采取赶工措施，赶工费用由发包人承担。

（三）提前竣工（赶工补偿）与误期赔偿

1. 提前竣工（赶工补偿）

（1）赶工费用。发包人应当依据相关工程的工期定额合理计算工期，一般压缩的工期天数不得超过定额工期的20%，超过的，应在招标文件中明示增加赶工费用。

(2)提前竣工奖励。发承包双方可以在合同中约定提前竣工的奖励条款,明确每日历天应奖励额度。约定提前竣工奖励的,如果承包人实际竣工日期早于计划竣工日期,承包人有权向发包人提出并得到提前竣工天数和合同约定的每日历天应奖励额度的乘积计算的提前竣工奖励。一般情况,双方还应在合同中约定提前竣工奖励的最高限额(通常不超过合同价格的5%)。提前竣工奖励列入竣工结算文件中,与结算款一并支付。

发包人要求合同工程提前竣工,应征得承包人同意后与承包人商定采取加快工程进度的措施,并修订合同工程进度计划。发包人应承担承包人由此增加的赶工补偿费。发承包双方也可在合同中约定每日历天的赶工补偿额度,此项费用作为增加合同条款,列入竣工结算文件中,与结算款一并支付。

2. 误期赔偿

发承包双方可以在合同中约定误期赔偿费,明确每日历天应赔偿额度。如果承包人的实际进度迟于计划进度,发包人有权向承包人索取并得到实际延误天数与合同约定的每日历天应赔偿额度的乘积计算的误期赔偿费。一般情况下,合同双方应当在合同中约定误期赔偿费的最高限额(通常不超过合同价格的5%)。误期赔偿费列入竣工结算文件中,并应在结算款中扣除。

合同工程发生误期的,承包人应当按照合同的约定向发包人支付误期赔偿费,如果约定的误期赔偿费低于发包人由此造成的损失的,承包人还应继续赔偿。即使承包人支付误期赔偿费,也不能免除承包人按照合同约定承担的任何责任和义务。

如果在工程竣工之前,合同工程内的某单项(或单位)工程已通过了竣工验收,且该单项(或单位)工程接收证书中表明的竣工日期并未延误,而是合同工程的其他部分产生了工期延误,则误期赔偿费应按照已颁发工程接收证书的单项(或单位)工程造价占合同价格的比例幅度予以扣减。

六、其他类合同价格调整

其他类合同价格调整事项主要指现场签证。现场签证是指发包人或其授权现场代表(包括监理人、工程造价咨询人)与承包人或其授权现场代表就施工过程中涉及的责任事件所作的签认证明。施工合同履行期间出现现场签证事件的,发承包双方应调整合同价格。

(一)现场签证的提出

承包人应发包人要求完成合同以外的零星项目、非承包人责任事件等工作的,发包人应及时以书面形式向承包人发出指令,提供所需的相关资料;承包人在收到指令后,应及时向发包人提出现场签证要求。

承包人在施工过程中,若发现合同工程内容因场地条件、地质水文、发包人要求等不一致时,应提供所需的相关资料,提交发包人签证认可,作为合同价格调整的依据。

(二)现场签证报告的确认

一般情况下,承包人应在收到发包人指令后的7天内,向发包人提交现场签证报告,发包人应在收到现场签证报告后的48 h内对报告内容进行核实,予以确认或提出修改意见。发包人在收到承包人现场签证报告后的48 h内未确认也未提出修改意见的视为承包人提交的现场签证报告已被发包人认可。

(三)现场签证报告的要求

(1)现场签证的工作如果已有相应的计日工单价,现场签证报告中仅列明完成该签证工作所需的人工、材料、工程设备和施工机械台班的数量。

(2)如果现场签证的工作没有相应的计日工单价,应当在现场签证报告中列明完成该签证工作所需的人工、材料、工程设备和施工机械台班的数量及其单价。

现场签证工作完成后的7天内,承包人应按照现场签证内容计算价款,报送发包人确认后,作为增加的合同价格,与进度款同期支付。

(四)现场签证管理应注意的问题

(1)签证内容要明确,为价格调整提供详细的依据。

(2)现场签证应按照规范的格式编写,需要发包人、监理人、承包人三方共同会签才能生效。

(3)现场签证必须注明时间,以满足工程造价计价依据的时效性。

(4)现场签证单的工程量要有计算过程和必需的图示说明。

如不能按上述要求进行规范签证,往往导致不能顺利依此进行价格调整和价款结算。

(五)现场签证的限制

合同工程发生现场签证事项,未经发包人签证确认,承包人擅自实施相关工作的,除非征得发包人书面同意,否则发生的费用由承包人承担。

七、案例分析

【例4-25】 背景资料:某水利工程河道疏浚工程施工过程中,承包人在合同标明为水下土方开挖的范围遇到大面积岩体而停工,经发包人许可,承包人将原绞吸式挖泥船开挖土方的施工方案调整为水下爆破岩石配抓斗船挖除的实施方案后继续施工。由此造成实际开挖单价比合同单价大幅提高,施工进度较原计划推迟半年之久,已进场负责河道土方开挖的绞吸式挖泥船受水下石方爆破影响停工等待。在此情况下,承包人及时向发包人提出书面索赔意向,要求得到补偿。

问题:(1)该项工程索赔能否成立?为什么?在该索赔事件中,承包人应提出的索赔内容可以包括哪些方面?

(2)在该索赔事件中,承包人可以提供的索赔证据主要有哪些?

(3)承包人应提供的索赔文件有哪些?

(4)该索赔事件中,承包人提出的索赔属于损失索赔还是额外工程索赔?

分析要点:该案例主要涉及工程索赔成立的条件;索赔事件中合同双方责任的划分;工程索赔的内容;为顺利获得索赔所需提供的证据以及索赔文件的主要内容和形式;正确区分索赔事件中损失索赔与额外工程索赔的概念等。

解:

问题1:因该事件已造成承包人的损失和工期延长;而造成此结果的原因不是承包人

的责任，地质条件的实质性变化属于发包人应承担的风险；且承包人已按合同规定向发包人提交了索赔意向通知。因此，根据工程索赔所具备的条件判断，该项工程索赔可以成立。

根据该工程索赔事件中承包人所受损失内容和允许承包人索赔种类规定，承包人应提出费用索赔和工期索赔两方面的索赔要求。

问题 2：为满足该事件发生的由绞吸式挖泥船开挖土方变更成水下爆破石方配抓斗船挖除的索赔费用和索赔工期的计算需要，顺利实现索赔，承包人可以提供的索赔证据主要有以下内容：

(1) 相关法律、行政法规；

(2) 招标文件、施工承包合同及附件、相关技术规范；

(3) 原设计图纸、地质勘察报告、监理人审核认可的施工组织设计；

(4) 变更施工指令、变更图纸、变更设计交底记录、经认可的变更施工计划；

(5) 与索赔事件有关的协议、通知、信函、备忘录、会议纪要、监理人签证；

(6) 与索赔事件有关的现场施工记录、照片及录像；

(7) 与索赔事件有关的材料采购、订货、运输、进场、验收、使用的凭据；

8) 满足索赔费用和工期计算的各种财务核算、价格信息、计量支付等资料。

问题 3：为满足发包人确认和处理索赔事件的要求，承包人应提供的索赔文件有：

(1) 索赔意向通知；

(2) 索赔报告；

(3) 索赔证据与详细计算书等附件。

问题 4：损失索赔主要是由发包人违约所引起的；额外工程索赔主要是由合同变更、第三方违约、非承包人承担的风险事件引起的。因此，该索赔事件中，承包人提出的属于额外工程索赔。

【例 4-26】 背景资料：某水利工程在土方开挖施工过程中，遇到一些地质勘探报告中未探明的孤石，为排除孤石，监理人向承包人提出了变更施工方案的指令，承包人据此调整了施工设备和施工方法并将孤石全部排除，使土方开挖得以继续进行，此变更事件造成了费用的增加和工期的拖延。因此，承包人向发包人提出调整合同价格等方面的要求。

问题：(1) 承包人按照监理人指令进行的变更施工，该变更部分的合同价格应根据什么原则确定？

(2) 承包人因该工程变更而提出延长工期和费用补偿的要求是否合理？为什么？

分析要点：该案例主要涉及工程变更价款的调整或确定的原则，以及对工程变更引起的工程索赔的处理原则。

解：

问题 1：根据《水利水电工程标准文件》通用合同条款规定，因工程变更引起的价格调整按以下原则处理：

(1) 已标价工程量清单中有适用于变更工作子目的，采用该子目的单价。

(2)已标价工程量清单中无适用于变更工作子目的,但有类似子目的,可在合理范围内参照类似子目的单价,由合同双方商定或确定变更工作的单价。

(3)已标价工程量清单中无适用或类似子目的单价,可按照成本加利润的原则,由合同双方商定或确定变更工作的单价。

确定变更项目的单价要把握与施工承包合同中的单价水平相协调,在没有具备针对性的具体施工方案为依据的情况下,不应过分高于或低于施工承包合同中的单价水平。

问题2:承包人因该工程变更而提出延长工期和费用补偿的要求是合理的。理由是:

(1)土方开挖过程中发现孤石是地质勘探报告中未探明的,是承包人无法预先估计的地质条件变化,不是承包人的责任,应属于发包人承担的风险。

(2)承包人是按监理人的指令实施的工程变更,且已造成了事实上的费用增加和工期延长。

由此判断该索赔条件是成立的,承包人提出费用索赔和工期索赔的要求是合理的。

【例4-27】 背景资料:某水利工程在施工过程中遭遇数天季节性大雨后又转为特大暴雨引发了超标准洪水,造成现场临时道路、发包人和承包人的施工现场办公用房等设施以及已施工的部分构筑物被冲毁,施工设备损坏,运进现场的部分材料被冲走,承包人数名施工人员受伤;大雨过后,承包人用了很多工时进行工程清理和修复作业。

问题:承包人依据合同专用条款中明确约定了发生超标准洪水属于不可抗力范围的理由,按照索赔程序向发包人提出了自发生雨情以来所造成的现场设施和构筑物损毁、施工设备损坏、进场材料损失、施工人员受伤、雨后工程清理和修复等费用补偿以及延长工期的索赔要求。应当如何正确处理此索赔要求?

分析要点:该案例主要涉及在发生不可抗力事件时,如何按照不可抗力造成损失的处理原则妥善处置相关索赔事项。

解:根据本案例的具体情况,对承包人的相关索赔要求应按以下几方面进行处理:

(1)准确划分承包人在季节性大雨期间和发生超标准洪水期间的损失情况。

(2)该案例前期发生的季节性大雨是每年雨季经常性出现的情况,是一个有经验的承包人预先能够合理估计的因素,应在(或已在)合同工期内考虑,此期间所造成的工期延长和费用损失不应由发包人补偿。

(3)该案例后期发生的特大暴雨引起的超标准洪水事件,是一个有经验的承包人不能预先合理估计的因素,是不能预见、不能避免并不能克服的客观情况,属不可抗力的范围,且合同专用条款中也将超标准洪水包含在约定的不可抗力范围内,此期间所造成的相关损失应按不可抗力造成损失的处理原则进行处置。

(4)根据不可抗力造成损失的处理原则,超标准洪水期间被冲毁的现场临时道路、发包人的施工现场办公用房、已施工的部分构筑物以及被冲走的部分材料、工程清理和修复作业等经济(费用)损失应由发包人承担;损坏的施工设备、受伤的施工人员、冲毁的承包人施工现场办公用房以及因该不可抗力事件所造成的承包人设备闲置和人员窝工等经济(费用)损失应由承包人自行承担。

(5)因发生超标准洪水所造成的工期延误,发包人应予以顺延。

【例4-28】 背景资料:某新建节制闸土建工程现场签证单主要内容如下:

签证编号:006

签证日期:2019. 05. 09

工程名称:×××新建节制闸土建工程

建设单位:×××新建节制闸建设管理局

监理单位:×××监理有限责任公司

施工单位:×××水利建筑工程有限公司

签证项目:土石方工程

签证部位:基坑

现场签证原因及主要内容:基坑开挖至设计基底标高(-2 m)后,由设计单位、监理单位、施工单位共同进行检验,-2 m 高程以下发现地质勘察报告中未载明的建筑垃圾,根据监理单位颁发的变更通知单,将建筑垃圾清除,利用翼墙墙后填土的取土区取土回填。具体工程量为:1. 清除建筑垃圾 1 000 m^3;回填土方 1 000 m^3;1 000 m^3 建筑垃圾运送至弃渣场。

监理单位签证意见:同意

设计单位签证意见:同意

施工单位签证意见:同意

问题:指出该现场签证单中的不妥之处,并说明理由。

分析要点:现场签证是指发包人与承包人就施工过程中涉及的责任事件所作的签认证明。施工合同履行期间出现现场签证事件的,发承包双方应调整合同价格。

现场签证是合同价格调整的重要依据,现场签证单需满足以下要求:

(1)签证内容要明确,为价格调整提供详细的依据。

(2)现场签证应按照规范的格式编写,需要发包人、监理人、承包人三方共同会签才能生效。

(3)现场签证必须注明时间,以满足工程造价计价依据的时效性。

(4)现场签证单的工程量要有计算过程和必需的图示说明。

解:

该现场签证单中主要有以下几方面的不妥:

(1)现场签证单中清除建筑垃圾 1 000 m^3、回填土方 1 000 m^3、建筑垃圾弃运 1 000 m^3 三项工作的内容不具体,没有具体的施工方案,运距不明,土质类别不详,回填土压实度不明确,无法满足计算单价的要求。

(2)现场签证单中没有标明工程价款及计算书和相关报价说明。

(3)现场签证单中没有说明变更发生的具体时间,易在时效性上发生分歧。

(4)现场签证单中没有建设单位的签证。而设计单位的签证不属于现场签证单生效的必备条件;现场签证单需要建设单位、监理单位、施工单位三方共同会签才能生效。因此,现场签证单中缺少建设单位签证属于不规范签证,不能作为结算的依据。

【例 4-29】　背景资料:某泵站工程,发包人与总承包人、监理人分别签订了施工合同、监理合同。总承包人经发包人同意将土方开挖、设备安装与防渗工程分别分包给专业性公司,并签订了分包合同。

施工合同中说明：建设工期278天，2004年9月1日开工，工程造价4 357万元。

合同约定结算方法：合同价款调整范围为发包人认定的工程量增减、设计变更和洽商。安装配件、防渗工程的材料费调整依据为本地区工程造价管理部门公布的价格调整文件。

实施过程中，发生如下时间：

事件1：总承包人于8月25日进场，进行开工前的准备工作。原定9月1日开工，因发包人办理伐树手续而延误至6日才开工，总承包人要求工期顺延5天。

事件2：土方工程分包人在基础开挖中遇有地下文物，采取了必要的保护措施。为此，总承包人请土方公司向发包人要求索赔。

事件3：在基础回填过程中，总承包人已按规定取土样，试验合格。监理人对填土质量表示异议，责成总承包人再次取样复验，结果合格。总承包人要求发包人支付试验费。

事件4：总承包人对混凝土搅拌设备的加水计量器进行改进研究，在本公司实验室内进行实验，改进成功用于本工程，总承包人要求此项试验费由发包人支付。

事件5：结构施工期间，总承包人经总监理人同意更换了原项目经理，组织管理一度失调，导致封顶时间延误8天。总承包人以总监理人同意为由，要求给予适当工期补偿。

事件6：监理人检查防渗工程，发现止水安装不符合要求，记录并要求防渗工程分包人整改。防渗工程分包人整改后向监理人进行了口头汇报，监理人即签证认可。事后发现仍有部分有误，需进行返工。

事件7：在做基础处理时，经中间检查发现施工不符合设计要求，防渗工程分包人也自认为难以达到合同规定的质量要求，就向监理人提出终止合同的书面申请。

事件8：在进行结算时，总承包人根据已标价的工程量清单，要求安装配件费用按发票价计取，发包人认为应按合同条件中约定计取，为此发生争议。

问题：1. 在事件1中，总承包人的要求是否成立？根据是什么？

2. 在事件2中，总承包人的做法对否？为什么？

3. 在事件3中，总承包人的要求是否合理？为什么？

4. 在事件4中，监理人是否批准总承包人的支付申请？为什么？

5. 在事件5中，你认为总承包人是否可以得到工期补偿？为什么？

6. 在事件6中，返修的经济损失由谁承担？监理人有什么不妥之处？

7. 在事件7中，你认为监理人应如何协调处理？

8. 在事件8中，你认为哪种意见正确？为什么？

分析要点：该案例主要涉及合同责任的划分、索赔成立的条件、处理纠纷的原则等问题。

解：

问题1：总承包人的要求成立。因为延误开工属于发包人责任（或发包人未及时提供施工现场）。

问题2：总承包人的做法不对。因为土方公司为总承包人的分包人，与发包人无合同关系，不具备直接与发包人谈判或提要求的条件；土方公司只能向总承包人提出要求。

问题3：总承包人的要求合理。因按规定，监理人要求再次复验，总承包人应予以执行,如复验结果为不合格,复验所发生的费用应由总承包人承担;如复验结果合格,此项费用应由发包人支付。

问题4:监理人不批准。因为此项支出用于总承包人自我改进行为,所创造的效益和利润均归属于总承包人自身,故所发生费用应由总承包人承担。

问题5:得不到工期补偿。虽然监理人同意更换项目经理,但更换后因自身管理问题造成工期拖延,其责任在于总承包人,即监理人同意更换不等同于免除总承包人应负的责任。

问题6:返修的经济损失由防水工程分包人承担。监理人的不妥之处主要有:

(1)不能凭口头汇报签证认可,应到现场复验。

(2)不能直接要求防渗公司整改,应要求总承包人整改。

(3)不能根据分包人的要求进行签证,应根据总承包人的申请进行复验、签证。

问题7:监理人应采取以下措施进行协调处理:

(1)因无合同关系,监理人应拒绝直接接受分包人终止合同申请。

(2)应要求总承包人与分包人双方协商,达成一致后解除合同。

(3)要求总承包人对不合格工程返工处理。

问题8:发包人意见正确。因为合同约定安装配件材料费调整依据为本地区工程造价管理部门公布的价格调整文件,总承包人不应要求按其发票价计取结算价款。

【例4-30】 某项目施工合同约定,承包人承租的水泥价格风险幅度为±5%,超出部分采用造价信息法调差,已知投标人投标价格、基准期发布价格为440元/t、450元/t,2018年3月的造价信息发布价为430元/t,则该月水泥的实际结算价格为(　　)元/t。

A. 418　　B. 427.5　　C. 430　　D. 440

分析要点:承包人投标报价中材料单价低于基准单价:施工期间材料单价涨幅以基准单价为基础超过合同约定的风险幅度值,或材料单价跌幅以投标报价为基础超过合同约定的风险幅度值时,其超过部分按实调整。承包人投标报价中材料单价高于基准单价:施工期间材料单价跌幅以基准价为基础超过合同约定的风险幅度值,或材料单价涨幅以投标报价为基础超过合同约定的风险幅度值时,其超过部分按实调整。该案例中2018年3月的造价信息发布价为430元/t,价格下降,应以投标报价计算合同约定的风险幅度值:440×(1−5%)=418(元/t),信息发布价430元/t>418元/t,未超过投标报价5%的风险幅度范围,所以结算价格不变。

解:应选择D. 440。

【例4-31】 关于法规变化类合同价款的调整,下列说法正确的是(　　)。

A. 不实行招标的工程,一般以施工合同签订前的第42天为基准日

B. 基准日之前国家颁布的法规对合同价款有影响的,应予调整

C. 基准日之后国家政策对材料价格的影响,如已包含在物价波动调价公式中,合同价款不予调整

D. 承包人原因导致的工期延误期间,国家政策变化引起工程造价变化的,合同价款不予调整

分析要点：招标工程以投标截止日前28天、非招标工程以合同签订前28天为基准日，其后因国家的法律、法规、规章和政策发生变化引起工程造价增减变化的，发承包双方应按照省级或行业建设主管部门或其授权的工程造价管理机构据此发布的规定调整合同价款。因承包人原因导致工期延误的，按上述规定的调整时间，在合同工程原定竣工时间之后，合同价款调增的不予调整，合同价款调减的予以调整。

解：应选择C. 基准日之后国家政策对材料价格的影响，如已包含在物价波动调价公式中，合同价款不予调整。

【例4-32】　根据《标准施工招标文件》，工程变更的情形有(　　)

A. 改变合同中某项工作的质量

B. 改变合同工程原定的位置

C. 改变合同中已批准的施工顺序

D. 为完成工程需要追加的额外工作

E. 取消某项工作改由建设单位自行完成

分析要点：根据《标准施工招标文件》，除专用合同条款另有约定外，在履行合同中发生下列情形之一，应按照规定进行变更：①取消合同中任何一项工作，但被取消的工作不能转由发包人或其他人实施；②改变合同中任何一项工作的质量或其他特性；③改变合同工程的基线、标高、位置或尺寸；④改变合同中任何一项工作的施工时间或改变已批准的施工工艺或顺序；⑤为完成工程需要追加的额外工作。

解：应选择A、B、C、D。

【例4-33】　关于计日工费用的确认和支付，下列说法正确的是(　　)

A. 承包人应按照确认的计日工现场签证报告提出计日工项目的数量

B. 发包人应根据已标价工程量清单中的工程数量和计日工单价确定

C. 已标价工程量清单中没有计日工单价的，由发包人确定价格

D. 已标价工程量清单中没有计日工单价的，由承包人确定价格

分析要点：任一计日工项目实施结束后，承包人应按照确认的计日工现场签证报告核实该类项目的工程数量，并应根据核实的工程数量和承包人已标价工程量清单中的计日工单价计算，提出应付价款；已标价工程量清单中没有该类计日工单价的，由发承包双方按规定商定计日工单价计算。每个支付期末，承包人应按照规定向发包人提交本期间所有计日工记录的签证汇总表，并应说明本期间自己认为有权得到的计日工金额，调整合同价款，列入进度款支付。

解：应选择A. 承包人应按照确认的计日工现场签证报告提出计日工项目的数量。

【例4-34】　因不可抗力造成的下列损失，应由承包人承担的是(　　)

A. 工程所需清理、修复费用

B. 运至施工场地待安装设备的损失

C. 承包人的施工机械设备损坏及停工损失

D. 停工期间，发包人要求承包人留在工地的保卫人员费用。

分析要点：因不可抗力事件导致的人员伤亡、财产损失及其费用增加，发承包双方应按下列原则分别承担并调整合同价款和工期：①合同工程本身的损害、因工程损害导致第

三方人员伤亡和财产损失以及运至施工场地用于施工的材料和待安装的设备的损害,应由发包人承担。②发包人、承包人人员伤亡应由其所在单位负责,并应承担相应费用。③承包人的施工机械设备损坏及停工损失,应由承包人承担。④停工期间,承包人应发包人要求留在施工场地的必要的管理人员及保卫人员的费用应由发包人承担。⑤工程所需清理、修复费用,应由发包人承担。

解:应选择 C. 承包人的施工机械设备损坏及停工损失。

【例 4-35】 某施工合同中的工程内容由主体工程与附属工程两部分组成,两部分工程的合同额分别为 800 万元和 200 万元。合同中对误期赔偿费的约定是:每延误一个日历天应赔偿 2 万元,且总赔偿费不超过合同总价款的 5%,该工程主体工程按期通过竣工验收,附属工程延误 30 日历天后通过竣工验收,则该工程的误期赔偿费为(　　)万元。

A. 10　　B. 12　　C. 50　　D. 60

分析要点:在建设项目施工承包合同中,发承包双方应针对误期赔偿费进行必要的约定,并应明确每日历天应赔额度。误期赔偿费应列入竣工结算文件中,并应在结算款中扣除。本题中,附属工程延误 30 日历天后通过竣工验收,则工期延误应赔偿费用为:$30\times2=60$(万元)。但是根据合同约定,总赔偿费不超过合同总价款的 5%,即最高赔偿额应为:$(800+200)\times5\%=50$(万元)。

解:应选择 C. 50。

【例 4-36】 请论述合同价格调整的缘由。

解:在工程施工阶段,由于建设项目实际情况发生变化,合同双方在施工承包合同中约定的合同价格可能会出现变动。为合理分配合同双方的合同价格变动风险,发承包双方须在施工承包合同中明确约定合同价格的调整事件、调整方法及调整程序。

合同价格的变化是工程变更、工期调整、物价波动等一系列变化的反映,引起合同价格变化的主要原因可分为工程变更、法规变化、物价变化、工程索赔等四类,主要表现为以下几个方面:

(1)工程变更。

①工程量变化。在水利工程施工承包合同中,工程量的变化引起合同价格的调整,是最为普遍的现象。每一项大中型水利工程的施工期少则几年,多则十几年,在较长的施工期中,不可避免地会发生工程量的增加或减少,当增加或减少的数额超过合同约定限额时,必然引起合同价格的调整。

工程量的变化一般是由工程变更引起的。此外,由于招标文件中工程量清单所列的工程量是依据设计的深度按图纸计算的,相对实际工程量是一个近似值,在施工过程中经过实测,实际工程量会发生相当大的变化,即使按照工程量清单所列的单价结算,实际合同价格与投标合同价格之间也会有相当大的变化。

②新增项目。水利工程施工条件复杂、项目繁多,加之工期长,自然条件复杂,随着施工的进展,做切合实际的工程变更是经常发生的。这样就出现了招标文件规定的工作范围以外的工作项目,这类项目称为新增项目。这些新增项目的实施经常会引起合同价格的调整。

(2)不利的自然条件。施工过程中发现不利的自然条件或外界障碍时,使现场施工条件较招标文件中所描述的更为困难和恶劣,往往引起工期调整和工程量变化,在多数情况下引起施工单价调整,都会使原合同价格发生变化。

(3)工期调整。工期调整改变了原定的施工进度计划,无论是工期延长,还是工期缩短,或者是加速施工(抢工),都会带来施工费用的变化。通常工期调整大多是施工期的延长,而工期延长不仅导致施工费用增加,而且经常需调整单价或总价,从而导致合同价格的变化。

在非承包人原因引起工期延长且发包人又要求按期完工时,承包人只有加速施工,加速施工势必造成费用增加,承包人就会提出加速施工的费用补偿报告,多会引起合同价格的变化。

(4)物价波动。在施工期内,物价的波动是经济社会发展的一种普遍的现象。物价上涨引起设备物资、建筑材料、人工劳务价格的增长,往往使工程建设成本大量增加。

(5)政策调整。在施工承包合同履行过程中,如果国家法律、法规或国务院有关部门的规章和工程所在省(自治区、直辖市)的地方法规和规章发生变更,导致承包人在实施合同期间所需的工程费用增加时,承包人有权得到补偿,即承包人可以免除在合同约定的基准日之后由于法律、法规变化带来的经济损失,合同价格需按合同规定予以调整。

(6)发包人风险及特殊风险。在发生发包人风险或特殊风险时,由此给承包人造成的经济损失应予补偿,应按合同规定的风险分配原则,对非承包人的风险造成的施工成本的增加,需对合同外的额外成本通过追加合同价格来给承包人进行合理补偿。

参考文献

[1] 王燕生. 工程水文学[M]. 2版. 北京:中国水利水电出版社,1992.

[2] 詹道江,叶守泽. 工程水文学[M]. 2版. 北京:中国水利水电出版社,2000.

[3] 宋春青,邱维理,张振青. 地质学基础[M]. 4版. 北京:高等教育出版社,2005.

[4] 中国水利工程协会,水利工程造价计价与控制[M]. 北京:中国水利水电出版社,2011.

[5] 丁士昭. 水利水电工程管理与实务[M]. 北京:中国建筑工业出版社,2019. 1.

[6] 安徽省水利工程定额修编委员会. 安徽省水利水电工程设计概(估)算编制规定(皖水建函〔2018〕258号)[S]. 合肥:安徽省水利厅发布,2018.

[7] 中华人民共和国水利部. 水利水电工程等级划分及洪水标准:SL 252—2017[S]. 北京:中国水利水电出版社,2017.

[8] 王治明,胡玉强,王朋基. 水利工程设计概(估)算编制规定-工程部分(水总〔2014〕429号)[S]. 北京:中国水利水电出版社,2015.

[9] 陈伟,潘尚兴,姚玉琴. 水利工程设计概(估)算编制规定-建设征地移民补偿(水总〔2014〕429号)[S]. 北京:中国水利水电出版社,2015.

[10] 中华人民共和国水利部. 水利水电工程建设征地移民安置规划设计规范:SL 290—2009[S]. 北京:中国水利水电出版社,2009.

[11] 中华人民共和国水利部. 水利水电工程环境保护概估算编制规程:SL 359—2006[S]. 北京:中国水利水电出版社,2007.

[12] 陈伟,朱党生,曾大林. 水土保持工程概(估)算编制规定(水总〔2003〕67号)[S]. 郑州:黄河水利出版社,2003.

[13] 刘雅鸣,邓坚. 水利工程概算补充定额-水文设施工程专项-水文设施工程概算编制办法(水总〔2006〕140号)[S]. 郑州:黄河水利出版社,2006.

[14] 工业和信息化部电子工业标准化研究院. 电子建设工程概(预)算编制办法及计算依据-HYD41—2015(工业和信息化部办公厅 工信厅规〔2015〕77号)[S]. 北京:中国计划出版社,2015.

[15] 中华人民共和国水利部. 水利水电工程设计工程量计算规定:SL 328—2005[S]. 北京:中国水利水电出版社,2006.

[16] 中华人民共和国水利部. 水利建筑工程概算定额[M]. 郑州:黄河水利出版社:2002.

[17] 中华人民共和国水利部. 水利建筑工程预算定额[M]. 郑州,黄河水利出版社:2002.

[18] 中华人民共和国水利部. 水利水电设备安装工程预算定额[M]. 郑州:黄河水利出版社:2002.

[19] 中华人民共和国水利部. 水利水电设备安装工程概算定额[M]. 郑州:黄河水利出版社:2002.

[20] 中华人民共和国水利部. 水利工程施工机械台时费定额[M]. 郑州:黄河水利出版社:2002.

[21] 徐凤永. 水利工程概预算[M]. 北京:中国水利水电出版社,2010.

[22] 中华人民共和国水利部办公厅. 水利工程营业税改征增值税计价依据调整办法(办水总〔2016〕132号)[S],北京,2016.

[23] 中国水利工程协会. 水利工程建设投资控制[M]. 2版. 北京:中国水利水电出版社,2012.

[24] 全国造价工程师执业资格考试培训教材编审委员会. 建设工程计价(2019年修订)[M]. 北京:中国计划出版社,2019.

[25] 全国造价工程师执业资格考试培训教材编审委员会. 建设工程造价管理(2013年版)[M]. 北京:中国计划出版社,2015.